高等院校电气工程系列教材

电机与拖动基础

（第三版）

林瑞光　主编

图书在版编目（CIP）数据

电机与拖动基础／林瑞光主编．—3版．—杭州：浙江大学出版社，2012.7(2025.7重印)

ISBN 978-7-308-10242-1

Ⅰ．①电… Ⅱ．①林… Ⅲ．①电机—高等学校—教材②电力传动—高等学校—教材 Ⅳ．①TM3②TM921

中国版本图书馆 CIP 数据核字（2012）第 156310 号

电机与拖动基础（第三版）

林瑞光　主编

责任编辑	王　波
封面设计	刘依群
出版发行	浙江大学出版社 （杭州市天目山路 148 号　邮政编码 310007） （网址：http://www.zjupress.com）
排　　版	杭州青翊图文设计有限公司
印　　刷	嘉兴华源印刷厂
开　　本	787mm×1092mm　1/16
印　　张	18.25
字　　数	444千
版 印 次	2012年7月第3版　2025年7月第28次印刷
书　　号	ISBN 978-7-308-10242-1
定　　价	49.00元

前　言

《电机与拖动基础》是原《电机学》、《电力拖动》和《微特电机》等课程的有机结合，主要论述各类电机的基本原理与特性，以及利用电动机作为原动机来拖动生产机械按人们规定的要求进行运动的基本理论，是工业自动化类专业必须掌握的一门技术基础课。

根据工业自动化类专业特点与新时期教学改革要求，结合作者多年来在《电机学》和《电机与拖动》课程的教学实践中所取得的教学法研究成果以及《电机学》和《电机与拖动》教材编写经验，力图使本书能以较少的学时深入浅出地阐明各类电机的原理、特性及电机拖动的基本理论，同时适量增加电机领域的最新技术成果内容，以形成适应工业自动化类专业新时期教学要求的课程体系。

本书由林瑞光教授主编，负责绪论、直流电机、直流电机电力拖动、三相感应电动机、三相感应电动机电力拖动及电动机容量的选择等各章的编写工作，并对全书进行统稿。徐裕项副教授负责变压器与三相同步电机两章的编写工作，而驱动与控制微电机一章由陈敏祥副教授编写。每章都辅以若干典型例子以助加深理解，并附有相当数量的习题与思考题供读者课后练习。

本书可以作为大学本科、专科以及成人高校的工业自动化类专业的“电机与拖动”课程的教学用书；对书中内容作适当取舍，也可作学时较少的“电机学”课程的教材；书中注有 * 的内容，可根据各校的教学要求及学时数多少而决定取舍。

由于编著水平所限，在编著过程中难免有不妥甚至错误之处，敬请读者批评指正。

编　者

2010 年 3 月

目　录

绪　　论

由于电能的生产、变换、传送、分配、使用和控制都比较方便经济，因此电能是现代最主要的能源。在现代工业企业中，利用电动机把电能转换成机械能，去拖动各种类型的生产机械按人们所给定的规律运动(即电力拖动)，比其他拖动方式有无可比拟的优点。

电力拖动具有良好的调速性能，起动、制动、反转和调速的控制简单方便、快速性好且效率高。电动机的类型很多，具有各种不同的运行特性，可以满足各种类型生产机械的要求。电力拖动系统各参数的检测、信号的变换与传送方便，易于实现自动控制。

因此，电力拖动成为现代工业电气自动化的基础。《电机与拖动基础》课程内容，是工业电气自动化等专业学生必须学习和掌握的基本理论。

本课程是一门技术基础课，它运用电路原理等基础课程的基本理论来分析各类电机的电磁物理过程及复杂的而且往往带有综合性的工程实际问题。这是学习本课程的特点，也是难点。

§0-1　电机的主要类型

电机的类型很多。按其功能用途来分，可以归纳如下：

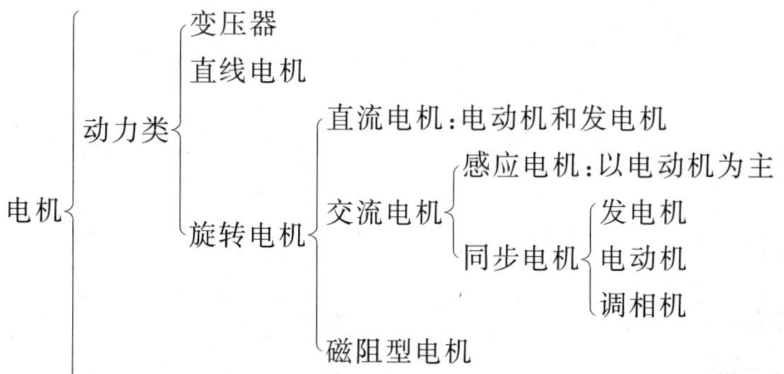

本课程的内容，就是学习以上各种电机的基本结构、工作原理和特性，以及在电力拖动系统中的应用。

§0-2 电机理论中常用的基本电磁定律(*)

一、全电流定律

当导体中有电流流过时,就会产生与该载流导体相交链的磁通。全电流定律就是揭露电产生磁的本质,阐明电流与其磁场的大小及方向的关系。

设空间有 n 根载流导体,其电流分别为 $I_1, I_2, \cdots$,则沿任闭合路径 l,磁场强度 H 的线积分 $\oint H \cdot dl$ 等于该回路所包围的导体电流的代数和。即

$$\oint_l H \cdot dl = \sum I$$

式中 $\sum I$ 是回路所包围的全电流。若导体电流的方向和积分路径的方向符合右手螺旋关系,该电流取正号;反之取负号。电流的正方向与由它所生的磁场正方向必符合右手螺旋关系,如图 0-1 所示。

在电机和变压器中,常把整个磁路分成若干段,每一段磁路内的磁场强度 H、导磁材料及导磁面积 S 相同,如图 0-2 所示,则全电流定律简化为:

$$H_1 l_1 + H_2 l_2 + H_3 l_3 + H_\delta \delta + H_4 l_4 + H_5 l_5 = NI$$

即

$$\sum H_k l_k = NI = F \tag{0-1}$$

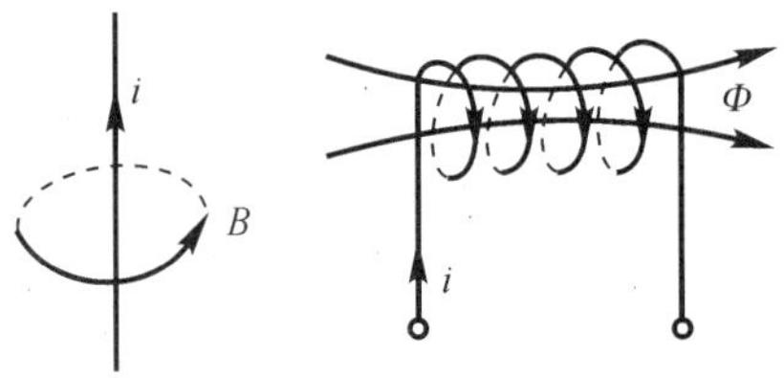

图 0-1 电流与其磁场的右手螺旋关系

式中 H_k 为第 k 段磁路的磁场强度[A/m],l_k 为第 k 段磁路的平均长度[m],$F = NI$ 为作用在整个磁路上的磁动势[A],N 为线卷匝数,$H_k l_k$ 为第 k 段磁路上的磁压降。

式(0-1)表明,作用在整个磁路上的总磁动势等于各段磁路的磁压降之和。

第 k 段磁路的磁压降可以写成:

$$H_k \cdot l_k = \frac{B_k}{\mu_k} \cdot l_k = \frac{1}{\mu_k} \cdot \frac{\Phi}{S_k} l_k = \Phi \cdot R_{mk} \tag{0-2}$$

式中 $R_{mk} = \dfrac{l_k}{\mu_k S_k}$ 称为第 k 段磁路的磁阻,则对于图 0-2 所示的无分支磁回路可以写出:

$$F = NI = \sum H_k \cdot l_k = \sum \Phi \cdot R_{mk} = \Phi \cdot \sum R_{mk}$$

或

$$\Phi = F / \sum R_{mk} \tag{0-3}$$

式中 $\sum R_{mk}$ 为整个磁路的总磁阻。

例 0-1 对于图 0-2 所示的无分支磁路,为了产生给定的磁通 Φ[Wb],求所需的励磁磁动势 $F = NI$。

对于气隙部分,$\mu_0 = 4\pi \times 10^{-7}$[H/m]是一常数,则气隙 δ 上的磁压降 $H_\delta \cdot \delta = \dfrac{\Phi}{\mu_0 \cdot S_3}$

$\cdot \delta$。对于铁芯部分，由于铁的导磁系数 μ_{Fe} 不是常数，所以先据给定 Φ 值和各段磁路截面积 S_k 求出该段的磁通密度 $B_k=\dfrac{\Phi}{S_k}$，再在该段磁路材料的磁化曲线 $B=f(H)$ 查出与 B_k 相对应的 H_k 值，然后算出该段磁路的磁压降 $H_k l_k$。最后，将各段磁路的磁压降相加，即得和给定磁通 Φ 相对应的磁动势 $F=NI$。

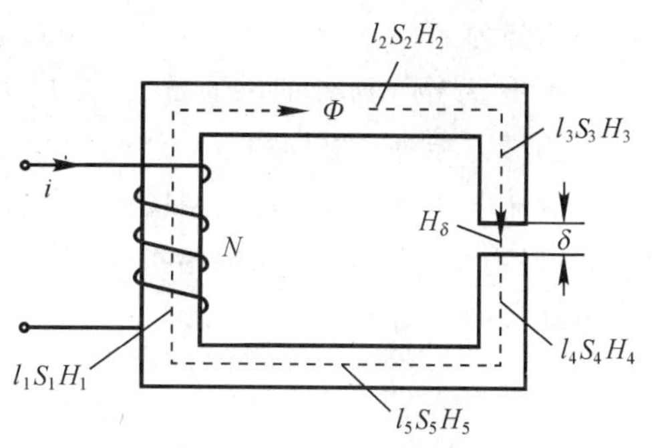

图 0-2　无分支磁路

由于 $\mu_0 \ll \mu_{Fe}$，所以即使气隙 δ 很小，气隙磁压降仍比其他各段铁磁路的磁压降之和还要大得多，即励磁磁动势的绝大部分都消耗在气隙上。换言之，由于图 0-2 的磁回路中含有气隙，将使励磁磁动势大为增加。

二、电磁感应定律

设匝数为 N 的线圈处在磁场中，它所交链的磁链为 $\Psi=N\cdot\Phi$，则不论由于什么原因，当该线圈所交链的磁链发生变化时，在线圈内就有一感应电动势产生，这种现象称为电磁感应。感应电动势的大小和该线圈所链的磁链变化率成正比；感应电动势的方向是该电动势企图在线圈内产生电流（即感应电流），使之所建立的磁通用来阻止线圈中磁通的变化。如果感应电动势的正方向与磁通的正方向符合右手螺旋关系，则电磁感应定律可用下式表示：

$$e=-\frac{\mathrm{d}\Psi}{\mathrm{d}t}=-N\frac{\mathrm{d}\Phi}{\mathrm{d}t} \tag{0-4}$$

线圈中磁链的变化可能由两个原因所引起：

（1）线圈与磁场相对静止，但是穿过线圈的磁通本身（大小或方向）发生变化。这种情况如同变压器一样，所以这种感应电动势称为变压器电动势。

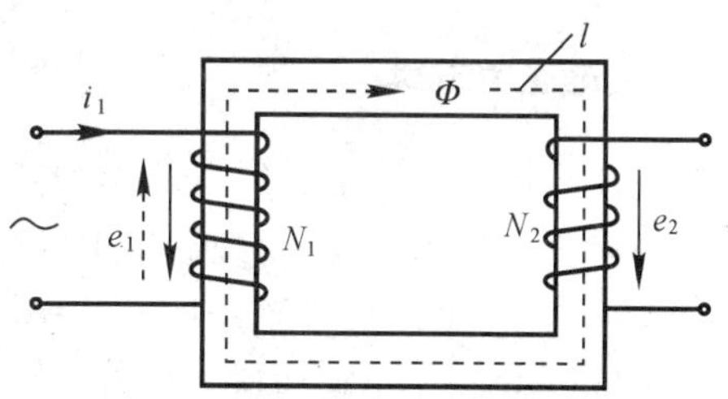

图 0-3　感应电动势的正方向

以图 0-3 为例，设线圈 N_1 通入随时间而变的电流 i_1 而线圈 N_2 开路。这时由 i_1 所建立的磁通也随时间而变，使与线圈 N_1 和 N_2 所交链的磁链也随时间而变化，从而在线圈 N_1 和 N_2 中都会感应电动势 e_1 和 e_2。感应电动势的正方向如图 0-3 所示，其表达式为

$$e_1=-\frac{\mathrm{d}\Psi_1}{\mathrm{d}t}=-N_1\frac{\mathrm{d}\Phi}{\mathrm{d}t}$$

$$e_2=-\frac{\mathrm{d}\Psi_2}{\mathrm{d}t}=-N_2\frac{\mathrm{d}\Phi}{\mathrm{d}t}$$

在此例中，由线圈 N_1 中电流 i_1 的变化在自身线圈感应电动势 e_1 称为自感电动势，而由 i_1 的变化在另一线圈 N_2 内感应的电动势 e_2 称为互感电动势。

（2）磁场的大小及方向不变，而线圈与磁场之间有相对运动，使得线圈中的磁链发生变化。这种情况一般发生在旋转电机中，所以称之为旋转电动势或速率电动势。

①当导体在恒定磁场中运动时，若导体、磁力线和运动方向三者互相垂直，则导体内的

感应电动势为 $e=B\cdot l\cdot v$。

式中 B 为导体所处的磁通密度，单位为[T]；l 为切割磁力线的导体有效长度，单位为[m]；v 为导体相对于磁场的运动线速度，单位为[m/s]；e 为导体中感应电动势，单位[V]。

②旋转电动势的方向可以由图 0-4 所示的右手定则确定：右手大拇指与其余四指互相垂直，让磁力线穿过手心，大拇指指向导体相对于磁场的运动方向，则四指所指的方向即为旋转电动势的方向。

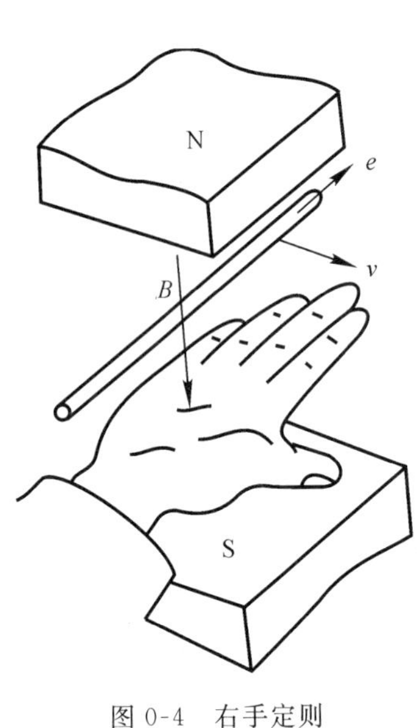

图 0-4　右手定则

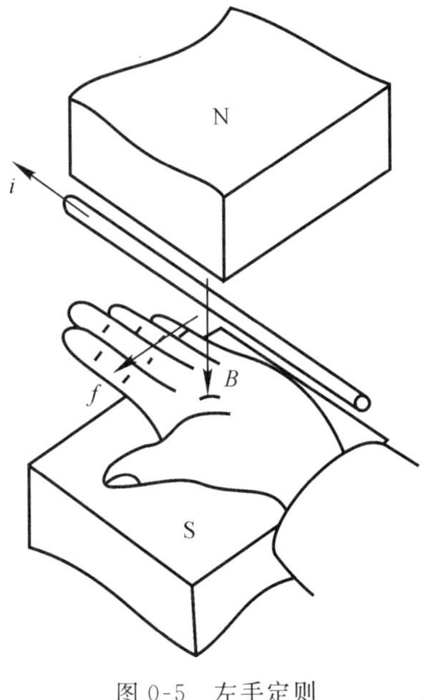

图 0-5　左手定则

三、电磁力定律

载流导体在磁场中受到力的作用，这种力是磁场与电流相互作用所生的，故称为电磁力。若磁场与导体相互垂直，则作用在导体上的电磁力为：$f=B\cdot l\cdot i$。式中 B 为导体所处的磁通密度，单位为[T]；i 为导体中的电流，单位为[A]；l 为导体在磁场中的有效长度，单位为[m]；f 为作用在导体上的电磁力，单位为[N]。

电磁力的方向可用图 0-5 所示的左手定则确定：左手大拇指与其余四指互相垂直，让磁力线穿过手心，四指指向电流的方向，则大拇指所指的方向即为电磁力的方向。

§0-3　电机中铁磁材料的特性(*)

各类电机都是以磁场作为媒介，通过电磁感应作用实现能量转换的，所以在电机里必须有引导磁能的磁路。为了在一定的励磁电流下产生较强的磁场，电机和变压器的磁路都是用导磁性能良好的铁磁材料组成。

铁磁材料包括铁、钴、镍及其合金（如电机和变压器中常用的硅钢片）。其特性简述如下。

一、良好的导电性

铁磁材料与电机中常用的导电材料(铜或铝)相比较,虽然其电阻率较大,但是它仍然是一种有较好导电性能的导电材料。

二、高的导磁性能与磁化曲线的非线性

所有非铁磁材料(如铜、铝、绝缘材料和木材等)的导磁系数都接近于空气的导磁系数 μ_0,而铁磁材料的导磁系数 μ_{Fe} 比 μ_0 大几百到几千倍,所以在同样大小的电流下,带铁芯线圈的磁通比空芯线圈的磁通大得多。

将铁磁材料在外界磁场作用下(外施励磁磁动势),改变励磁磁动势大小,测出磁通密度 B 与磁场强度 H,得到 B 与 H 的关系曲线 $B=f(H)$,称之为铁磁材料的磁化曲线,如图 0-6 所示。由图可知,铁磁材料的磁化曲线不是一条直线。在 $\widehat{Oa}$ 段,B 的增加缓慢;在 $\overline{ab}$ 段,B 几乎随 H 正比增加而且增长迅速;在 $\widehat{bc}$ 段,B 的增加又缓慢下来;在 c 点以后,当 H 再继续增加时,B 几乎不再增加了。铁磁材料当 H 较大时 B 之增加变缓甚至几乎不增加的现象,称为磁饱和现象。由图可知,当铁磁材料饱和时,其导磁系数变小,即其导磁性能变差。

对于非铁磁材料,其 $B=\mu_0 \cdot H \propto H$,即 $B=f(H)$ 是一条直线。

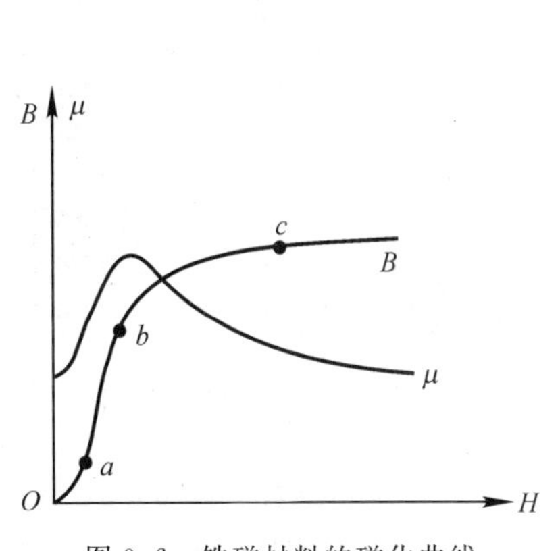

图 0-6 铁磁材料的磁化曲线

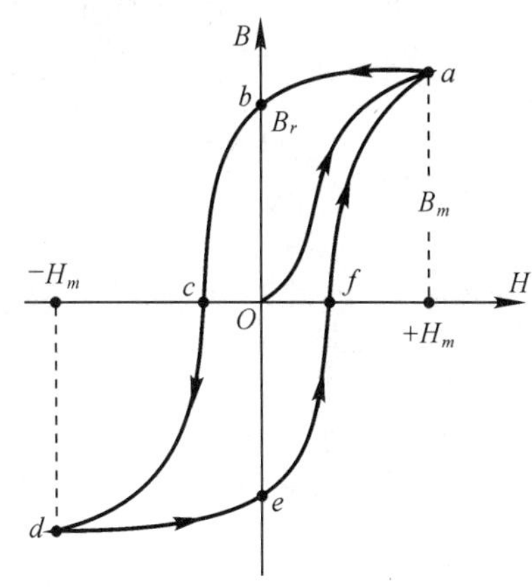

图 0-7 铁磁材料的磁滞回线

三、磁滞现象和磁滞损耗

在测取铁磁材料的磁化曲线时,改变外施励磁磁动势的大小及方向,使磁场强度在 $-H_m \sim +H_m$ 之间反复磁化,所得的 $B \sim H$ 关系曲线是图 0-7 所示的闭合曲线 $abcdefa$,称为铁磁材料的磁滞回线。同一铁磁材料在不同的 H_m 值上有不同的磁滞回线。把不同 H_m 值的各磁滞回线的顶点(如图中 a 点)连接起来所得的曲线,称为基本磁化曲线(如图中的 $\widehat{Oa}$)。

由图可知,上升磁化曲线与下降磁化曲线不重合。下降时 B 的变化总是滞后于 H 的变化,当 H 下降到零时,B 未下降到零而是仅下降至某一数值 B_r,这种现象称为磁滞现象,B_r 称为剩余磁感应强度。

铁磁材料在交变磁场的作用下反复磁化时,内部的磁畴不停地往返倒转而消耗能量,引

起损耗。这种损耗称为磁滞损耗 p_n。它与磁通的交变频率 f 及磁通密度的幅值 B_m 的关系为 $p_n \propto f \cdot B_m^{\alpha}$。

对于常用的硅钢片，当 $B_m = 1.0 \sim 1.6$[T]时，$\alpha \approx 2$。硅钢片的磁滞回线较窄，磁滞损耗较小，所以电机和变压器的铁芯都用硅钢片。

四、涡流损耗

当铁芯中的磁通发生交变时，在铁芯内也会感应电动势并产生感应电流，如图 0-8 所示。由于此电流在铁芯内的流动状况呈旋涡状，故称之为涡流。此涡流在铁芯电阻上的损耗称为涡流损耗 p_w。

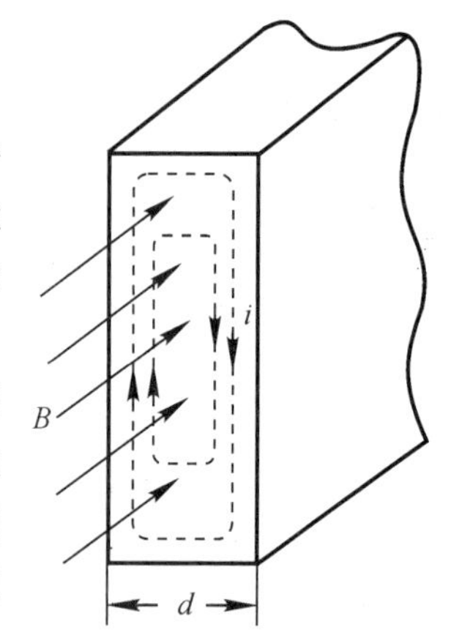

图 0-8　一片硅钢片中的涡流

涡流损耗与磁通的交变频率 f、铁芯中磁通密度幅值 B_m、钢片的电阻 r_w 及钢片厚度 d 的关系为 $p_w \propto f^2 \cdot B_m^2 \cdot d^2 / r_w$，由此式可知，为了减少涡流损耗，必须减少钢片的厚度，所以电工钢片的厚度一般为 0.35mm 和 0.5mm。同时必须增加钢片的电阻率，所以电工钢片中常用加入 4%左右的硅，变成硅钢片。

所以，当铁芯中的磁通交变时，有磁滞损耗和涡流损耗两种损耗，合称为铁芯损耗，简称为铁耗 p_{Fe}。当硅钢片厚度及材料一定时，铁耗与磁通的交变频率及磁密幅值的关系为

$$p_{\mathrm{Fe}} \propto f^{\beta} \cdot B_m^2$$

式中 $\beta = 1.2 \sim 1.6$。

习题与思考题

0-1　在求取感应电动势时，式 $e_L = -L \cdot \frac{\mathrm{d}i}{\mathrm{d}t}$、式 $e = -\frac{\mathrm{d}\Psi}{\mathrm{d}t}$、式 $e = -N \cdot \frac{\mathrm{d}\Phi}{\mathrm{d}t}$ 以及式 $e = Blv$ 等诸式中，哪一个式子具有普遍的形式？另外诸式必须在各自的什么条件下才能适用？

0-2　有两个线圈匝数相同，一个绕在闭合铁芯上，另一个绕在木材上，两个线圈通入相同频率的交变电流。如果它们的自感电动势相等，试问哪个线圈的电流大？为什么？

0-3　如果感应电动势正方向与磁通的正方向之间不符合右手螺旋关系，则电磁感应定律应写成 $e = +\frac{\mathrm{d}\Psi}{\mathrm{d}t} = +N\frac{\mathrm{d}\Phi}{\mathrm{d}t}$，试说明其原因。

0-4　在图 0-9 中，当线圈 N_1 外施正弦电压 u_1 时，为什么在线圈 N_1 及 N_2 中都会感应出电动势？当电流 i_1 增加时，标出这时 N_1 及 N_2 中感应电动势的实际方向。

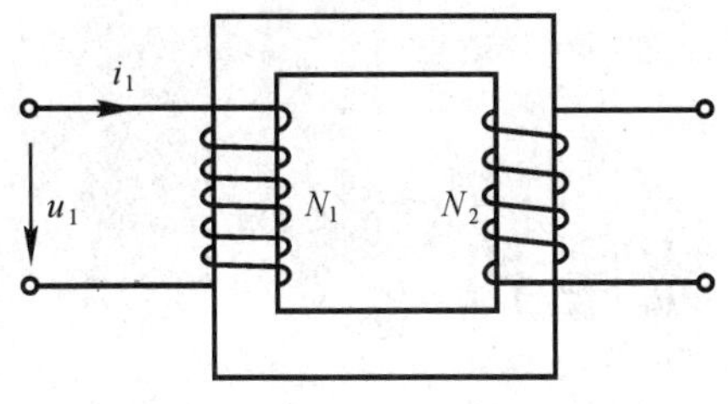

图 0-9 习题 0-4 附图

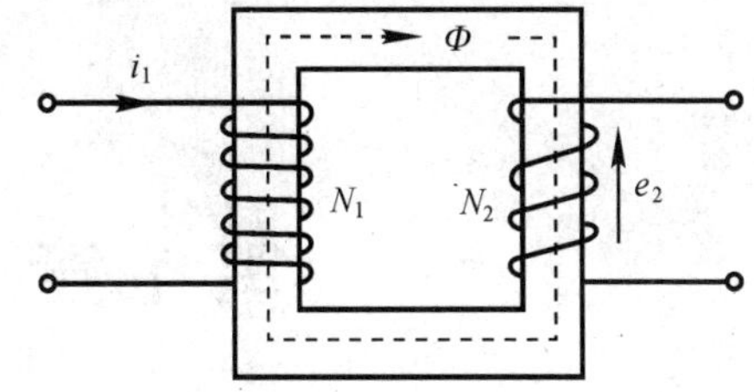

图 0-10 习题 0-5 附图

0-5 在图 0-10 中,电流 i_1 在铁芯中建立的磁通为 $\Phi=\Phi_m \cdot \sin\omega t$,各物理量的正方向如图示。试求匝线 N_2 的线圈中感应电动势的表达式。

第 1 章　直流电机

直流电动机是将直流电能转换成机械能而带动生产机械运转。由于直流电动机具有优良的启动性能和调速性能，所以在电气传动系统中，尤其是对起动及调速性能要求较高的生产机械，一般都用直流电动机进行拖动。

直流发电机是将机械能转换成直流电能而对电解、电镀及直流电动机等负载供电。随着电子技术的发展，直流发电机有逐步被可控整流电源所取代的趋势。

§1-1　直流电机的基本工作原理和结构

一、直流电机的基本工作原理

图 1-1 是一个直流发电机的工作模型。图中 N，S 是两个在空间固定不动的磁极（它可以是永久磁铁，也可以是在铁芯上绕上励磁线圈并通入直流电流来建立磁场的电磁铁）；$abcd$ 是一个装在可以转动的铁磁圆柱体上的线圈（合称为电枢）；线圈的首、末端分别连接到与电枢同轴旋转的两个圆弧形的铜片（称为换向片）上，换向片之间及换向片与转轴之间是互相绝缘的；A 和 B 是两个与换向片相接触，但在空间上静止不动的铜片（称为电刷），从电刷 A，B 引出即可对负载（图中用灯泡表示）供电。

当原动机拖动电枢以转速 n 恒速旋转时，导体 ab 和 cd 切割磁力线而感应电动势，其方向可用右手定则确定。在图 1-1 所示的时刻，整个线圈的电势方向是 e_{dcba}，即从 d 到 a。此时 a 端经换向片接触电刷 A，d 端经换向片与电刷 B 接触，所以电刷 A 为正极性而电刷 B 为负极性。如果在电刷 AB 之间接上负载，则就有电流 I 从电刷 A 经过外电路负载而流向电刷 B。根据电流的连续性，此电流必须通过换向片及线圈 $abcd$ 而构成回路，所以此刻在电枢线圈中电流的方向也是 i_{dcba}，亦从 d 到 a。

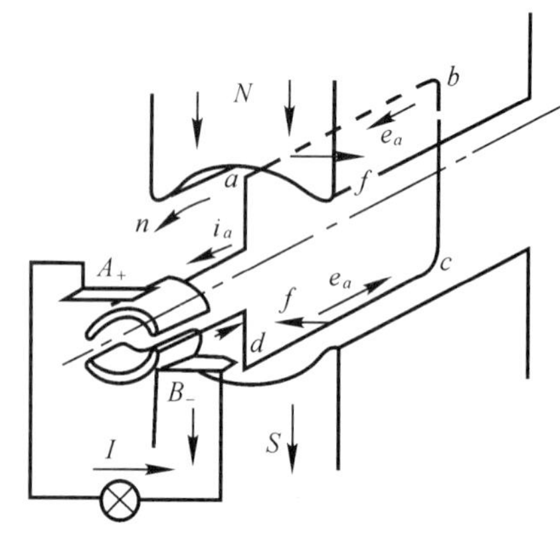

图 1-1　直流发电机的工作模型

当电枢转过 180°时，线圈 $abcd$ 中感应电动势的方向为 e_{abcd}，即从 a 到 d。此时 d 端与电刷 A 相接触，而 a 端与 B 电刷接触。所以电刷 A 仍为正极性，电刷 B 仍为负极性。因而流过外部负载的电流方向不变。据电流连续性，此时在电枢线圈中的电流方向为 i_{abcd}，即从 a 到 d。

根据以上两个特定位置的分析，可以得出直流发电机以下几个结论：

(1)在电枢线圈内的感应电动势 e_a 及电流 i_a 都是交流电，通过换向片及电刷的整流作用才变成外部两电刷间的直流电动势，使外部电路得到方向不变的直流电流。

(2)发电机电枢线圈中的感应电动势 e_a(称为电枢电动势)与其电流 i_a(称为电枢电流)的方向始终一致。

(3)虽然电枢线圈是旋转的且电枢线圈中的电流是交变的，但从空间上看，N 极与 S 极下的电枢电流的方向不变，因此，由电枢电流所产生的磁场在空间上是一个恒定不变的磁场。

(4)电枢绕组电流与磁场相互作用产生电磁力 f。据左手定则可以得出 f 的方向如图1-1所示。此电磁力 f 使转轴受到一个力矩 $T=f\cdot R$(式中 R 为导体对转轴中心的半径)，称之为电磁转矩，其方向是与转子转向相反的，是制动性质。为此原动机必须输入机械功率克服电磁转矩的制动作用才能使转子继续恒速旋转，才能继续不断地发出电能输给负载，这就是机械能通过电磁感应作用变成了电能。

将图1-1的电刷出线端的灯泡改成外施直流电源 u；而且将轴上的原动机换成生产机械负载，这样就成了直流电动机的工作模型。

在外施电压 u 的作用下，有电流 I 经过电刷 A 及换向片进入电枢绕组 $abcd$，成为电枢绕组中的电流 i_a，然后经换向片及电刷 B 而返回电源负端。电枢电流 i_a 与磁场相作用，使电枢线圈受到电磁力 f，在此电磁力所产生的电磁转矩 T 的驱动下，使转子沿 T 的方向旋转起来。

仿照发电机的分析方法，也可以得出以下结论：

(1)在直流电动机中，虽然外施电压 u 及电流 I 是直流，但在电枢绕组内部电流 i_a 是交流。这是靠换向片及电刷的逆变作用，将外部直流变成内部的交流。

(2)从空间上看，由电枢电流所生的磁场也是一个恒定磁场。

(3)当电枢旋转时，电枢导体切割磁力线也会感应电动势且是交变的，其方向与电枢电流 i_a 的方向始终相反，称之为反电势。

(4)直流电动机中电磁转矩的方向与转子转向一致，是驱动性质的。

由以上分析可知：同一台直流电机，只要改变外界的条件，既可以当发电机运行，也可以当电动机运行。如果用原动机拖动电枢恒速旋转，就可以从两电刷端引出直流电动势而作为直流电源对负载供电；如果在两电刷端外施直流电压，则电动机就可以带动轴上的机械负载旋转，从而把电能转变成机械能。

这种同一台电机由于外界条件的不同，既可作发电机也可作电动机运行的原理，不仅适用于直流电机，而且也适合于交流电机(感应电机和同步电机)，是电机理论中的普遍原理，称为电机的可逆原理。

二、直流电机的主要结构

图1-2是一台小型直流电机的结构剖面图，它由定子和转子两部分所组成，简述如下。

1.定子部分

(1)主磁极　主磁极的作用是在气隙中建立磁场，它包括主极铁芯和励磁绕组两部分。为了降低电枢旋转时的极靴表面损耗，主极铁芯一般用1～1.5mm厚的低碳钢板冲片叠压而成。在小型直流电机中，主磁极也可采用永久磁铁，它不需要励磁绕组，叫做永磁直流电机。

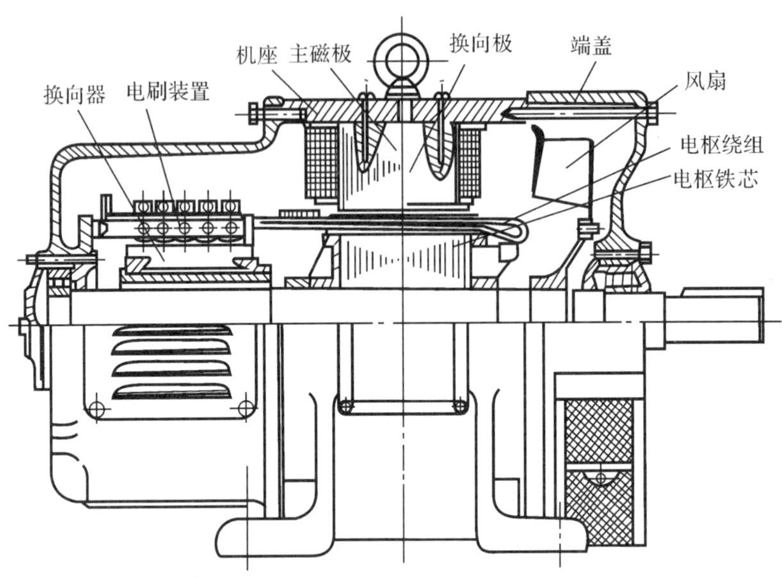

图 1-2 直流电机的结构图

(2)换向极 换向极又称附加极,装在相邻主磁极之间的几何中心线上,其作用是改善直流电机的换向。换向极也由换向极铁芯和换向极绕组两部分组成,见图 1-3。换向极铁芯一般用整块钢制成,当换向要求较高时用 1.0～1.5mm 厚的钢片叠压而成。换向极绕组须与电枢绕组串联。在 1kW 以下的小容量直流电机中,有时换向极的数目只有主磁极的一半,或不装换向极。

(3)机座 直流电机的机座既是磁的通路又起固定作用,因此要求机座既要导磁性好与足够的导磁面积,又要有足够的机械强度和刚度。对于换向要求较高的电机,机座也可用薄钢板冲片叠压而成。

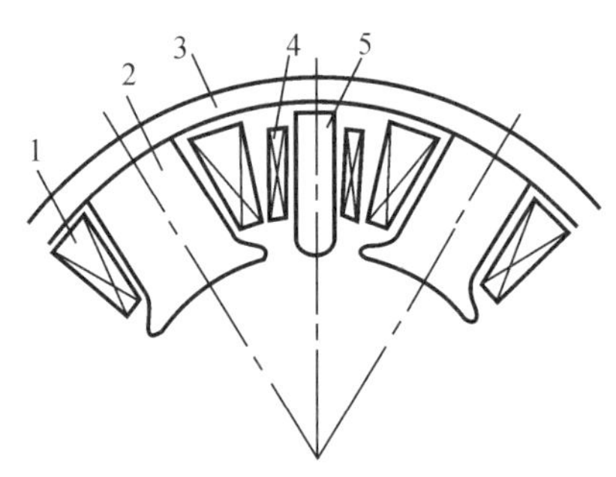

图 1-3 主磁极和换向极
1. 励磁绕组;2. 主极铁芯
3. 机座;4. 换向极绕组;
5. 换向极铁芯

(4)电刷装置 电刷与换向器相配合,起到整流或逆变器的作用。

2. 转子部分

(1)电枢铁芯 电枢铁芯是电机主磁路的一部分,而且用来嵌置电枢绕组。为了减少电枢旋转时电枢铁芯中涡流损耗及磁滞损耗,电枢铁芯通常用 0.5mm 厚的两面涂有绝缘漆的硅钢片叠压而成。

(2)电枢绕组 电枢绕组是用来产生感应电动势和电磁转矩,实现机电能量转换的关键部件。现代直流电机的电枢,在其圆周上均匀地分布有许多个线圈,每个线圈可以单匝也可以多匝,称之为元件。每个元件的两个有效边分别嵌放在相隔一定槽数的电枢铁芯的两个槽中,如图 1-4 所示。每个元件的首端与尾端,按一定的规律分别与换向器上的两个换向片相连接。

(3)换向器 换向器的作用是在电刷间得到直流电动势,并保证每个磁极下电枢导体电流方向不变,以产生恒定方向的电磁转矩。电枢绕组由许多元件组成而每个元件的两个引出端分别连结两片换向片,换向器由许多彼此互相绝缘的铜换向片所组成,如图 1-5 所示。

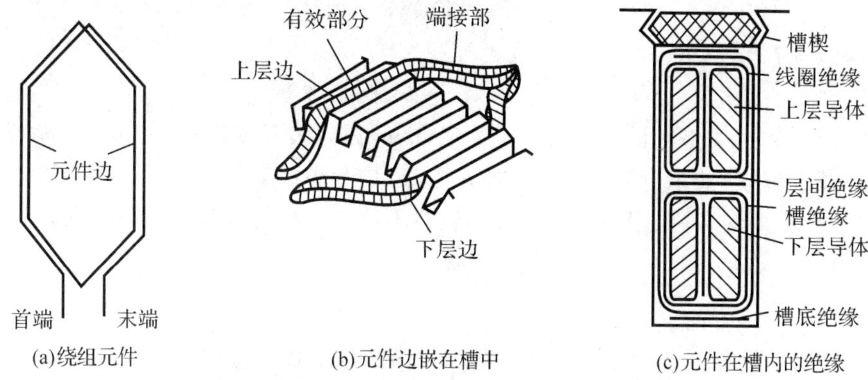

(a)绕组元件　(b)元件边嵌在槽中　(c)元件在槽内的绝缘

图 1-4　电枢绕组的元件及其在槽中的嵌放

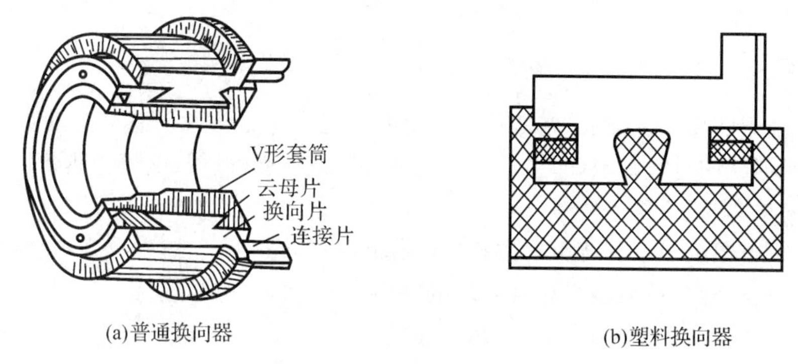

(a)普通换向器　(b)塑料换向器

图 1-5　换向器

3. 气隙

气隙是定子磁极和电枢之间自然形成的间隙，它是主磁路的一部分，气隙中的磁场是电机进行机电能量转换的媒介，气隙的大小对电机的运行性能有很大的影响。小容量直流电机的气隙约为 1～3mm，大容量电机的气隙可达几毫米。

三、直流电机的额定值

为了使电机安全可靠地工作，而且有优良的运行性能，电机制造厂根据国家标准及电机的设计数据，对每台电机在运行中的有关物理量(如电压、电流、功率、转速等)所规定的保证值，称为电机的额定值。电机在运行中，若各物理量都符合它的额定值，称为该电机运行于额定状态。额定值一般标志在电机的铭牌上，所以又称为铭牌数据。直流电机的额定值有以下几项：

(1)额定容量 P_N，对于发电机而言，是指从发电机引出端输出的电功率；对电动机而言，是指从它的转轴上输出的机械功率，单位为[W]或[kW]；

(2)额定电压 U_N，是指额定状态下电机出线端的电压，单位为[V]；

(3)额定电流 I_N，是指额定状态下电机出线端的电流，单位为[A]；

(4)额定转速，单位为[r/min]。

还有一些物理量的额定值，如额定效率 η_N，额定转矩 T_N，额定温升 τ_N 及额定励磁电流 I_{fN} 等，不一定都标在铭牌上。

为此，可得直流发电机的额定容量为：

$$P_N = U_N \cdot I_N \tag{1-1}$$

而直流电动机的额定功率为：

$$P_N = U_N \cdot I_N \cdot \eta_N \tag{1-2}$$

在实际运行中，如果电机的电流小于额定电流，称为欠载或轻载；如果电流大于额定电流，称为过载或超载；如果电流恰好等于额定电流，称为满载运行。长期过载会使电机过热，降低电机的使用寿命，甚至损坏电机。长期轻载不仅使电机的设备容量得不到充分利用，而且会降低电机的效率。

§1-2 直流电机的电枢绕组

一、概述

对电枢绕组的要求主要有：在能通过规定的电流产生足够大的感应电动势及电磁转矩的前提下，所消耗的有效材料（包括导线和绝缘）最省；强度（机械、电气和热的强度）高；运行可靠；结构简单，下线方便等。

直流电机电枢绕组按其绕组元件和换向器的联接方式不同，可以分为迭绕组（单迭绕组和复迭绕组）；波绕组（单波绕组和复波绕组）和混合绕组（又称蛙形绕组）。其基本形式是单迭和单波。

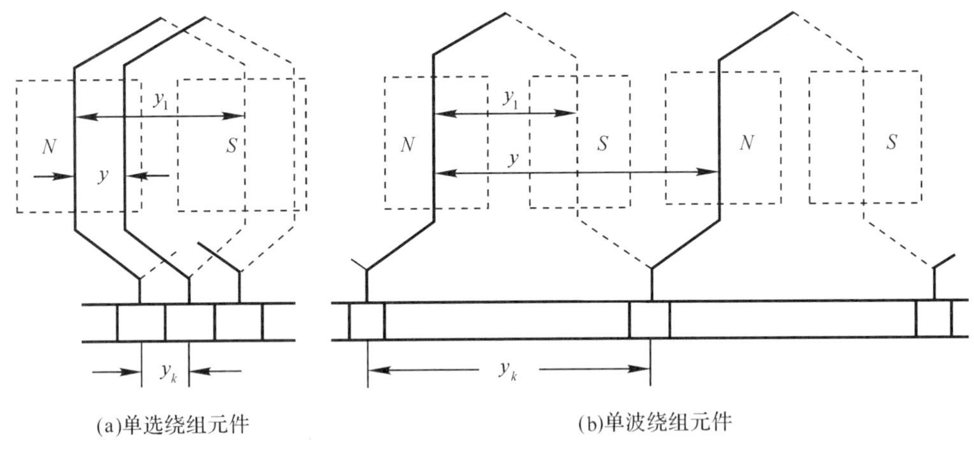

(a)单迭绕组元件　　(b)单波绕组元件

图 1-6　电枢绕组元件及其节距

各个元件在电枢表面的几何关系通常用绕组元件的“节距”来表示，主要有：

(1)第一节距 y_1　第一节距是指同一个元件的两个元件边在电枢表面所跨的距离，通常用槽数来表示，如图 1-6 表示，第一节距又称线圈的跨距。选择第一节距 y_1 的原则是，应使每个元件的感应电动势（或电磁转矩）尽可能的大，所以 y_1 应接近或等于一个极距。极距是指相邻两个主磁极轴线之间的距离，通常也用槽数来表示，即 $\tau = \frac{z}{2p}$，式中 z 为电枢的总槽数，p 为主磁极的极对数。又因为 y_1 必须为整数，为此，第一节距可用下式表示：

$$y_1 = \frac{z}{2p} \pm \varepsilon = 整数$$

式中 ε 为用以把 y_1 凑成整数的一个小于 1 的数。若 $\varepsilon=0$，$y_1=\tau$ 称为整距绕组；若 $y_1<\tau$，称为短距绕组；若 $y_1>\tau$，称为长距绕组。短距绕组端接线短，省铜且有利于换向，故常用。

(2)合成节距 y　直接相连的两个元件的对应元件边在电枢表面上的距离，称为合成节距 y，通常也用相距的槽数来表示。

(3)换向器节距 y_k　每个元件的首末两端所连结的两个换向片在换向器表面上的距离，称为换向器节距 y_k，通常用所跨的换向片数来表示。由图 1-6 可知，用槽数表示的 y 和用换向片数表示的 y_k 在数值上总是相等的。

二、单迭绕组

单迭绕组元件如图 1-6(a)所示。这种绕组的两个直接串联的后一个元件的端部是紧"叠"在前一个元件的端部上，所以称为"迭"绕组。因为同一个元件首末端所联的两换向片相隔"一个"换向片宽度的距离，即 $y_k=1$，所以称为"单"迭绕组。不难证明，单迭绕组的槽数 z、元件数 s 和换向片数 k 三者相等。

例 1-1　某直流电机的极对数 $p=2$，槽数 z、元件数 s 及换向片数 k 为 $z=s=k=16$。试绕成单迭绕组。

1. 计算绕组数据

因为是单迭，所以 $y=y_k=1$；而 $y_1=\dfrac{16}{2\times 2}\pm 0=4$，所以是整距绕组。

2. 画绕组展开图

通常把电枢绕组画成沿电枢轴向切开展成平面，如图 1-7 所示。

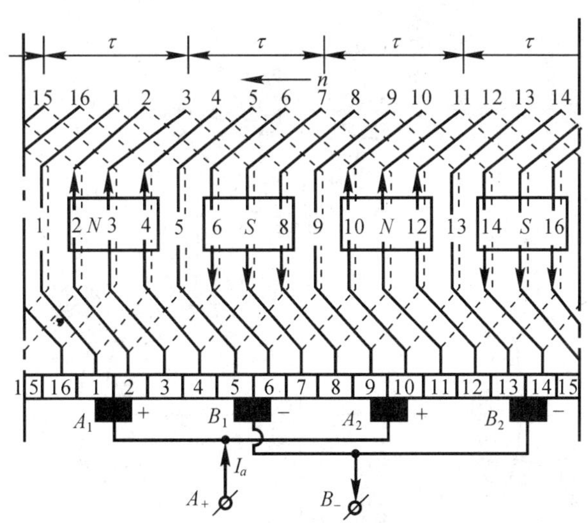

图 1-7　单迭绕组的展开图

在图中，第一个元件的一个元件边放在#1 槽的上层（实线），其另一个元件边放在与之相距 $y_1=4$ 个槽即#5 槽的下层（虚线）；#1 元件的首末端所连的两换向片应相距一片的宽度，为了使绕组元件端部对称，这两换向片的分界线应与#1 元件的中心线重合。将#1 元件的上层所连的换向片命名为#1 换向片，则其下层边所连的是#2 换向片。从#2 片出发画#2 元件。依次类推，画完 $s=16$ 个元件，#16 元件的末端必与#1 片相连，形成闭合回路。

3. 电刷和磁极

在绕组展开图上标出的电刷与磁极仅是某一瞬时电枢绕组和电刷磁极之间的相对位置。一般先在展开图上画出 $2p=4$ 个均匀分布且 N,S 交替安排的主磁极。

为了在正负电刷间获得最大的直流电动势以及产生最大的电磁转矩,电刷应该安放在被电刷所短路的元件电动势为零的位置。在图 1-7 中,被电刷短路的元件#1,#5,#9,#13 的两边都处在几何中性线上,电动势为零。此时,这几个元件的轴线以及它们所连的两换向片的分界线正好与主磁极轴线重合。

因此,电刷应放在其中心线与主磁极轴线对准的换向片上 。每个主磁极对准的位置安放一个电刷,电刷数等于主磁极数。凡与 N 极对准的 p 个电刷(如图中的 A_1 和 A_2)具有相同的极性;凡与 S 极对准的 p 个电刷(如图中的 B_1 和 B_2)也具有相同的极性。将同极性的电刷用导线并联起来,最后引出两个端点 A 和 B 接至外部电路。

在以后的论述中,往往有"电刷放在几何中性线上"的提法,而且常常把电刷画在几何中性线上,这是一种习惯的讲法和画法,并不代表电刷的实际位置,而是指被电刷所短路的元件的两边处于几何中性线。

4. 单迭绕组的电路图和并联支路数

图 1-8 给出了 $s=16$ 个元件依次首末相连而成闭合回路的示意图。不难看出,属于同一条支路的各元件的上层边处于同一个主极之下,所以一个主磁极对应着一条支路,单迭绕组的并联支路数等于主磁极数。设 a 为并联支路对数,则 $a=p$。

设电枢绕组的总电流为 I_a,而流过各条支路的电流(即为元件电流或元件中每匝导体电流)为 i_a,则有

$$I_a=2a\cdot i_a \tag{1-3}$$

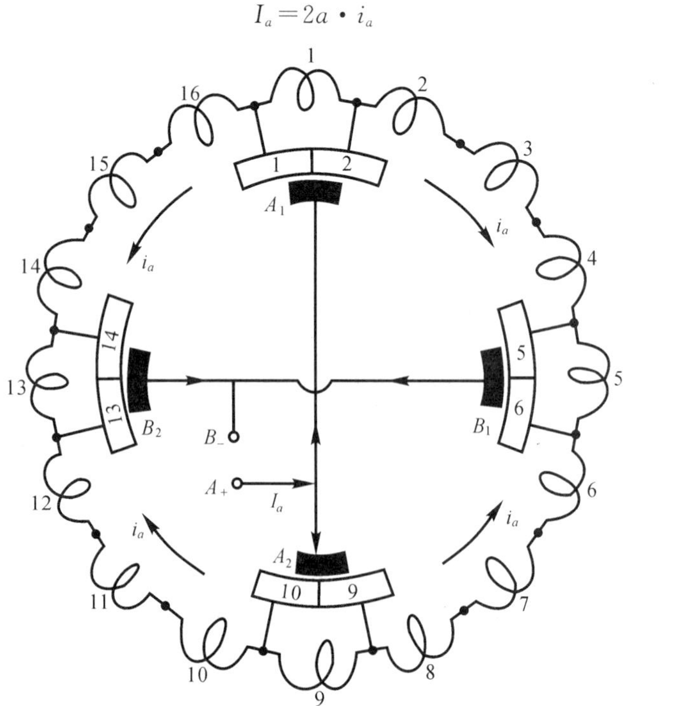

图 1-8 单迭绕组的电路图

三、单波绕组

由图 1-6(b)所示的单波绕组元件图可知，其首末端所接的两个换向片相隔很远，两个元件紧相串联后形似波浪，故称之为“波”绕组。为使串联的两个元件所生的电动势(或电磁转矩)同向相加，其对应元件边必须处在同极性的主磁极下，所以其合成节距 y 应接近等于一对极的距离。但是，y 和 y_k 又不能正好等于二倍极距，如例 1-1 数据，若 $y_k=y=2\tau=2\cdot\frac{16}{4}=8$，则第一个元件从 $^\#1$ 片出发经由与之紧相串联的元件 9 正好回到 $^\#1$ 片，使绕组无法继续绕下去。如果绕组从 $^\#1$ 片出发，串联 p 个元件而绕电枢一周之后恰好回到 $^\#1$ 的左边一片，则从此片出发又可绕第二周，再绕第三周，直至把全部元件串联完毕。由此可知，单波绕组的 y_k 值必须符合下列关系

$$p\cdot y_k=k-1$$

即

$$y_k=y=\frac{k-1}{p}=\text{整数} \tag{1-4}$$

凡是符合式(1-4)的，即称为“单”波绕组。显然，要使该式成立，极对数 p 与换向片数 k 必须有适当的配合。对于例 1-1 所给的数据，$y_k=\frac{16-1}{2}\neq$整数，所以不能绕成单波绕组。

例 1-2 某直流电机极对数 $p=2$，槽数、元件数及换向片数为 $z=s=k=15$。要求绕成单波绕组。

1. 计算绕组数据

因为是单波，所以 $y=y_k=\frac{15-1}{2}=7$；而 $y_1=\frac{15}{4}-\frac{3}{4}=3$，所以是短距绕组。对于单波，若取 $y_1=\frac{15}{4}+\frac{1}{4}=4$，即长距绕组也可以，其用铜量是一样的。现仍取 $y_1=3$。

2. 画绕组展开图

单波绕组展开图的绘制步骤与单迭绕组是一样的。元件 1 从片 1 出发，其上层边安放在 $^\#1$ 槽的上层，另一边放在 $1+y_1=4$ 即 $^\#4$ 槽的下层，该元件首末端所连的两换向片必须相距 $y_k=7$ 片，即末端应接至片 8，而且应使这两片之间的中心线与 $^\#1$ 元件的轴线重合，与 $^\#1$ 元件紧相串联的元件从 $^\#8$ 片开始，为 $^\#8$ 元件，其上层边在 $^\#8$ 槽，另一边在 $8+y_1=11$，即 $^\#11$ 槽的下层，其末端必与 $^\#15$ 片相联；从 $^\#15$ 片出发，可画出紧相串联的 $^\#15$ 元件。依次类推，直至画完 $S=15$ 个元件，就可以得到图 1-9 所示的展开图。这 15 个元件的串联次序如图 1-10 所示，由图可知，其最后一个元件为 $^\#9$ 元件，其末端所联的换向片为 $^\#1$ 片，回到第一个元件起始换向片，从而形成一个闭合绕组。

3. 磁极与电刷

单波绕组安放电刷的原则与单迭相同，也是放在与主磁极轴线对准的换向片上；电刷的数目应等于主磁极数；主极极性相同的 p 个电刷具有相同的极性，应并联起来。

4. 单波绕组的电路图与并联支路数

根据单波绕组 15 个元件的串联次序及电刷位置，可以画出本例单波绕组的电路图如图 1-10 所示。对照图 1-9 和图 1-10 可知，属于同一条支路的所有元件的上层边都处在相同

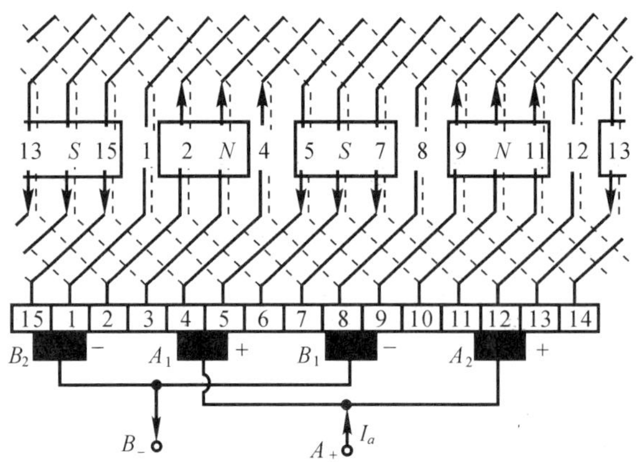

图 1-9　单波绕组展开图

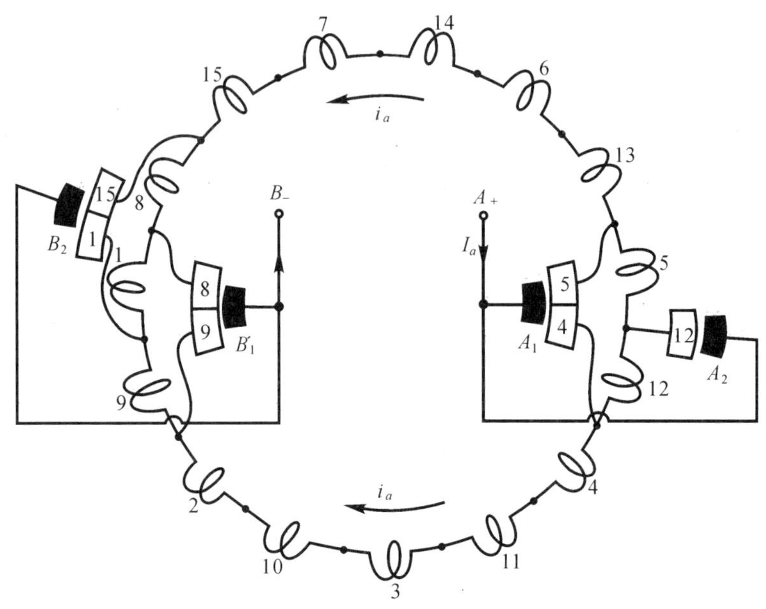

图 1-10　单波绕组的电路图

极性的主磁极下。换言之，单波绕组是将上层边在 N 极下的所有元件串联成一条支路，将上层边在 S 极下的所有元件串联成另一条支路。所以，无论电机的主磁极数为多少，单波绕组始终只有两条并联支路，即 $a=1$。

由图 1-10 可知，即使去掉电刷 A_2B_2，只剩下 A_1 和 B_1 一对电刷，该绕组的并联支路数、电枢电流、刷间电动势、电磁转矩及输出功率等都不变。所以，从理论上讲，单波绕组只需安置正负一对电刷就够了。但是为了减少电刷的电流密度与缩短换向器的长度，节省用铜，一般仍采用 $2p$ 个电刷。

§1-3　直流电机的磁场

一、直流电机的励磁方式

多数直流电机的气隙磁场都是在主磁极的励磁绕组中通以直流电流(称为励磁电流)建立的。此励磁电流的获得方式(称之为励磁方式)不同,电机的运行特性有很大的差别。直流电机的励磁方式可分为他励、并励、串励和复励等四种。现以电动机为例,说明这四种励磁方式的接法特点。

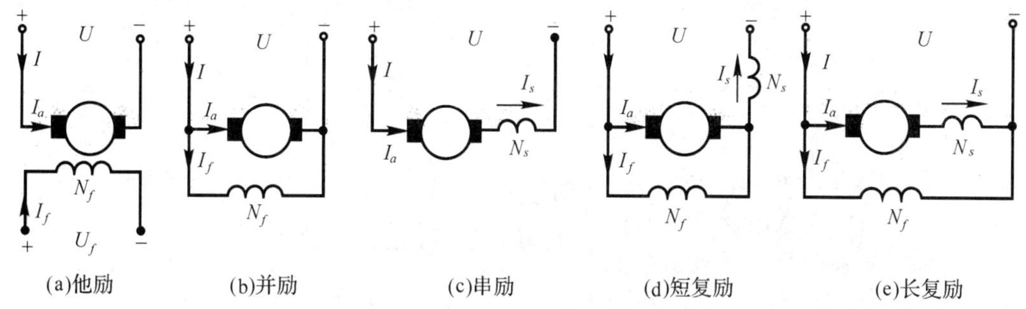

图 1-11　直流电(动)机的励磁方式

1. 他励直流电机

其接法如图 1-11(a)所示。其电枢绕组与励磁绕组分别由两个互相独立的直流电源 U 和 U_f 供电。所以励磁电流 I_f 的大小不会受端电压 U 及电枢电流 I_a 的影响。电机出线端电流 I 等于电枢电流 I_a,即 $I=I_a$,永磁式直流电机可以看作他励直流电机。

2. 并励直流电机

其接法如图 1-11(b)所示。其励磁绕组与电枢绕组并联后施以同一个直流电压 U。所以电机出线端电流 I、电枢电流 I_a 和励磁电流 I_f 的关系为:$I=I_a+I_f$。

3. 串励直流电机

其接法如图 1-11(c)所示。其励磁绕组与电枢绕组串联后施以同一个直流电压 U。所以电机出线端电流 I、电枢电流 I_a 和流过串励绕组 N_s 电流 I_s 三者相等,即 $I=I_a=I_s$。

4. 复励直流电机

这种电机的主磁极上有两套励磁绕组:一套与电枢绕组并联,称为并励绕组 N_f;另一套与电枢绕组串联,称为串励绕组 N_s。将 N_s 接在电枢回路中,如图 1-11(e)所示,称为长复励,这时串励电流 I_s 等于电枢电流,即 $I_s=I_a$,$I=I_a+I_f$;如果把 N_s 接在总电流回路中,如图 1-11(d)所示,称为短复励,这时串励电流等于总电流,即 $I_s=I=I_a+I_f$。

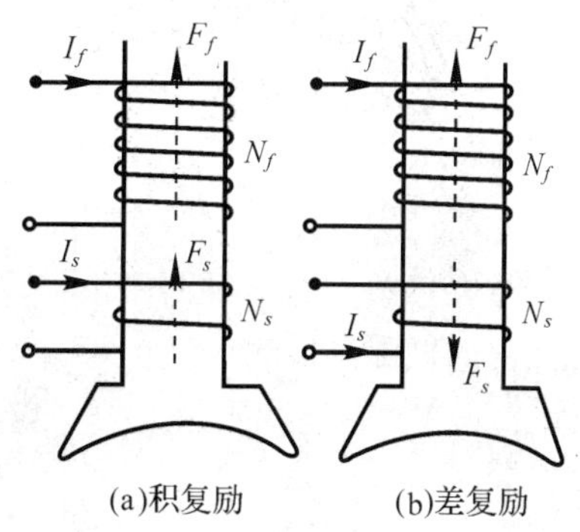

图 1-12　积复励和差复励

如果串联绕组所生的磁动势 F_s 与并励绕组所生的磁动势 F_f 方向一致,如图 1-12(a)所示,称为积复励,这时主磁极的总励磁磁动势为：$\sum F = F_f + F_s$；如果 F_s 的方向与 F_f 相反，如图 1-12(b) 所示，称为差复励，这时主磁极的总励磁动势为：$\sum F = F_f - F_s$ 。

必须指出，前面讲到的直流电机的额定电压 U_N，是指图 1-11 中(a)～(e)的端电压 U，额定电流是指图中的出线端电流 I。由于并励或他励绕组 N_f 中的电流 $I_f \approx (0.01 \sim 0.05) I_N$ 而其电压约等于 U_N，所以匝数 N_f 很多而导线很细；由于串励绕组 N_s 中的电流 $I_s \approx I_N$，所以匝数 N_s 很少而导线很粗。

二、直流电机空载时的磁场

直流电机空载时，其电枢电流等于或近似为零。这时的气隙磁场，只由主磁极的励磁电流所建立。所以直流电机空载时的气隙磁场，又称励磁磁场。

图 1-13 是一台四极(无换向极)直流电机空载时磁场分布图。其中 Φ_m 经过主磁极、气隙、电枢铁芯及机座构成磁回路。它同时与励磁绕组及电枢绕组相交链，能在电枢绕组中感应电动势和产生电磁转矩，称为主磁通。另一部分磁通 Φ_σ 仅交链励磁绕组本身，不和电枢绕组相交链，不能在电枢绕组中感应电动势及产生转矩，称为漏磁通。Φ_m 和 Φ_σ 由同一个励磁磁动势所建立，但是主磁通 Φ_m 所走路径(称为主磁路)气隙小，磁阻小，而漏磁通 Φ_σ 所走路径(称为漏磁路)空气隙大，磁阻大，所以 Φ_m 要比 Φ_σ 大得多。我们所研究的对象，就是主磁通在气隙中的分布规律。

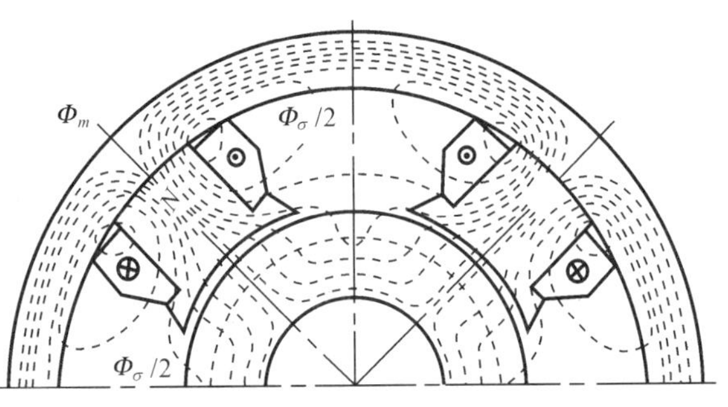

图 1-13　直流电机空载时的磁场分布

由于极靴下气隙小而极靴之外气隙很大，而且极靴下的气隙也往往是磁极轴线处气隙最小而极尖处气隙较大。为此直流电机空载时的气隙磁密沿圆周的分布波形 $B_0(x)$ 如图 1-14 所示。

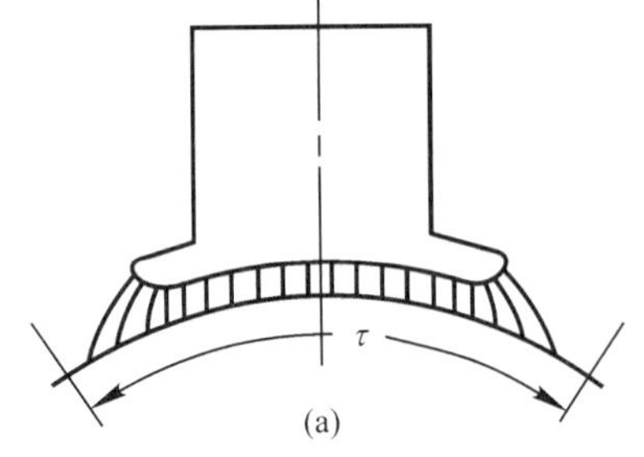

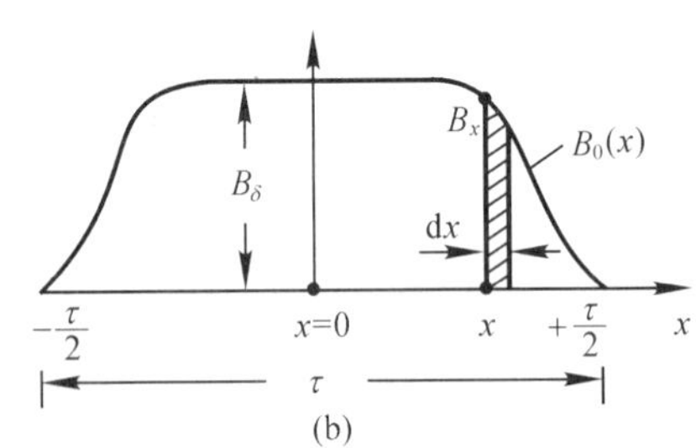

图 1-14　气隙中主磁场磁密的分布

设电枢圆周为 x 轴而磁极轴线处为纵轴，又设电枢长度为 l。离开坐标原点为 x 的 dx 范围内的气隙主磁通为

$$d\Phi_x = B_x \cdot l \cdot dx$$

则空载时每极主磁通为：

$$\Phi_0 = \int d\Phi_x = \int_{-\frac{\tau}{2}}^{+\frac{\tau}{2}} B_x \cdot l \cdot dx = B_{av} \cdot \tau \cdot l \tag{1-5}$$

式中 $B_{av}=\frac{1}{\tau}\int_{-\frac{\tau}{2}}^{+\frac{\tau}{2}}B_x\cdot dx$ 为空载气隙磁密的平均值。由上式可知，每极磁通 Φ 和 $B_0(x)$ 曲线跟横坐标轴所围面积 $\int_{-\frac{\tau}{2}}^{+\frac{\tau}{2}}B_x\cdot dx$ 成正比。对于尺寸已定的电机，空载气隙磁密 B_0 的大小由励磁磁动势 F_f 所决定。当励磁绕组匝数 N_f 一定时，F_f 和 I_f 成正比。所以空载时每极磁通 Φ_0 随励磁磁动势 F_f 或励磁电流 I_f 的改变而改变。我们称 $\Phi_0=f(F_f)$ 或 $\Phi_0=f(I_f)$ 为电机的磁化曲线。它仅与电机的尺寸及所用材料的性质有关，而与励磁电流 I_f 以什么方式获得(即励磁方式)无关。

直流电机的磁化曲线，可以通过实验或电机磁路计算而得，如图 1-15 所示。由图可知，电机的磁化曲线也具有饱和的特点。当 Φ_0 较小时，F_f 主要消耗在气隙上，所以直线 $\overline{OB}$ 又称气隙线。当 Φ_0 较大时，铁磁材料的饱和特性使 F_f 迅速增大，$\Phi_0=f(F_f)$ 离开气隙线而"转弯"，呈非线性。为了有效地利用材料，直流电机额定运行时的 Φ_N 一般设计在磁化曲线开始拐弯的 A 点。

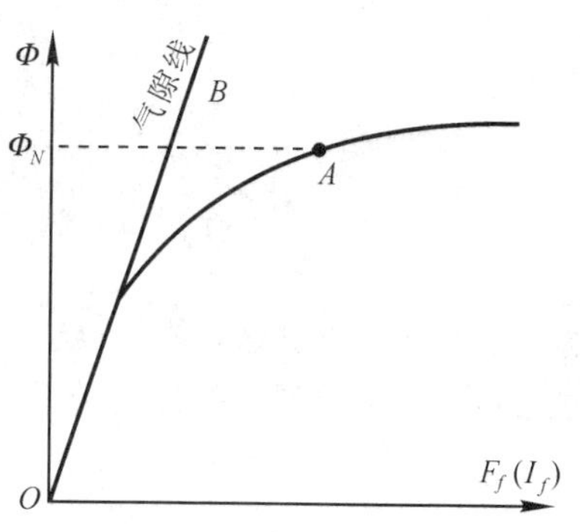

图 1-15　电机的磁化曲线

三、直流电机负载时的磁场

直流电机负载时，电枢电流 I_a 不为零。这时的气隙磁场，是由励磁电流 I_f 所生的励磁磁动势 F_f 和电枢电流 I_a 所生的磁动势(称为电枢磁动势)F_a 共同建立的，如图 1-16(a)所示。

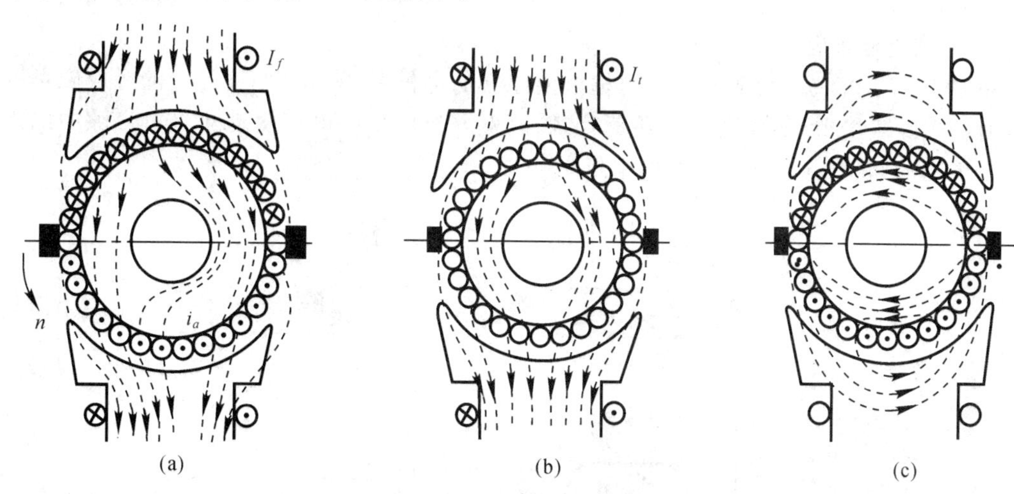

图 1-16　负载时气隙磁场

假设电机磁路不饱和，这样可用叠加原理，将由 I_f 和 I_a 共同建立的气隙磁场，看成由图 1-16(b)所示的仅由 I_f 所建立的气隙磁场(即空载时气隙磁场)和由图 1-16(c)所示的仅由 I_a 所建立的气隙磁场(称之为电枢磁场)两者的叠加。其中空载时气隙磁密沿电枢圆周的分布规律 $B_{0x}=f(x)$ 已在上面求出，现将之重新画在图 1-17(b)中。在图中，关于磁动势或磁密的正负是这样规定的：当磁力线由电枢出来而进入定子磁极时为正的；当磁力线从定子磁极出来而进入电枢时为负。这样，只要设法求出电枢磁场 B_{ax} 沿电枢圆周的分布规律

$B_{ax}=f(x)$，将 B_{ax} 和 B_{ox} 叠加起来，就可得负载时气隙磁密 $B_{\delta x}$ 的实际分布规律。

在求取电枢磁密波形 B_{ax} 时，我们假设：电刷位于几何中性线；电枢表面光滑（即不计电枢齿槽效应）；电枢导体均匀地分布在电枢表面。将图 1-16(c)展成平面，且取磁极轴线与电枢表面的交点为坐标原点，如图 1-17(a)所示。在离原点处作一矩形磁回路，可以写出：

$$\sum(H\cdot l)=\sum i$$

当磁路不饱和时，$\sum(Hl)\approx 2\cdot F_{ax}$，此 F_{ax} 即为电枢电流所生的作用在 x 处一个气隙上的磁动势。则上式可以改写为：

$$2F_{ax}=\sum i=\frac{N\cdot i_a}{\pi D_a}\cdot 2x$$

即

$$F_{ax}=\frac{Ni_a}{\pi D_a}\cdot x \tag{1-6}$$

式中 N 为电枢绕组总导体数；D_a 为电枢外径。

由式(1-6)可得电枢磁动势 F_{ax} 沿电枢圆周的分布规律 $F_{ax}=f(x)$ 如图 1-17(b)所示，为一个三角形分布的磁动势皮。则电枢电流所生的电枢磁密为：

$$B_{ax}=\mu_0\cdot H_{ax}=\mu_0\cdot\frac{F_{ax}}{\delta}=\mu_0\cdot\frac{1}{\delta}\cdot\frac{Ni_a}{\pi D_a}\cdot x \tag{1-7}$$

由上式可知，在极下，若气隙均匀，则 $B_{ax}\propto x$；而在极间，由于气隙很大，所以 B_{ax} 很小。为此可得电枢磁密 B_{ax} 沿电枢圆周分布规律 $B_{ax}=f(x)$ 为一马鞍形磁密波，如图 1-17(b)所示。

最后，将图 1-17(b)中的 B_{ax} 和 B_{ox} 两个磁密波叠加起来，就可以得到负载时气隙磁密 $B_{\delta x}$ 沿电枢圆周分布规律 $B_{\delta x}=f(x)$。

由图 1-17(b)可知，负载时由于电枢电流建立的电枢磁场 B_{ax}，使气隙中的合成磁场跟空载时的气隙磁场 B_{ox} 不相同了。即负载时，电枢电流所生的电枢磁动势将对气隙中的主磁场产生影响，我们称这种影响为电枢反应。

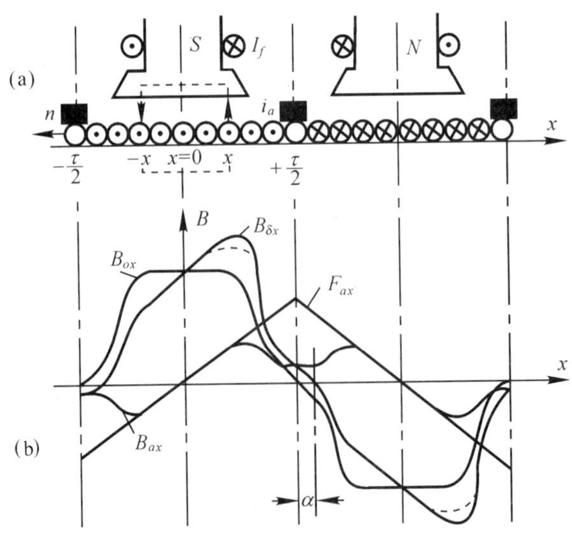

图 1-17　负载时气隙磁密波形

四、直流电机的电枢反应

为叙述方便，我们称电枢进入磁极的那个极尖为前极尖，而电枢离开磁极的那个极尖为后极尖。则由图 1-17 可知，当电刷位于几何中心线时，直流电机的电枢反应表现如下：

(1)使气隙磁场发生畸变　对电动机言，前极尖磁场被加强而后极尖磁场被削弱；发电机状态时则相反。

(2)使物理中性线偏移　气隙中各点磁密为零的连线称为物理中性线。空载时几何中心线与物理中性线是重合的。但是负载时，对电动机言，物理中性线是逆转向离开几何中性线 α 角度。发电机状态时为顺转向移过 α 角。

(3)对每极磁通的影响　当磁路不饱和时，由于在一个极距范围内 B_{ax} 的正负半波对称，所以与横坐标轴所包围的面积跟 B_{0x} 与横坐标所围面积相等，即负载时每极磁通 Φ 跟空载时 Φ_0 相等。当磁路饱和时，叠加原理不适用。这时应先求出励磁磁动势与电枢磁动势两者合成的磁动势沿圆周的分布曲线，再利用磁化曲线求得负载时气隙磁密的分布曲线，如图 1-17(b)的 $B_{\delta x}$ 的虚线所示。显然，这时磁密曲线与横轴所围面积变小了，即负载时每极磁通 Φ 比空载时 Φ_0 为小。所以磁路饱和时电枢反应会使每极磁通减少，即具有去磁作用。

以上分析的是电刷位于几何中心线上的情况。这时电枢磁场与主磁场轴线正交，如图 1-16(c)所示。我们称这时的电枢磁动势为交轴磁动势，它对主磁场的影响称为交轴电枢反应。

但是，由于装配等原因，有时电刷会离开几何中心线。仍以电动机为例，设电刷逆转向离开几何中心线一个角度 β，此时电枢磁动势 F_a 如图 1-18(a)所示。可以将 F_a 分解成 F_{aq} 和 F_{ad} 两个分量：F_{aq} 如图 1-18(b)所示，它与主磁极轴线正交，所以是交轴电枢磁动势，它对气隙磁场的影响与上面分析的交轴电枢反应是一样的；F_{ad} 如图 1-18(c)所示，其轴线与主磁极轴线重合，称之为直轴电枢磁动势，它对气隙磁场的影响，即直轴电枢反应是对主磁极直接起去磁作用。不难证明，当电动机的电刷顺转向移过 β 角时，F_{ad} 是起助磁作用的；如果是发电机状态，则电刷顺转向移时 F_{ad} 为去磁作用，而电刷逆转向移时 F_{ad} 为助磁作用。

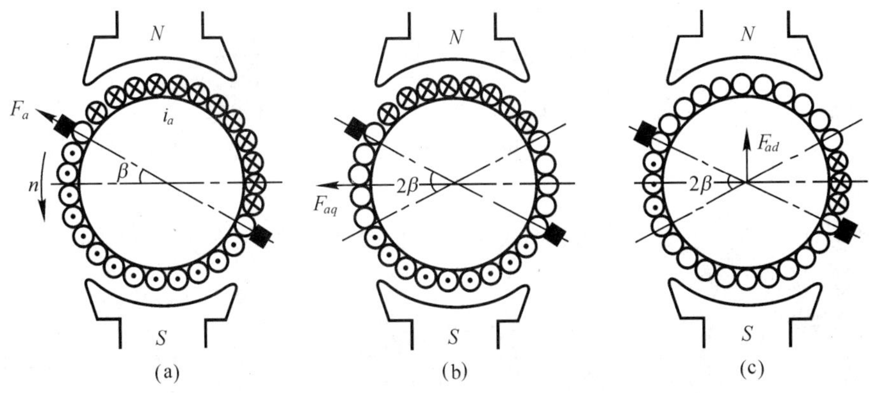

图 1-18　电刷不在几何中线上的电枢反应

§1-4 直流电机的电枢电动势、电磁转矩和电磁功率

电枢电动势 E_a、电磁转矩 T 和电磁功率 P_M 是直流电机通过电磁感应作用实现机电能量转换的三个最基本的物理量。

一、直流电机的电枢电动势

从一对正负电刷之间引出的直流电动势 E_a 称为电枢电动势。它就是一条支路内所有串联导体电动势之和，等于一根导体在一个极距范围内切割磁力线所生的平均电动势 e_{av} 乘上一条支路内的总导体数$\frac{N}{2a}$，所以有

$$E_a=\frac{N}{2a}\cdot e_{av}=\frac{N}{2a}\cdot B_{av}\cdot l\cdot v=\frac{N}{2a}\cdot\frac{\Phi}{\tau l}\cdot l\,\frac{2p\tau\cdot n}{60}=C_e\Phi n \tag{1-8}$$

其中 $C_e=\frac{pN}{60a}$称为电动势常数；Φ 为每极磁通，单位为[Wb]；n 为电枢转速，单位为[r/min]；E_a 即为从正负电刷引出的电枢电动势，单位为[V]。由式(1-8)计算 E_a，是假设电枢绕组是整距，电刷在几何中心线上，而且不计电枢的齿槽效应。

由式(1-8)可知，电枢电动势 E_a 跟每极磁通 Φ 和电枢转速 n 的乘积成正比。当 Φ 不变时，E_a 与 n 成正比；当 n 一定时，E_a 与 Φ 成正比，而跟极面下磁密分布无关。

二、直流电机的电磁转矩

由电枢电流产生的电磁转矩是电枢上所有导体所产生的转矩之和，等于一根导体所生的平均电磁力矩乘上电枢的总导体数 N，所以有

$$T=N\cdot\left(f_{av}\cdot\frac{D}{2}\right)=N\cdot(B_{av}\cdot l\cdot i_a)\cdot\left(\frac{2p\tau}{\pi}\cdot\frac{1}{2}\right)=C_M\Phi I_a \tag{1-9}$$

式中 $C_M=\frac{pN}{2\pi a}$称为转矩常数；如果每极磁通 Φ 的单位为[Wb]，电枢(总)电流 I_a 的单位为[A]，则电磁转矩 T 的单位为[N·m]。

由式(1-9)可见，电磁转矩 T 跟每极磁通 Φ 与电枢电流 I_a 的乘积成正比，当 Φ 一定时，T 与 I_a 成正比。

电动势常数 C_e 和转矩常数 C_M 都决定于电机的结构数据，对于一台已制成的电机，C_e 和 C_M 都是固定的常数，两者之间的关系为：

$$\frac{C_M}{C_e}=\frac{60}{2\pi}\approx 9.55$$

三、直流电机的电磁功率

以电动机为例，电机从直流电源吸收电能而进入电枢的电功率为 $P_M=E_a\cdot I_a$，而电枢在电磁转矩 T 的作用下以机械角速度 Ω(单位为 rad/s)恒速旋转所作的机械功率为 $T\cdot\Omega$。根据式(1-8)及式(1-9)可得：

$$P_M = E_a \cdot I_a = T \cdot \Omega \tag{1-10}$$

由上式可知，直流电动机电枢从电源吸收的电功率 $E_a \cdot I_a$，通过电磁感应作用转换成轴上的机械功率 $T \cdot \Omega$。同理可以证明，在直流发电机中，原动机克服电磁转矩 T 的制动作用所做的机械功率 $T \cdot \Omega$ 也等于通过电磁感应作用在电枢回路所得到的电功率 $E_a \cdot I_a$。我们称这部分在电磁感应作用下机械能与电能相互转换的功率为电磁功率，用 P_M 表示。

§1-5　直流电动机的运行原理

一、直流电动机的基本方程式

图 1-19 给出了直流电动机稳态运行时各量正方向的习惯规定，称为直流电动机的惯例。由图可知，电动机的电枢电动势 E_a 的正方向与电枢电流 I_a 相反，为反电动势；电磁转矩 T 的正方向与转速 n 相同，是驱动转矩；轴上的机械负载转矩 T_2 及空载转矩（如机械摩擦转矩等）T_0 均与 n 相反，是制动转矩。

1. 电动势平衡方程式

对图 1-19 的电枢回路列回程方程即得直流电动机的电动势平衡方程式为：

$$U = E_a + I_a(R_a + R_\Omega) \tag{1-11}$$

式中 R_a 为电枢回路电阻，包括电枢回路串联各绕组电阻与电刷接触电阻之和；R_Ω 是接在电枢回路中的调节电阻。

由式(1-11)可知，在电动机中，端电压 U 必大于反电动势 E_a。则直流电动机的转速公式为：

$$n = \frac{U - I_a(R_a + R_\Omega)}{C_e \cdot \Phi} \tag{1-12}$$

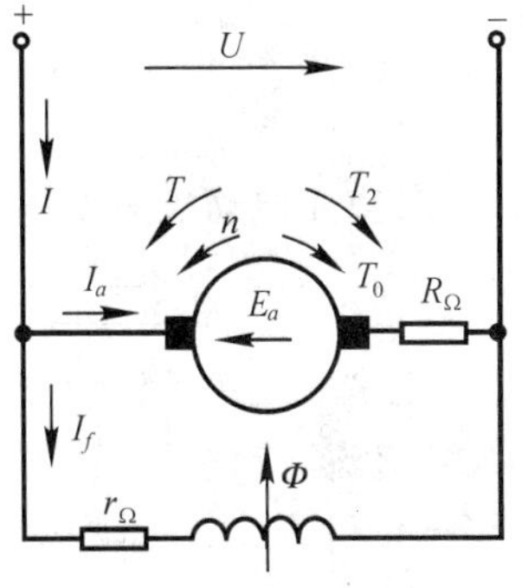

图 1-19　直流电动机惯例

同理，对图 1-19 的励磁回路列回路方程可得：

$$U = I_f(r_f + r_\Omega) = I_f \cdot R_f \tag{1-13}$$

式中 r_f 为励磁绕组电阻，r_Ω 为接在励磁回路中的调节电阻，$R_f = r_f + r_\Omega$ 为励磁回路的总电阻。

2. 转矩平衡方程式

当电枢恒速旋转时，驱动转矩 T 必须与制动转矩（$T_2 + T_0$）相平衡。为此，可以列出直流电动机稳态时的转矩平衡方程式为：

$$T = T_2 + T_0 = T_Z \tag{1-14}$$

式中 $T_Z = T_2 + T_0$ 为总负载转矩，则得出直流电动机稳定运行时的电枢电流为：

$$I_a = \frac{T_Z}{C_M \Phi} \tag{1-15}$$

由式(1-15)可知，当每极磁通 Φ 不变时，直流电动机稳态运行时的电枢电流 I_a 与轴上的总负载转矩 T_Z 成正比，I_a 的大小与方向仅由 T_Z 所决定。理想空载即时 $T_Z = 0$（$T_2 = 0$ 且 $T_0 = 0$）时，稳态电枢电流 $I_a = 0$。

3.功率平衡方程式

并励直流电动机从电源输入的电功率为:

$$\begin{aligned}P_1 &= U\cdot I = U\cdot(I_a+I_f)\\&=[E_a+I_a(R_a++R_\Omega)]\cdot I_a+U\cdot I_f\\&=E_a\cdot I_a+I_a^2(R_a+R_\Omega)+U\cdot I_f\\&=P_M+p_{cua}+p_{cuf}\end{aligned}\tag{1-16}$$

式中 $p_{cua}=I_a^2(R_a+R_\Omega)$ 为消耗在电枢回路总电阻上的铜耗;$p_{cuf}=U\cdot I_f$ 为消耗在励磁回路总电阻 $R_f=r_f+r_\Omega$ 上的铜耗,称为励磁损耗;而电磁功率 P_M 为:

$$P_M=E_aI_a=T\cdot\Omega=(T_2+T_0)\cdot\Omega=P_2+p_0\tag{1-17}$$

式中 $P_2=T_2\cdot\Omega$ 为从轴上输出的机械功率;$p_0=T_0\cdot\Omega$ 为电机本身的空载损耗,它包括铁耗 p_{Fe},机械损耗 p_Ω 及附加损耗 p_Δ,即 $p_0=p_{Fe}+p_\Omega+p_\Delta$,则并励直流电动机的功率平衡方程式为:

$$P_1=P_2+p_{cua}+p_{cuf}+p_{Fe}+p_\Omega+p_\Delta=P_2+\sum p\tag{1-18}$$

式中 $\sum p=p_{cua}+p_{cuf}+p_{Fe}+p_\Omega+p_\Delta$ 为总损耗。电机的效率为:

$$\eta=\frac{P_2}{P_1}=1-\frac{\sum p}{P_2+\sum p}\tag{1-19}$$

二、直流电动机的工作特性

直流电动机的工作特性,是指在一定的条件下,转速 n、电磁转矩 T 和效率 η 随输出功率 P_2 而变化的关系。由于 I_a 可以方便地直接测出,所以工作特性往往表示为 $n,T,\eta=f(I_a)$。直流电动机的工作特性因励磁方式的不同而有很大的差别,对于不同的励磁方式应分别予以讨论。

1.他励(并励)直流电动机的工作特性

(1)转速特性　当 $U=U_N,R_\Omega=0,I_f=I_{fN}$(额定励磁电流)时,$n=f(I_a)$ 的关系叫转速特性。据式(1-12),当 $U=U_N$ 且 $R_\Omega=0$ 时有:

$$n=\frac{U_N}{C_e\Phi}-\frac{R_a}{C_e\Phi}\cdot I_a=n_0-\frac{R_a}{C_e\Phi}\cdot I_a\tag{1-20}$$

式中 $n_0=\dfrac{U_N}{C_e\Phi}$ 为 $I_a=0$ 时的转速,即理想空载转速。由于 $I_f=I_{fN}$ 不变,如果不计电枢反应的去磁作用,则 $\Phi=\Phi_N$ 不变,因而 $n=f(I_a)$ 是一条下降的直线。通常 R_a 很小,所以随 I_a 的增加,转速 n 下降不多,如图 1-20 所示;如果考虑电枢反应的去磁作用,当 I_a 增加时,磁通 Φ 减少,则转速下降更少甚至可能上升,如图虚线所示。

(2)转矩特性　当 $U=U_N,R_\Omega=0,I_f=I_{fN}$ 时,$T=f(I_a)$ 的关系叫做转矩特性。当不计电枢反应去磁作用时,$\Phi=\Phi_N$ 不变,则

$$T=C_M\Phi\cdot I_a=C_M\Phi_N\cdot I_a=C_M''\cdot I_a$$

式中 $C_M''=C_M\cdot\Phi_N$ 为一常数。这时转矩特性是一条通过原点的直线。如果考虑电枢反应的去磁作用,当 I_a 增加时 Φ 将减少,使 T 也减少,特性如图 1-20 虚线所示。

(3)效率特性　当 $U=U_N$、$R_\Omega=0$、$I_f=I_{fN}$ 时,$\eta=f(I_a)$ 的关系叫做效率特性。据效率

定义可得：

$$\eta=\frac{P_2}{P_1}\times 100\%=\left[1-\frac{p_{cuf}+p_{Fe}+p_{\Omega}+p_{\Delta}+I_a^2R_a}{U(I_a+I_f)}\right]\times 100\%$$

$$\approx\left[1-\frac{p_{cuf}+p_{Fe}+P_{\Omega}+p_{\Delta}+I_a^2R_a}{U\cdot I_a}\right]\times 100\% \qquad (1\text{-}21)$$

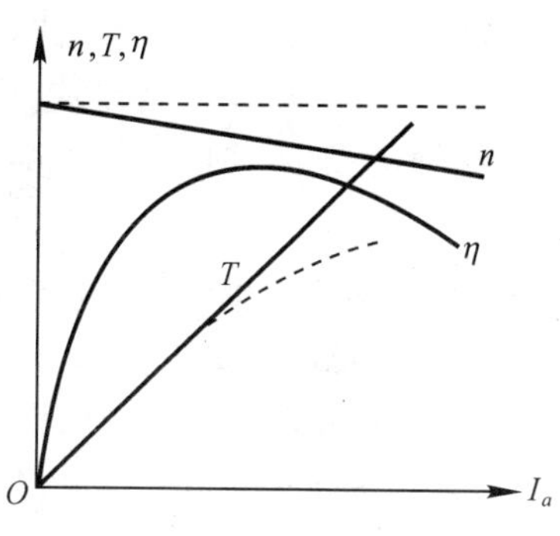

图 1-20　他(并)励直流电动机的工作特性

式中励磁损耗 p_{cuf}、铁耗 p_{Fe}、机械损耗 p_{Ω} 以及附加损耗 p_{Δ} 可以认为不随负载而变化，称之为不变损耗。而电枢回路铜耗 $p_{cua}=I_a^2\cdot R_a$ 随负载时电枢电流的平方而变化，称之为可变损耗。可以作出效率 η 跟 I_a 的变化曲线 $\eta=f(I_a)$ 如图 1-20 所示。为了求出最大效率及所对应的电枢电流值，可令 $\mathrm{d}\eta/\mathrm{d}I_a=0$，得：

$$p_{cuf}+p_{Fe}+p_{\Omega}+p_{\Delta}=I_a^2\cdot R_a \qquad (1\text{-}22)$$

由此式可知，当电动机的不变损耗等于可变损耗时，其效率最高。效率特性的这个特点具有普遍意义，可以适用于其他电机。电机通常被制成当该机运行于额定状态时效率最高。则他励直流电动机额定运行时的总损耗可近似写成 $\sum p=2\cdot I_N^2\cdot R_a$，因为 $\sum p=U_N\cdot I_N-P_N$，则得估算电枢回路总电阻的公式如下：

$$R_a=\frac{1}{2}\cdot\frac{U_N\cdot I_N-P_N}{I_N^2} \qquad (1\text{-}23)$$

2. 串励直流电动机的工作特性

(1) 转速特性

串励电动机的转速特性是指当 $U=U_N$，$R_{\Omega}=0$ 且 $I_f=I_a$ 时的 $n=f(I_a)$ 关系曲线。如果磁路未饱和，主磁通 Φ 与励磁电流成正比，即 $\Phi=K_f\cdot I_f=K_f\cdot I_a$。则

$$n=\frac{U_N}{C_eK_fI_a}-\frac{R_a'}{C_eK_f}=\frac{U_N}{C_e'\cdot I_a}-\frac{R_a'}{C_e'} \qquad (1\text{-}24)$$

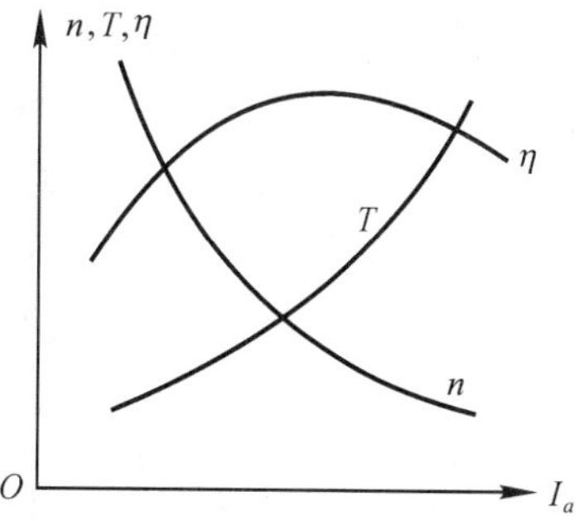

图 1-21　串励电动机的工作特性

式中 $R_a'=R_a+R_s$ 为串励电动机电枢回路总电阻；R_s 为串励绕组电阻；$C_e'=C_e\cdot K_f$ 为一常数；K_f 为比例系数。

据式(1-24)可得串励电动机的转速特性如图 1-21 所示。由图知，串励电动机转速随负载的增加而迅速降低，这是因为 I_a 的增加使 I_aR_a' 和主磁通 Φ 增加的结果。串励电动机轻载或空载时，由于 $I_f=I_a$ 很小使主磁通 Φ 很小，要产生一定的反电动势 $E_a=C_e\Phi n$ 与端电压 U_N 相平衡，电动机的转速将很高，导致"飞车"现象，使电机受到严重破坏。所以串励电动机不允许在小于 15% ～ 20% 额定负载的轻载情况下运行，更不允许空载运行，也不允许用皮带等容易发生断裂或打滑的传动机构。

(2) 转矩特性

串励电动机的转矩特性是指当 $U=U_N$，$R_{\Omega}=0$ 且 $I_f=I_a$ 时的 $T=f(I_a)$ 关系曲线。如果磁路不饱和，则有：

$$T=C_M\cdot K_fI_a\cdot I_a=C_M'\cdot I_a^2$$

式中常数 $C_M' = C_M \cdot K_f$。由此式可知，当磁路不饱和时，串励电动机的 $T \infty I_a^2$，其转矩特性如图 1-21 示。即当 I_a 增加时，T 成平方关系增长。所以串励电动机有较大的起动转矩与过载能力。当负载很大时，$I_f = I_a$ 很大使磁路趋向饱和，这时 Φ 接近不变，$T = f(I_a) \infty I_a$ 成为直线。

鉴于串励电动机的转速特性很软而在相同的 I_a 下具有比他励(或并励)大得多的转矩的特点，串励电动机最适宜拖动诸如电力机车等牵引机械和重载起动的场合。

至于串励电动机的效率特性，和他(并)励电动机相似，不再重复。

3. 复励直流电动机的工作特性

(1) 积复励电动机　积复励电动机主磁极上的总励磁磁动势为 $\sum F = F_f + F_s$，在理想空载时 $F_s = 0$，$\sum F = F_f \neq 0$，主磁通 $\Phi_0 \neq 0$，所以有一个理想空载转速 $n_0 = \dfrac{U_N}{C_e\Phi_0}$，没有飞车危险。当负载增加时 $F_s = I_a \cdot N_s$ 也增加，$\sum F = F_f + F_s$ 增加使主磁通 Φ 增加，其转速比他(或并)励时下降更多。所以其转速特性介于他(并)励与串励电动机之间，如图 1-22 所示。

(2) 差复励电动机　差复励电动机主磁极上的总励磁磁动势为 $\sum F = F_f - F_s$。在空载时也有一个理想空载转速 n_0，因而也不会飞车。负载增加时，$F_s = I_a \cdot N_s$ 增加使 $\sum F$ 减小，导致主磁通 Φ 减少，其转速要升高。所以差复励电动机的 $n = f(I_a)$ 特性为上升曲线，如图 1-22 所示。

例 1-3　某并励直流电动机额定数据如下：$P_N = 96[\text{kW}]$，$U_N = 440[\text{V}]$，$I_N = 255[\text{A}]$，$I_{fN} = 5[\text{A}]$，$n_N = 500[\text{r/min}]$。电枢回路总电阻 $R_a = 0.078[\Omega]$，电枢反应忽略不计。试求：

(1) 额定运行时的输出转矩 T_N 与电磁转矩 T。

(2) 理想空载转速 n_0 与实际空载转速 n_0'。

(3) 于额定运行时突然在电枢回路中串入电阻 $R_\Omega = 0.122[\Omega]$，R_Ω 串入初瞬时的电枢电流与转速各为多少?

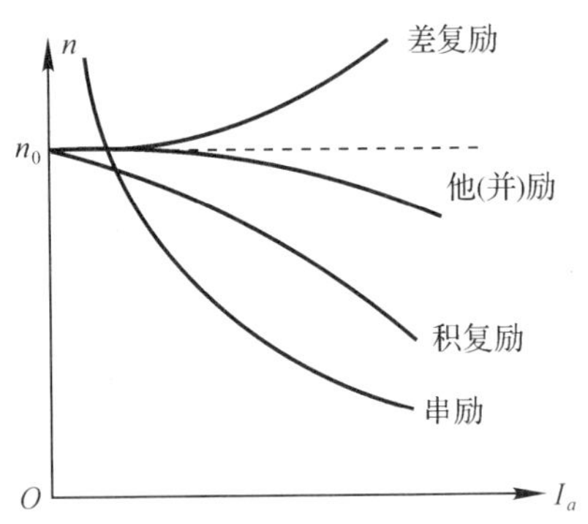

图 1-22　复励电动机的转速特性

(4) 保持额定运行时总负载转矩不变，则串入 R_Ω

$= 0.122[\Omega]$ 而稳定后的电枢电流与转速各为多少?

解：(1)

$$T_N = \frac{P_N}{\Omega_N} = \frac{P_N}{\frac{2\pi n_N}{60}} = \frac{96000 \times 60}{2\pi \times 500} = 1833.5[\text{N} \cdot \text{m}]$$

$$I_{aN} = I_N - I_{fN} = 255 - 5 = 250[\text{A}]$$

$$E_{aN} = U_N - I_{aN}R_a = 440 - 250 \times 0.078 = 420.5[\text{V}]$$

$$T = \frac{P_M}{\Omega_N} = \frac{E_{aN} \cdot I_{aN}}{\frac{2\pi n_N}{60}} = \frac{420.5 \times 250 \times 60}{2\pi \times 500} = 2008[\text{N} \cdot \text{m}]$$

(2) 由于 $I_f = I_{fN}$ 不变且不计电枢反应的去磁作用，所以空载时主磁通 Φ_0 与额定运行时 Φ_N 相等，而额定运行时的 $C_e\Phi_N$ 可用额定数据求得：

$$C_e\Phi_N = \frac{U_N - I_{aN}R_a}{n_N} = \frac{E_{aN}}{n_N} = \frac{420.5}{500} = 0.841$$

所以

$$n_0 = \frac{U_N}{C_e\Phi_0} = \frac{440}{0.841} = 523.2[\text{r/min}]$$

由于 Φ 不变且 n 变化不大，可以认为从空载到额定负载 $p_{\text{Fe}} + p_\Omega + p_\Delta = p_0$ 不变即 T_0 不变，则

$$T_0 = T - T_N = 2008 - 1833.5 = 174.5[\text{N} \cdot \text{m}]$$

又

$$C_M\Phi_N = 9.55C_e\Phi_N = 9.55 \times 0.841 = 8.032$$

得

$$I_{ao} = \frac{T_0}{C_M\Phi_N} = \frac{174.5}{8.032} = 21.73[\text{A}]$$

则

$$n_0' = \frac{U_N - I_{ao} \cdot R_a}{C_e\Phi_o} = \frac{440 - 21.73 \times 0.078}{0.841} = 521.2[\text{r/min}]$$

(3) 在 R_Ω 刚串入瞬间，由于惯性 $n = n_N = 500[\text{r/min}]$ 来不及变，所以 $E_a = C_e\Phi_N \cdot n = C_e\Phi_N n_N = E_{aN} = 420.5[\text{V}]$ 也来不及变。则初瞬电枢电流为：

$$I_a = \frac{U_N - E_a}{R_a + R_\Omega} = \frac{440 - 420.5}{0.078 + 0.122} = 97.5[\text{A}]$$

(4) 由于 Φ 及 T_Z 不变，所以稳定后的电枢电流 $I_a = \frac{T_Z}{C_M\Phi} = \frac{T_N + T_0}{C_M\Phi_N} = I_{aN} = 250[\text{A}]$ 不变。而稳态时的反电动势为：

$$E_a = U_N - I_a(R_a + R_\Omega) = 440 - 250 \times (0.078 + 0.122) = 390[\text{V}]$$

则稳定后的转速为：

$$n = n_N \cdot \frac{E_a}{E_{aN}} = 500 \times \frac{390}{420.5} = 463.7[\text{r/min}]$$

§1-6　直流发电机的运行原理(*)

一、直流发电机的基本方程式

图 1-23 给出了并励直流发电机各量正方向的习惯规定，即发电机惯例。由图可知，在发电机中，电枢电动势 E_a 与电枢电流 I_a 方向一致；T_1 为原动机输入的驱动转矩，转速 n 与 T_1

方向一致，而电磁转矩 T 与 n 方向相反，是制动转柜。

1. 电动势平衡方程式

对图 1-23 所示的电枢回路和励磁回路列回路方程可得：

$$\left.\begin{aligned} E_a &= U + I_a \cdot R_a \\ U &= I_f(r_f + r_\Omega) = I_f R_f \end{aligned}\right\} \tag{1-25}$$

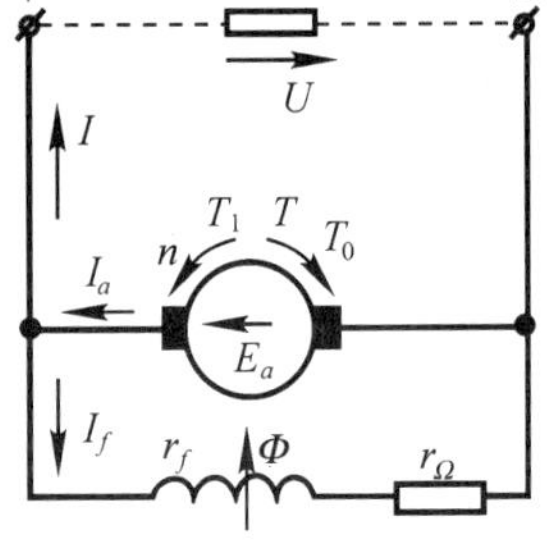

图 1-23　直流发电机惯例

其中 $R_f = r_f + r_\Omega$ 为励磁回路总电阻，而 r_f 为励磁绕组本身电阻。由(1-25) 式可知，发电机的电枢电动势 E_a 必大于端电压。

2. 转矩平衡方程式

发电机转速恒定时转矩平衡方程式为：

$$T_1 = T + T_0 \tag{1-26}$$

3. 功率平衡方程式

从原动机输入的机械功率为：

$$P_1 = T_1 \cdot \Omega = (T + T_0) \cdot \Omega = P_M + p_0$$

式中电磁功率 P_M 为：

$$P_M = T \cdot \Omega = E_a \cdot I_a = P_2 + p_{cuf} + p_{cua}$$

式中 $P_2 = U \cdot I$ 为发电机输出的电功率；$p_{cuf} = U \cdot I_f$ 为励磁回路消耗的功率；$p_{cua} = I_a^2 \cdot R_a$ 为电枢回路总铜耗。

空载损耗 $p_0 = p_{Fe} + p_\Omega + p_\Delta$。式中 p_{Fe} 为铁耗；p_Ω 为机械摩擦损耗；p_Δ 为附加损耗。则

$$\left.\begin{aligned} P_1 &= P_2 + \sum p \\ \eta &= \frac{P_2}{P_1} = 1 - \frac{\sum p}{P_2 + \sum p} \end{aligned}\right\} \tag{1-27}$$

式中 $\sum p = p_{Fe} + p_\Omega + p_\Delta + p_{cuf} + p_{cua}$ 为发电机的总损耗。

二、直流发电机的运行特性

1. 他励直流发电机的空载特性

空载特性可以由实验测得。由原动机保持转速恒定，发电机输出端开路，调节励磁电流 I_f，让 I_f 由零开始单调增长直至 $U_0 \approx (1.1 \sim 1.3)U_N$，然后让 I_f 单调减小至零，再反向单调增加直至负的 U_0 为 $(1.1 \sim 1.3)U_N$，然后又使 I_f 单调减小至零。在调节过程中读取空载端电压 U_0 与励磁电流 I_f 即得空载特性 $U_0 = f(I_f)$，如图 1-24 所示。

由于铁磁材料的磁滞现象，使测得的 $U_0 = f(I_f)$ 曲线呈一闭合的回线。由于电机有剩磁，使得 $I_f = 0$ 时仍有一个很低的电压，称之为剩磁电压，其值约为 U_N 的 2% ~ 4%。实际使用时，一般取回线的平均线(如图中的虚线所示) 作为空载特性。

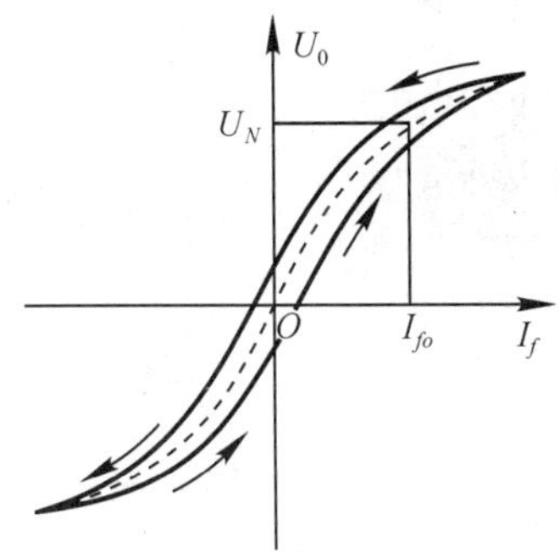

图 1-24　他励发电机的空载特性

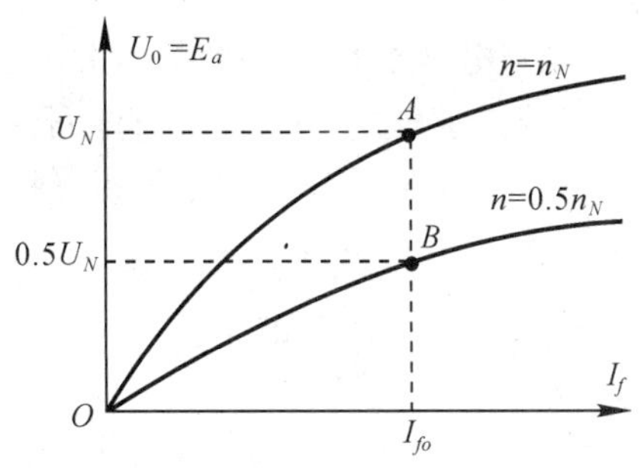

图 1-25　他励发电机不同转速的空载特性

由于他励发电机空载时 $U_0=E_a$，所以空载特性实质上即为 $E_a=f(I_f)$ 关系曲线。又因为 $E_a=C_e\Phi\cdot n\infty\Phi$，为此空载特性与电机的磁化曲线 $\Phi=f(I_f)$ 形状相似，同理，只要测得某恒定转速下的一条空载特性，根据 $E_a\infty n$ 就可以求出其他转速下的空载特性，如图 1-25 所示。

由于空载特性实质上反映了励磁电流与由它建立的主磁通在电枢中感应的电动势之间的关系，而与 I_f 的获得方式无关。所以他励直流发电机的空载特性同样适合于该机采用其他励磁方式或运行于电动机状态时 I_f 和它所对应的 E_a 之间的关系。

2. 他励直流发电机的外特性

外特性也可用实验方法测得。将发电机接上负载，保持 $n=n_N$ 及 $I_f=I_{fN}$ 不变，然后改变负载电阻使 I 从零增加到 I_N，读取 U，I 即得外特性，如图 1-26 所示。

他励发电机的外特性略微下垂，其原因是电枢电流 I_a 在 R_a 上的压降以及电枢反应的去磁作用使主磁通减小导致电动势的降低。

在图 1-23 中，保持 $R_f=r_f+r_\Omega$ 为额定运行时的数值 R_{fN} 不变，仿上述方法可测得并励发电机的外特性如图 1-26 所示。由图可知，并励发电机的外特性比他励时下降得更多。这是因为在并励时，除了由于电枢反应的去磁作用及电枢回路的电阻压降使端电压下降之外，还由于端电压的下降使励磁电流 $I_f=\dfrac{U}{R_{fN}}$ 下降导致电动势 E_a 进一步减小之故。

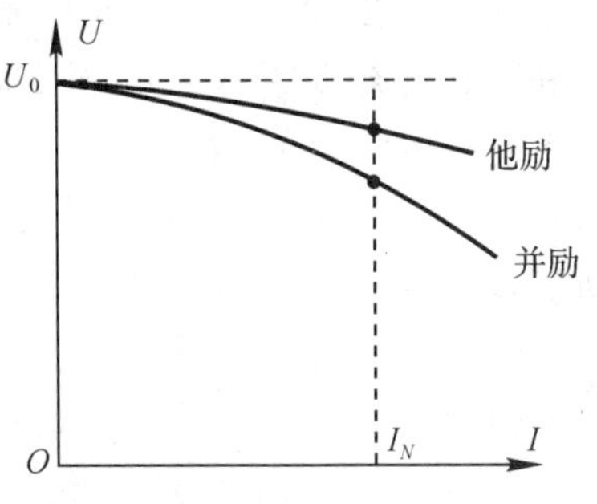

图 1-26　他励与并励发电机外特性

3. 并励直流发电机的自励过程

并励和复励直流发电机的励磁电流都取自发电机本身，不需要专门的直流励磁电源。现以并励发电机为例说明“自励发电机”的空载自励建压的过程。

(1) 自励过程　当发电机在原动机拖动下以额定转速 n_N 恒速旋转时，由于主磁路总有剩磁，在电枢绕组中产生感应电动势 E_r，从而在发电机两端点建立剩余电压 U_r，在 U_r 的作用下，有一个不大的励磁电流 $I_f=\dfrac{U_r}{R_f}$ 流过励磁绕组并建立励磁磁动势。如果接法正确，这个不大的励磁磁动势的方向与原剩磁方向一致，则主磁通就会增加，使 E_a 及 U_0 增加从而使 I_f 增加。而 I_f 的增加又使主磁通增加，导致 U_0 的进一步提高。如此反复作用，端电压便自动建立起来。

(2) 自励建压的稳定工作点　并励发电机空载时端电压为$U_0 = E_a - I_{a0}R_a \approx E_a$。即空载特性 U_0 与 I_f 的关系 $U_0 = f(I_f)$ 可用 $E_a = f(I_f)$ 来表示。

对于励磁回路,自励过程中电压方程式应为:

$$U_0 = I_f \cdot R_f + L_f \cdot \frac{\mathrm{d}i_f}{\mathrm{d}t}$$

或

$$L_f \cdot \frac{\mathrm{d}I}{\mathrm{d}t} = U_0 - I_f R_f$$

式中 L_f 为励磁绕组的自感系数,$I_f \cdot R_f$ 是 I_f 在励磁回路总电阻 R_f 上的电压降。当 $R_f = r_f + r_\Omega$ 不变时,电压降与 I_f 成正比,其关系是一条通过原点的直线,如图 1-27 中的$\overline{OP}$。该直线的斜率为:

$$\tan a = \frac{I_f \cdot R_f}{I_f} = R_f$$

故称之为励磁回路的电阻线,简称场阻线。

由图 1-27 可知,自励过程开始时,由于 $L_f \cdot \frac{\mathrm{d}I_f}{\mathrm{d}t} = U_0 - I_f R_f = \overline{ac} - \overline{bc} = \overline{ab} > 0$,所以励磁电流 I_f 随时间的增加而增加。当 I_f 增长到 $I_f = I_{f0}$ 即图中的交点 A 时,$L_f \cdot \frac{\mathrm{d}I_f}{\mathrm{d}t} = U_0 - I_f R_f = 0$ 励磁电流不再变化。

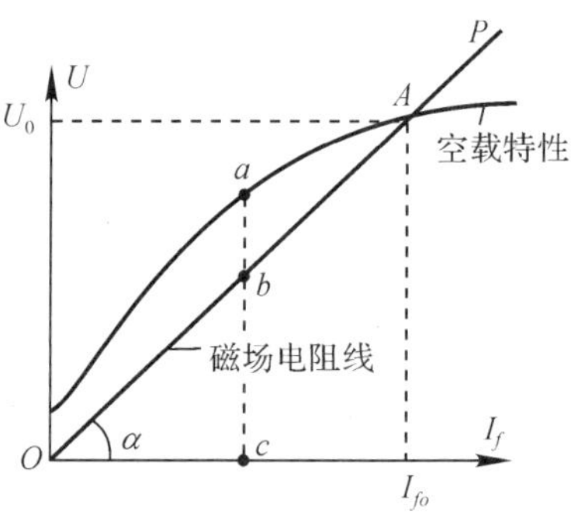

图 1-27　并励发电机的自励过程

由此可知,自励建压的稳定工作点即为空载特性与场阻线的交点,对应的 U_0 和 I_{f0} 即为稳定后的空载端电压和励磁电流。如果 $n = n_N$ 不变而使 R_f 增加,场阻线的 $a = \arctan R_f$ 变大,交点沿空载特性下降,则端电压降低;如果 R_f 保持不变而使 n 升高,空载特性按比例抬高,则交点也随之升高,使端电压提高。所以,改变转速 n 或励磁回路的调节电阻 r_Ω,可以方便地调节端电压。

(3) 自励条件

(a) 电机必须有剩磁。如果没有剩磁,须用其他直流电源对之“充磁”;

(b) 励磁绕组的接法与电机转向的配合保证励磁电流产生的磁通方向与剩磁方向一致;

(c) 励磁回路总电阻不能太大而且发电机的转速不能太低。

§1-7　直流电机的换向

一、换向过程的物理现象

1. 换向过程

以图 1-28 所示的单迭绕组为例,且假设电刷宽度正好等于换向片宽度。

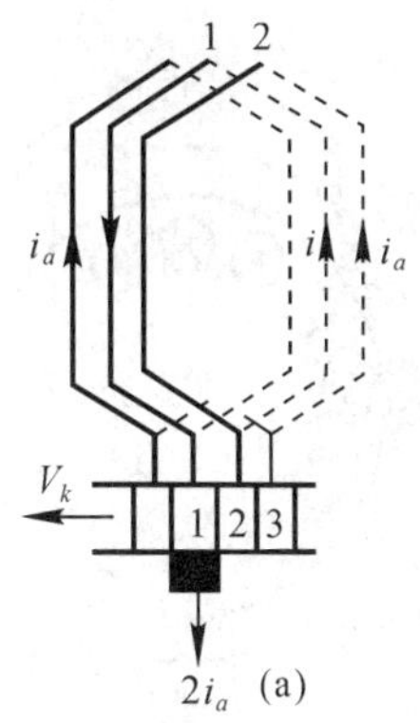

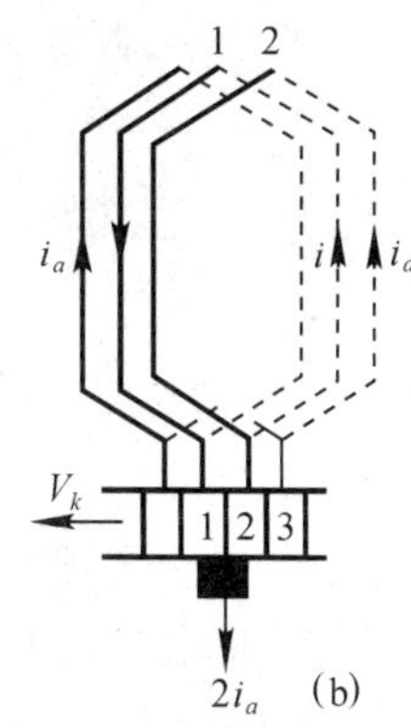

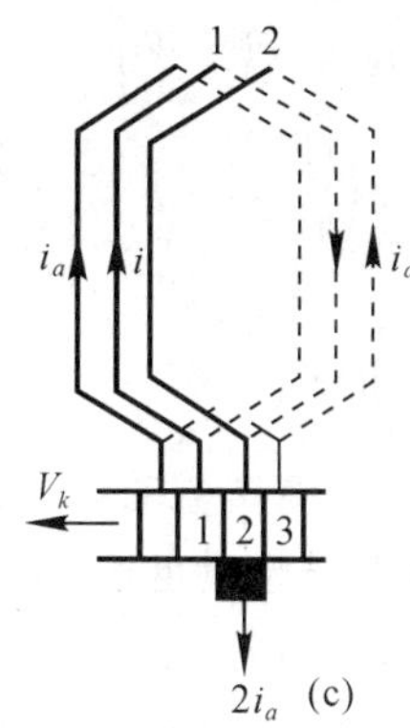

图 1-28　换向元件中的电流换向过程

当电枢绕组与换向器一起旋转时，电枢绕组的各个元件依次被电刷所短路。在图1-28(a)时刻，元件1即将被电刷短路而尚未短路，该元件中电流 i 的大小及方向与右支路电流 i_a 相同，设这时 $i=+i_a$ 为正。当旋转至(b)位置时，电刷将元件1短路，这时右支路电流 i_a 的一部分经片2直接流向电刷，使得从元件1流过的电流 $i<i_a$ 而减少了。当再转到位置(c)时，元件1结束被电刷短路的状态，这时元件1电流 i 的大小与方向跟左支路电流相同，即 $i=-i_a$，负号表示 i 的方向与原来正方向相反。被电刷所短路的元件（称为换向元件）从短路开始至短路结束，它从一条支路转换到另一条支路，其电流从 $+i_a$ 变为 $-i_a$ 换了一个方向。换向元件中电流的这种变化过程，称为换向过程。从换向开始（即换向元件被电刷短路开始）至换向结束（即换向元件结束了被电刷短路状态时）所需的时间为换向周期，用 T_k 表示。

如果换向元件中电动势为零，则在被电刷短路的闭合回路中不会有环流。这时换向元件中的电流 i 由电刷与相邻两换向片的接触面积所决定，其变化曲线 $i=f(t)$ 是一条直线，称之为直线换向，如图1-29中的 i_L。实践证明，直线换向时，直流电机不会发生火花，是理想情况。

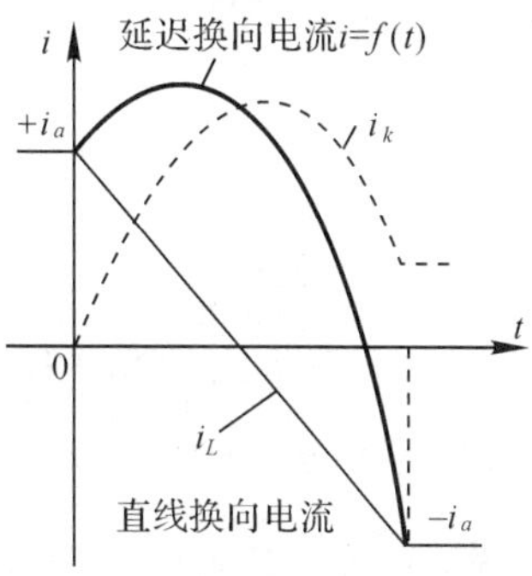

图 1-29　换向元件中的电流变化

2. 换向元件中的感应电动势

如果电刷位于几何中性线而电机未装换向极，则在换向元件中有以下两种感应电动势：

(1) 电抗电动势 e_r　换向元件中的电流在换向过程中随时而变，必然在换向元件内引起自感电动势 e_L；如果电刷的宽度大于换向片的宽度，则被电刷短路的元件不只一个，处于同一槽中的其他换向元件中电流的变化也会在本换向元件产生互感电动势 e_M。换向元件中的自感电动势和互感电动势之和称为电抗电动势 e_r，即

$$e_r=e_L+e_M=-L_r\cdot\frac{\mathrm{d}i}{\mathrm{d}t}$$

式中 L_r 为换向元件的总电感系数，包括自感系数与互感系数。在 $\Delta t=T_k$ 时间内，换向元件中的电流从 $+i_a$ 变到 $-i_a$。即 $\Delta i=-2i_a$，则电抗电动势的平均值为：

$$e_r=L_r\cdot\frac{\Delta i}{\Delta t}=+L_r\frac{2i_a}{T_k}$$

设电刷宽度 b_s 等于换向片宽度 b_k，换向片数为 k，则换向周期 T_k 为：

$$T_k=\frac{b_s}{u_k}=\frac{b_k}{u_k}=\frac{\pi D_k/k}{\pi D_k\cdot n/60}=\frac{60}{k\cdot n}$$

由上可知，$e_r\propto\frac{i_a}{T_k}\propto I_a\cdot n$，电机的负载越重（即 I_a 越大）或转速越高，电抗电动势越大。

根据电磁感应定律，电抗电动势的方向是企图阻止换向电流的变化，因此，e_r 的方向必与换向前的元件电流 i_a 的方向一致，图 1-30 给出了电动机状态时 e_r 的方向。

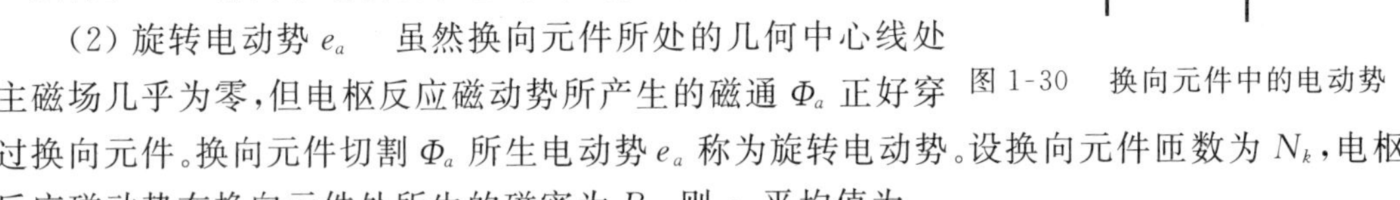

图 1-30　换向元件中的电动势

(2) 旋转电动势 e_a　虽然换向元件所处的几何中心线处主磁场几乎为零，但电枢反应磁动势所产生的磁通 Φ_a 正好穿过换向元件。换向元件切割 Φ_a 所生电动势 e_a 称为旋转电动势。设换向元件匝数为 N_k，电枢反应磁动势在换向元件处所生的磁密为 B_a，则 e_a 平均值为：

$$e_a=2B_aN_k\cdot l\cdot v_a \tag{1-28}$$

由于电枢线速度 $v_a\propto n$，而 B_a 可近似认为与 I_a 成正比，则 $e_a\propto I_a\cdot n$，也就是当负载越重或转速越高时，旋转电动势 e_a 越大。

据右手定则可以判定，无论是发电机或是电动机状态，e_a 的方向总是与换向前元件中电流方向相同，即 e_a 与 e_r 方向相同，也是阻碍换向的，如图 1-30 所示。

3. 电刷下产生火花的电磁原因

在合成电动势 $\sum e=e_a+e_r$ 的作用下，在换向元件经电刷短路而成的闭合回路中产生环流 i_k，即

$$i_k=\frac{\sum e}{\sum R}=\frac{e_a+e_r}{\sum R} \tag{1-29}$$

式中 $\sum R$ 为闭合回路中的总电阻，主要是电刷与两片换向片之间的接触电阻。由于 $\sum e=e_r+e_a>0$ 所以 $i_k>0$ 与换向前电流同方向，如图 1-29 所示。

附加电流 i_k 加在 i_L 上，换向元件中的电流为 $i=i_L+i_k$，使换向元件的电流改变方向的时间比直线换向时为迟，所以称为延迟换向。当 $t=T_k$ 即电刷将离开换向片 1 而使由电刷与换向元件构成的闭合回路突然被断开时，由 i_k 所建立的电磁能量 $\frac{1}{2}i_k^2\cdot L_k$ 要释放出来（其中 L_k 为换向元件的自感系数）。当这部分能量足够大时，它将以火花形式从后刷边放出，这就是电刷下产生火花的电磁性原因。此外，还有机械原因（如换向器偏心，电刷在刷盒中松动或被卡住等）和化学方面的原因（如高空缺氧或腐蚀性气体使换向器表面的氧化亚铜受破坏等）。

火花使电刷及换向器表面损坏，严重时将使电机遭到破坏性损伤，使电机不能继续运行，而且火花还使附近的电子器件和通讯系统受到干扰，必须克服之。

二、改善换向的方法

要改善换向，减小火花，就必须使 $i_k=0$。这可用选择合适牌号的电刷增加换向回路的

总电阻$\sum R$来实现；而主要办法是让$\sum e=0$，最常用且最有效的办法是装换向极。

换向极的作用是在换向元件所在处建立一个磁动势F_k，其一部分用来抵消电枢反应磁动势，剩下部分用来在气隙建立磁场B_k，换向元件切割B_k产生感应电动势e_k，且让e_k的方向与e_r相反，使换向元件中的合成电动势$\sum e=e_r-e_k=0$，成为直线换向，从而消除电磁性火花。为此，对换向极的要求是：

(1) 换向极应装在几何中性线处。

(2) 换向极的极性应使所生的B_k方向与电枢反应磁动势的方向相反，如图1-31。

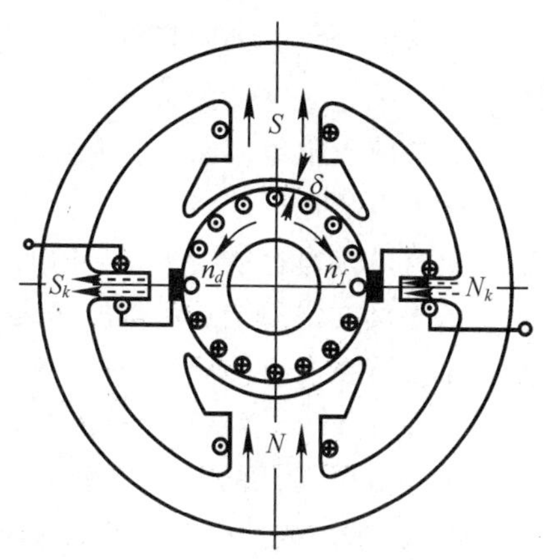

图1-31　换向极电路与极性

(3) 为使换向电动势e_k在任何负载下都能抵消e_r，要求$e_k\propto I_a\cdot n$，应使$B_k\propto I_a$。为此，换向极绕组必须与电枢绕组串联，而且换向极磁路应为不饱和。

三、环火及其防止

电枢反应将使气隙磁场发生畸变，位于$B_{\delta\max}$处的电枢元件的感应电动势增大，导致所连结的两换向片之间的电压u_k增大。当片间电压u_k超过一定数值时，换向片间便会发生火花，称之为电位差火花。

当电枢电流急剧增加时，例如突然短路或冲击负载等，一方面由于e_k跟不上e_r增大，使换向严重延迟从而引起电刷下较强的电磁性火花；另方面由于磁场严重畸变而导致非电刷下的片间电位差火花。由于换向器的转动以及电动力的作用，这两种火花被拉长且可能汇合在一起，形成一股跨越正负电刷间的电弧，使整个换向器被一圈火环所包围，这就是环火。环火使电枢绕组直接短路，使换向器、电刷及电枢绕组在短时内被烧坏，必须予以防止。

防止环火最有效的办法是装置补偿绕组，它装在主磁极的极靴里且与电枢绕组串联，它所生的磁动势方向应与电枢反应磁动势相反。这样，一方面使气隙磁场不再畸变，防止产生电位差火花；另方面使换向极的负担也减轻了，对改善换向有利，从而避免出现环火现象。

习题与思考题

1-1　在直流电动机的电枢绕组中为什么也有感应电动势？其方向与电流方向有何关系？在直流发电机空载即电枢电流为零时，有否电磁转矩？为什么？

1-2　直流电机机座中的磁通是恒定不变呢或是大小正负交变的或是旋转的？而电枢铁芯中的磁通又是什么性质？

1-3　直流电机的电枢铁芯为什么必须采用硅钢片迭成而机座和主磁极可以采用整块的铁？为什么有的主磁极也采用薄钢板迭成？

1-4　直流电机各个主磁极的励磁线圈为什么都互相串联成一条支路而不采用并联的方式？

1-5 什么是电机的可逆原理?接在直流电源上运行的直流电机,如何判别它是运行于发电机状态还是电动机状态?

1-6 如果将电枢组装在定子上而主磁极装在转子上,换向器和电刷应该如何装置才能作直流电机运行?

1-7 直流电机电枢绕组是旋转的而电枢绕组中的电流又是交流电,试问电枢电流所建立的磁场在空间上是恒定的呢或是交变的或是旋转的?为什么?

1-8 某直流发电机的额定功率 $P_N = 145[\mathrm{kW}]$,额定电压 $U_N = 230[\mathrm{V}]$,额定转速 $n_N = 1450[\mathrm{r/min}]$,额定效率 $\eta_N = 90\%$,求该发电机的额定电流及额定运行时输入功率?

1-9 某直流电动机的额定功率 $P_N = 22[\mathrm{kW}]$,额定电压 $U_N = 220[\mathrm{V}]$,额定效率 $\eta = 83\%$,求该电动机的额定电流及额定运行时的输入功率?

1-10 主磁通既链着电枢绕组又链着励磁绕组,为什么只在电枢绕组中有感应电动势而在励磁组中没有感应电动势?

1-11 直流电机中换向器与电刷的作用是什么?

1-12 某六极直流电机的电枢绕组单迭绕组,如保持元件数、每个元件匝数及其他条件不变,将之改接成单波绕组,试比较它们的端电压、电枢电流、额定容量和电枢电阻的大小。

1-13 已知直流电机的极对数 $p = 2$,槽数 $z = 22$,元件数及换向片数 $s = k = 22$,试画出单迭绕组展开图、磁极和电刷位置,并画出并联支路图。

1-14 某四极直流电机,$z = s = k = 19$,试画出单波绕组展开图、磁极与电刷位置及并联支路图。

1-15 一台四极单迭直流电机,试问:

(1) 若取下一只刷杆,或取下相邻的两只刷杆,或取下相对的两只刷杆,对电机的运行有什么影响?

(2) 如有一个元件断线,对运行有什么影响?

(3) 若有一个主磁极失磁,将产生什么后果?

1-16 一台四极直流电动机,试分析下列情况有无电磁转矩:

(1) 若主磁极极性为 N-N-S-S;

(2) 主磁极极性为 N-N-S-S,但将两 N 极之间和两 S 极之间的电刷去掉,另外两个电刷加直流电压。

1-17 保持转速和励磁电流不变,直流电机空载时的电枢电动势与负载时的电枢电动势是否相同?为什么?

1-18 某六极直流电机电枢为单迭绕组,每极磁通 $\Phi = 2.1 \times 10^{-2}[\mathrm{Wb}]$,电枢总导体数 $N = 398$,转速 $n = 1500[\mathrm{r/min}]$,求电枢电动势 E_a;若其他条件不变,绕组改变为单波,求电枢电动势 $E_a = 230[\mathrm{V}]$ 时的转速。

1-19 某四极直流电机,电枢槽数 $z = 36$,单迭绕组,每槽导体数为 6,每极磁通 $2.2 \times 10^{-2}[\mathrm{Wb}]$、电枢电流 $I_a = 800[\mathrm{A}]$,问此时电磁转矩为多少?如改为单波绕组,保持支路电流不变,其电磁转矩为多少?

1-20 某四极他励直流电动机电枢绕组为单波,电枢总导体数 $N = 372$,电枢回路的总电阻 $R_a = 0.208[\Omega]$,运行于 $U = 220[\mathrm{V}]$ 的直流电网并测得转速 $n = 1500[\mathrm{r/min}]$,每极

磁极 $\Phi = 0.01[\text{Wb}]$,铁耗 $p_{\text{Fe}} = 362[\text{W}]$,机械损耗 $p_{\Omega} = 204[\text{W}]$,附加损耗忽略不计。试问:

(1) 此时该机是运行于发电机状态还是电动机状态?

(2) 电磁功率与电磁转矩为多少?

(3) 输入功率与效率为多少?

1-21 某他励直流电动机额定电压 $U_N = 220[\text{V}]$,额定电流 $I_N = 10[\text{A}]$,额定转速 $n_N = 1500[\text{r/min}]$,电枢回路总电阻 $R_a = 0.5[\Omega]$,试求:

(1) 额定负载时的电磁功率和电磁转矩;

(2) 保持额定时励磁电流及总负载转矩不变而端电压降为 190[V],则稳定后的电枢电流与转速为多少?(电枢反应忽略不计)。

1-22 某并励直流电动机额定电压 $U_N = 220[\text{V}]$,额定电流 $I_N = 75[\text{A}]$,额定转速 $n_N = 1000[\text{r/min}]$,电枢回路总电阻 $R_a = 0.26[\Omega]$,额定时励磁回路总电阻 $R_{fN} = 91[\Omega]$,铁耗及附加损耗 $p_{\text{Fe}} + p_{\Delta} = 600[\text{W}]$,机械损耗 $p_{\Omega} = 198[\text{W}]$,电枢反应去磁作用不计。试求:

(1) 额定运行时的电磁转矩 T 与输出转矩 T_N;

(2) 理想空载转速;

(3) 实际空载电流 I_0 及实际空载转速。

1-23 某直流并励电动机额定数据如下:$P_N = 17[\text{kW}]$,$U_N = 220[\text{V}]$,$n_N = 3000[\text{r/min}]$,$I_N = 94[\text{A}]$,电枢回路总电阻 $R_a = 0.316[\Omega]$。实际空载电枢电流 $I_{ao} = 2.8[\text{A}]$,实际空转转速 $n_0' = 3440[\text{r/min}]$,忽略电枢反应影响。试求:

(1) 额定输出转矩 T_N 及额定运行时电磁转矩 T 和效率 η_N;

(2) 理想空载转速;

(3) 保持额定运行时总制动转矩 T_Z 不变而在电枢回路串入 $R_{\Omega} = 0.15[\Omega]$ 电阻,稳定后转速为多少?

1-24 某他励直流电动机额定数据如下:$P_N = 96[\text{kW}]$,$U_N = 440[\text{V}]$,$I_N = 255[\text{A}]$,$n_N = 500[\text{r/min}]$。试估计该机电枢回路总电阻 R_a 值。

1-25 如何改变他励、并励、串励及积复励电动机的转向?

1-26 电动机的电磁转矩是驱动转矩,当电磁转矩增加时转速似乎应该上升,但从直流电动机的转矩及转速特性上看,电磁转矩增加时转速反而下降,这是什么原因?

1-27 某并励直流电动机在某负载时的转速为 $n = 1000[\text{r/min}]$,电枢电流 $I_a = 40[\text{A}]$,端电压 $U = 110[\text{V}]$,电枢回路总电阻 $R_a = 0.045[\Omega]$。现其他条件不变而总负载转矩 T_Z 增大到原来的 4 倍,则稳定后的电枢电流及转速为多少?(忽略电枢反应)。

1-28 条件同上题,而改为串励电动机,则 T_Z 增大 4 倍稳定后的 I_a 与 n 为多少?(假设磁路不饱和)。

1-29 某并励直流电动机在某负载且正转时 $n = 1450[\text{r/min}]$。现改变励磁电流方向使之反转,电枢电流与正转时相同,发现其转速 $n = 1500[\text{r/min}]$。试分析其原因。

1-30 二台相同的串励电动机,其电枢回路总电阻均为 $R_a = 0.3[\Omega]$。但两机气隙大小略有差别。所以当它们各自接在 $U = 550[\text{V}]$ 电源且 $I_a = 100[\text{A}]$ 时,一台电动机 $n_1 = 600[\text{r/min}]$,而另一电动机的 $n_2 = 550[\text{r/min}]$。今将两机在机械上同轴联结,而将其电枢回路串联后接到 $U = 550$[V] 的直流电源上，已知两机所生的电磁转矩方向一致，试问：

(1) 电枢电流 $I_a = 100$[A] 时，机组转速为多少？

(2) 这时气隙较大的电动机的端电压为多少？

1-31 两台完全相同的并励直流电动机，电枢回路总电阻均为 $R_a = 0.1[\Omega]$，两机在 1000[r/min] 时的空载特性均为：

I_1(A)	1.3	1.4
U_0(V)	186.7	195.9

现将两机在机械上同轴联结，电路上并联于同一个 230[V] 的直流电源，轴上不带其他负载，电枢反应及附加损耗均忽略不计。已知当甲机励磁电流为 1.4[A]，乙机的励磁电流为 1.3[A] 时，机组的转速为 $n = 1200$[r/min]。试问：

(1) 此时哪一台为发电机？哪 一台为电动机？

(2) 机组总的机械损耗和铁耗为多少？

(3) 只调节励磁电流能否改变两机的运行状态(转速不变)？

1-32 一台他励直流发电机保持励磁电流不变而将其转速提高 20%，其空载电压会升高多少？而并励直流发电机保持励磁回路总电阻不变，将之转速升高 20% 时，其空载电压比他励时升高得多还是少？

1-33 如何改变他励及并励直流发电机的端电压极性？

1-34 并励直流发电机正转时能自励，反转时是否也能自励？如果反转且将励磁绕组两端也反接，能否自励？

1-35 某并励直流发电机额定数据如下：$P_N = 50$[kW]，$U_N = 230$[V]，$n_N = 1450$[r/min]，$I_{fN} = 6$[A]，电枢回路总电阻 $R_a = 0.08[\Omega]$。现将该机作为电动机运行，外施端电压 $U = 220$[V]，且维持 $I_f = 6$[A] 不变，试问当电动机的电枢电流和发电机状态的额定电枢电流相同时，电动机的转速是多少？电枢反应的影响忽略不变。

1-36 某台不装换向极的小型直流电动机的电刷逆转向偏离几何中性线一个角度，则在其换向元件中有哪些电动势？其方向如何？能否用此法来改善换向，为什么？

1-37 某直流电机装有换向极，额定负载时换向良好，而过载时发现在电刷下出现电磁性火花，这是什么原因？

1-38 小容量两极直流电机只装一只换向极，是否会造成一个电刷换向良好而另一电刷换向不好？为什么？

1-39 一台直流电动机改作发电机运行，是否需要改接换向极绕组？为什么？

1-40 一台装有换向极且换向良好的并励直流电动机，当改变电枢回路端电压极性来改变转向，而其换向极绕组不改接时，仍换向良好吗？为什么？

第 2 章　直流电机的电力拖动

所谓电力拖动，就是以电动机作为原动机来带动生产机械按人们所给定的规律运动。因此，构成一个电力拖动系统，除了作为原动机的各种电动机和被它所带动的生产机械负载之外，还有联结两者的传动机构、控制电动机按一定规律运转的电气控制设备和电源等。

§2-1　电力拖动系统的运动方程式

在实践中，电力拖动系统有多种类型，最简单的系统是单台电动机直接与生产机械同轴联接，即单机单轴系统简称单轴系统，如图 2-1 所示。在多数情况下，由于生产机械转速较低或者具有直线运动部件，所以电动机必须通过传动机构多根转轴的传动才能带动生产机械运动，称为单机多轴系统，简称多轴系统，如图 2-2 及图 2-3 所示。在少数场合，还有两台或多台电动机来带动一个或多个工作机构，称为多电动机拖动系统，简称多机系统。

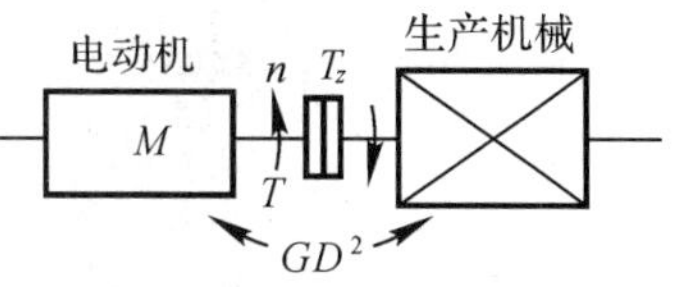

图 2-1　单轴电力拖动系统

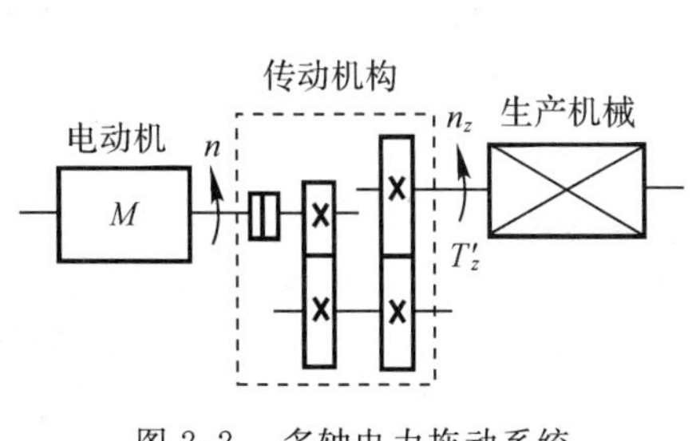

图 2-2　多轴电力拖动系统

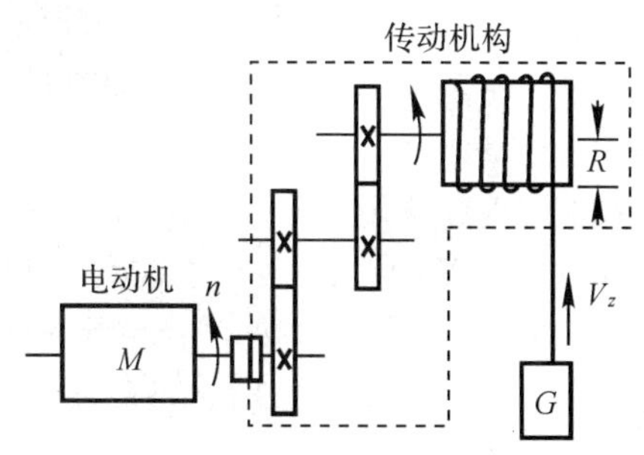

图 2-3　具有直线运动部件的多轴系统

一、单轴系统的运动方程式

在图 2-1 所示的单轴系统中，生产机械的转矩 T_2 是直接作用在电动机的轴上，所以电动机轴上所受的总制动性转矩为 $T_2 + T_0 = T_Z$（式中 T_0 为电动机本身的空载转矩）。在电力拖动系统中，通常称 T_Z 为生产机械的总负载转矩，即把 T_0 考虑在负载转矩 T_Z 之中，不再单独考虑。这样，作用在电动机轴上的转矩只有驱动性质的电磁转矩 T 以及制动性质的负载转矩 T_Z。当 $T \neq T_Z$ 时，转动体的转速就会发生变化，产生角加速度$\frac{d\Omega}{dt}$，这时的转矩方程式为：

$$T - T_Z = J \cdot \frac{d\Omega}{dt} \tag{2-1}$$

式中 J 为单轴系统的转动惯量(包括电动机的转动惯量和生产机械的转动惯量),是衡量惯性作用的一个物理参数。在工程中,常用飞轮矩 GD^2 来表征转动体的惯性作用,GD^2 和 J 的关系为:

$$J = \frac{GD^2}{4g} \tag{2-2}$$

式中 g 为重力加速度:$g = 9.80[m/s^2]$;GD^2 为电动机转子与生产机械转动部分的飞轮矩之和(单位为 $N \cdot m^2$),可从各自的产品目录中查得。

将式(2-2)及 $\Omega = \frac{2\pi n}{60}$ 代入式(2-1),即得单轴系统的运动方程式的实用形式为:

$$T - T_Z = \frac{GD^2}{4 \times 9.8} \cdot \frac{2\pi}{60} \cdot \frac{dn}{dt} = \frac{GD^2}{375} \cdot \frac{dn}{dt} \tag{2-3}$$

式(2-3)是电力拖动系统的基本运动方程式,它表征了电力拖动系统机械运动的普遍规律,是研究电力拖动系统各种运动状态的理论基础。由式(2-3)可知:

(1) 当 $T = T_Z$ 时,$\frac{dn}{dt} = 0$,则 $n =$ 常数,系统处于稳定运行状态,包括静止状态。为此,要使系统达到稳定,先决条件须使 $T = T_Z$。

(2) 当 $T > T_Z$ 时,$\frac{dn}{dt} > 0$,即转速在升高,系统处于加速过程中。由此可知,要使电力拖动系统从静止状态起动运转,必须使起动时的电磁转矩(称之为起动转矩)大于 $n = 0$ 时的负载转矩。

(3) 当 $T < T_Z$ 时,$\frac{dn}{dt} < 0$,转速在降低,系统处于减速过程中。所以要使系统从运转状态停转(即制动),必须减小电磁转矩使之小于负载转矩,甚至改变 T 的方向。

在使用运动方程式(2-3)时,必须注意以下几个问题:

(1) 飞轮距 GD^2 是表征整个旋转系统惯性的一个物理量,是一个完整的符号,不能理解成 G 和 D^2 的乘积。

(2) 转矩单位用 $N \cdot m$;转速用[r/min];时间用[s];飞轮矩用$[N \cdot m^2]$。如果从产品目录中查出的飞轮矩以$[kg \cdot m^2]$为单位,则必须乘以 9.80。

(3) 转矩 T 和 T_Z 具有方向性,其正负号取法如下;首先规定某一电动状态时 n 的方向为系统的旋转正方向,则当 T 的实际方向与 n 正方向一致时,T 取正号,相反时取负号;而当 T_Z 的实际方向与 n 正方向相反时,T_Z 取正号,相同时取负号。

二、多轴系统的运动方程式(*)

对于图 2-2 及图 2-3 所示的多轴系统,由于各传动轴的转速不同,所以工作机构的实际负载转矩 T_Z' 并不等于作用在电动机轴上的负载转矩 T_Z,而整个系统的飞轮矩 GD^2 也不能简单地将各传动轴上的飞轮矩相加而得。在工程中,往往是用一个如图 2-1 所示的单轴系统去等效代替如图 2-2 及图 2-3 所示的实际的多轴系统。我们称这个等效单轴系统的负载转矩 T_Z 及总飞轮矩 GD^2 为多轴系统实际的负载转矩及各传动轴的飞轮矩折算到电动机轴上的折算值。其折算原则是:等效单轴系统所传送的功率及所储存的动能必须跟实际多轴系统的功率及储存的动能相同。

1. 负载转矩的折算

(1) 电动机工作在电动状态

据传送功率不变原则，多轴系统的实际负载转矩 T_Z' 折算到电动机轴上的折算值为：

$$T_Z = \frac{T_Z'}{\eta\left(\dfrac{\Omega}{\Omega_z}\right)} = \frac{T_Z'}{\eta j} \tag{2-4}$$

式中 $\eta = \eta_1 \cdot \eta_2 \cdot \cdots \cdot \eta_n$ 为传动机械总效率，它等于各级传动部件效率的乘积；

$j = \dfrac{\Omega}{\Omega_z} = \dfrac{n}{n_z} = j_1 \cdot j_2 \cdot \cdots \cdot j_n$ 为传动机构的总传动比，它等于各传动轴速比的乘积。

(2) 电动机工作在发电制动状态

这时靠生产机械所具有动能或位能带动电动机旋转。据传送功率不变的原则可得负载转矩折算值为：

$$T_Z = \frac{T_Z'}{j} \cdot \eta' \tag{2-5}$$

式中 η' 为电动机工作在制动状态时的传动机构总效率。由式(2-4)及式(2-5)可知，即使传动机构的效率不变，由于功率传送方向不同，同一个实际转矩 T_Z' 折算到电动机轴上的等效负载转矩 T_Z 也是不同的，何况一般情况下，功率传送方向不同时传送机构的效率 η 和 η' 是不同的。例如图 2-3 所示的起重系统中，提升重物时，传动机构所消耗的功率为：

$$\Delta p = \frac{T_Z' \cdot \Omega_z}{\eta} - T_Z' \cdot \Omega_z$$

而当该重物下放时，传动机构消耗的功率为：

$$\Delta p' = T_Z' \cdot \Omega_z - T_Z' \cdot \Omega_z \cdot \eta'$$

设提升和下放时传动机构所消耗的功率相等，即 $\Delta p = \Delta p'$，则由以上二式可得：

$$\eta' = 2 - \frac{1}{\eta} \tag{2-6}$$

由式(2-6)可知，如果提升时传动机构效率 $\eta < 0.5$，则该重物下放效率，$\eta' = 2 - \dfrac{1}{\eta} < 0$ 这表示下放重物时工作机构输出的功率不足以克服传动机构的损耗功率，还必须借助电动机输出机械功率，才能使重物下放。这种传动机构的自锁作用将使像电梯这类升降传动系统更为安全。

2. 飞轮矩的折算

将图 2-2 及图 2-3 中各传动轴上旋转部件的飞轮矩用图 2-1 所示的单轴系统中一个等效飞轮矩 GD^2 代替时，必须使系统所储存的动能不变。则得：

$$GD^2 = GD_d^2 + \frac{GD_1^2}{\left(\dfrac{n}{n_1}\right)^2} + \frac{GD_2^2}{\left(\dfrac{n}{n_2}\right)^2} + \cdots + \frac{GD_z^2}{\left(\dfrac{n}{n_z}\right)^2} \tag{2-7}$$

式中电动机的 GD_d^2、旋转工作机构的 GD_z^2 及各级传动轴上各部件的飞轮矩均可在产品目录上查得。

3. 平移部件质量 m 的折算

对于图 2-3 所示的直线运动的质量 m，用图 2-1 所示的单轴系统在电动机轴上作旋转运动的飞轮矩$(GD_z^2)'$等效代替时，也必须保持折算前后物体所储存的动能不变，则有：

$$(GD_z^2)' = 365 \cdot \frac{G \cdot v_z^2}{n^2} \tag{2-8}$$

式中G为直线运动物体的重量[N]；v_z为直线运动的线速度[m/s]。

综上所述，只要将多轴系统的实际负载转矩T_Z'及各级传动部件的飞轮矩(或质量)，用式(2-4)、式(2-5)、式(2-7)及式(2-8)算出折算到电动机轴上的等效负载转矩T_Z及系统总飞轮矩GD^2，就可以用单轴系统的运动方程式(2-3)来计算多轴系统的运动问题。

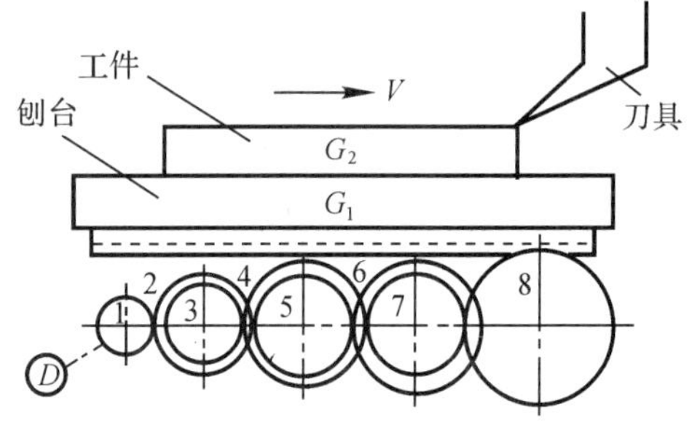

图 2-4　刨床的传动系统

例 2-1　刨床传动系统如图2-4所示。已知电动机转子的飞轮矩$GD_d^2 = 11.28$[kg·m²]，工作台重$G_1 = 1200$[kg]，工件重$G_2 = 1300$[kg]，切削力$F = 2000$[kg]，切削速度$v = 20$[m/min]，工作台与导轨的摩擦系数$\mu = 0.1$，齿轮8的直径$D_8 = 500$[mm]，每对齿轮的传动效率均为$\eta_c = 0.8$，由垂直方向切削力所引起的工作台与导轨之间的摩擦损耗忽略不计。各传动齿轮的齿数与飞轮矩如表2-1。

表 2-1

齿轮号	1	2	3	4	5	6	7	8
齿数 z	20	55	30	64	30	78	30	66
飞轮矩 GD^2[kg·m²]	0.42	2.05	1.00	2.9	1.9	4.2	2.5	6.51

试求：

(1) 折算到电动机轴上的等效负载转矩T_Z；

(2) 折算到电动机轴上的系统总飞轮矩GD^2；

(3) 空载不切削要求工作台有2[m/s²]的加速度时的电动机应有的电磁转矩。

解：(1) 工作机构的实际转矩为：

$$T_Z' = [F + \mu \cdot (G_1 + G_2)]\frac{D_8}{2} = 9.8[2000 + 0.1(1200 + 1300)]\frac{0.5}{2} = 5512.5[\text{N} \cdot \text{m}]$$

传动机构的总效率为：

$$\eta = \eta_c^4 = 0.8^4 = 0.4096$$

传动机构的总传动比为：

$$j = \left(\frac{z_2}{z_1}\right) \cdot \left(\frac{z_4}{z_3}\right) \cdot \left(\frac{z_6}{z_5}\right) \cdot \left(\frac{z_8}{z_7}\right) = \frac{55}{20} \cdot \frac{64}{30} \cdot \frac{78}{30} \cdot \frac{66}{30} = 33.557$$

则等效负载转矩为：

$$T_Z = \frac{T_Z'}{\eta \cdot j} = \frac{5512.5}{0.4096 \times 33.557} = 401.06[\text{N} \cdot \text{m}]$$

(2) 旋转部分的等效飞轮矩为：

$$GD_a^2=(GD_d^2+GD_1^2)+\frac{GD_2^2+GD_3^2}{(z_2/z_1)^2}+\frac{GD_4^2+GD_5^2}{(z_2/z_1)^2(z_4/z_3)^2}+\frac{GD_6^2+GD_7^2}{(z_2/z_1)^2\cdot(z_4/z_3)^2\cdot(z_6/z_5)^2}$$

$$+\frac{GD_8^2}{(z_2/z_1)^2\cdot(z_4/z_3)^2\cdot(z_6/z_5)^2\cdot(z_8/z_7)^2}$$

$$=9.8\times\left[(11.28+0.42)+\frac{2.05+1.0}{(55/20)^2}+\frac{2.9+1.9}{(55/20)^2\cdot(64/30)^2}\right.$$

$$\left.+\frac{4.2+2.5}{(55/20)^2\cdot(64/30)^2\cdot(78/30)^2}+\frac{6.51}{(55/20)^2\cdot(64/30)^2\cdot(78/30)^2\cdot(66/30)^2}\right]$$

$$=120.32[\mathrm{N\cdot m^2}]$$

据 $v=\pi D_8\cdot n_8$ 及 $j=\dfrac{n}{n_8}$ 可得电动机的转速为：

$$n=j\cdot\frac{v}{\pi D_8}=33.557\cdot\frac{v}{0.5\pi}=21.374v=21.374\times20=427.5[\mathrm{r/min}]$$

又因 $v=20[\mathrm{m/min}]=\dfrac{1}{3}[\mathrm{m/s}]$，直线运动部件的等效飞轮距为：

$$GD_b^2=365\cdot\frac{(G_1+G_2)v^2}{n^2}=365\,\frac{9.8\times(1200+1300)\cdot\left(\frac{1}{3}\right)^2}{427.5^2}=5.44[\mathrm{N\cdot m^2}]$$

则折算到电动机轴上的总飞轮距为：

$$GD^2=GD_a^2+GD_b^2=120.32+5.44=125.76[\mathrm{N\cdot m^2}]$$

(3) 空载不切削时等效负载转矩为：

$$T_{Z0}=\frac{T_{Z0}'}{\eta\cdot j}=\frac{9.8\times0.1\times(1200+1300)\times\frac{0.5}{2}}{0.4096\times33.557}=44.56[\mathrm{N\cdot m}]$$

当线速度 v 的单位为[m/min]时，$n=21.374v[\mathrm{r/min}]$，则当 v 的单位用[m/s]时，$n=21.374\times60v=1282.44v[\mathrm{r/min}]$。所以可得当$\dfrac{\mathrm{d}v}{\mathrm{d}t}=2[\mathrm{m/s^2}]$时的转速加速度为：

$$\frac{\mathrm{d}n}{\mathrm{d}t}=\frac{\mathrm{d}}{\mathrm{d}t}(1282.44v)=1282.44\,\frac{\mathrm{d}v}{\mathrm{d}t}=1282.44\times2=2564.88[\mathrm{r/min/s}]$$

则得电动机的电磁转矩为：

$$T=\frac{GD^2}{375}\cdot\frac{\mathrm{d}n}{\mathrm{d}t}+T_{Z0}=\frac{125.76}{375}\times2564.88+44.56=904.7[\mathrm{N\cdot m}]$$

§2-2　生产机械的负载转矩特性

我们称 $n=f(T)$ 为电动机的机械特性，$n=f(T_Z)$ 为生产机械的负载转矩特性。

一、恒转矩负载特性

当转速变化时，负载转矩的大小保持不变，称为恒转矩负载特性。

1. 反抗性恒转矩负载

反抗性恒转矩负载是指该负载转矩的大小与速度无关，其方向始终与转向相反，属于这类负载的生产机械有机床的平移机构等，其负载转矩特性如图 2-5 所示。

2. 位能性恒转矩负载

位能性恒转矩负载是指生产机械工作机构中具有位能部件，其转矩 T_Z 具有固定的方向，不随转速方向的改变而改变。如起重机系统。

同一个重物 G 下放时折算到电动机轴上的负载转矩 T_Z 比提升时为小，如图 2-6 虚线所示。只有在传动机构的损耗忽略不计，传动机构的总效率 $\eta = \eta' = 1$ 时，提升和下放时折算到电动机轴上的 T_Z 才相等。为了简单起见，在今后的分析计算中，位能性恒转矩负载特性都采用图 2-6 中的 $\overline{ABC}$ 线所示的理想特性。

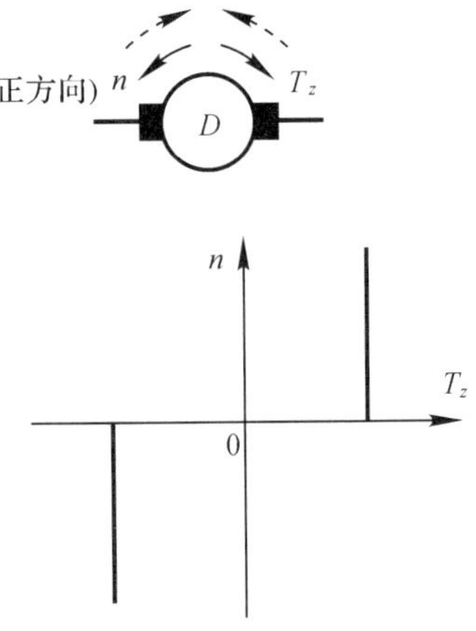

图 2-5　反抗性恒转矩负载特性

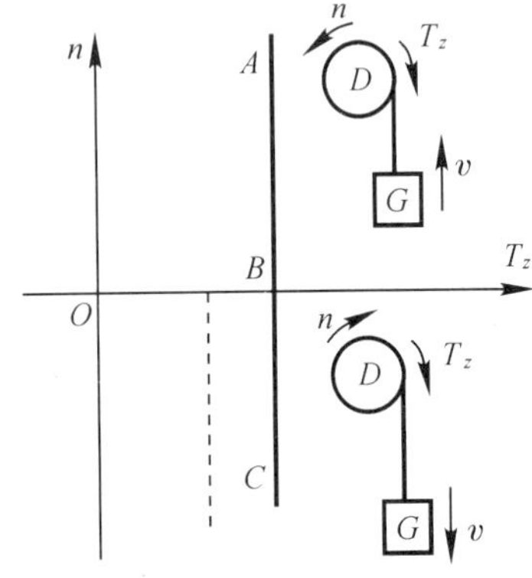

图 2-6　位能性恒转矩负载特性

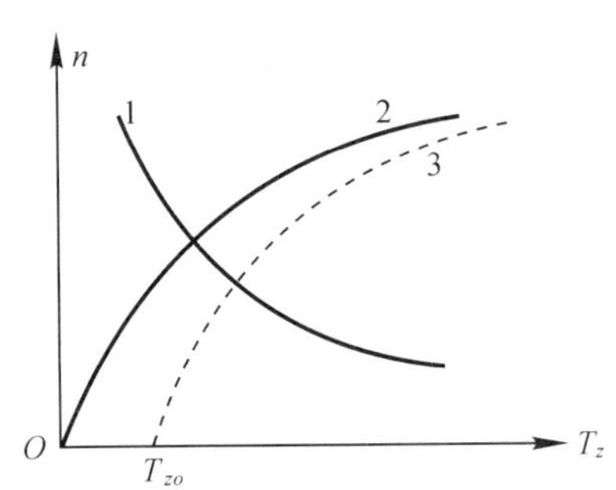

图 2-7　恒功率与通风机负载特性

二、恒功率负载特性

恒功率负载是指负载的功率为常数，不随转速的变化而变化。由于 $P_z = T_Z \cdot \Omega = T_Z \cdot \frac{2\pi n}{60} = k$，则

$$T_Z = \frac{60k}{2\pi} \cdot \frac{1}{n} = \frac{k_1}{n} \tag{2-9}$$

式中常数 $k_1 = 9.55k$。由式(2-9)可知，恒功率负载的转矩与转速成反比，其负载转矩特性如图 2-7 的曲线 1 所示。属于这类性质的生产机械有车床等。

三、通风机负载特性

对于鼓风机、水泵及油泵等生产机械，其介质(空气、水及油)对机器叶片的阻力基本上和转速的平方成正比。因而其负载转矩 T_Z 也与 n 的平方成正比，即

$$T_Z = k \cdot n^2 \tag{2-10}$$

其负载转矩特性如图 2-7 曲线 2 所示，称为通风机型负载转矩特性。

除了上述三种典型的负载特性外，还有其他类型的负载特性，实际的负载转矩特性往往是几种典型特性的组合，如实际鼓风机的负载转矩特性如图 2-7 的曲线 3 所示。

§2-3　他励直流电动机的机械特性

一、直流电动机机械特性的一般形式

将式(1-9)代入式(1-12)可得直流电动机机械特性的一般形式为：

$$n = \frac{U}{C_e \cdot \Phi} - \frac{R_a + R_\Omega}{C_e \cdot C_M \cdot \Phi^2} \cdot T \tag{2-11}$$

由式(2-11)可知电动机的机械特性与端电压U、主磁通Φ及电枢回路外接电阻R_Ω有关。励磁方式不同时，Φ与T(即电枢电流I_a)的关系是不同的，因而其机械特性也不同。本节先讨论他励直流电动机的机械特性。

二、他励直流电动机的固有机械特性

对于他励电动机，当T变化时，只要保持I_f不变且不计电枢反应的去磁作用，其主磁通Φ是不变的。所谓他励直流电动机的固有机械特性是指当$U = U_N$；$\Phi = \Phi_N$(即$I_f = I_{fN}$)且$R_\Omega = 0$时的$n = f(T)$关系，即

$$n = \frac{U_N}{C_e \cdot \Phi_N} - \frac{R_a}{C_e \cdot C_M \cdot \Phi_N^2} \cdot T = n_0 - \beta_N \cdot T \tag{2-12}$$

式中$n_0 = \frac{U_N}{C_e \cdot \Phi_N}$为$T = 0$时的转速，即理想空载转速；$\beta_N = R_a/(C_e \cdot C_M \cdot \Phi_N^2) =$常数为固有机械特性的斜率。其额定负载时的转速降为：

$$\Delta n_N = n_0 - n_N = \beta_N \cdot T_N$$

由于电枢回路电阻R_a很小，斜率β_N很小，额定负载时转速降落Δn_N很小，因此，他励直流电动机固有机械特性是一条下降不多的“硬”特性，如图2-8所示。

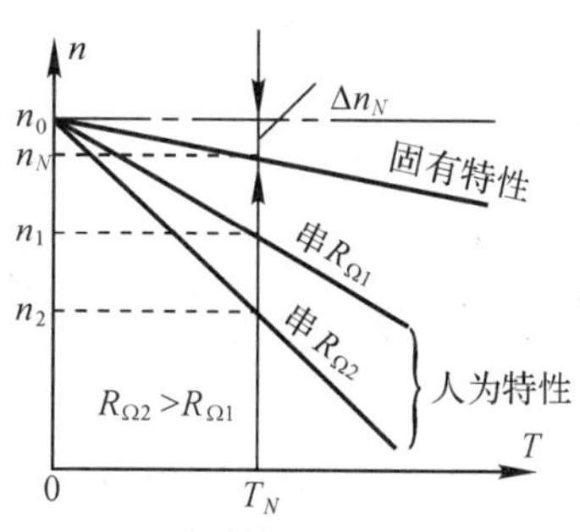

图2-8　他励直流电动机的固有特性和电枢回路串电阻人为特性

电动机的机械特性是一条极为重要的特性，它与负载转矩特性的配合将决定电力拖动系统的稳定运行和过渡过程。由于该特性是一条直线，只要确定特性上的两点，就可以决定这条特性。通常用理想空载点(即$n = n_0$，$T = 0$)和额定工作点(即$n = n_N$，$T = T_N$)这两点来确定固有特性。

例2-2　某他励直流电动机数据如下：$P_N = 40[\text{kW}]$，$U_N = 220[\text{V}]$，$I_N = 210[\text{A}]$，$n_N = 750[\text{r/min}]$。试计算其固有机械特性。

解

$$R_a = \frac{1}{2}\frac{U_N \cdot I_N - P_N}{I_N^2} = \frac{1}{2}\left(\frac{220 \times 210 - 40 \times 10^3}{210^2}\right) = 0.07[\Omega]$$

$$C_e\Phi_N = \frac{U_N - I_N R_a}{n_N} = \frac{220 - 210 \times 0.07}{750} = 0.2737$$

$$n_0 = \frac{U_N}{C_e \cdot \Phi_N} = \frac{220}{0.2737} = 804[\text{r/min}]$$

$$\beta_N = \frac{R_a}{C_e C_M \Phi_N^2} = \frac{R_a}{9.55(C_e\Phi_N)^2} = \frac{0.07}{9.55 \times 0.2737^2} = 0.0978$$

则

$$n = 804 - 0.0978T$$

三、他励直流电动机的人为机械特性

人为地改变电动机的参数U、R_Ω或Φ，所得到的机械特性$n = f(T)$称为人为机械特性。

1.电枢回路串电阻时的人为特性

保持$U = U_N$及$\Phi = \Phi_N$(即$I_f = I_{fN}$)不变而在电枢回路中串入电阻R_Ω，所得的$n = f(T)$称为电枢回路串电阻人为机械特性。其表达式为：

$$n = \frac{U_N}{C_e \cdot \Phi_N} - \frac{R_a + R_\Omega}{C_e C_M \Phi_N^2} \cdot T = n_0 - \beta T \quad (2\text{-}13)$$

式中$\beta = \dfrac{R_a + R_\Omega}{C_e \cdot C_M \cdot \Phi_N^2}$对于给定的值，也是一个常数。所以，电枢回路串电阻时的人为特性也是一条下降的直线，如图2-8所示，其特点是：

(1) 理想空载转速n_0跟固有特性相同；

(2) 斜率$\beta > \beta_N$，特性变软，使得在同一个转矩下，转速下降更多。

当R_Ω不同时，理想空载点不变，但是大的R_Ω对应的β大，特性更软。因此电枢回路电阻的人为特性是通过同一理想空载点的一束直线。

例2-3 电动机的额定数据同例2-2，试求电枢回路串电阻$R_\Omega = 0.4[\Omega]$时的人为特性。

解：由例2-2已求得$R_a = 0.07[\Omega]$，$C_e\Phi_N = 0.2737$，$n_0 = 804[\mathrm{r/min}]$。串$R_\Omega$时人为特性的斜率为：

$$\beta = \frac{R_a + R_\Omega}{C_e \cdot C_M \cdot \Phi_N^2} = \frac{0.07 + 0.4}{9.55(0.2737)^2} = 0.657$$

则

$$n = 804 - 0.657\mathrm{T}$$

2.改变端电压时的人为特性

为了改变电动机的端电压U，必须采用电压可以调节的直流电源对该电动机单独供电，如由直流发电机单独供电的F-D系统和由可控整流电源供电的KZ-D系统。

保持$\Phi = \Phi_N$(即电动机的励磁电流$I_{fd} = I_{fN}$)不变且$R_\Omega = 0$，改变电动机的端电压U，所得的机械特性称为改变端电压的人为特性。其表达式为：

$$n = \frac{U}{C_e \cdot \Phi_N} - \frac{R_a}{C_e C_M \Phi_N^2} \cdot T = n_0' - \beta_N \cdot T \quad (2\text{-}14)$$

式中$n_0' = \dfrac{U}{C_e\Phi_N}$为端电压改变后的理想空载转速。

由于电动机受耐压的限制而不能在过压状态下运行，所以一般都用降低端电压的人为特性，如图2-9所示。它有以下特点：

(1) 理想空载转速$n_0' = \dfrac{U}{C_e\Phi_N} < \dfrac{U_N}{C_e\Phi_N} = n_0$比固有特性低，而且端电压下降越多，其理

想空载转速越低；

(2) 当端电压 U 不同时，人为特性的斜率跟固有特性相等，因此，不同端电压时，同一转矩所对应的转速降落相等，即

$$\Delta n_1 = \Delta n_2 = n_0' - n = \beta_N T = \Delta n_N$$

由此可知，降低端电压的人为特性是比固有特性低而与之相平行的一族直线，特性的硬度不变。

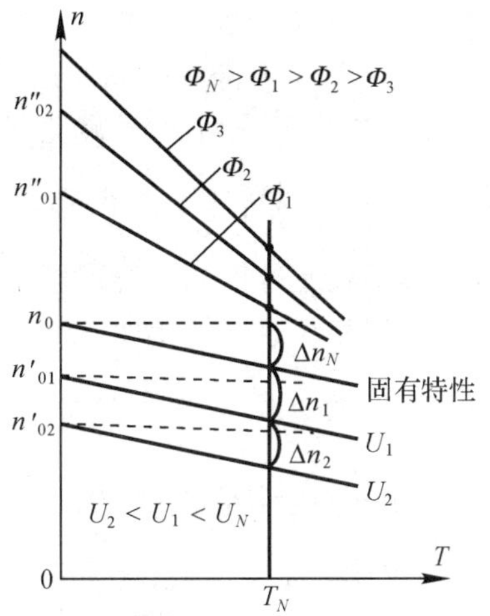

图 2-9　改变端电压及减弱磁通人为特性

3. 减弱电动机主磁通时的人为特性

要改变主磁通，就必须改变他励绕组中的励磁电流 I_f。对于小容量电机，可以改变励磁回路的调节电阻；对于大容量电机，可用可控整流电源对励磁绕组供电。由于电动机在额定运行时磁路已接近饱和，即使 I_F 比 I_{fN} 增大许多，其主磁通 Φ 也是变化不大的。所以，一般都是让 I_f 向低于 I_{fN} 的方向调节，即采用减弱磁通的人为特性。

保持 $U = U_N$ 不变且 $R_\Omega = 0$，改变 I_f 使之 $I_f < I_{fN}$，所得的机械特性称为减弱磁通的人为特性。其表达式为：

$$n = \frac{U_N}{C_e \cdot \Phi} - \frac{R_a}{C_e \cdot C_M \cdot \Phi^2} \cdot T = n_0'' - \beta'' \cdot T \tag{2-15}$$

据式(2-15) 可以画出减弱磁通时的人为特性如图 2-9 所示。它有以下特点：

(1) 由于 $\Phi < \Phi_N$，所以 $n_0'' = \dfrac{U_N}{C_e\Phi} > \dfrac{U_N}{C_e\Phi_N} = n_0$，即理想空载转速比固有特性高；

(2) 人为特性的斜率 $\beta'' = \dfrac{R_a}{C_e \cdot C_M \cdot \Phi^2} > \dfrac{R_a}{C_e \cdot C_M \cdot \Phi_N^2} = \beta_N$，即弱磁人为特性比固有特性软。

四、电力拖动系统的稳定运行条件

1. 电力拖动系统的平衡状态

图 2-10 所示的是一个由他励直流电动机带动恒转矩负载的拖动系统的 $n = f(T)$ 与 $n = f(T_Z)$ 特性。在机械特性与负载转矩特性的交点 A 处 $T = T_Z$。此时 $\mathrm{d}n/\mathrm{d}t = 0$，转速不变，电动机的电流 $I_a = \dfrac{T}{C_M\Phi} = \dfrac{T_Z}{C_M\Phi}$ 也维持不变，则称该拖动系统处于平衡状态。

2. 电力拖动系统的稳定平衡状态

某电力拖动系统原来处于平衡状态，如果由于某种原因(例如电压的波动、负载的变化或电动机参数的正常调节) 使系统离开了原来的平衡状态，但能够在新的条件下自动地达到新的平衡；或者在外界扰动消失后能够恢复到原来的平衡状态，则称该拖动系统原来的运行状态是稳定平衡状态。如果不能自动地达到新的平衡或者在扰动消失后不能回到原来的平衡状态，则称该系统原来的状态虽为平衡但不是稳定的平衡。

对于图 2-10 的交点 A 平衡状态，如果由于某种原因，例如端电压突然下降 1%，电动机的机械特性也随之突然下移至特性 ②。由于机械惯性，在端电压突变的瞬间，转速来不及变

化，仍为 $n = n_A$，电动机的工作点从 A 点突然跳到 B 点。此时 $T = T_b < T_Z$，使系统开始减速，工作点从 B 点开始沿特性 ② 向下移动，T 开始回升。减速过程持续到 C 点时，$T = T_c = T_Z$，$\frac{dn}{dt} = 0$，转速维持不变，系统处于新的平衡状态。

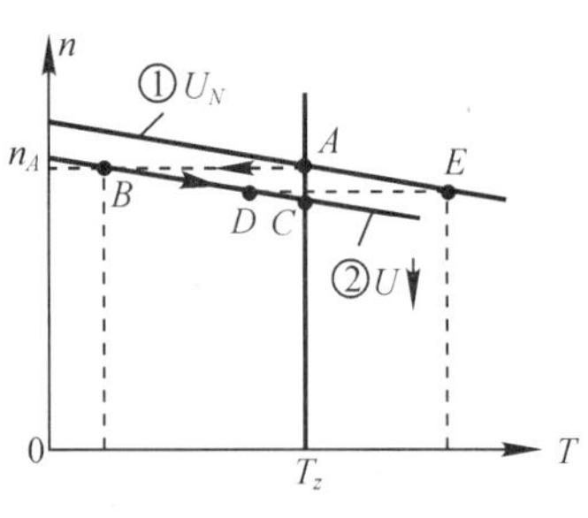

图 2-10 电力拖动系统的稳定平衡状态

如果减速过程至 D 点时端电压恢复到额定值 U_N，使机械特性回复为原来的特性 ①。同理可得在电压回复的瞬间工作点突变为 E 点。由于 E 点 $T_E > T_Z$，使 $\frac{dn}{dt} > 0$，系统开始加速，工作点沿特性 ① 上升到 A 点，$T_A = T_Z$，$\frac{dn}{dt} = 0$，即 $n = n_A$ 又维持不变。所以扰动消失之后，系统能回到原来的平衡状态。

据上分析，对于图 2-10 所示的系统在原来的平衡状态 A 点运行时，是处于稳定平衡状态。

对于图 2-11 所示是拖动系统，设原来也运行于交点 A，处于平衡状态。如果某外界扰动（如电压下跌）使电动机的机械特性突变为特性 ② 时，由于 $n = n_A$ 不能突变，工作点突变为 B 点。由于 B 点的 $T_b > T_Z$，所以 $\frac{dn}{dt} > 0$，系统开始加速，工作点沿特性 ② 向上移动，T 越来越大，加速度 $\frac{dn}{dt}$ 也越来越大，不可能达到新的平衡点 C。即使在加速过程中，外界扰动消失了，如在 D 点时端电压恢复为 U_N，机械特性回复为特性 ①，但电压回复的瞬间 $n = n_D$ 也不能突变，工作点跳至特性 ① 的 E 点。而 E 点 $T_E > T_Z$，$\frac{dn}{dt} > 0$，系统仍然加速，使工作点沿特性 ① 上升，结果仍然使 T 越来越大，系统加速度也越来越高，不可能回到原来的平衡状态 A 点。由此可知，对于图 2-11 所示的拖动系统是不能稳定平衡运行的。

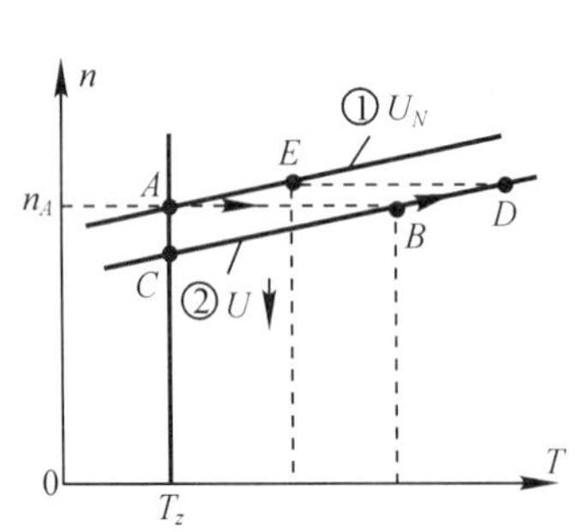

图 2-11 电机拖动系统的不稳定平衡状态

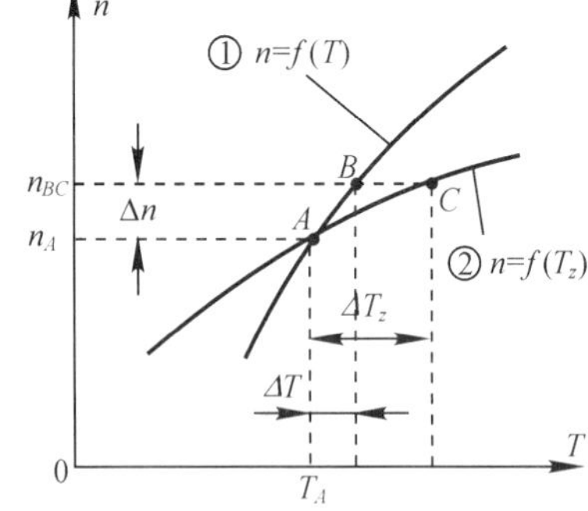

图 2-12 电力拖动系统的稳定运行条件

3. 电力拖动系统稳定运行的条件

设图 2-12 所示的某电力拖动系统原来平衡运行于交点 A。假如某外界扰动使系统离开了原来的平衡状态，转速相对于 n_A 有一个增量 Δn，刚离开 A 点时起始转速增量为 Δn_Q。当系统转速变为某 $n = n_{BC} = n_A + \Delta n$ 时，扰动消失，两特性都回到原来特性 ① 和 ②，但 $n = n_{BC}$ 不能突变，所以此刻电磁转矩对原来平衡点增量为 $\Delta T = T_B - T_A$，负载转矩对原来平衡点的增量为 $\Delta T_Z = T_c - T_{zA}$。系统各量为 $n = n_A + \Delta n$，$T = T_A + \Delta T$，$T_Z = T_{zA} + \Delta T_Z$，所以此时系统的运动方程式为：

$$(T_A+\Delta T)-(T_{zA}+\Delta T_Z)=\frac{GD^2}{375}\cdot\frac{\mathrm{d}(n_A+\Delta n)}{\mathrm{d}t}$$

由于原来的平衡状态 $T_A=T_{ZA}$ 且 $\frac{\mathrm{d}n_A}{\mathrm{d}t}=0$，所以上式为：

$$\Delta T-\Delta T_Z=\frac{GD^2}{375}\cdot\frac{\mathrm{d}}{\mathrm{d}t}(\Delta n)$$

当各增量很小时，可以写成 $\frac{\mathrm{d}T}{\mathrm{d}n}=\frac{\Delta T}{\Delta n}$ 及 $\frac{\mathrm{d}T_Z}{\mathrm{d}n}=\frac{\Delta T_Z}{\Delta n}$，则上式可写为：

$$\frac{\left[\left(\frac{\mathrm{d}T}{\mathrm{d}n}\right)-\left(\frac{\mathrm{d}T_Z}{\mathrm{d}n}\right)\right]}{\left(\frac{GD^2}{375}\right)}\cdot\Delta n=\frac{\mathrm{d}(\Delta n)}{\mathrm{d}t}$$

得

$$\Delta n=\Delta n_Q\cdot \mathrm{e}^{\left(\frac{\mathrm{d}T}{\mathrm{d}n}-\frac{\mathrm{d}T_Z}{\mathrm{d}n}\right)\cdot\frac{375}{GD^2}\cdot t}\tag{2-16}$$

由式(2-16)可知，当 $\left(\frac{\mathrm{d}T}{\mathrm{d}n}-\frac{\mathrm{d}T_Z}{\mathrm{d}n}\right)<0$ 时，转速增量 Δn 将随时间 t 按指数函数的规律而衰减，在扰动消失后经过一定的时间，Δn 将趋近为零，系统就能恢复到原来的平衡状态而稳定运行；如果 $\left(\frac{\mathrm{d}T}{\mathrm{d}n}-\frac{\mathrm{d}T_Z}{\mathrm{d}n}\right)>0$，则 Δn 随时间的增加而越来越大，不可能使系统恢复到原来的平衡状态。所以电力拖动系统稳定运行的条件是：电动机的机械特性与生产机械的负载转矩特性必须有交点，且在交点处满足 $\left(\frac{\mathrm{d}T}{\mathrm{d}n}-\frac{\mathrm{d}T_Z}{\mathrm{d}n}\right)<0$，即：

$$\frac{\mathrm{d}T}{\mathrm{d}n}<\frac{\mathrm{d}T_Z}{\mathrm{d}n}\tag{2-17}$$

§ 2-4 他励直流电动机的起动

一、他励直流电动机的起动方法

将一台直流电动机接上直流电源，使之从静止状态开始旋转直至稳定运行，这个过程称为起动过程。刚起动时，由于 $n=0$，$E_a=0$，则起动初瞬的电枢电流为：

$$I_a=\frac{U-E_a}{R_a+R_\Omega}=\frac{U}{R_a+R_\Omega}\tag{2-18}$$

如果起动时 $U=U_N$ 且 $R_\Omega=0$，称为直接起动，其起动初瞬的电枢电流为：

$$I_a=\frac{U_N}{R_a}$$

由于电枢回路电阻 R_a 很小，所以直接起动时电枢冲击电流很大，可达额定电流的 10 ～ 20 倍。这么大的起动电流将使换向恶化，出现强烈火花甚至环火，并使电枢绕组产生很大的电磁力而损坏绕组；过大的起动电流又引起供电电网的电压波动，影响接于同一电网上的的其他电气设备的正常工作；如果起动时 $\Phi=\Phi_N$，则此时的电磁转矩(称为起动转矩)$T=$

$C_M\Phi_N I_a$。也达到额定转矩的 10～20 倍，过大的转矩冲击也使拖动系统的传动机构被损坏。因此，除小容量电机之外，直流电动机是不允许直接起动的。

为此，在起动时必须限制起动电流，一般要求起动初瞬的电枢电流不超过 I_N 的 1.5～2.0 倍。但是，要使系统获得较大的加速度而顺利起动，在起动时必须先加大励磁且使 $I_f = I_{fN}$（称为满励磁起动）。

1. 降压起动

起动时降低端电压 U，使 $I_a = \dfrac{U}{R_a} \approx (1.5 \sim 2.0) I_N$ 且 $T = C_M\Phi_N I_a \approx (1.5 \sim 2.0) T_N$，在不大的起动电流下使系统顺利起动。随着转速的升高，反电动势 $E_a = C_e\Phi_N n$ 增大，电枢电流 $I_a = \dfrac{U - E_a}{R_a}$ 开始下降，这时可以逐渐升高端电压 U 直至 $U = U_N$，则起动完毕。这种起动方法的优点是起动平稳，起动过程中的能量损耗小。

2. 电枢回路串电阻起动

图 2-13 为电枢回路串三极起动电阻的原理图。起动时接入全部起动电阻并施以额定电压 U_N，这时的起动电流为：

$$I_1 = \frac{U_N}{R_{\Omega 3} + R_{\Omega 2} + R_{\Omega 1} + R_a} = \frac{U_N}{R_3}$$

其中 $R_3 = R_{\Omega 3} + R_{\Omega 2} + R_{\Omega 1} + R_a$ 为全部起动电阻均接入时的电枢回路总电阻。与 R_3 对应的人为特性如图 2-14 的 $\overline{n_0 ba}$ 线，它与横轴的交点即为起动转矩 $T_1 = C_M\Phi_N \cdot I_1$，只要合理选择 $R_{\Omega 3} + R_{\Omega 2} + R_{\Omega 1}$ 的阻值，可使 $I_1 = (1.5 \sim 2.0) I_N$，则 $T_1 = (1.5 \sim 2.0) T_N > T_Z$ 系统安全顺利地起动。

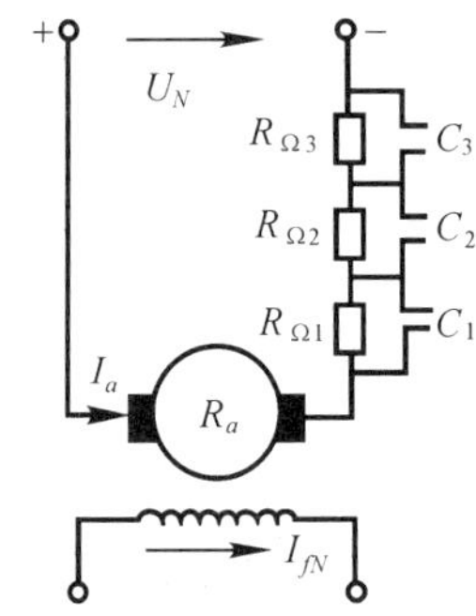

图 2-13 电枢回路串电阻起动

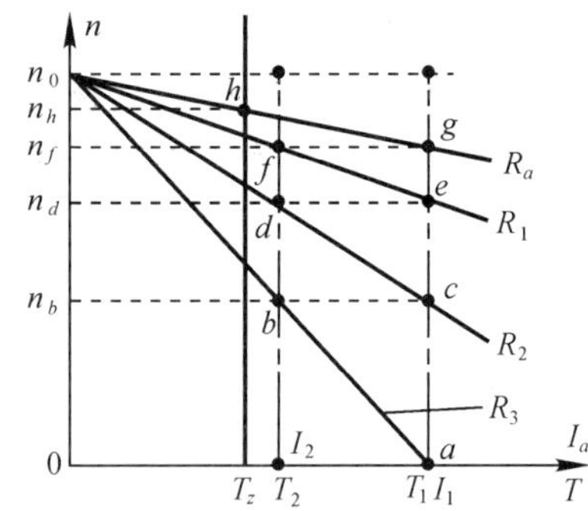

图 2-14 逐级切除起动电阻的起动过程

随着转速上升，E_a 的增大使 $I_a = \dfrac{U - E_a}{R_3}$ 减小，$T = C_M\Phi_N I_a$ 也变小，工作点沿特性 $\overline{abn_0}$ 上移。当 T 减小到 b 点 $T = T_2 = (1.1 \sim 1.2) T_N$ 时，为了得到较大的加速度，可将触点 C_3 闭合而把 $R_{\Omega 3}$ 切除，则电枢回路电阻突变为 $R_2 = R_{\Omega 2} + R_{\Omega 1} + R_a$，对应的人为特性为 $\overline{n_0 dc}$。由于切换时转速 $n = n_b$ 不能突变，所以工作点突变为 c 点。如果各级起动电阻设计得当，可以做到 $T_c = T_1$，系统又获得较大的加速度而电流仍与 I_1 相等，不会过大。当工作点沿 $\overline{cdn_0}$ 上移到 d 点即 $T = T_2$ 时，触点 C_2 闭合而把 $R_{\Omega 2}$ 切除，工作点从 d 点突然跳至 $R_1 = R_{\Omega 1} + R_a$ 所对应人为特性为 $\overline{n_0 fe}$ 的 e 点，电机又获得大的加速度。当工作点沿 $\overline{efn_0}$ 上移到 f 点即 $T = T_2$ 时，将触点 C_1 闭合而把 $R_{\Omega 1}$ 切除，工作点从 f 突跳至固有特性 $\overline{ghn_0}$ 的 g 点，电机又以较大

的加速度升速，工作点沿$\overline{ghn_0}$上升直至h而稳定，起动过程到此结束。

二、他励直流电动机分级起动电阻的计算(*)

在图2-14中，由于$n_f=n_g$，所以$E_f=C_e\Phi_N n_f=E_g$，即$U_N-I_2R_1=U_N-I_1R_a$，则$\frac{I_1}{I_2}=\frac{R_1}{R_a}$，同理可得$\frac{R_2}{R_1}=\frac{I_1}{I_2}$，$\frac{R_3}{R_2}=\frac{I_1}{I_2}$，则有：

$$\frac{R_3}{R_2}=\frac{R_2}{R_1}=\frac{R_1}{R_a}=\frac{I_1}{I_2}=\beta$$

式中$\beta=\frac{I_1}{I_2}$（或$\beta=\frac{T_1}{T_2}$）为起动电流比（或起动转矩比），最大起动电流一般为$I_1=(1.5\sim2.0)I_N$或$T_1=(1.5\sim2.0)T_N$，切换电流一般为$I_2=(1.1\sim1.2)I_N$或$I_2=(1.1\sim1.2)I_z$，对应的切换转矩为$T_2(1.1\sim1.2)T_N$或$T_2=(1.1\sim1.2)T_Z$。

对于m级起动的一般情况有：

$$\frac{R_m}{R_{m-1}}=\frac{R_{m-1}}{R_{m-2}}=\cdots=\frac{R_2}{R_1}=\frac{R_1}{R_a}=\frac{I_1}{I_2}=\beta \tag{2-19}$$

式中$R_m=R_{\Omega m}+R_{\Omega m-1}+\cdots+R_{\Omega 2}+R_{\Omega 1}+R_a$为第$m$级起动（即起动电阻全部接入时）时的电枢回路总电阻：

$$\begin{aligned}&\cdots\\ R_2&=R_{\Omega 2}+R_{\Omega 1}+R_a\\ R_1&=R_{\Omega 1}+R_a\end{aligned}$$

由式(2-19)可得：

$$\left.\begin{aligned}R_1&=R_a\cdot\beta\\ R_2&=R_1\cdot\beta=R_a\beta\cdot\beta=R_a\beta^2\\ &\cdots\\ R_{m-1}&=R_{m-2}\cdot\beta=R_a\cdot\beta^{m-1}\\ R_m&=R_{m-1}\cdot\beta=R_a\cdot\beta^m\end{aligned}\right\} \tag{2-20}$$

则各级起动电阻为：

$$\left.\begin{aligned}R_{\Omega 1}&=R_1-R_a=(\beta-1)\cdot R_a\\ R_{\Omega 2}&=R_2-R_1=(\beta^2-\beta)R_a=\beta\cdot R_{\Omega 1}\\ &\cdots\\ R_{\Omega m-1}&=R_{m-1}-R_{m-2}=(\beta^{m-1}-\beta^{m-2})R_a=\beta^{m-2}\cdot R_{\Omega 1}\\ R_{\Omega m}&=R_m-R_{m-1}=(\beta^m-\beta^{m-1})R_a=\beta^{m-1}\cdot R_{\Omega 1}\end{aligned}\right\} \tag{2-21}$$

如果分级数m未知，据式(2-20)可知$m=\frac{\ln\left(\frac{R_m}{R_a}\right)}{\ln\beta}$，可先初选切换电$I_2'=(1.1-1.2)I_N$或$I_2'=(1.1\sim1.2)I_z$，初得起动电流比$\beta'=\frac{I_1}{I_2'}$算出$m'$值，取与$m'$接近的整数即为分级数$m$。

例2-4 某他励直流电动机额定数据如下：$P_N=21[\text{kW}]$，$U_N=220[\text{V}]$，$I_N=$

115[A]，$n_N=980$[r/min]。负载电流为 $I_z=92$[A]，最大起动电流不超过 $2I_N$，试求分级起动数及各段起动电阻值。

解： $$R_a=\frac{1}{2}\left(\frac{U_NI_N-P_N}{I_N^2}\right)=\frac{1}{2}\left(\frac{220\times115-21000}{115^2}\right)=0.163[\Omega]$$

取 $I_1=2I_N=2\times115=230$[A]，则

$$R_m=\frac{U_N}{I_1}=\frac{220}{230}=0.957[\Omega]$$

初取 $I_2'=1.2I_z=1.2\times92=110$[A]，则

$$\beta'=\frac{I_1}{I_2'}=\frac{230}{110}=2.09$$

得

$$m'=\frac{\ln(R_m/R_a)}{\ln\beta'}=\frac{\ln(0.957/0.163)}{\ln2.09}=2.4$$

取 $m=3$，则

$$\beta=\sqrt[m]{\frac{R_m}{R_a}}=\sqrt[3]{\frac{0.957}{0.163}}=1.804$$

校核 $I_2=\frac{I_1}{\beta}=\frac{230}{1.804}=127[A]>1.2I_z=110[A]$，所以 $m=3$ 合适，　则

$$R_1=\beta R_a=1.804\times0.163=0.294[\Omega]$$
$$R_2=\beta^2R_a=1.804^2\times0.163=0.530[\Omega]$$
$$R_3=\beta^3\cdot R_a=1.804^3\times0.163=0.957[\Omega]$$
$$R_{\Omega1}=R_1-R_a=0.294-0.163=0.131[\Omega]$$
$$R_{\Omega2}=R_2-R_1=0.53-0.294=0.236[\Omega]$$
$$R_{\Omega3}=R_3-R_2=0.957-0.53=0.427[\Omega]$$

§2-5　他励直流电动机的制动

电动机本身产生一个与转向相反的电磁转矩使系统快速停车（或降速）或使位能负载稳速下放，称为电动机的制动运行。其特点是，它从轴上吸收机械能转换成电能（消耗在电机内部或反馈电网），其电磁转矩 T 与转速 n 方向相反，是制动性质。

他励直流电动机制动运行时，一般是保持磁通 Φ 的大小与方向不变（即 I_f 不变）。当需快速停车（或降速）时，由于转向未变，所以必须使 I_a 反向才能使 T 与 n 相反；当需要将位能负载稳速下放时，由于 n 反向，所以 I_a 即 T 的方向必须与电动状态（即提升）时的方向一致，才能达到制动的目的。

一、能耗制动

1. 能耗制动的原理与方法

图 2-15 是他励直流电动机能耗制动原理图，电动状态时各量正方向如图示。该机进行能耗制动的方法是：保持励磁电流 I_f 的大小及方向不变，将电源开关倒向 R_z 端，使电枢从电

网脱离而经制动电阻 R_z 闭合。因此，其参数特点是：$\Phi=\Phi_N$，$U=0$ 且电枢回路总电阻 $R=R_a+R_z$。

将能耗制动时的参数特点代入电动状态时的电动势平衡方程式：

$$0=E_a+I_a(R_a+R_z),$$

即

$$I_a=-\frac{C_e\Phi_N\cdot n}{R_a+R_z} \tag{2-22}$$

在制动过程中，电机实际上成为一台与电网脱离的他励直流发电机。它把从轴上输入的机械能（即系统释放出来的动能）转换成电能，全部消耗在电枢回路电阻 $R=R_a+R_z$ 上，所以称为"能耗"制动。

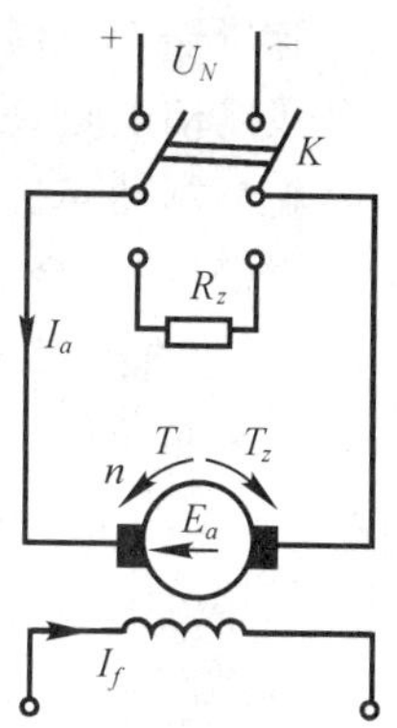

图 2-15　他励直流电动机能耗制动原理图

2. 能耗制动的机械特性

将能耗制动的参数特点代入电动状态时的机械特性表达式即得能耗制动时的机械特性为：

$$n=-\frac{R_a+R_z}{C_e\cdot C_M\cdot\Phi_N^2}\cdot T=-\beta_z\cdot T \tag{2-23}$$

式中 $\beta_z=\dfrac{R_a+R_z}{C_e\cdot C_M\cdot\Phi_N^2}$ 为能耗制动时机械特性的斜率。

由式(2-23)可知：当 $n>0$ 时 $T<0$；当 $n=0$ 时 $T=0$；当 $n<0$ 时 $T>0$。所以能耗制动机械特性是一条通过原点穿过第二和第四象限的直线，如图 2-16 的 $\overline{BOF}$ 所示，对应两种制动状态：

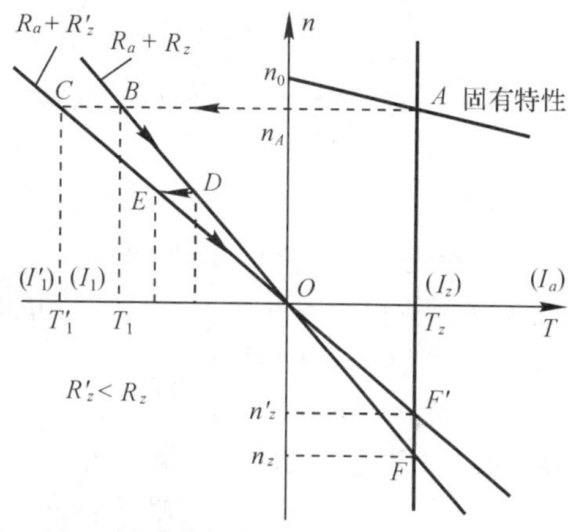

图 2-16　他励直流电动机能耗制动机械特性

(1) 能耗制动停车过程

设电机原来运行于电动状态固有的特性 A 点。制动初瞬时，由于 $n=n_A$ 来不及变，所以工作点突跳到与 R_z 相对应的$\overline{BOF}$上的 B 点。此时 $I_a<0$ 电磁转矩 $T<0$ 而转速从 n_A 至零的整个制动过程中无论是反抗性或位能性负载，T_Z 的方向均不变。为此，在 T 与 T_Z 的共同制动下，系统很快减速，工作点沿$\overline{BO}$段下移直至 $n=0$。

由式(2-22)可知，制动初瞬的最大电流为：

$$I_1=I_B=-\frac{C_e\Phi_N n_A}{R_a+R_z} \tag{2-24}$$

式中 $C_e\Phi_N n_A=E_A$ 为电动状态时 A 点所对应的电枢电动势。若近似地取 $E_A=U_N-I_NR_a\approx U_N$，则 $I_1\approx-\dfrac{U_N}{R_a+R_z}$。如果 $R_z=0$，则 $I_1\approx-\dfrac{U_N}{R_a}$ 相当于直接起动电流，显然不能允许。R_z 大则制动初瞬冲击电流 I_1 小，但 β_z 大特性陡，平均制动转矩小，制动时间长。R_z 小则特性平坦（如$\overline{COF'}$线），平均制动转矩大，制动快，但是冲击电流大。通常选取 I_1 为额定电流的二倍，将 $I_1=-2I_N$ 代入式(2-24)即可求出所需的 R_z 值。

当工作点沿$\overline{BOF}$下移至 n 较低时，对应 T 也很小，制动效果很差。通常在转速很低时借助电磁抱闸而使系统准确停车，也可以用切换制动电阻的办法增大低速时的制动转矩，例如当转速降至D点时，切除一段制动电阻，使工作点从D跳到E点。这样，随着n的下降逐级切除各段制动电阻直至停车。

能耗制动停机的另一个特点是：当$n=0$时$T=0$，因此对于反抗性负载采用能耗制动能可靠停机，不会重新反向起动。

(2) 位能性负载稳速下放

如果是位能性负载，能耗制动至$n=0$时，虽然$T=0$，但是重物的负载转矩大小方向均不变，重物的下落迫使电机反转，$n<0$使工作点沿$\overline{OF}$段下移而进入第四象限。此时$T>0$，电磁转矩方向与电动状态即提升时一致，对重物下放起制动作用。重物下放不断加速时，T也随之增大，直至交点$T=T_Z$使系统达到新的平衡状态，重物以$n=n_z$的速度稳速下放。下放转速为：

$$n_z=-\frac{R_a+R_z}{C_e\cdot C_M\cdot\Phi_N^2}\cdot T_Z=-\frac{R_a+R_z}{C_e\Phi_N}\cdot I_z \tag{2-25}$$

式中$I_z=\dfrac{T_Z}{C_M\Phi_N}$为稳定运行时的电枢电流。如果不计传动机械的损耗，则下放时稳态电枢电流I_z跟提升时(电动状态)的稳态电枢电流相同。式中的负号表示重物下放，转向与提升时相反。

例 2-5 某他励直流电动机额定数据如下：$U_N=220[\text{V}]$，$I_N=12.5[\text{A}]$，$n_N=1500[\text{r/min}]$，$R_a=0.8[\Omega]$。试求：

(1) 当$\Phi=\Phi_N$，而$n=1000[\text{r/min}]$时使系统转入能耗制动停车，要求起始制动电流为$2I_N$，电枢回路应串入电阻$R_z=?$

(2) 保持$\Phi=\Phi_N$不变而使$T_Z=0.8T_N$的位能负载以最低的速度稳速下放，应串制动电阻$R_z=?$且此最低转速$n_z=?$

解：(1)$C_e\Phi_N=\dfrac{U_N-I_NR_a}{n_N}=\dfrac{220-12.5\times0.8}{1500}=0.14$

由式(2-24)可得：

$$-2\times12.5=-\frac{0.14\times1000}{0.8+R_z}$$

则

$$R_z=4.8[\Omega]$$

(2) 由式(2-25)可知，当$R_z=0$时，下放转速最低。$T_Z=0.8T_N$所对应的电枢电流为：

$$I_z=\frac{T_Z}{C_M\Phi_N}=0.8\times\frac{T_N}{C_M\Phi_N}=0.8I_N=0.8\times12.5=10[\text{A}]$$

则由式(2-25)可得最低下放转速为：

$$n_z=-\frac{R_a}{C_e\Phi_N}\cdot I_z=\frac{-0.8}{0.14}\times10=-57.14[\text{r/min}]$$(负号表示反转，重物下放)

二、反接制动

1. 电压反向的反接制动(用于快速停机)

图 2-17 是他励直流电动机电压反向反接制动的原理图。该机原来电动状态时各量正方向如图示。反接制动方法是：保持I_f不变，将开关向下合闸，使电枢经制动电阻R_z而反接于

电网上。因此，这种制动方法的参数特点是：$\Phi=\Phi_N$，$U=-U_N$，电枢回路总电阻 $R=R_a+R_z$。

将这些参数特点代入电动势平衡方程式为：

$$-U_N=E_a+I_a\cdot(R_a+R_z)$$

得

$$I_a=\frac{-U_N-E_a}{R_a+R_z}=\frac{-U_N-C_e\cdot\Phi_N\cdot n}{R_a+R_z} \tag{2-26}$$

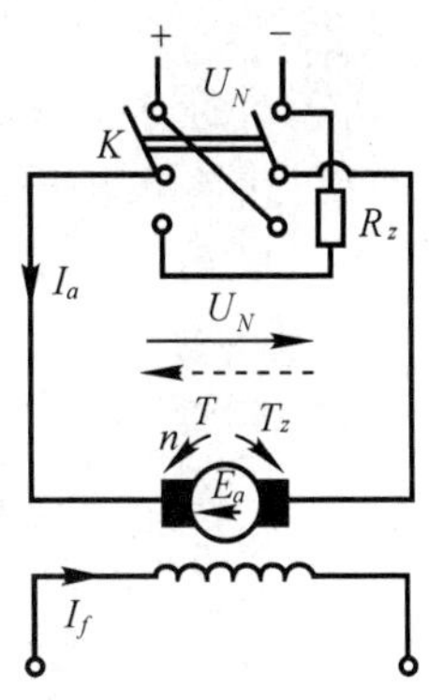

图2-17　他励直流电动机电压反向的反接制动原理图

将上述参数特点代入式(2-11)得端电压反向后的机械特性为：

$$n=-\frac{U_N}{C_e\Phi_N}-\frac{R_a+R_z}{C_eC_M\Phi_N^2}\cdot T=-n_0-\frac{R_a+R_z}{C_eC_M\Phi_N^2}\cdot T$$

$$=-n_0-\frac{R_a+R_z}{C_e\Phi_N}\cdot I_a \tag{2-27}$$

式中 $n_0=\dfrac{U_N}{C_e\Phi_N}$ 为电动状态固有特性的理想空载转速。

电压反向后的机械特性如图2-18所示。其中特性2为电压反向且 $R_z=0$ 的固有特性，特性3为电压反向且电枢回路串 R_z 的人为特性。由图可知，电压反向后机械特性是一条穿过第二、第三和第四象限的直线，其理想空载转速 $n_0'=-n_0$。在三个象限中分别对应三种状态：

(1) 反接制动停机状态

如果原来运行于电动状态的 A 点，电枢反接后特性变为 $\overline{BCE}$，但 $n=n_A$ 不能突变，使工作点突变为 B 点，对应的 $T<0$，但转向及 T_Z 方向均未变，在 T 与 T_Z 共同制动下，系统开始减速，工作点沿 $\overline{BC}$ 段下移直至 C 点停机。

据式(2-26)可得反接制动初瞬(即 B 点)的电枢电流为：

$$I_1=\frac{-U_N-C_e\Phi_Nn_A}{R_a+R_z} \tag{2-28}$$

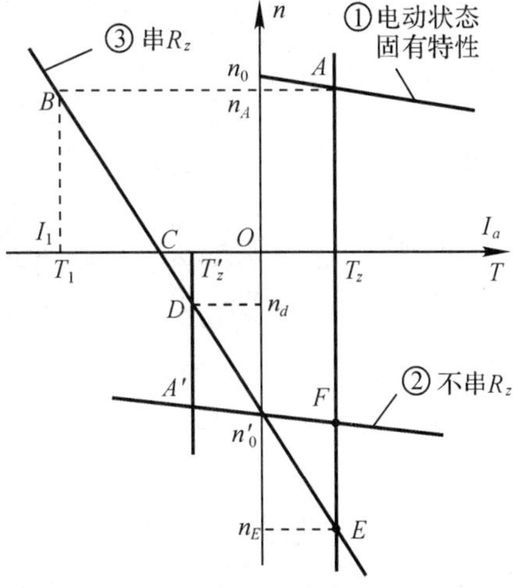

图2-18　他励直流电动机电压反向后的机械特性

取起始最大电流 $I_1=-2I_N$，代入上式即得所需的制动电阻值 R_z。比较式(2-24)和式(2-28)可知，对于相同的起始制动电流值 I_1，反接制动所需的制动电阻 R_z 约为能耗制动的两倍。

由图可知，在转速从 n_A 到零的整个制动过程中，电磁制动转矩 T 都很大，且当转速接近零时仍有一个很大的制动转矩 T_c，制动效果比能耗制动好，可用于快速停机。

但是，正因为 $n=0$ 时 $T=T_c\neq0$，因此，如果仅要求制动停机的话，应在转速降到零时立即切断电源。否则在 T_c 的作用下，系统有可能反向起动。

(2) 反向电动状态

对于反抗性负载，如果制动停机后不切断电源，而且 $T_c>T_Z'$ 时，系统就会反向起动，工作点沿 $\overline{CDn_0'}$ 下移而进入第三象限。由于在第三象限中，$n<0$ 且 $T<0$，这时 T 与 n 的方向一致，是驱动转矩，所以电机处于反向旋转的电动状态。反向起动后负载转矩 T_Z 也随之反

向，变成 $T_Z' < 0$，交点 D 就是反向电动状态的稳定运行点。所以，对于要求快速停机而且随后即反向起动的场合，采用电枢反接的反接制动是较合适的。

如果负载是位能转矩，在 $n = 0$ 时不切断电源的话，系统必然会反向起动（即重物开始下放）。在 T 与 T_Z 的共同驱动下，系统不断加速，加速过程持续到 n_0' 点时，$T = 0$，但在 T_Z 的作用下，下放速度继续加速，使 $|n| > |n_0'|$ 从而进入第四象限。

（3）回馈制动状态

继上述，位能性负载的下放速度 $|n| > |n_0'|$ 而进入第四象限之后，工作点沿 $\overline{n_0'E}$ 下移。这时 $T > 0$，其方向与电动状态即提升时相同，因而对重物的下放起制动作用。当下放加速到交点 E 时，$T_E = T_Z$ 使系统达新的平衡状态，重物以 n_E 的速度稳速下放。由此可知，这时电机将轴上输入的机械能（即系统所储的位能）转换成电能而返回电源，处于再生发电状态，称之为回馈制动状态。

2. 电动势反向的反接制动（用于位能负载稳定低速下放）

设他励直流电动机带动位能性负载的拖动系统原来运行于图 2-19 中固有特性的 A 点。采用反接制动将重物稳低速下放的方法是：保持 I_f 及端电压 U_N 不变，仅在电枢回路中串入足够大的制动电阻 R_z，使之对应的人为特性与负载转矩特性的交点处于第四象限即行。如图 2-19 的 D 点。

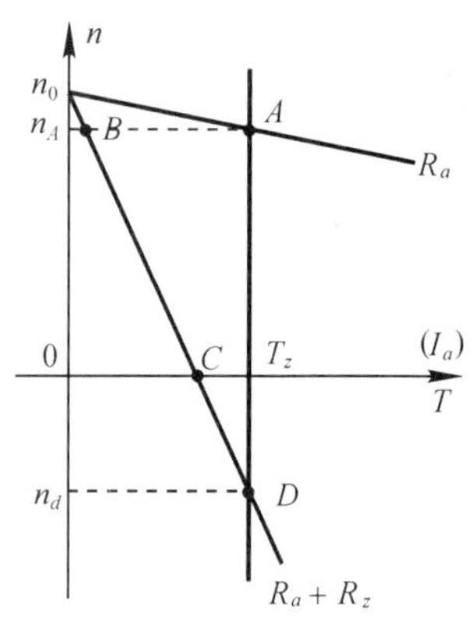

图 2-19　他励直流电动机电动势反向反接制动的机械特性

在 R_z 刚串入瞬间 $n = n_A$ 不能突变，工作点突跳至 B 点，工作点沿 $\overline{BC}$ 段下移直至 $n = 0$。转速从 n_A 到零的过程中，T 与 n 方向均未变，所以仍是正向电动状态，仅是提升速度越来越慢而已。

在 C 点，在重力的作用下使重物开始下放，工作点沿 $\overline{CD}$ 段下移而进入第四象限。这时 $T > 0$ 而 $n < 0$，T 与 n 方向相反，起制动作用。下放加速至 D 点时，$T = T_Z$ 相平衡，系统以 n_d 的速度稳速下放。由式(2-11)可得稳定下放的速度为：

$$n = n_0 - \frac{R_a + R_z}{C_e C_M \Phi_N^2} \cdot T_Z = n_0 - \frac{R_a + R_z}{C_e \Phi_N} I_z \tag{2-29}$$

式中 $I_z = \dfrac{T_Z}{C_M \Phi_N}$ 为稳定下放时的电枢电流，当不计传动机构的损耗时，它等于提升时 A 点所对应的电枢电流。

由式(2-29)可知，当 R_z 值选择得当时，可使 $n \approx 0$。所以用反接制动使重物下放时，可以获得极低的稳定下放速度。

这种制动方法，虽然电枢不反接，但是在第四象限的 $\overline{CD}$ 段仍具有下述的反接制动的特点，而且此时的电枢电动势 $E_a = C_e \Phi_N n < 0$，所以称为电动势反向的反接制动。

3. 反接制动的运行特点

无论是图 2-18 的 $\overline{BC}$ 对应的电压反向反接制动或是图 2-19 的 $\overline{CD}$ 对应的电动势反向反接制动，都具有以下特点：

（1）制运过程中的实际转向与其理想空载转速方向相反。

（2）制运过程中的能量关系。根据电动状态电动势平衡方程式可以写出：

$$U \cdot I_a - E_a \cdot I_a = I_a^2(R_a + R_z) \tag{2-30}$$

现以反接制动使重物下放为例。由于$U > 0$，且下放时电枢电流$I_a = \dfrac{U_N - C_e\Phi_N n}{R_a + R_z} > 0$，所以$P_1 = U \cdot I_a > 0$。表示此时该机是从电网输入电功率的。又$E_a = C_e\Phi_N \cdot n < 0$，所以$P_M = E_a \cdot I_a < 0$，表示此时该机从轴上输入机械功率而转换成电枢回路中的电功率。由式(2-30)可知，这两部分电功率合起来全部消耗在电枢回路电阻$R_a + R_z$上。

例 2-6 电机的额定数据同例 2-5，试求：

(1) 当$\Phi = \Phi_N$，$n = 1000[r/min]$时，将电枢反接而使系统快速制动停机，要求起始制动电流为$2I_N$，应在电枢中串入电阻$R_z = ?$

(2) 保持$\Phi = \Phi_N$不变而使$T_Z = 0.8T_N$的位能负载以$20[r/min]$的速度稳速下放，应串$R_z = ?$

解：(1) 据例 2-5 得$C_e\Phi_N = 0.14$，当$n = 1000[r/min]$将电枢反接时，由式(2-28)可得：

$$-2 \times 12.5 = \frac{-220 - 0.14 \times 1000}{0.8 + R_z}$$

则

$$R_z = 13.6[\Omega]$$

(2) 由例 2-5 已得下放时稳定电枢电流$I_z = 10[A]$，且能耗制动的最低下放转速为$57.14[r/min]$，所以要获得$20[r/min]$的下放速度，只有采用电动势反向的反接制动方法。由式(2-29)可得

$$-20 = \frac{220}{0.14} - \frac{0.8 + R_z}{0.14} \cdot 10$$

则

$$R_z = 21.48[\Omega]$$

三、回馈制动(再生发电制动)

1. 电压反向的回馈制动

上面提到，对于位能性负载，如果将电枢反接，则系统就在回馈制动状态下将重物稳速下放，如图 2-18 的E点。现以此为例说明回馈制动的运行特点。

(1) 回馈制动时，电机实际转速的方向与其理想空载转速的方向一致，且$|n| > |n_0|$。因而$|E_a = C_e\Phi_N n| > |U = C_e\Phi_N \cdot n_0|$，而且$E_a$和$I_a$方向一致，所以该机呈发电机状态。

(2) 回馈制动的能量关系是：$P_M = E_a \cdot I_a < 0$表示从轴上输入机械功率而转换成电枢回路中的电功率；输入功率$P_1 = U \cdot I_a < 0$，表示该机将电能输回电网。这时是将系统所储的动能或位能转换成电能而送回电网，因而称之为再生发电制动状态或回馈制动状态。

根据电枢反接后的机械特性，可得回馈制动使重物稳速下放的转速为：

$$n_E = -\frac{U_N}{C_e \cdot \Phi_N} - \frac{R_a + R_z}{C_e\Phi_N} \cdot I_z \tag{2-31}$$

式中$I_z = \dfrac{T_Z}{C_M \cdot \Phi_N}$为重物下放时的稳定电枢电流。

由上式可知，回馈制动使重物下放时，其下放转速n_E要超过$n_0 = -\dfrac{U_N}{C_e\Phi_N}$，而且$R_z$越大

时下放速度更高。所以，为使回馈制动时的下放速度不要太高，通常取 $R_z = 0$。

2. 电压不反向的回馈制动

现举两个例子说明此种回馈制动的运行情况。

(1) 电车下坡

电车在平地上行驶时，电机运行于电动状态，如图 2-20 固有特性 1 上的 A 点。

当电车下坡时，电机的机械特性仍为固有特性 1，转速的方向也不变。但是，车重沿斜坡的分力将产生一个与 n 的方向一致的驱动转矩 T_Z'。在 T 与 T_Z' 共同驱动下使车速越来越高，工作点沿 $\overline{An_0B}$ 上升。当加速到 $n = n_0$ 时 $T = 0$，但在 T_Z' 的驱动下继续加速，使 $n > n_0$，工作点进入第二象限的 $\overline{n_0B}$ 段。对应的 $T < 0$ 起制动作用。直至 B 点，驱动的 T_Z' 与制动的 T 相平衡，电车以高于 n_0 的转速 n_B 稳速下坡。

(2) 降低端电压时的降速过程

设原来运行于图 2-20 的 U_N 所对应的固有特性 1 上的 A 点，为电动状态。现突然将端电压降低为 U'，对应的人为特性为特性 2。在降压初瞬 $n = n_A$ 不能突变，工作点突跳为特性 2 上的 C 点，此时 $T < 0$ 成为制动转矩。在 T 与 T_Z 的共同制动下使系统开始减速，工作点沿 $\overline{Cn_0'D}$ 下移直至 D 点达新的平衡。

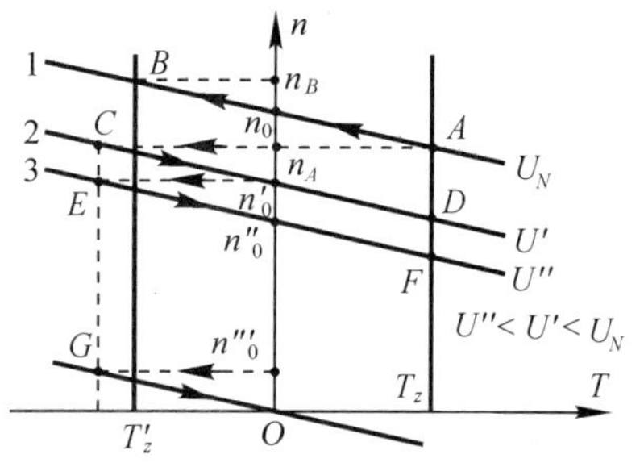

图 2-20　电压不反向的回馈制动机械特性

不难证明，降压人为特性在第二象限 $\overline{Cn_0'}$ 段属于回馈制动。而在第一象限的 $\overline{n_0'D}$ 段仍为正向电动。为此，如果想用回馈制动停机，必须在回馈制动到 $n = n_0'$ 时，再使端电压突降为 U''，工作点突跳至 E 点。在 $\overline{En_0''}$ 段的降速过程又是回馈制动状态；当 n 降到 n_0'' 时又再次使端电压下降 …… 这样逐次降低端电压直至 $U = 0$。

例 2-7　电机的额定数据同例 2-5，试求：

(1) 设该机原来运行于额定状态，如将端电压突然降到 $U = 190[\text{V}]$，该机能否进入回馈制动状态，其起始制动电流为多少？

(2) 将 $T_Z = 0.8T_N$ 的位能性负载用回馈制动稳速下放，求 $R_z = 0$ 时下放速度 $n_z = ?$

解：(1) 额定运行时电枢电动势 $E_{aN} = U_N - I_N R_a = 220 - 12.5 \times 0.8 = 210[\text{V}]$，由于端电压突降时 I_f 不变而 $n = n_N$ 来不及变，所以 $E_a = C_e\Phi_N n = E_{aN} = 210[\text{V}]$ 也来不及变，则 $E_a > U = 190[\text{C}]$，电机能进入回馈制动状态，其起始制动电流为：

$$I_a = \frac{U - E_a}{R_a} = \frac{190 - 210}{0.8} = -25[\text{A}]（负号表示 I_a 的方向相反）$$

(2) 由例 2-5 已得 $C_e\Phi_N = 0.14$，$I_z = 10[\text{A}]$，则由式(2-31)可得回馈制动下放转速为：

$$n_z = -\frac{U_N}{C_e\Phi_N} - \frac{R_a + R_z}{C_e\Phi_N} \cdot I_z = -\frac{220}{0.14} - \frac{0.8}{0.14} \times 10 = -1616[\text{r/min}]$$

负号代表重物下放时电机反转。

§ 2-6　他励直流电动机的调速

为了提高生产率、保证产品质量或节约能源，许多生产机械要求在生产过程中有不同的运行速度。人为地改变电动机的参数(如他励电动机的端电压、励磁电流或电枢回路中串电阻),使同一个机械负载得到不同的转速,称为电机调速。

一、他励直流电动机的调速方法

1. 电枢回路串电阻调速

保持 $U=U_N$ 且 $\Phi=\Phi_N$ 不变,仅在电枢回路中串入调速电阻 R_Ω 而使同一个负载得到不同转速的方法,称为电枢回路串电阻调速。由图 2-8 可知,对于同一个负载转矩 T_Z,R_Ω 越大则稳定转速越低,即向低于额定转速的方向调节速度。这种调速方法的优点是设备简单、操作方便。其特点是:

(1) 在空载或轻载时,调速效果很不明显;

(2) 低速时(即 R_Ω 很大时)机械特性很软,当负载变化时,转速波动很大,静态稳定性变差,所以调速范围不大;

(3) 由于 R_Ω 的截面大,只能分段调节,所以是有级调速,速度调节不平滑;

(4) 电枢电流在 R_Ω 上消耗的能量大,所以调速时效率低。

因此,这种调速方法只能用于调速性能要求不高的设备上,如起重机、电车等。

2. 降低电枢端电压调速

保持电动机的 $\Phi=\Phi_N$(即 $I_f=I_{fN}$) 不变且 $R_\Omega=0$,仅降低电动机电枢两端电压 U 来达到调速的目的,称为降压调速。由图 2-21 所示的降低端电压 $U_N>U_1>U_2>U_3$ 时的人为特性可知,对于同一个负载 T_Z,端电压越低,则稳定后的速度也越低 ,也是向低于额定转速的方向调节的。降压调速的优点是:

(1) 由于降压人为特性是与固有特性平行的,所以无论满载或轻载都有明显的调速效果;

(2) 正因为降压人为特性的硬度不变,使低速时由于负载变化引起的转速波动不大,所以静态稳定性好,调速范围大(见下述);

(3) 只要连续平滑地改变施于电动机的端电压 U 可使转速平滑地调节,实现无级调速;

(4) 调节过程中能量损耗小。

因此,降压调速被广泛地应用于对起动、制动和调速性能要求较高的场合,如龙门刨床、轧刚机等。

3. 减弱电动机主磁通调速

保持 $U=U_N$ 且 $R_\Omega=0$,仅减少电动机的励磁电流 I_f 使主磁通 Φ 减少来达到调速的目的,称为减弱磁通调速。由图 2-21 所示的减弱磁通时的人为特性可知,对于同一个负载 T_Z,主磁通 Φ 越弱,则稳定后的转速越高,是向高于额定转速的方向调节。

弱磁调速的优点是:由于它是在功率较小的励磁回路中调节励磁电流的,因而控制方便,能量损耗小,也可以实现无级调速。

但是,由于电机的最高转速受到机械强度与换向能力的限制,一般只能是 n_N 的 1.2～2 倍,所以调速范围不大。通常是与降压调速配合使用来扩大调速范围的。

例 2-8 电机的额定数据同例 2-5。电枢反应去磁作用忽略不计。试求:

(1) 保持 $U=U_N$ 且 $I_f=I_{fN}$ 不变,使 $T_Z=0.8T_N$ 恒转矩负载转速降为 $n=1000$[r/min],应在电枢回路串入电阻 $R_\Omega=$?

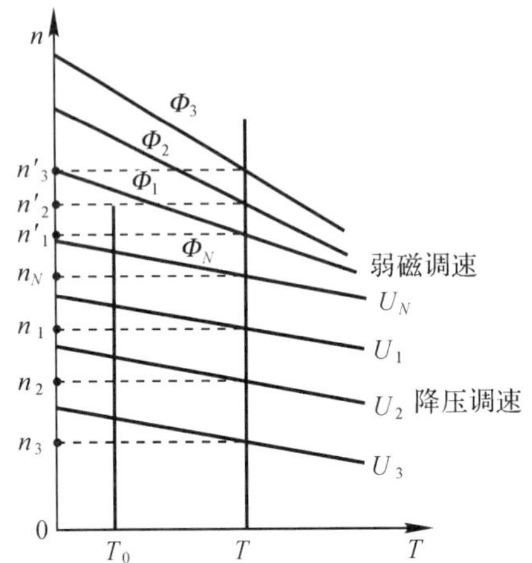

图 2-21　改变电源电压调速和弱磁调速时的机械特性

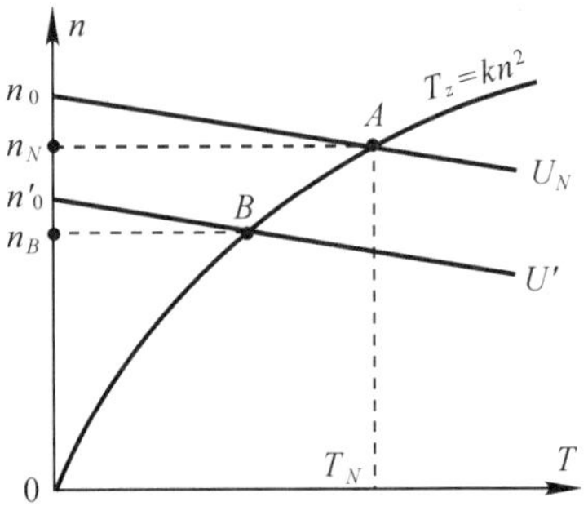

图 2-22　降压调速实例

(2) 设该机带动通风机负载 $T_Z = k \cdot n^2$，原来运行于图 2-22 所示的额定状态 A 点。现用降压调速使转速降为 $n_B = 1300$[r/min]，试问端电压 U 应降为多少？稳定后的电流为多少？

(3) 设 $T_Z = T_N$ 为恒转矩负载，该机在额定运行中突然励磁回路断线，已知断线后的剩磁为 $\Phi' = 0.04\Phi_N$，则断线后系统将加速或减速？稳定后的电流与转速各为多少？

解：(1) 由于 $I_f = I_{fN}$ 不变且不计电枢反应去磁作用，所以 $\Phi = \Phi_N$ 不变。则稳定后电流为：

$$I_a = \frac{T_Z}{C_M\Phi} = \frac{0.8T_N}{C_M\Phi_N} = 0.8I_{aN} = 0.8 \times 12.5 = 10[\text{A}]$$

由例 2-5 已得，$C_e\Phi_N = 0.14$，则得：

$$R_\Omega = \frac{U_N - C_e\Phi_N \cdot n}{I_a} - R_a$$

$$= \frac{220 - 0.14 \times 1000}{10} - 0.8$$

$$= 7.2[\Omega]$$

(2) 在 A 点额定运行时有 $C_M\Phi_N I_N = k \cdot n_N^2$，而降压后运行于 B 点时有 $C_M\Phi_N \cdot I_a = k \cdot n_B^2$，则

$$I_a = \left(\frac{n_B}{n_N}\right)^2 \cdot I_N = \left(\frac{1300}{1500}\right)^2 \times 12.5 = 9.39[\text{A}]$$

$$U = C_e\Phi_N \cdot n_B + I_a \cdot R_a = 0.14 \times 1300 + 9.39 \times 0.8 = 189.5[\text{V}]$$

(3) 由于额定运行时 $E_{aN} = C_e\Phi_N n_N = 0.14 \times 1500 = 210$[V]，而磁场断线瞬间 $n = n_N$ 来不及变，所以断线瞬间的电枢电动势为：

$$E_a = C_e\Phi' \cdot n_N = 0.04C_e\Phi_N n_N = 0.04 \times 210 = 8.4[\text{V}]$$

此刻的电枢电流及电磁转矩分别为：

$$I_a = \frac{U_N - E_a}{R_a} = \frac{220 - 8.4}{0.8} = 264.5[\text{A}]$$

$$\frac{T}{T_N} = \frac{C_M\Phi' \cdot I_a}{C_M\Phi_N \cdot I_N} = 0.04\,\frac{264.5}{12.5} = 0.8464$$

由此可知，断线初瞬 $T < T_N = T_Z$，所以系统开始减速。当 n 降低时，$E_a = C_e\Phi' \cdot n$ 更小，

I_a 更大，使 $T = C_M\Phi' I_a$ 开始增加。然而即使转速减为零时，$E_a = 0$，其电枢电流与电磁转矩增为：

$$I_a = \frac{U_N}{R_a} = \frac{220}{0.8} = 275[\mathrm{A}]$$

$$\frac{T}{T_N} = 0.04\frac{275}{12.5} = 0.88$$

仍然 $T < T_N = T_Z$，故系统最终处于停转状态。

所以，电机在运行中若励磁回路断线，一方面磁场大大减弱（仅为剩磁），另方面电枢电流大大增加。其结果，可能使系统升速到危险的高速（称为“飞车”）导致机组被损坏；也可能使系统减速直至停机，过大的电流也会烧坏绕组。因此，他（并）励直流电动机必须防止励磁回路断线现象的发生。

二、评价调速方法的主要指标

1. 调速范围

电动机在额定负载下调速时所能达到的最高转速 $n_{\max}$ 与最低转速 $n_{\min}$ 之比，称为调速范围，用符号 D 表示。即

$$D = \frac{n_{\max}}{n_{\min}} \tag{2-32}$$

对于降压调速与电枢回路串电阻调速，都是从额定转速向低调节的，所以 $n_{\max} = n_N$，这两种调速方法所能达到的最低转速 $n_{\min}$ 因受到低速时相对稳定性即下述的静差度的限制而不能太低。对于弱磁调速，它是从 n_N 向高调节的，所以 $n_{\min} = n_N$，但是它所能达到的最高转速 $n_{\max}$ 受到机械强度与换向的限制而不能太高。

2. 静差度

静差度是指电动机在某一条机械特性上运行时，其额定负载的转速降 Δn_N 与其机械特性的理想空载转速 n_0 之比，用符号 δ 表示，即

$$\left.\begin{aligned} &\delta = \frac{\Delta n_N}{n_0} \\ &\text{或 } \delta(\%) = \frac{\Delta n_N}{n_0} \times 100\% \end{aligned}\right\} \tag{2-33}$$

例如图 2-23 中的固有特性 1 的静差度为 $\delta_1 = \frac{\Delta n_{N1}}{n_0}$；其降压人为特性 2 的静差度为 $\delta_2 = \frac{\Delta n_{N2}}{n_0'} = \frac{\Delta n_{N1}}{n_0'}$ 而电枢回路串电阻人为特性 3 的静差度为 $\delta_3 = \frac{\Delta n_{N3}}{n_0}$。显然 $\delta_1 < \delta_2 < \delta_3$。

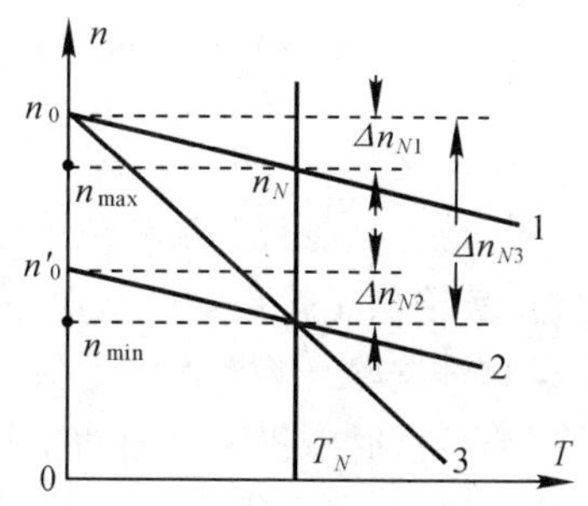

图 2-23 不同机械特性的静差度

一条机械特性斜率的倒数 $1/\beta$ 称为硬度。硬度相同的两平行特性 1 与 2，n_0 越低时 δ 越大，而理想空载转速 n_0 相同的两特性 1 与 3，硬度越大时 δ 越小。

静差度是衡量电力拖动系统运行中相对稳定性的一个重要指标。如果 δ 大，则负载变化所引起的转速波动大，太大的转速降低使系统近乎停转。为了使系统保持运行的相对

稳定性，要求其静差度必须小于某一允许值。从图 2-23 可知，只要低速时机械特性的静差度能够满足要求，则其高速特性的静差度就不成问题了。尽管降压调速或电枢回路串电阻调速均可以获得极低的转速，但是考虑到生产机械对于静差度的要求，其转速就不能任意地调低。所以，静差度与调速范围是两项互相联系又互相制约的调速指标。如果生产机械对静差度的要求越高（即 δ 越小），则系统所能实现的调速范围就越小。

例 2-9 某直流调速系统中，电动机的额定转速 $n_N = 900[\text{r/min}]$，高速机械特性的理想空载转速 $n_0 = 1000[\text{r/min}]$，生产机械要求调速范围 $D \geqslant 3$ 且低速静差度 $\delta \leqslant 30\%$。试问应采用什么调速方法？

解：据题意可得该调速系统的最高转速为 $n_{\max} = n_N = 900[\text{r/min}]$，而最低转速为：

$$n_{\min} = \frac{n_{\max}}{D} = \frac{900}{3} = 300[\text{r/min}]$$

要使电动机的转速从 n_N 调低至 $n_{\min}$，可以用降压调速也可以用电枢回路串电阻的方法。如果采用后者，其低速时 $n_0 = 1000[\text{r/min}]$ 不变，则低速静差度为：

$$\delta_R = \frac{n_0 - n_{\min}}{n_0} = \frac{1000-300}{1000} = 70\% > 30\%$$

可见电枢回路串电阻调速不能满足 δ 的要求。如果采用降压调速，则其低速特性的理想空载转速为：

$$n_0' = n_{\min} + \Delta n_N' = n_{\min} + \Delta n_N = 300 + (1000-900) = 400[\text{r/min}]$$

则其低速时静差度为：

$$\delta_\mu = \frac{n_0' - n_{\min}}{n_0'} = \frac{400-300}{400} = 25\% < 30\%$$

所以应采用降压调速方法。

3. 调速的平滑性

调速时相邻两级转速越接近，其调速的平滑性越好，用平滑系数 φ 来衡量，即

$$\varphi = \frac{n_i}{n_{i-1}}$$

式中 n_i 与 n_{i-1} 是相邻两级的转速。当 $\varphi < 1.06$ 时，就认为转速连续可调，称为无级调速。

4. 调速时电动机的容许输出（见下述）

5. 调速的经济性

经济指标包括调速装置初投资费用、调速时的电能损耗及运行维修费用等，应综合考虑。

三、调速方式与负载性质的配合(*)

1. 调速方式

一台电机能否在某负载下长期运行，主要决定于电机的发热，而发热又主要决定于电枢电流。额定电流就是电机长期运行所能容许的电流值。电机在 $n_{\max}$ 与 $n_{\min}$ 之间调速运行时，如果其电流始终等于额定电流，则该机既充分利用，又能安全运行（暂不考虑通风条件变化的影响）。这时电机输出的功率与转矩，是该转速下所允许的限制值，称之为调速时容许输出功率与转矩，分别用符号 P_l 与 T_l 表示。

所谓调速方式就是表征在整个调速范围内 P_l 或 T_l 与转速 n 的关系。

(1) 恒转矩调速方式

无论是降压调速或电枢回路串电阻调速，$\Phi=\Phi_N$ 均不变，如果在整个调速范围内保持 $I_a=I_N$ 不变，则其容许输出的功率与转矩的限度分别为：

$$T_l=C_M\Phi_N I_N=T_N \tag{2-34}$$

$$P_l=\frac{T_l\cdot n}{9550}=\frac{T_N}{9550}\cdot n=k_1\cdot n \tag{2-35}$$

可知降压调速与电枢回路串电阻调速时，在 n_{max} 到 n_{min} 的整个调速范围内的容许输出转矩 $T_l=T_N$ 为常数，为恒转矩调速方式。其容许输出功率 P_l 与转速成正比，如图 2-24 所示。

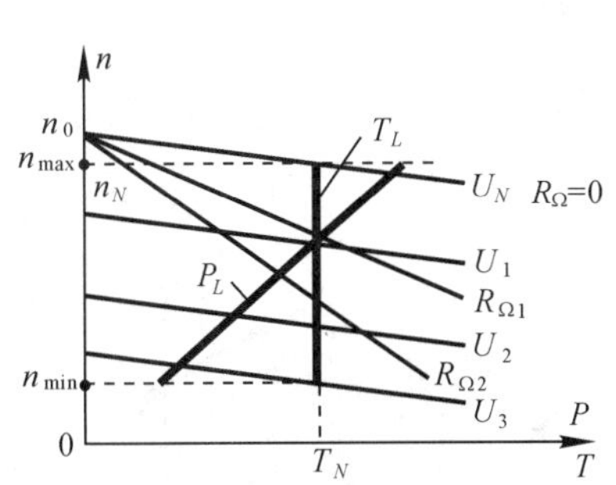

图 2-24　恒转矩调速方式的机械特性与容许输出

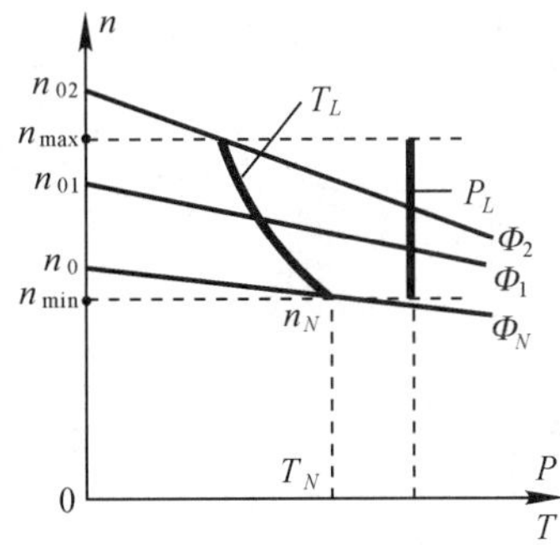

图 2-25　恒功率调速方式的机械特性与容许输出

(2) 恒功率调速方式

弱磁调速时，主磁通 $\Phi=\dfrac{U_N-I_aR_a}{C_e\cdot n}$ 是变化的，在讨论 T_l 与 P_l 时，必须在整个调速范围内保持 $I_a=I_N$，所以 Φ 表达式应为如下形式：

$$\Phi=\frac{U_N-I_NR_a}{C_e\cdot n}=\frac{k_2}{n}$$

则

$$T_l=C_M\Phi\cdot I_N=C_M\cdot\frac{k_2}{n}\cdot I_N=\frac{k_3}{n} \tag{2-36}$$

$$P_l=\frac{T_l\cdot n}{9550}=\frac{k_3}{n}\cdot\frac{n}{9550}=k_4 \tag{2-37}$$

可知弱磁调速时，在整个调速范围内的容许输出功率 P_l 为常数，称为恒功率调速方式。其容许输出转矩 T_l 与转速成反比，如图 2-25 所示。

必须指出，图 2-24 及图 2-25 所给出的 T_l 及 P_l 仅表示电机在调速时容许输出的转矩与功率的限度，不一定是电机的实际输出。电机调速后的实际电流、转矩及功率的大小则要由电动机的机械特性与负载转矩特性来决定。另外，恒转矩调速方式与恒转矩负载或恒功率调速方式与恒功率负载是完全不同的两个概念。前者表示电机调速时的利用限度而后者则反映生产机械负载转矩的性质。

2. 调速方式与负载类型的配合

对于恒转矩负载，如果采用恒转矩调速方式，只要使电动机的 $T_N=T_Z$，就可以在整个调速范围内都做到 $T=T_Z=T_l$，使电机既安全又得到充分利用，这种配合最理想，如图 2-26(a) 所示。这时电动机的额定数据应如下确定：

$$T_N = T_Z$$

$$n_N = n_{max}$$

$$P_N = \frac{T_N \cdot n_N}{9550} = \frac{T_Z \cdot n_{max}}{9550} = P_{zmax}$$

式中 P_{zmax} 为恒转矩负载在高速时所对应的最大负载功率。

如果恒转矩负载采用恒功率调速方式，必须使高速 n_{max} 时所对应的最小 T_l 值与 T_Z 相等，如图 2-26(d) 所示。由图可知，在整个调速范围内，除 $n = n_{max}$ 之外的所有 $n < n_{max}$ 转速，都是 $T = T_Z < T_l$，所以电机得不到充分利用。这时电动机的额定数据应如下确定：

$$n_N = n_{min}$$

$$P_N = P_{zmax} = \frac{T_Z \cdot n_{max}}{9550}$$

$$T_N = 9550 \cdot \frac{P_N}{n_N} = 9550 \cdot \frac{P_{zmax}}{n_{min}} = \frac{T_Z \cdot n_{max}}{n_{min}} = D \cdot T_Z$$

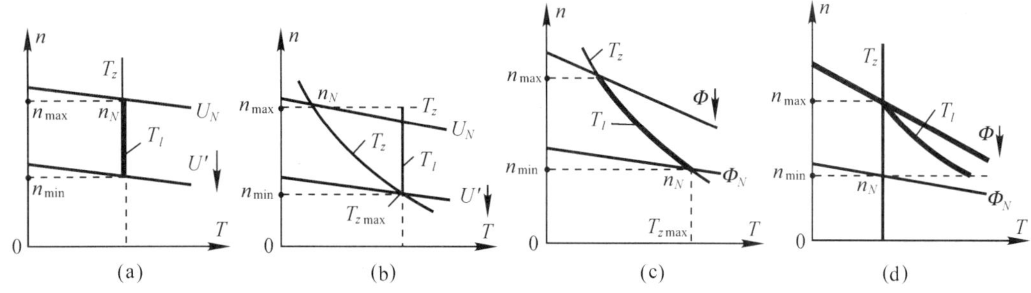

图 2-26 调速方式与负载类型的配合

对于恒功率负载，如果采用恒功率调速方式，则只要使电动机的 $P_N = P_l = P_z$，据 $P_z = \frac{T_Z \cdot n}{9550} = \frac{T \cdot n}{9550}$ 及式(2-37)，可得在整个调速范围内做到 $T = T_Z = T_l$，使电机既安全又能充分利用，如图 2-26(c) 所示。此时电动机的额定数据应如下确定：

$$n_N = n_{min}$$

$$P_N = P_z$$

$$T_N = 9550\frac{P_N}{n_N} = 9550\frac{P_z}{n_{min}} = T_{zmax}$$

如果恒功率负载采用恒转矩调速方式，必须使低速时所对应的最大负载转矩 T_{zmax} 与 T_l 相等，如图 2-26(b) 所示。由图可知，在整个调速范围内，除 $n = n_{min}$ 之外的所有 $n > n_{min}$ 转速，都是 $T = T_Z < T_l$，电机不能充分利用。这时电机的额定数据应如下确定：

$$n = n_{max}$$

$$T_N = T_l = T_{zmax}$$

$$P_N = \frac{T_N \cdot n_N}{9550} = \frac{T_{zmax} \cdot n_{max}}{9550} = D \cdot P_z$$

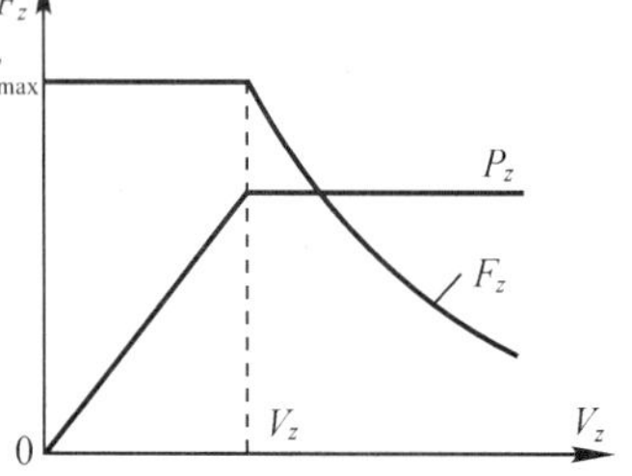

图 2-27 龙门刨的切削力、切削功率与切削速度的关系

例 2-10 某龙门刨床的最高切削速度 $V_{max} =$ 90[m/min]，最大切削力 $F_{max} = 4000$[kg]，计算速度 $V_x =$

15[m/min]。试问应采取什么调速方法？

解：龙门刨工作台的负载性质与多数机床的主拖动负载一样，是恒功率负载，但是，由于机床刚度的限制，切削力不能无限增大，有一个最大的切削力 F_{max}。与 F_{max} 相对应的切削速度 V_x 称为计算速度。在 $V_z > V_x$ 时，$F_z \infty \dfrac{1}{V_z}$，$P_z =$ 常数，是恒功率切削区；当 $V_z \leqslant V_x$ 时取 $F_z = F_{max}$，成为等切削力区（即恒转矩负载），如图 2-27 所示。通常机床都是工作在恒功率切削区，对电动机言是恒功率负载。据题意，龙门刨的实际切削功率为：

$$P_z = \frac{F_{max} \cdot V_x}{1000} = \frac{9.8 \times 4000 \times (15/60)}{1000} = 9.8[\mathrm{kW}]$$

而调速范围为：

$$D = \frac{V_{max}}{V_x} = \frac{90}{15} = 6$$

由于是恒功率负载，采用恒功率调速方式即弱磁调速是恰当的，可选用 $P_N = P_z = 9.8[\mathrm{kW}]$ 而 n_N 应与 V_x 相对应的调磁通调速电动机。

此恒功率负载如果采用恒转矩调速方式（如降压调速），则电动机额定功率应取 $P_N = DP_z = 6 \times 9.8 = 58.8[\mathrm{kW}]$，而额定转速应与 V_{max} 相对应。

但是，由表 2-2 可知，采用降压调速而选用 $P_N \approx 60[\mathrm{kW}]$ 的普通直流电机将比采用弱磁调速而选用 $P_N \approx 10[\mathrm{kW}]$ 的调磁通调速电机，在电机的尺寸、重量及价格等方面可能更合算些。

表 2-2　调磁通调速电机与普通直流电机的数据

电机类型	型号	重量[kg]	转速[r/min]	额定功率[kW]
调磁通调速电机	$z_2 = 92$	748	500/2000	10.0
普通直流电机	$z_2 = 92$	681	1500	75.0

四、扩大调速范围的基本途径(*)

一般地说，需要调速的生产机械对调速范围与静差度都有一定的要求，而调速范围 $D = \dfrac{n_{max}}{n_{min}}$ 中的最低转速 n_{min} 又受到静差度 δ 的限制。设低速特性的理想空载转速为 n_{0min}，转速降为 $\Delta n_{min} = n_{0min} - n_{min}$，静差度为 $\delta = \dfrac{\Delta n_{min}}{n_{0min}}$，则调速范围为：

$$D = \frac{n_{max}}{n_{min}} = \frac{n_{max}}{n_{0min} - \Delta n_{min}} = \frac{n_{max}}{\Delta n_{min}} \cdot \frac{\delta}{(1-\delta)} \tag{2-38}$$

由上式可知，当最高转速 n_{max} 与低速静差度 δ 一定时，要扩大调速范围 D，就必须减少转速降 Δn，提高机械特性的硬度，常用的办法是采用反馈控制。

设 u_g 是带转速负反馈闭环调压调速系统的转速给定信号，$u_f \propto n$ 是转速反馈信号，控制信号 $U_k = K_f \cdot (u_g - u_f)$ 经过控制与驱动电路决定着施于电动机的端电压 U_d；U_k 大则 U_d 高，U_k 少则 U_d 低，K_f 是由控制电路决定的一个常数。设某给定电压 u_{g1}，负载为 T_{z2} 时运行于图 2-28 的 B 点，此时转速 n_B 使 u_K 所对应的施于电动机的端电压为 $u_d = u_2$，对应机械特性为 2。如果负载增大为 $T_{z3} > T_{z2}$，工作点沿特性 2 下移时 $u_f \propto n$ 减小，使 $u_k = k_f(u_{g1} - u_f)$

增大，端电压 u_d 升高，使电动机运行于 $u_d=u_1$ 所对应的特性 1 上的 C 点。如果负载减小为 $T_{z1}<T_{z2}$，n 升高，u_f 变大，u_k 变小从而使 u_d 降低，使电动机运行于 $u_d=u_3$ 所对应的特性 3 上的 A 点。连接 $A,B,C\cdots$ 各点，得到一条当给定电压为 u_{g1} 时的几乎水平的实际运行的机械特性 $\overline{ABC}$。改变 u_g 的大小，如 $u_g=u_{g3}<u_{g1}$ 时，仿上分析可得一条与 u_{g3} 相对应的机械特性 $\overline{A'B'C'}$，既达到调速目的，又使机械特性的硬度大大提高。

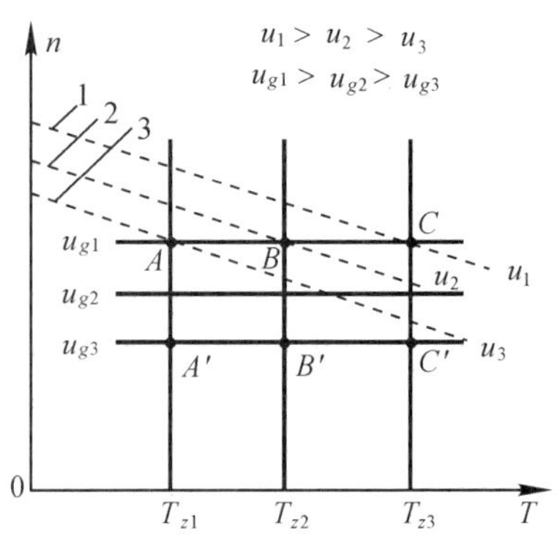

图 2-28　反馈控制系统的机械特性

由此可知，降压调速系统引入转速负反馈之后，其实际机械特性是一族硬度极高的平行线。即使转速调至很低时，其低速特性的静差度仍很小，所以可以获得很大的调速范围，这种系统被称为深调速系统。

§2-7　他励直流电动机的过渡过程(*)

一、概述

在以上的分析中，电力拖动系统都处于稳定平衡的工作状态，研究稳态的主要工具是机械特性，而电机的机械特性也只能表征拖动系统的稳定工作状态。所以称机械特性为静态特性。

然而，电力拖动系统在运行中，当电机的参数或负载转矩发生变化时，拖动系统将从一种稳定工作状态转变为另一个稳定工作状态。由于电力拖动系统存在着惯性，使得电动机的转速、电流、转矩及磁通等物理量不可能从一种稳定状态时的数值突变为另一个稳定状态的新的稳定值，必须经过一个连续变化的过程，称为过渡过程。在过渡过程中，拖动系统中的各个物理量都是随时间而变化的。描述其变化规律的特性曲线 $n=f(t)$，$T=f(t)$，$I_a=f(t)$ 等称为拖动系统的动态特性。

我们研究各物理量在过渡过程中的变化规律，就可以设法满足生产机械对系统动态特性的要求；缩短过渡过程的时间以提高劳动生产率；提出减少过渡过程中能量损耗的措施；并为选择电动机的容量提供依据。

引起过渡过程的外因是电机的参数或负载的变化，内因是拖动系统存在惯性。其中机械惯性主要反映在系统的飞轮矩 GD^2 上，它使转速不能突变；电磁惯性主要反映在电枢回路电感与励磁回路电感上，它使 I_a 与 I_f 不能突变；热惯性主要反映在电机的热容量上，它使电机的温度不能突变。由于温度的变化比转速及电流等的变化要慢得多，往往是当机械的和电磁的过渡过程已经结束时，电机的各部分温度变化甚微。因此，一般可以不考虑热惯性的影响，认为在过渡过程中电机各部的温度不变，因而电阻也不变。另方面，在一般的情况下，电磁惯性要比机械惯性小得多，往往是机械过程刚刚开始时电磁过程就已结束。为了简单起见，可以忽略电感的作用。这种只考虑机械惯性所引起的过渡过程，称为机械过渡过程。但是，当电路中含有很大的电感元件时，电磁惯性就不能忽视，这种同时考虑机械惯性与电磁惯性的过渡过程，称为电气－机械过渡过程。

二、他励直流电动机机械过渡过程的一般分析

1. 机械过渡过程中电枢电流的变化规律

在机械过渡过程中，虽然不计电感的作用，但由于转速在变化，使 $I_a = \dfrac{U - E_a}{R_a}$ 也随时间而变。据转速公式可得：

$$\frac{\mathrm{d}n}{\mathrm{d}t} = -\frac{R_a + R_\Omega}{C_e\Phi} \cdot \frac{\mathrm{d}I_a}{\mathrm{d}t}$$

则运动方程式可写成以下形式：

$$C_M\Phi \cdot I_a - T_Z = \frac{GD^2}{375} \cdot \left(-\frac{R_a + R_\Omega}{C_e\Phi} \cdot \frac{\mathrm{d}I_a}{\mathrm{d}t}\right)$$

得

$$\frac{\mathrm{d}I_a}{\mathrm{d}t} + \frac{I_a}{T_M} = \frac{I_z}{T_M} \tag{2-39}$$

$$T_M = \frac{GD^2 \cdot (R_a + R_\Omega)}{375C_e \cdot C_M \cdot \Phi^2} \tag{2-40}$$

$$I_z = \frac{T_Z}{C_M\Phi}$$

式中 I_z 为负载转矩 T_Z 所对应的电枢电流，即电动机的机械特性与负载转矩特性的交点所对应的电枢电流。T_M 为电力拖动系统的机电时间常数，是表征机械惯性的一个重要的物理量。

求解微分方程式(2-39) 可得：

$$I_a = I_z + k \cdot \mathrm{e}^{-t/T_M}$$

设过渡过程刚开始时，即当 $t = 0$ 时，$I_z = I_Q$，式中 I_Q 为过渡过程开始初瞬的电枢电流的起始值。则得他励直流电动机机械过渡过程中电枢电流变化规律的一般形式为：

$$I_a = I_z + (I_Q - I_z)\mathrm{e}^{-t/T_M} = I_z(1 - \mathrm{e}^{-t/T_M}) + I_Q\mathrm{e}^{-t/T_M} \tag{2-41}$$

据 $T = C_M\Phi I_a \propto I_a$ 及式(2-41) 可以直接写出机械过渡过程中转矩的变化规律为：

$$T = T_Z + (T_Q - T_Z)\mathrm{e}^{-t/T_M} \tag{2-42}$$

式中 T_Q 为过渡过程刚开始时的电磁转矩起始值。

2. 机械过渡过程中转速的变化规律

将式(2-41) 代入转速公式可得：

$$\begin{aligned} n &= \frac{U - I_aR}{C_e\Phi} = \frac{U - [I_z + (I_Q - I_z)\mathrm{e}^{-t/T_M}] \cdot R}{C_e\Phi} \\ &= n_z + (n_Q - n_z)\mathrm{e}^{-t/T_M} = n_z(1 - \mathrm{e}^{-t/T_M}) + n_Q \cdot \mathrm{e}^{-t/T_M} \end{aligned} \tag{2-43}$$

式中 $R = R_a + R_\Omega$ 为电枢回路中的全部电阻；$n_Q = \dfrac{U - I_Q \cdot R}{C_e \cdot \Phi}$ 为过渡过程开始初瞬的转速起始值；$n_z = \dfrac{U - I_z \cdot R}{C_e\Phi}$ 为机械特性与负载转矩交点所对应的转速，一般情况下即为稳态时转速。

由式(2-43) 可得过渡过程中加速度的变化规律如下：

$$\frac{dn}{dt}=\frac{n_z-n_Q}{T_M}\cdot e^{-t/T_M} \tag{2-44}$$

3. 机械过渡过程时间的计算

设 $t=0$ 时 $I_a=I_Q$，$n=n_Q$ 而当 $t=t_x$ 时 $I_a=I_x$、$n=n_x$。则由式(2-41)或式(2-43)可得电流从 I_Q 变到 I_x，或转速从 n_Q 变到 n_x 所需的时间 t_x 为：

$$t_x=T_M\cdot\ln\frac{I_Q-I_z}{I_x-I_z}=T_M\cdot\ln\frac{n_Q-n_z}{n_x-n_z} \tag{2-45}$$

式中 I_x，n_x 分别表示过渡过程中所考虑的某终了点(不一定是稳定工作点)的电流或转速的终了值。

以上分析给出了他励直流电动机在机械过渡过程中 I_a，T，n 和加速度及时间等物理量变化规律的一般形式，它可以适用于系统的起动、制动、反转、调速及负载的突变等各种情况的机械过渡过程，应用时只需注意不同情况的过程中，起始值，终了值与稳定值的不同特点即可。

三、他励直流电动机机械过渡过程的实例

1. 电枢回路串固定电阻起动的过渡过程

由于整个起动过程中起动电阻 R_Ω 均不切除，所以 $R=R_a+R_\Omega$ 不变，即 $T_M=\frac{GD^2\cdot R}{375C_eC_M\Phi_N^2}$ 不变。将 $t=0$ 时 $n_Q=0$，$I_Q=\frac{U}{R}$ 及稳态值 $I_z=\frac{T_Z}{C_M\Phi_N}$、$n_z=\frac{U-I_zR}{C_e\Phi_N}$ 代入以上各式可得单级起动过程的动态特性如下：

$$\left.\begin{aligned}I_a&=I_z(1-e^{-t/T_M})+I_Qe^{-t/T_M}\\n&=n_z(1-e^{-t/T_M})\\t_x&=T_M\ln\left(\frac{0-n_z}{n_x-n_z}\right)=T_M\ln\left(\frac{n_z}{n_z-n_x}\right)\\\frac{dn}{dt}&=\frac{n_z}{T_M}e^{-t/T_M}\end{aligned}\right\} \tag{2-46}$$

据式(2-46)可以画出电枢串固定电阻起动的动态特性如图2-29所示。从理论上讲，转速由 $n_Q=0$ 起动到稳态转速 $n_x=n_z$ 所需的起动时间为：

$$t_Q=T_M\cdot\ln\left(\frac{n_z}{n_z-n_z}\right)=\infty$$

而实践中，一般认为当 $n=0.98n_z$ 时起动过程即算结束。所以实际起动时间应为：

$$t_Q=T_M\ln\left(\frac{n_z}{n_z-0.98n_z}\right)=T_M\ln50\approx4T_M$$

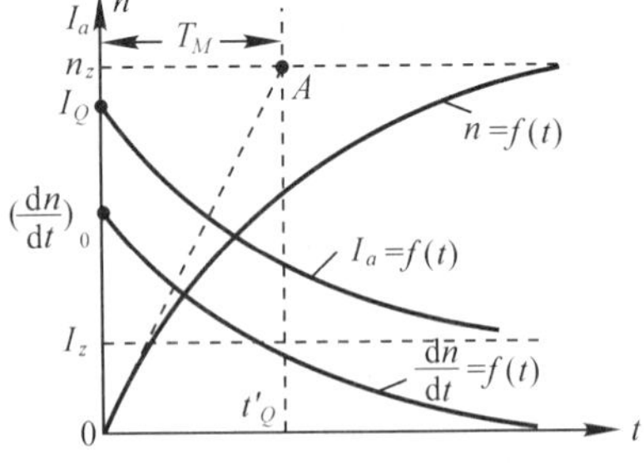

图 2-29 单级起动的动态特性

如果认为当 $n=0.95n_z$ 时即告起动结束，则起动时间应为：

$$t_Q=T_M\ln\left(\frac{n_z}{n_z-0.95n_z}\right)=T_M\ln20\approx3T_M$$

为此，单级起动(或多级起动的最后一级起动过程)所需时间，一般取

$$t_Q=(3\sim4)T_M$$

由式(2-46)还可知,单级起动过程中的加速度$\frac{dn}{dt}$是随时间按指数函数规律而衰减的,而以起动过程刚开始时的加速度最大,为:

$$\left(\frac{dn}{dt}\right)_0=\frac{n_z}{T_M}e^{-t/T_M}\Big|_{t=0}=\frac{n_z}{T_M}$$

如果整个起运过程中的加速度都保持为$\frac{dn}{dt}=\left(\frac{dn}{dt}\right)_0=\frac{n_z}{T_M}$不变,则

$$n=\int\frac{n_z}{T_M}dt=\frac{n_z}{T_M}t+c$$

设 $t=0$ 时 $n=0$,则

$$n=\frac{n_z}{T_M}\cdot t\propto t \tag{2-47}$$

由式(2-47)可知,这时转速将按直线上升,如图2-29中的虚线 OA 所示。设转速从零开始上升到 n_z 所需时间为 t_Q',则由式(2-47)得:

$$t_Q'=T_M$$

由此可知,如果能使加速度保持在起动刚开始时的最大加速度不变,则起动过程所需的时间即可大大缩短。机电时间常数在数值上等于系统以起动刚开始时的最大加速度而等加速上升,达到稳定转速所需的时间。

2. 能耗制动的机械过渡过程

设系统原来稳定运行于图2-30的 A 点,在能耗制动的初瞬,工作点突变为能耗制动机械特性上的 B 点。$n_Q=n_A$;$I_Q=I_B=-\frac{C_e\Phi_N\cdot n_A}{R_a+R_z}$;$T_M=\frac{GD^2\cdot(R_a+R_z)}{375C_e\cdot C_M\cdot\Phi_N^2}$;$I_z=I_c=\frac{T_Z}{C_M\Phi_N}$;$n_z=n_c=-\frac{I_z(R_a+R_z)}{C_e\Phi_N}$。则能耗制动的动态特性为:

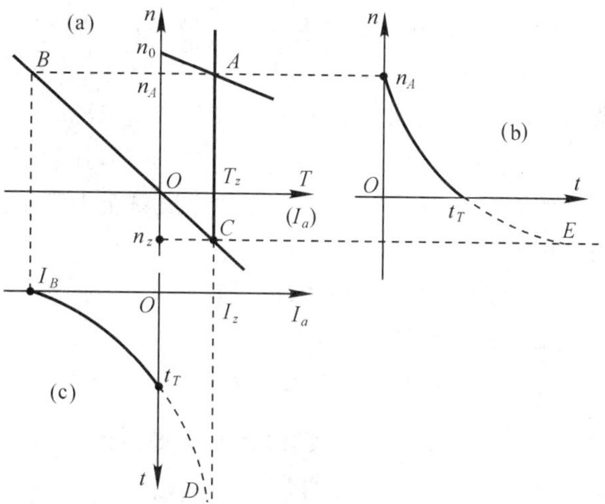

图2-30 能耗制动过程的动态特性

$$I_a=I_z(1-e^{-t/T_M})+I_Be^{-t/T_M}$$
$$n=n_z(1-e^{-t/T_M})+n_A\cdot e^{-t/T_M}$$

从而可以画出能耗制动过程中的动态特性如图2-30(b)和(c)所示。其中时间 $t\leqslant t_T$ 的$\overset{\frown}{n_At_T}$段及$\overset{\frown}{I_Bt_T}$段是能耗制动停机过程,而时间 $t>t_T$ 的$\overset{\frown}{t_TE}$段及$\overset{\frown}{t_TD}$段则为电机在重物作用下倒拉反转直至稳速下放阶段。t_T 为转速从 n_A 开始能耗制动直至停机所需时间,为:

$$t_T=T_M\cdot\ln\left(\frac{n_A-n_z}{0-n_z}\right)$$

四、加快机械过渡过程的措施

据拖动系统的运动方程式可得:

$$\frac{\mathrm{d}n}{\mathrm{d}t}=\frac{T-T_Z}{\frac{GD^2}{375}}$$

为此，要加快机械过渡过程，就必须采取措施增加动态转矩($T-T_Z$)或减小 GD^2。

1.减小系统的总飞轮距 GD^2

(1) 采用细而长的小惯量电动机。设普通电机的电枢直径为 D、有效长度为 l，而小惯量电机的电枢直径为 $D'=\frac{D}{\sqrt{2}}$，长度 $l'=2l$。由于 $D'^2\cdot l'=D^2\cdot l$，则由电机设计公式 $P_N=C\cdot D^2l\cdot n_N$ 可知这两台电机 P_N 相等(当 n_N 相同时)。由于重量 $G\infty D^2l$，则这两台电机的飞轮矩之比为：

$$\frac{(GD^2)'}{GD^2}=\frac{D'^2l'\cdot D'^2}{D^2l\cdot D^2}=\frac{1}{2}$$

(2) 采用双电动机拖动。例如一台 46[kW]、转速 508[r/min] 的直流电动机，其 GD^2 为 216[N・m²]，而采用两台 23[kW]、转速 600[r/min] 的直流电动机同轴运行时，其 GD^2 之和为 $92.2\times2=184.4$[N・m²]，比单台电动机拖动时的 GD^2 减小了近 15%。这种方法对于中等以上容量且经常正反转的拖动系统是很有效的。

(3) 合理选择电动机的额定转速 n_N，使折算到电动机轴上的总飞轮矩为最小。

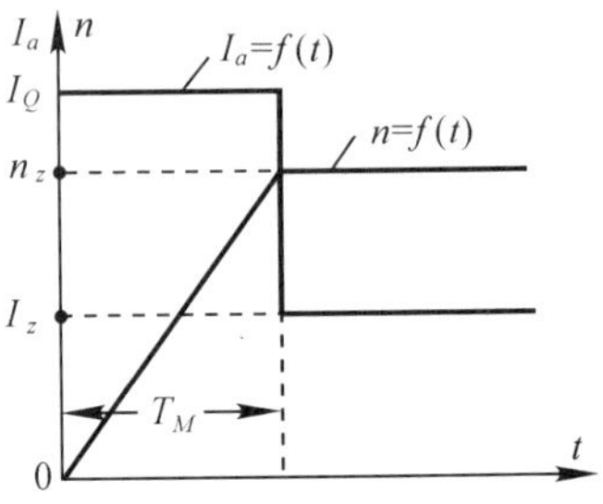

图 2-31 理想的起动电流变化规律

2.采用反馈控制以改善起动过程中的电流波形

以单级起动过程为例。由于起动过程的加速度$\frac{\mathrm{d}n}{\mathrm{d}t}=f(t)$是随转速升高而按指数规律衰减。因而起动时间 $t_Q\approx(3\sim4)T_M$ 较长。如果在整个起动过程中的加速度都等于起始时的数值不变，则起动时间为 $t_Q'=T_M$ 仅为原来的$\frac{1}{3}\sim\frac{1}{4}$。要使$\frac{\mathrm{d}n}{\mathrm{d}t}$不变，就必须在整个起动过程中保持($T-T_Z$)为起始时的数值不变。对于恒转矩负载，只要使 $T=T_Q$ 即 $I_a=I_Q$ 始终为起始时的值即行，如图 2-31 所示。在 KZ-D 系统中加上电流调节器所成的反馈控制系统，就可以做到图示的矩形波的电流变化规律。

§ 2-8 串励和复励电动机的电力拖动(*)

一、直流串励电动机的机械特性

直流串励电动机磁路不饱和时 $\Phi=k_fI_a$，则其机械特性表达式为：

$$n=\frac{U-I_aR}{C_e\Phi}=\frac{U}{C_e'I_a}-\frac{R}{C_e'}=\frac{\sqrt{C_M'}}{C_e'}\cdot\frac{U}{\sqrt{T}}-\frac{R}{C_e'}\tag{2-48}$$

式中 $C_e'=C_ek_f$ 及 $C_M'=C_M\cdot k_f$ 均为常数；$R=R_a+R_s+R_\Omega$ 而 R_s 为串励绕组电阻。

1.串励电动机的固有机械特性

当$U=U_N$、$R_\Omega=0$且$I_a=I_f$时，所得$n=f(T)$关系曲线即为串励电动机的固有特性，即为：

$$n=\frac{\sqrt{C_M'}}{C_e'}\cdot\frac{U_N}{\sqrt{T}}-\frac{R_a+R_s}{C_e'} \tag{2-49}$$

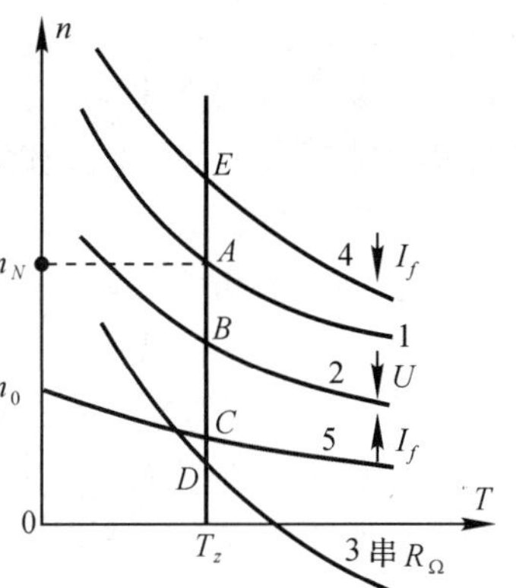

图 2-32　串励电动机的固有特性与人为特性

其特性曲线如图 2-32 的特性 1 所示。其特点是：

(1) 当磁路不饱和时，$n=f(T)$的关系是一条非线性的软特性。

(2) 当$T=0$时$\Phi=0$，其理想空载转速$n_0=\dfrac{U_N}{C_e\Phi}=\infty$，实际上由于电机有一个不大的剩磁$\Phi_0\neq 0$，所以$n_0=\dfrac{U_N}{C_e\Phi_0}\neq\infty$，但一般也可达$(5\sim 6)n_N$，很危险。因而串励电机不允许空载运行。

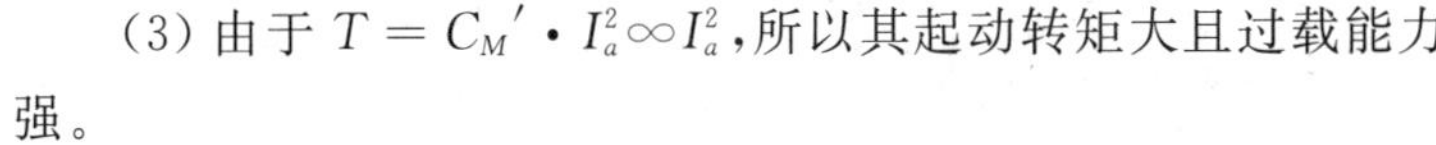

(3) 由于$T=C_M'\cdot I_a^2\propto I_a^2$，所以其起动转矩大且过载能力强。

2. 串励电动机的人为特性

串励直流电动机电枢回路串电阻的人为特性如图 2-32 的特性 3 所示，R_Ω越大其特性越软。

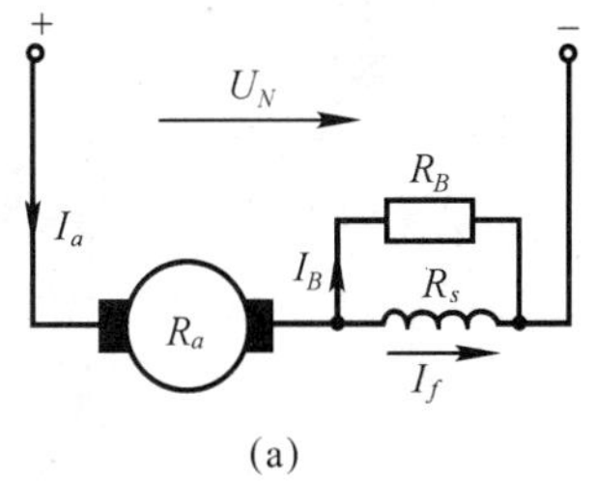

(a)

串励直流电动机降低电源电压的人为特性如图 2-32 的特性 2 所示。在电车上，常用 2～4 台串励电动机由并联接法改为串联接法以降低端电压。

如果在串励绕组的两端并联一个分路电阻，如图 2-33(a)所示。则在相同的I_a的条件下，流过串励绕组I_f减小了，使磁通减弱。其对应的人为特性如图 2-32 的特性 4 所示。

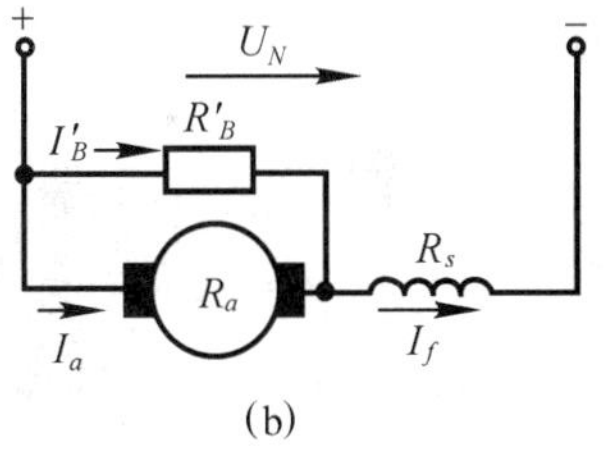

(b)

图 2-33　串励电动机励磁电流的调节

如果在电枢两端并联一个分流电阻，如图 2-33(b)所示。则在相同I_a的条件下，$I_f=I_a+I_B'$使I_f增加了，即磁通增强了，其对应人为特性如图 2-32 的特性 5 所示。即使$I_a=0$，其励磁电流$I_f=I_B'\neq 0$，有一个理想空载转速$n_0=\dfrac{I_B'R_B'}{C_e\Phi}$。可见这时串励电动机允许空载运行，而且能够进入第二象限。

二、直流串励电动机的电力拖动

串励电动机的起动方法与他励电动机相同，即可以在电枢回路中串电阻分级起动，也可以降压起动。

串励电动机可以采用图 2-34 的方法来改变其旋转方向。

串励电动机的调速方法也与他励电动机相似，即可在电枢回路中串电阻R_Ω使转速向低于n_N的方向调节(如图 2-32 的D点)；也可以将多台串励电动机由并联改为串联接法，使转速向低于n_N的方向调节(如图 2-32 的B点)；也可以在串励绕组两端并联电阻R_B使转速向高于n_N的方向调节(如图 2-32 的E点)；或在电枢两端并联电阻R_B'使转速向低于n_N的方向调节(如图 2-32 的 C 点)。

串励电动机的理想空载转速 n_0 趋于无穷大,实际转速 n 不可能超过 n_0,因而只有反接制动与能耗制动两种,不可能实现回馈制动。

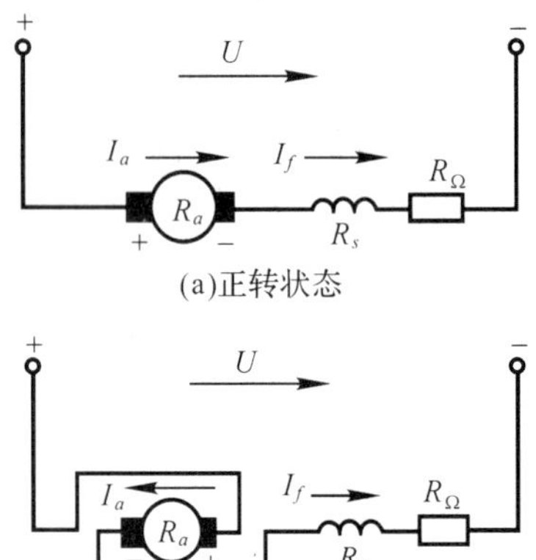

图 2-34 串励电动机的正、反转接线图

对于位能性负载,设原来运行于提升重物的电动状态,对应于图 2-35 的 A 点。如果采用电动势反接制动使重物稳速下放,其方法与他励电动机相同,也仅在电枢回路中串入足够大的电阻 R_Ω,使之对应的人为特性与负载转矩特性相交于第四象限即行,如图 2-35 的 D 点。

对于反抗性负载,也可采用电压反接制动的方法使之快速停机。其原理接线如图 2-34(b) 所示。即仅将电枢两端反接同时在电枢回路中串入制动电阻 R_Ω。其人为特性如图 2-35 特性 3 所示。制动初瞬工作点突跳至 B 点,然后沿 $\overline{BC}$ 下移直至 C 点而停机。停机后也必须立即切断电源,否则系统也可能反向起动。

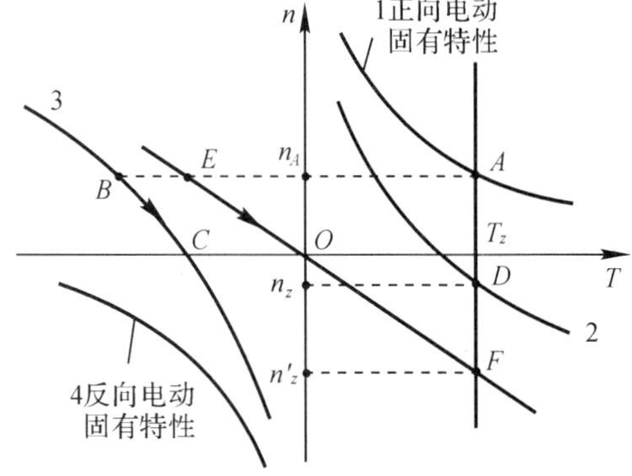

图 2-35 串励电动机制动状态机械特性

串励电动机的能耗制动可分为自励能耗制动与他励能耗制动两种。设原来电动机运行于图 2-35 的 A 点。如果将图 2-36(a) 改接成(b)即为自励能耗制动;按(c)的接法称为他励能耗制动。对于自励方式,当转速下降时,E_a 下降使 Ia 下降,导致制动转矩下降更多,所以制动效果差,但它不需由电网给励磁绕组供电,接线简单,可用于断电事故时进行安全制动。对于他励方式,R_f 的作用是将励磁电流限制在允许数值之内,其特性及分析跟他励电动机能耗制动一样,如图 2-35 特性 $\overline{EOF}$ 所示。其中 $\overline{EO}$ 段用于能耗制动停车,而 $\overline{OF}$ 段用于能耗制动使重物稳速下放。

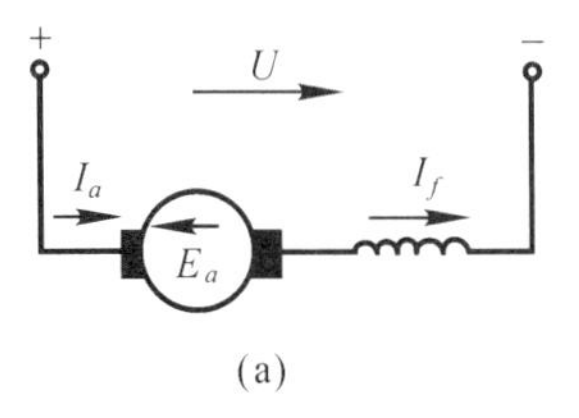

(a)

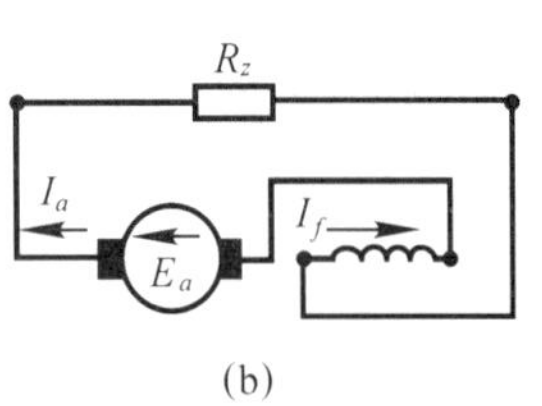

(b)

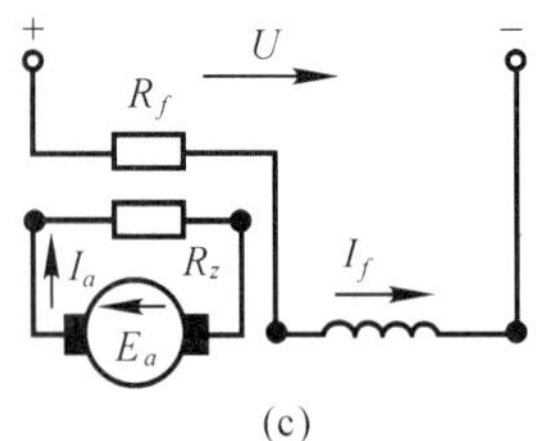

(c)

图 2-36 串励电动机能耗制动接线图

三、直流复励电动机的机械特性

直流积复励电动机的机械特性介于他励与串励电动机机械特性之间。由并励绕组建立磁通 Φ_f,有一个理想空载转速 $n=\dfrac{U_N}{C_e\Phi_f}$,所以允许空载运行。负载时,由于串联绕组建立磁

动势 $F_s = I_a \cdot N_s$ 而使总磁通随 I_a 的增加而增加，所以具有串励的特性。当并励磁动势为主时，机械特性接近于他励的特性，当以串励磁动势为主时，机械特性接近于串励的特性。

直流差复励电动机虽然也有一个相同的理想空载转速，但是随着负载的增加，F_s 的去磁作用而使总磁通 Φ 变小，所以其机械特性是上翘的，系统不能稳定平衡运行，所以复励电动机不允许运行于差复励状态。

直流积复励电动机需要反转运行时，为了保持串励磁动势与并励磁动势的方向一致，仅须将电枢两端反接而保持串励绕组的接法不变。

直流积复励电动机的制动运行，可以有能耗制动、反接制动与回馈制动三种。在进行回馈制动或能耗制动时，为了避免由于 I_a 的反向而使串励绕组产生去磁作用，以致减弱磁通而影响制动效果，必须同时改变串联绕组的接法。但是，为了简化线路，通常在进行回馈制动或能耗制动时，将串励绕组切除，这样，其制动特性及其分析跟他励时完全相同。位能性负载采用电动势反接制动使重物稳速下放时，其制动方法、特性与分析跟他励时一样；而反抗性负载采用电压反接制动快速停机时，其方法跟反转运行时一样，即仅将电枢两端反接而保持串励绕组的接法不变。

习题与思考题

2-1 如何从运动方程式判断拖动系统是处于加速、减速或稳定运行状态？

2-2 某龙门刨床的主传动机构图如图 2-37 所示，齿轮 1 与电动机轴直接联接，各齿轮数据见表 2-3。

表 2-3

代号	名称	GD^2[N·m²]	重量[N]	齿数
1	齿轮	8.25		30
2	齿轮	40.20		55
3	齿轮	19.60		38
4	齿轮	56.80		64
5	齿轮	37.30		30
6	齿轮	137.20		78
G_1	工作台		14700	
G_2	工件		9800	

刨床的切削力 $F_z = 1000$[kg]，切削速度 $V_z = 43$[m/min]，传动机构总效率 $\eta_c = 0.8$，齿轮 6 的节距 $t_6 = 20$[mm]，电动机的飞轮距 $GD_d^2 = 230$[N·m²]，工作台与床身的摩擦系数为 $\mu = 0.1$。

试求：

(1) 折算到电动机轴上的总飞轮矩及负载转矩；

(2) 切削时电动机输出的功率；

(3) 空载不切削时要求工作台有 2[m/s^2] 的加速度时的电动机转矩。

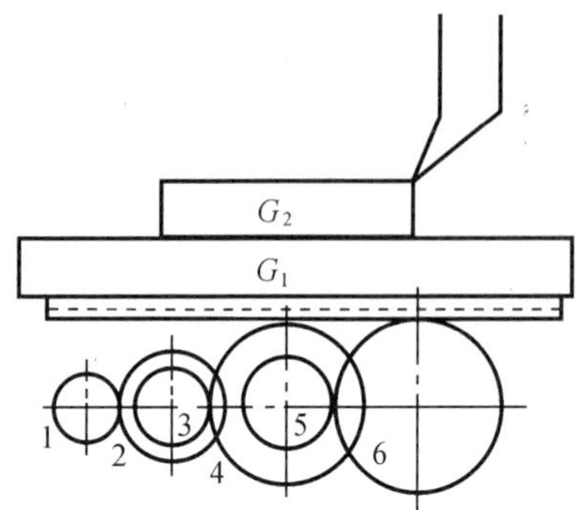

图 2-37 龙门刨床的主传动机构

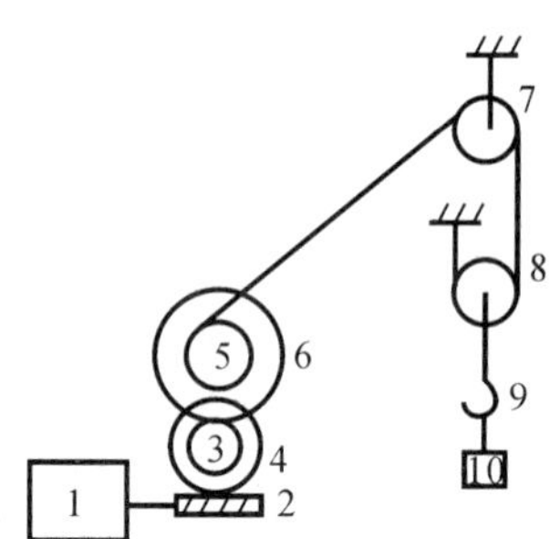

图 2-38 起重机传动机构图

2-3 某起重机的传动机构如图 2-38 所示，图中各元件的数据列于表 2-4。起吊速度为 $Ve=12$[m/min]，传动机构的效率为：当起吊重物时，$\eta_c=0.7$ 而空钩提升时 $\eta_0=0.1$。试求：

(1) 折算到电动机轴上的系统总飞轮矩；

(2) 重物起吊及下放时折算到电动机轴上的负载转矩；

(3) 空钩吊起及下放时折算到电动机轴上的负载转矩；

(4) 阐明在(2) 和(3) 的各种情况下，电动机是输出机械能还是输入机械能。

表 2-4

序号	名称	齿数	GD^2[N · m^2]	重量[N]	直径[mm]
1	电动机		5.59		
2	蜗杆	双头	0.98		
3	齿轮	15	2.94		
4	蜗轮	30	17.05		
5	卷筒		98.10		500
6	齿轮	65	294.00		
7	导轮		3.92		150
8	导轮		3.92		150
9	吊钩			490	
10	重物(负载)			19620	

2-4 某电力拖动系统的传动机构如图 2-39 所示。已知：$n_1=2500$[r/min]，$GD_1^2=8$[kg · m^2]，$n_2=1000$[r/min]，$GD_2^2=25$[kg · m^2]，$n_3=500$[r/min]，$GD_3^2=500$[kg · m^2]；实际负载转矩 $T'_Z=10$[kg · m]，电磁转矩 $T=5$[kg · m]，传动机构效率 $\eta=0.8$，试问：

(1) 生产机械轴的平均加速度为多少？

(2) 要加装 $GD_z^2=93$[kg · m^2] 的飞轮，以使生产机械轴的平均加速度降为

4[r/min/s],此飞轮应装在哪个轴合适?

2-5 某他励直流电动机额定数据如下:P_N = 60[kW],U_N = 220[V],I_N = 350[A],n_N = 1000[r/min] 。试求:

(1) 固有机械特性的表达式,并画在座标纸上;

(2)50% 额定负载时的转速;

(3) 转速为1050[r/min]时的电枢电流值。

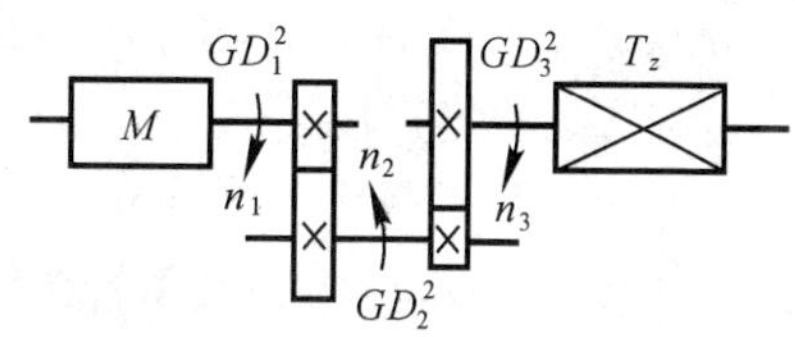

图 2-39 某拖动系统的传动机构图

2-6 他励直流电动机额定数据同题 2-5,试求:

(1) 电枢回路串 R_Ω = 0.4[Ω] 时的人为特性表达式;

(2) 端电压为 U = 110[V] 时的人为特性表达式;

(3) 磁通为 $\Phi = 0.8\Phi_N$ 时的人为特性表达式。

2-7 已知某电动机的机械特性如图 2-40 特性 1 所示。试问该机分别与特性 2、特性 3、特性 4 这三种负载配合时,平衡点 A,B,C,D 中哪些是稳定哪些是不稳定的?为什么?

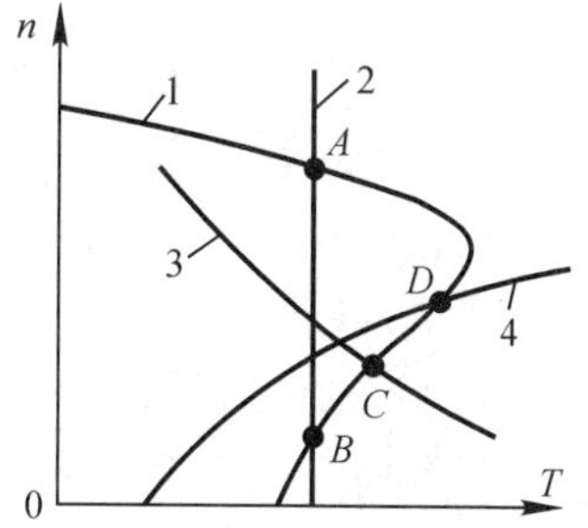

图 2-40 电力拖动系统稳定运行判别

2-8 他励直流电动机励磁回路中串有调节电阻 r_Ω 的话,为什么在起动时需将它短接?

2-9 并励直流电动机起动时,其起动电阻 R_Q 按图 2-41 接线是否恰当?为什么?

2-10 他励直流电动机额定数据同题 2-5,试问:

(1) 如果将该机直接起动,则起动电流为多少?

(2) 为使起动电流限制在 $2I_N$,应在电枢回路串入多大电

阻?

(3) 如果采用降压起动且使起动电流限制为 $2I_N$,端电压应降为多少?

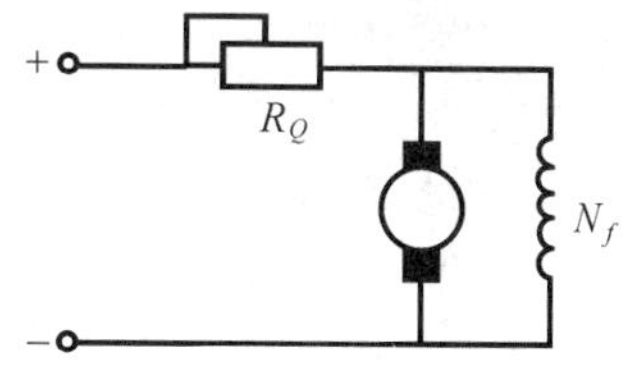

图 2-41 接线图

2-11 他励直流电动机保持 $U = U_N$ 及 $\Phi = \Phi_N$ 不变,增加电枢回路电阻(而 T_Z 不变),对起动电流及 I_a 稳定值各有什么影响?若 R_Ω 不变而增加 T_Z,对起动电流及 I_a 的稳定值又各有什么影响?

2-12 他励直流电动机额定数据如下:P_N = 29[kW],U_N = 440[V],I_N = 76.2[A]、n_N = 1000[r/min]。采用三级起动、最大起动电流为 2 · I_N。试计算各段起动电阻值。

2-13 他励直流电动机额定数据为:P_N = 17[kW],U_N = 220[V],I_N = 93.2[A],n_N = 750[r/min]。最大起动电流为 $1.8I_N$,切换电流不小于 $1.2I_N$,试求起动电阻的最少分级数及各段起动电阻值。

2-14 串励直流电动机为什么不能采用回馈制动?如果该机装在电车上,当电车下坡时,希望将动能返回电网,可用什么办法?

2-15 某他励直流电动机额定数据如下:P_N = 3[kW],U_N = 220[V],I_N = 18[A],n_N = 1000[r/min]。电枢回路总电阻 R_a = 0.8[Ω]。试求:

(1) 为使该机在额定状态下进行能耗制动停机,要求最大制动电流不超过 $2I_N$,求制

动电阻值；

(2) 在项(1)的制动电阻时，如负载为 $T_Z = 0.8T_N$ 位能转矩，求电机在能耗制动后的稳定速度；

(3) 设该机带动 $T_Z = T_N$ 位能负载运行于额定状态，采用能耗制动使之最终以 500[r/min] 的速度下放重物，求制动电阻及该电阻所对应的最大制动电流；

(4) 该机采用能耗制动将 $T_Z = T_N$ 的位能负载稳速下放时，所能达到的最低下放转速为多少？

(5) 若该机在额定工况下采用能耗制动停机而不接制动电阻，则制动电流为额定电流多少倍？

2-16 某他励直流电动机额定数据如下：$P_N = 12$[kW]，$U_N = 220$[V]，$I_N = 64$[A]，$n_N = 700$[r/min]，电枢回路总电阻 $R_a = 0.25$[Ω]。试问：

(1) 在额定工况下采用电压反接制动使之快速停机，制动时在电枢中串入 $R_z = 6$[Ω] 的制动电阻，问最大制动电流及电磁转矩为多少？停机时电流及电磁转矩为多少？如果负载为反抗性的且停机时不切断电源，系统是否会反向起动？为什么？

(2) 采用反接制动使 $T_Z = 0.8T_N$ 的位能负载以 300[r/min] 的速度稳速下放，求制动电阻值。

2-17 他励直流电动机额定数据为：$P_N = 29$[kW]，$U_N = 440$[V]，$I_N = 76$[A]，$n_N = 1000$[r/min]，$R_a = 0.377$[Ω]。试问：

(1) 该机以 500[r/min] 的速度吊起 $T_Z = 0.8T_N$ 负载转矩，在电枢回路应串多大电阻？

(2) 用哪几种方法可使 $T_Z = 0.8T_N$ 的位能负载以 500[r/min] 的速度稳速下放？求每种方法的电枢回路串接的电阻值。

2-18 设题 2-17 中的电机原运行于 $T_Z = 0.8T_N$ 的电动状态，如果电枢端电压突然降低到 400[V]。试问：

(1) 降压瞬间电机工作于什么状态？其电枢电流为多少？

(2) 降压后的电机稳定转速及电流，这时运行于什么状态？

2-19 设题 2-17 中电机用于起重机上，用回馈制动的方法使 $T_Z = 0.8T_N$ 的位能负载匀速下放，试求：

(1) 为使下放转速为 1200[r/min]，在电枢回路中应串入多大的电阻 R_Ω？

(2) 该机以 1200[r/min] 的速度使重物 $T_Z = 0.8T_N$ 用回馈制动方式稳速下放过程中，突然将电阻 R_Ω 切除，问切除瞬间的电枢电流及稳定后转速为多少？

(3) 该机使 $T_Z = 0.8T_N$ 的位能负载以回馈制动方法下放重物时，所能达到的最低下放转速为多少？

2-20 什么叫恒转矩调速方式？恒转矩调速与恒转矩负载有什么区别？

2-21 什么叫恒功率调速方式？恒功率调速与恒功率负载有什么区别？

2-22 他励直流电动机额定数据为：$P_N = 5.6$[kW]，$U_N = 220$[V]，$I_N = 30$[A]，$n_N = 1000$[r/min]，$R_a = 0.4$[Ω]，$T_Z = 0.8T_N$ 为恒转矩负载。试求：

(1) 如果电枢回路中串入电阻 $R_\Omega = 0.8$[Ω]，求稳定后的转速与电流；

(2) 采用降压调速使转速降为500[r/min]，端电压应降为多少？稳定后电流为多少？

(3) 如将磁通减少15%，求稳定后的转速与电流；

(4) 如果端电压与磁通都降低10%，求稳定后的转速与电流。

2-23 他励直流电动机额定数据为：$U_N = 220$[V]，$I_N = 40$[A]，$n_N = 1000$[r/min]，$R_a = 0.5$[Ω]，$T_Z = T_N$为恒转矩负载。现将端电压降为$U = 180$[V]，试求：

(1) 电机为他励时(励磁电流$I_f = I_{fN}$不变)的稳定转速与电流；

(2) 电机为并励时(设励磁回路总电阻$R_f = R_{fN}$不变且磁路不饱和)的稳定电流及转速。

2-24 他励直流电动机的数据与题2-22相同，现采用调压与弱磁相结合的方法进行调速。在$n_N \sim n_{\min}$段用降压调速，且最低理想空载转速为250[r/min]，在$n_{\max} \sim n_N$段用弱磁调速，且最高理想空载转速为1500[r/min]。试求：

(1) 这种调速系统在额定电流时所能达到的最高转速、最低转速及调速范围；

(2) 该调速系统的最高速机械特性，固有特性及最低速特性的静差度与硬度。

2-25 某F-D系统中，他励直流发电机的数据为：$P_N = 90$[kW]，$U_N = 230$[V]，$I_N = 305$[A]，$n_N = 1450$[r/min]；他励直流电动机的数据为：$P_N = 60$[kW]，$U_N = 220$[V]，$I_N = 305$[A]，$n_N = 1000$[r/min]。发电机与电动机的电枢回路电阻均为0.05[Ω]。试求：

(1) 若发电机电动势$E_F = 230$[V]，电流$I_a = 305$[A]，求电动机的转速及静差度(设电动机的磁通为Φ_N)；

(2) 保持电动机的励磁电流及负载转矩与项(1)相同，而将发电机的电动势降至30.5[V]，求此时电动机的静差度及转速；

(3) 若要求该调速系统的静差度$\delta \leqslant 25\%$，则该系统的调速范围为多少？

2-26 他励直流电动机的额定数据为$P_N = 18.5$[kW]，$U_N = 220$[V]，$I_N = 103$[A]，$n_N = 500$[r/min]，$R_a = 0.18$[Ω]，该机采用弱磁调速，其最高转速$n_{\max} = 1550$[r/min]。试问：

(1) 若该机带动$T_Z = T_N$的恒转矩负载，当磁通减弱至$\Phi = \frac{1}{3}\Phi_N$时，电动机的稳定转速及电流是多少？能否长期运行？为什么？

(2) 若该机带动$P_z = P_N$的恒功率负载，当$\Phi = \frac{1}{3}\Phi_N$时的稳定转速及电流为多少？能否长期运行？为什么？

2-27 他励直流电动机的额定数据与题2-22相同，该机采用调压调速。试问：

(1) 若该机带动$T_Z = T_N$的恒转矩负载，当端电压降为$U = \frac{1}{3}U_N$时，电动机的稳定电流与转速为多少？能否长期运行？为什么？

(2) 若该机带动$P_z = \frac{1}{2}P_N$的恒功率负载，当$U = \frac{1}{3}U_N$时，电动机的稳定电流与转速为多少？能否长期运行？为什么？

2-28 他励直流电动机的额定数据与题2-22相同。该机带动$T_Z = 6n^2 \times 10^{-5}$的通风机负载($n$用[r/min]，$T_Z$用[N·m])，试求：

(1) 该负载在电动机固有特性上运行时的转速及电枢电流稳定值；

(2) 采用降压调速使系统转速降为 500[r/min] 时，这时端电压与电枢电流多少？负载功率为多少？能否长期运行？为什么？

2-29 对于题 2-12 的三级起动过程，设折合到电动机轴上的系统总飞轮矩为 $GD^2 = 0.6$ [kg · m^2]，试求：

(1) 各级起动过程的转速和电流的起始值、终了值、稳态值及机电时间常数；

(2) 各级起动过程的 $n = f(t)$ 和 $I_a = f(t)$ 表达式，并画出相应的动态特性曲线；

(3) 各级起动时间及总的起动时间。

2-30 某他励直流电动机数据与题2-22相同，系统总的飞轮矩 $GD^2 = 9.8$[N · m^2]。原来运行于额定电动状态，当将电枢两端反接且起始制动电流为 $2 \cdot I_N$ 时。试求：

(1) 若 $T_Z = T_N$ 为反抗性恒转矩负载，求从 n_N 开始电压反接制动直至最后稳定所需时间及整个过程的 $n = f(t)$，$I_a = f(t)$ 表达式，设反接制动停机时电源不切断；

(2) 若 $T_Z = T_N$ 为位能性负载，求从 n_N 开始反接制动直至最后稳定所需时间及整个过程中的 $n = f(t)$，$I_a = f(t)$ 表达式。假设反接制动停机时，电源不切断。

2-31 某串励直流电动机的额定数据为：$U_N = 220$[V]，$I_N = 40$[A]，$n_N = 1000$[r/min]，电枢回路总电阻 $R_a = 0.5$[Ω]（包括串励绕组电阻）。假设磁路不饱和，试求：

(1) 当 $I_a = 20$[A] 时，电动机的转速与电磁转矩；

(2) 如果电磁转矩保持上述值不变，而端电压降为 110[V]，此时电动机的转速和电流各为多少？

(3) 如在额定运行时采用反接制动停车，且最大制动电流为 $2I_N$。求制动电阻及制动初瞬的电磁转矩为多少？

第3章　变压器

变压器是一种静止的电气设备，通过电磁耦合作用把电能或信号从一个电路传递到另一个电路。在电力系统中，将一种电压的交流电变成同频率的另一种电压交流电；在电信及通讯系统中，除了用作电源变压器外，还可用于传递信息及阻抗变换等；自耦变压器用于调压，互感器用于将高电压或大电流变换成便于测量和控制的低电压或小电流；还有其他各种特殊用途的变压器。

§3-1　变压器的结构和基本工作原理

一、变压器的主要结构部件

变压器按用途可分为：电力变压器，包括升压变压器、降压变压器、联络变压器、配电变压器和厂用变压器等；特种变压器，包括整流变压器、电炉变压器、矿用变压器、电焊变压器、中频变压器等；仪用试验用变压器包括电子线路中使用的电源、隔离和脉冲变压器，阻抗变换器，互感器，自耦变压器，高压试验变压器等。本章研究一般用途电力变压器，并以其中的配电变压器作为对象，对其他用途变压器只作简单介绍。图3-1是一台油浸式电力变压器外形图。

除自耦变压器外，一般变压器的主体部分由一个铁芯和高、低压两套绕组组成。

1. 铁芯

铁芯是变压器主磁通经过的磁路部分。为提高磁路的导磁性能和减少涡流损耗，铁芯用含硅量较高、厚度为0.35mm的硅钢片涂绝缘漆后叠压或卷压而成。分叠片式和渐开线式两种。叠片式又分芯式和壳式。图3-2为装有线圈的三相芯式变压器，其特点是线圈包围铁芯，具有用铁量较少，结构简单，散热条件好，线圈的装配和绝缘比较容易等优点，电力变压器多采用此结构；图3-3是一台壳式变压器，其特点是铁芯包围线圈，用铜量较少，多用于小容量变压器。

2. 绕组(线圈)

线圈是变压器的电路部分，用绝缘的铜线或铝线制成，并用绝缘材料构成线圈的主绝缘和纵绝缘，使线圈固定在一定位置，形成纵、横向油道，便于变压器油流动，加强散热和冷却效果。根据高、低压线圈之间的相对位置排列不同，分为同心式和交叠式两大类，如图3-4所示。

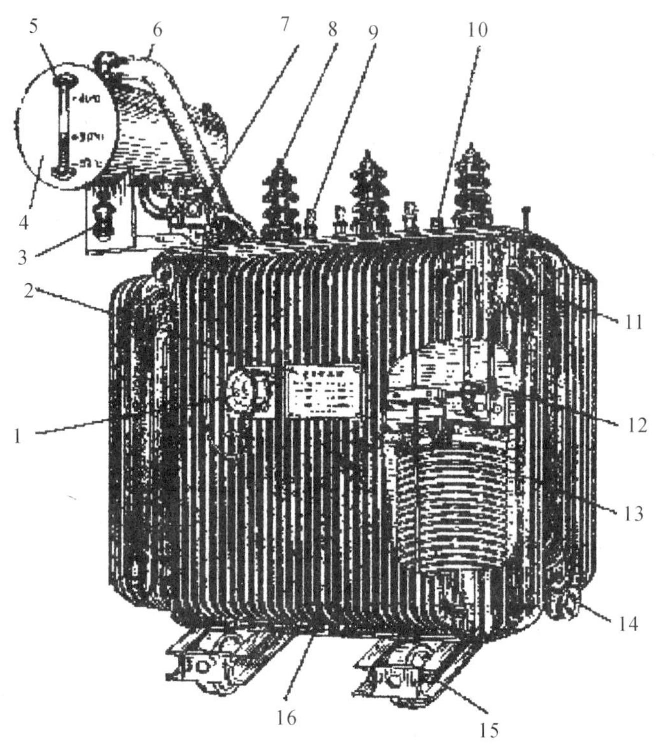

图 3-1 油浸式电力变压器

1-讯号温度计 2-铭牌 3-吸湿器 4-储油柜 5-油表 6-安全气道 7-气体继电器 8-高压套管 9-低压套管 10-分接开关 11-油箱 12-铁芯 13-线圈及绝缘 14-放油阀 15-小车 16-接地螺栓

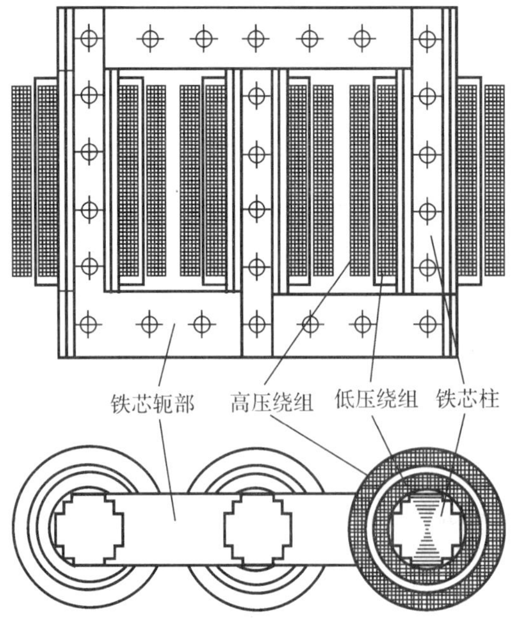

图 3-2 三相芯式变压器铁芯和绕组装配

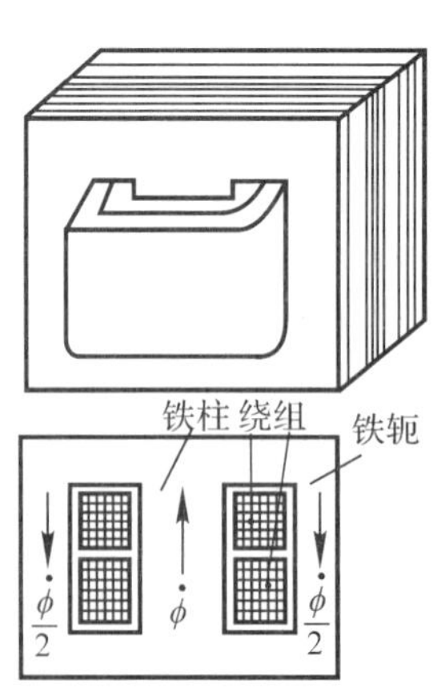

图 3-3 单相壳式变压器

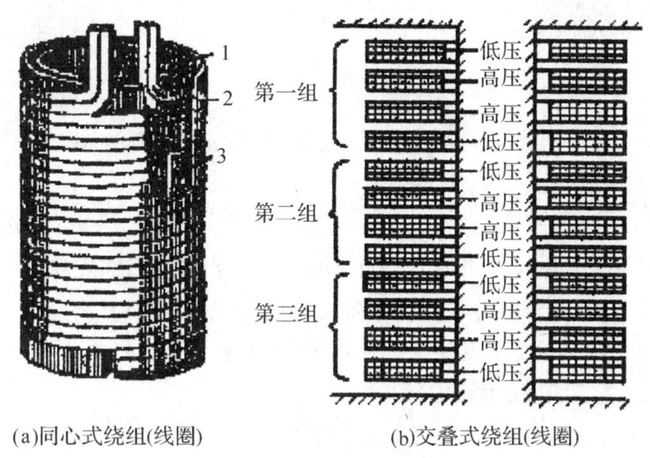

(a)同心式绕组(线圈)　(b)交叠式绕组(线圈)

图 3-4　变压器绕组(线圈)

根据绕组绕制特点分为圆筒式、饼式、连续式、纠结式、螺旋式和铝箔筒式等几种主要型式,以适应不同容量、不同电压变压器的选用。

3. 油箱和变压器油

变压器油箱由钢板焊接而成。油箱内除放置变压器器身(带绕组的变压器铁芯组件)外,其余空间充满变压器油。变压器油是石油中提炼出来的特种油,具有优良的绝缘性能,并作为散热媒介。为扩大散热面,油箱侧面装置散热管或冷却器。

二、基本工作原理

图 3-5 表示单相变压器的工作示意图。铁芯上绕有匝数分别为 N_1 和 N_2 的两个高、低压线圈,与电源相连、输入电能的线圈称为原边(又称为一次绕组、初级绕组或原绕组),与负载相连、输出电能的线圈称为副边(又称为二次绕组、次级绕组或副绕组)。当原边与电源接通时,在外施电压 u_1 作用下,原边就有交流电流流通,并在铁芯中产生交变磁通 Φ,磁通的交变频率和外施电压 u_1 的频率相同。磁通 Φ 同时与原、副边线圈相交链,根据电磁感应原理,原、副边线圈中就会感应电动势 e_1 和 e_2。若副边绕组与负载 Z_L 接通,则在 e_2 的作用下,副边就有电流流通,向负载输出电功率。

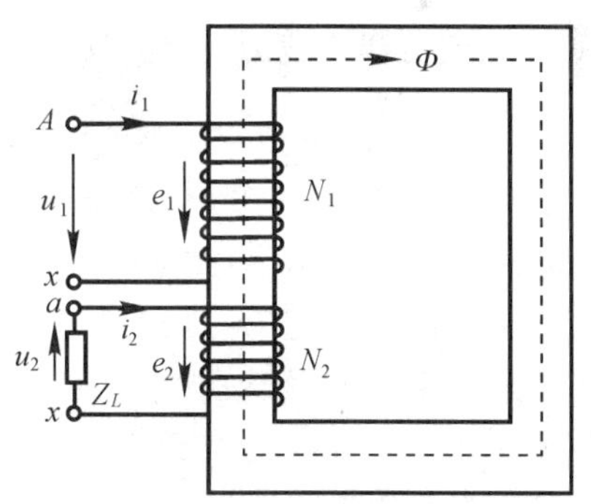

图 3-5　单相变压器工作示意图

所以,变压器的工作原理就是:原边绕组从电源吸取电功率,借助磁场为媒介,根据电感应原理,传递到副边绕组,然后再将电功率传送到负载。

原、副边绕组感应电动势之比等于原、副边绕组的匝数之比,而原、副边电压与原、副边电动势的大小相接近。所以,只要改变原、副边绕组的匝数之比,便可以达到变换电压的目的。

三、变压器的额定值

变压器的额定值主要有

(1) 额定容量 S_N　额定容量是指变压器的额定视在功率，单位[VA]或[kVA]或[MVA]。

(2) 额定电压　原边 U_{1N}，副边 U_{2N}　原边额定电压 U_{1N} 是指在额定运行情况下，原边接线端点间应施加的电压；副边额定电压 U_{2N} 是指原边外施额定电压 U_{1N} 时副边出线端间的空载电压，单位[kV]。三相变压器中，额定电压指线电压。

(3) 额定电流　原边 I_{1N} 副边 I_{2N}　在额定容量和额定电压时所应提供的电流，单位[A]。三相变压器中，额定电流指线电流。

额定容量、额定电压和额定电流之间的关系：

单相变压器　$S_N = U_{1N}I_{1N} = U_{2N}I_{2N}$

三相变压器　$S_N = \sqrt{3}U_{1N}I_{1N} = \sqrt{3}U_{2N}I_{2N}$

(4) 额定频率 f_N　我国规定标准工业频率为50[Hz]。

此外，在变压器铭牌上还标有：额定效率 η_N、温升 θ_N、阻抗电压 u_k、联接组号和接线图等。

§3-2　单相变压器的空载运行

一、变压器空载运行时的物理情况

图 3-6 表示单相变压器空载运行时的原理图。当副边 ax 开路，原边 AX 接到额定频率、电压为 u_1 的交流电源上，原边就会有电流 i_0 流通，这种运行状态称为空载运行状态，i_0 称为空载电流。i_0 产生空载磁动势 i_0N_1，建立空载磁场。这个磁场在变压器内部的分布情况是很复杂的，为便于分析计算，将它们分成两部分等效磁通，主要部分(约为总磁通量的 99% 以上)在铁芯中闭合流通，与原、副边绕组相交链，是变压器实现能量转换和传递的主要因素，称为主磁通，用 Φ 表示；另一小部分主要通过非磁性介质(空气或变压器油)，仅与原边绕组相交链，称为漏磁通，用 $\Phi_{1\sigma}$ 表示。图中已将只与部分原边绕组相交链的漏磁通等效成与所有原边绕组相交链的漏磁通。

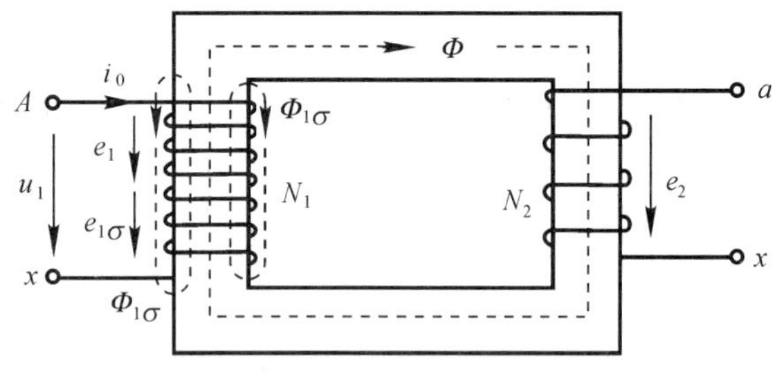

图 3-6　单相变压器空载运行原理图

因电压 u_1、电流是随时间交变的，故主磁通 Φ 也必定是交变的，根据电磁感应定律，原、副边绕组中就会感应电动势 e_1 和 e_2，漏磁通 $\Phi_{1\sigma}$ 同样是交变的，原边绕组中就会感应电动势 $e_{1\sigma}$，按图所示正方向，则有

$$e_1 = -N_1\frac{\mathrm{d}\Phi}{\mathrm{d}t}$$

$$e_2 = -N_2 \frac{\mathrm{d}\Phi}{\mathrm{d}t}$$

$$e_{1\sigma} = -N_1 \frac{\mathrm{d}\Phi_{1\sigma}}{\mathrm{d}t}$$

二、空载电流

变压器空载运行时，原边绕组中流通的空载电流 i_0 一方面要建立空载运行时的磁场，另一方面要引起空载损耗。前者对应于空载电流 i_0 中的无功电流分量，称为磁化电流 i_μ；后者对应于空载电流 i_0 中的有功分量。由于空载时原边绕组电阻 R_1 上的铜耗远小于铁芯中的铁耗，故一般只考虑铁芯中的铁耗。这样，有功电流分量就称为铁耗电流 i_{Fe}，空载电流 i_0 也就认为是励磁电流 i_m。

1. 忽略空载损耗时的空载电流

忽略空载损耗时的，空载电流 i_0 纯粹为建立空载磁场的磁化电流 i_μ。由于磁性材料磁化曲线的非线性，所以磁化电流的大小和波形取决于铁芯的饱和程度，也就是取决于铁芯中磁通密度 B_m 的大小。一般，变压器铁芯工作在具有一定饱和程度的状态下，所以当外施电压为正弦波，感应电动势为正弦波，主磁通 Φ 为正弦波时，磁化电流 i_μ 的波形畸变成尖顶波，如图3-7所示。

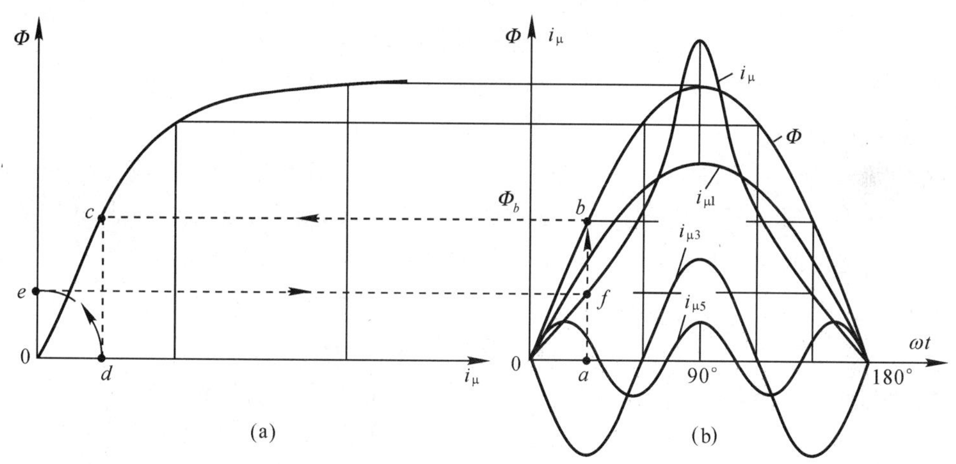

图3-7　不计铁耗，磁通为正弦波时的励磁电流波形

在已知不考虑铁芯损耗时的平均磁化曲线 $\Phi = f(i_\mu)$ 和主磁通 $\Phi = f(\omega t)$ 的曲线后，用作图法求取磁化电流 $i_\mu = f(\omega t)$ 就相当方便。如 $\omega t = a$ 瞬时，求取正弦变化的主磁通 Φ 的值为 Φ_b，而产生所需的磁化电流按图中箭头所指方向，即 $a \to b \to c \to d \to e \to f$ 方向求得 $0d = af$。对于其他瞬时所需的磁化电流，可按同样方法一一求得，从而获得 $i_\mu = f(\omega t)$。

从图中显见，当主磁通 Φ 为正弦波时，磁化电流 i_μ 为对称的尖顶波。磁路愈饱和，磁化电流的波形畸变愈严重。利用富氏级数展开法，可以将尖顶波的磁化电流 i_μ 分解为基波及3、5、7…… 次谐波，如图3-7所示。基波 $i_{\mu1}$ 与磁通 Φ 同相位，导前于感应电动势 e_1 为 $90°$，即滞后于外施电压 u_1 为 $90°$，所以为无功电流。谐波的幅值随着次数的增大而减小。

2. 考虑空载损耗时的空载电流

实际上变压器在空载运行时，磁通是交变的，对应的 $\Phi = f(i_\mu)$ 应该是一条磁滞回线，

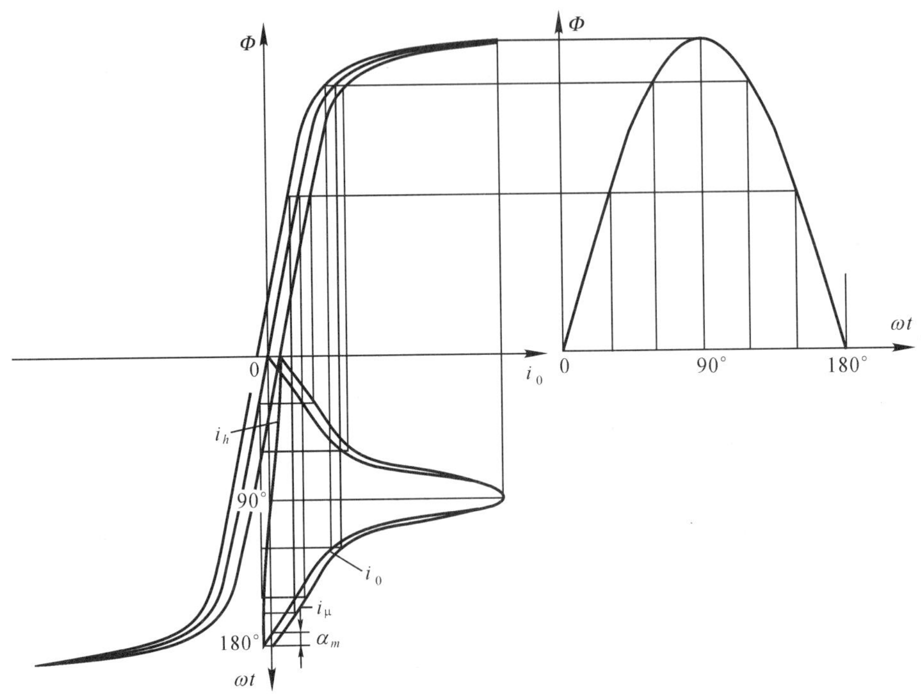

图 3-8 考虑铁耗时的空载电流波形

如图 3-8 所示。按上述作图法，可以求得相应的励磁电流 i_0。但应注意：当磁通 Φ 上升时，所需励磁电流应从磁滞回线的上升分支求取，当主磁通 Φ 下降时，应从下降分支求取。从图看见，励磁电流 i_0 为不对称的尖顶波，导前于主磁通 Φ 一个磁滞角 α_m。励磁电流 i_0 可以分解为两个分量：与主磁通 Φ 同相位的磁化电流 i_μ，用以建立磁场；导前于主磁通 Φ 为 90°，即与外施电压 u_1 同相位的有功电流 i_h，即原边绕组向电源吸收电功率用以供给磁滞损耗。

由于铁芯中还存在涡流损耗，故实际励磁电流中还有一个相应的有功电流分量 i_w，将同相位的 i_h 和 i_w 相加，就是铁耗电流 i_{Fe}。所以实际励磁电流 $i_0 = i_\mu + i_{Fe}$。

从上述分析已知励磁电流 i_0 和磁化电流 i_μ 都不是正弦波，不能用相量来表示。在工程计算上，为便于测量和计算，通常用等效正弦波来替代尖顶波。以等效正弦波电流替代实际空载电流时，其等效条件为：(1) 两者的频率相等；(2) 两者的有效值相等；(3) 等效电流的相位，应保证向电源吸取的有功功率等于铁耗。使用等效正弦波后，励磁电流、磁化电流和铁耗电流就可以用相量形式来表示，三者之间具有下列关系

$$\left.\begin{aligned} \dot{I}_0 &= \dot{I}_\mu + \dot{I}_{Fe} \\ I_0 &= \sqrt{I_\mu^2 + I_{Fe}^2} \end{aligned}\right\} \tag{3-1}$$

三、感应电动势和变压器变比

当主磁通按正弦规律变化，即

$$\Phi = \Phi_m \sin\omega t \tag{3-2}$$

式中，Φ_m 为主磁通的幅值，单位用[Wb]。

则原边绕组中的感应电动势为

$$e_1 = -N_1 \frac{d\Phi}{dt} = -\omega N_1 \Phi_m \cos\omega t = E_{1m}\sin(\omega t - 90°) = \sqrt{2}E_1\sin(\omega t - 90°) \quad (3\text{-}3)$$

式中，$E_{1m} = \omega N_1 \Phi_m = 2\pi f N_1 \Phi_m$ 为 e_1 的幅值；E_1 为 e_1 的有效值，单位用[V]。

$$E_1 = \frac{E_{1m}}{\sqrt{2}} = \frac{2\pi f N_1 \Phi_m}{\sqrt{2}} = 4.44 f N_1 \Phi_m \quad (3\text{-}4)$$

式中，f 为电源电压的频率，单位用[Hz]。

副边绕组中的感应电动势为

$$e_2 = -N_2 \frac{d\Phi}{dt} = -\omega N_2 \Phi_m \cos\omega t = E_{2m}\sin(\omega t - 90°) \quad (3\text{-}5)$$

$$E_2 = \frac{E_{2m}}{\sqrt{2}} = \frac{2\pi f N_2 \Phi_m}{\sqrt{2}} = 4.44 f N_2 \Phi_m \quad (3\text{-}6)$$

式中，$E_{2m} = \omega N_2 \Phi_m = 2\pi f N_2 \Phi_m$ 为 e_2 的幅值；E_2 为 e_2 的有效值，单位用[V]。

将式(3-3)和式(3-5)与式(3-2)进行比较，可见，原、副边的感应电动势 e_1、e_2 滞后于主磁通 Φ 为 90°。所以当原、副边感应电动势用相量表示时，有

$$\dot{E}_1 = -j4.44 f N_1 \dot{\Phi}_m \quad (3\text{-}7)$$

$$\dot{E}_2 = -j4.44 f N_2 \dot{\Phi}_m \quad (3\text{-}8)$$

原、副边感应电动势之比称为变压器的变比 k，即

$$k = \frac{E_1}{E_2} = \frac{N_1}{N_2} \approx \frac{U_{1N}}{U_{2N}} \quad (3\text{-}9)$$

前已分析，当磁通按正弦变化时，不对称的尖顶波空载电流常用等效的正弦波来替代。由于漏磁通 $\Phi_{1\sigma}$ 主要经非磁性材料闭合，所以漏磁路是不饱和的，因此漏磁通 $\Phi_{1\sigma}$ 和空载电流 i_0 成正比，即 $\Phi_{1\sigma} = N_1 i_0 \Lambda_{1\sigma}$，则

$$e_{1\sigma} = -N_1 \frac{d\Phi_{1\sigma}}{dt} = -N_1^2 \Lambda_{1\sigma} \frac{di_0}{dt} = -L_{1\sigma} \frac{di_0}{dt} \quad (3\text{-}10)$$

式中，$\Lambda_{1\sigma}$ 为原边漏磁路的磁导；$L_{1\sigma}$ 为原边线圈的漏电感，是一个常数。

用相量表示时：

$$\dot{E}_{1\sigma} = -j\dot{I}_0 \omega L_{1\sigma} = -j\dot{I}_0 X_{1\sigma} \quad (3\text{-}11)$$

式中，$X_{1\sigma} = \omega L_{1\sigma} = 2\pi f L_{1\sigma}$ 称为原边漏电抗，也是一个常数。

当原边线圈电阻为 R_1 时，则将 $Z_1 = R_1 + jX_{1\sigma}$ 称为原边漏阻抗。

四、空载运行时的电动势平衡方程式

根据电路定律，按图 3-6 所规定的正方向，变压器空载运行时原边的电动势平衡方程式为

$$u_1 = -e_1 - e_{1\sigma} + i_0 R_1 \quad (3\text{-}12)$$

用相量表示时：

$$\dot{U}_1 = -\dot{E}_1 - \dot{E}_{1\sigma} + \dot{I}_0 R_1 = -\dot{E}_1 + j\dot{I}_0 X_{1\sigma} + \dot{I}_0 R_1 = -\dot{E}_1 + \dot{I}_0 Z_1 \quad (3\text{-}13)$$

说明原边绕组中的电动势和漏阻抗限制了空载电流的大小，额定电压时所需空载电流约为(2～8)%I_N。所以空载电流所引起的漏阻抗压降很小，故在分析变压器空载运行时的物理情况时，一般将漏阻抗压降忽略，则

$$\dot{U}_1 \approx -\dot{E}_1 = j4.44 f N_1 \dot{\Phi}_m \quad (3\text{-}14)$$

上式表明，变压器铁芯中的主磁通大小主要取决于电源电压 u_1 和频率 f，而与变压器铁芯所用材料和尺寸无关。铁芯所用材料和尺寸只影响励磁电流大小和铁耗。

变压器空载时，副边绕组中没有电流流通，所以电压与电动势平相等，即

$$\dot{U}_2 = \dot{E}_2 \tag{3-15}$$

五、空载运行时的等效电路

变压器的工作原理是建立在电磁感应定律的基础上，而变压器运行时，既有电路问题又有电和磁的耦合问题，尤其当磁路存在饱和现象时，将给分析和计算变压器的性能带来不便和困难。若将变压器运行中的电和磁之间的相互耦合关系用一个模拟电路的形式来等效，将使分析和计算大为简化，所谓等效电路就是基于这一概念而建立起来的。

前已分析，漏磁感应的电动势 $\dot{E}_{1\sigma}$ 可用空载电流 $\dot{I}_0$ 流过漏抗 $X_{1\sigma}$ 所引起的压降来表示。同样，主磁通所感应的电动势 $\dot{E}$ 也可以用类似的方法来解决。因为励磁电流 $\dot{I}_0$（即 $\dot{I}_m$）包含有功分量 $\dot{I}_{Fe}$，与$(-\dot{E}_1)$同相位，和无功分量 $\dot{I}_\mu$，滞后于$(-\dot{E}_1)$为$90°$。因此，$(-\dot{E}_1)$可以用 $\dot{I}_{Fe}$ 流过一个电阻元件上的电压降，或用 $\dot{I}_\mu$ 流过一个电感元件上的电压降来表示，即

$$-\dot{E}_1 = \dot{I}_{Fe}R$$

或

$$\dot{I}_{Fe} = \frac{-\dot{E}_1}{R}$$

$$-\dot{E}_1 = \mathrm{j}\dot{I}_\mu X$$

或

$$\dot{I}_\mu = \frac{-\dot{E}_1}{\mathrm{j}X}$$

由于 $\dot{I}_0 = \dot{I}_{Fe} + \dot{I}_\mu$，所以

$$\dot{I}_0 = \frac{-\dot{E}_1}{R} + \frac{-\dot{E}_1}{\mathrm{j}X} = (-\dot{E}_1)\left(\frac{1}{R} - \mathrm{j}\frac{1}{X}\right) = (-\dot{E}_1)(G - \mathrm{j}B) = (-\dot{E}_1)Y \tag{3-16}$$

式中，电导 $G = 1/R$，电纳 $B = 1/X$，导纳 $Y = G - \mathrm{j}B$。

与式(3-16)相对应的等效电路如图 3-9(a)所示。

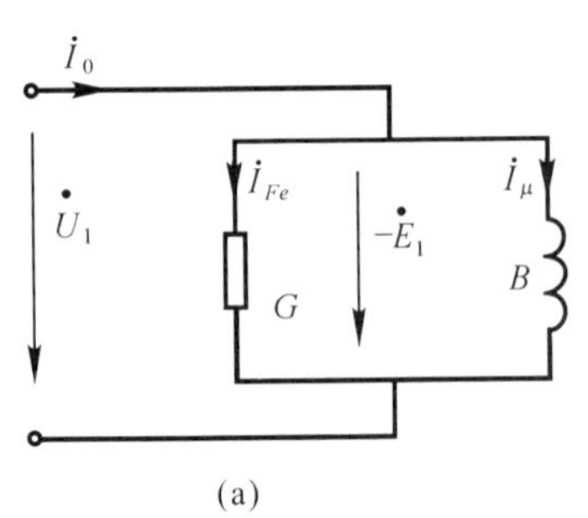

(a)

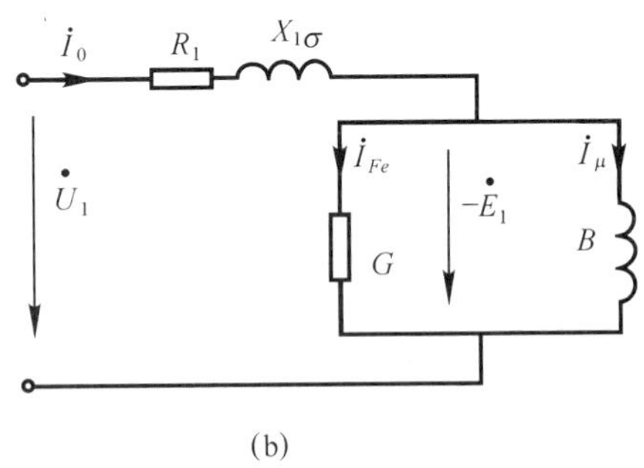

(b)

图 3-9　变压器空载运行时的并联等效电路

把式(3-16)代入式(3-13)得

$$\dot{U}_1 = \dot{I}_0 Z_1 + \frac{\dot{I}_0}{Y} = \dot{I}_0(R_1 + \mathrm{j}X_{1\sigma}) + \frac{\dot{I}_0}{G - \mathrm{j}B} \tag{3-17}$$

与式(3-17)相对应的等效电路如图 3-9(b)所示。

图 3-9 是并联形式的等效电路，计算时仍感不便，常用一个电阻和一个电抗相串联的等效电路，而端电压$(-\dot{E})$和励磁电流 $\dot{I}_0$ 仍保持不变。

设转换后的串联等效阻抗为 $Z_m = R_m + \mathrm{j}X_m$，则

$$Z_m = R_m + \mathrm{j}X_m = \frac{1}{Y} = \frac{1}{G - \mathrm{j}B} = \frac{G}{G^2 + B^2} + \mathrm{j}\frac{B}{G^2 + B^2}$$

其中，$R_m = \dfrac{G}{G^2 + B^2}$ 称为铁耗电阻(或激磁电阻)，是主磁通在铁芯中产生的铁耗所对应的等效电阻，使 $I_0^2 R_m$ 等于主磁通产生的铁芯损耗；$X_m = \dfrac{B}{G^2 + B^2}$ 称为激磁电抗，它的数值等于单位励磁电流产生的主磁通在励磁线圈中所感应的电动势的大小。由于主磁通在铁芯中流通时，受铁芯磁路饱和的影响，所以 X_m 与 $X_{1\sigma}$ 不同，它不是一个常数，而是随铁芯饱和程度增加而减少。这样，在考虑了铁芯损耗以后，$\dot{E}_1$ 与 $\dot{I}_0$ 的关系变为：

$$-\dot{E}_1 = \dot{I}_0(R_m + \mathrm{j}X_m) \tag{3-18}$$

将式(3-18)代入式(3-13)，得到

$$\dot{U}_1 = \dot{I}_0(R_1 + \mathrm{j}\dot{I}_0 X_{1\sigma}) + \dot{I}_0(R_m + \mathrm{j}X_m) \tag{3-19}$$

式(3-18)和式(3-19)相对应的等效电路如图 3-10(a)和图 3-10(b)所示。

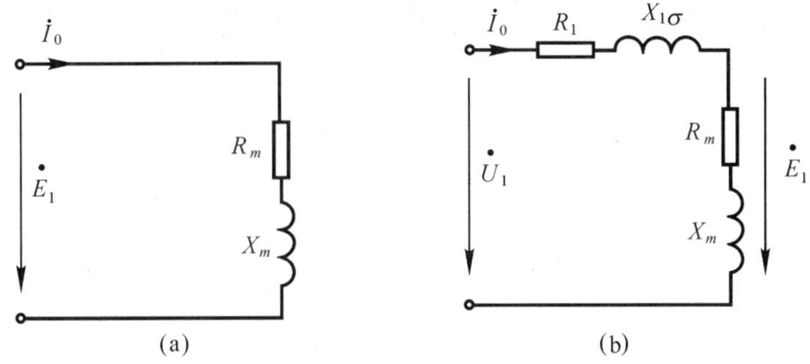

图 3-10　变压器空载运行时的串联等效电路

§3-3　单相变压器的负载运行

一、变压器负载运行时的物理情况

当变压器副边 ax 端接通负载阻抗时的工作状态称为负载运行，如图 3-11 所示。在 $\dot{E}_2$ 的作用下，副边绕组就有电流 $\dot{I}_2$ 流通，负载阻抗 Z_L 的大小决定了副边电流 $\dot{I}_2$。根据全电流定律，这时铁芯中的主磁通 $\dot{\Phi}$ 由原边磁动势和副边磁动势共同产生，与空载相比有所变化，从而改变了原、副边的感应电动势 $\dot{E}_1$ 和 $\dot{E}_2$，在电压 $\dot{U}_1$ 和原边漏阻抗 Z_1 一定的情况下，$\dot{E}_1$ 的改变必然引起原边电流从空载时的 $\dot{I}_0$ 变为负载时的 $\dot{I}_1$。但应注意：由于原边漏阻抗很小，因此主磁通 $\dot{\Phi}$ 和感应电动势 $\dot{E}_1$ 的变化也是很小的。当然，副边磁动势除了参与产生主磁通外，同样会产生只与副边线圈相交链的漏磁通 $\dot{\Phi}_{2\sigma}$，会在副边线圈中感应电动势 $e_{2\sigma}$。用相量表示时

$$\dot{E}_{2\sigma} = -\mathrm{j}\dot{I}_2 \omega L_{2\sigma} = -\mathrm{j}\dot{I}_2 X_{2\sigma} \tag{3-20}$$

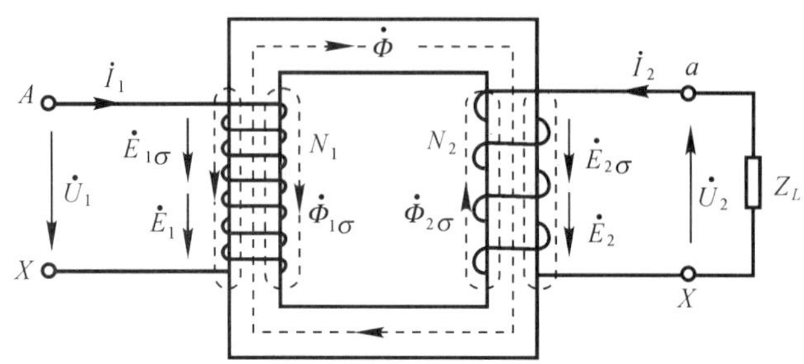

图 3-11　单相变压器负载运行原理图

二、负载运行时的基本方程式

1. *磁动势平衡方程式*

变压器负载运行时，原边绕组产生磁动势 $\dot{F}_1 = \dot{I}_1 N_1$，副边绕组产生磁动势 $\dot{F}_2 = \dot{I}_2 N_2$，两者合成的磁动势，$\dot{F}_1 + \dot{F}_2 = \dot{F}_m$ 就是产生负载运行时的主磁通 $\dot{\Phi}$ 的励磁磁动势。$\dot{F}_m$ 一般用原边绕组通入励磁电流 $\dot{I}_m$ 所产生的磁动势来表示，即 $\dot{F}_m = \dot{I}_m N_1$，则磁动势平衡方程式为

$$\dot{I}_1 N_1 + \dot{I}_2 N_2 = \dot{I}_m N_1 \tag{3-21}$$

或

$$\dot{I}_m = \dot{I}_1 + \frac{N_2}{N_1}\dot{I}_2 = \dot{I}_1 + \frac{\dot{I}_2}{k} \tag{3-22}$$

式中，$\dot{I}_m$ 称为励磁电流。显然，空载电流 $\dot{I}_0$ 就是空载时的励磁电流。两者基本接近。

或

$$\dot{I}_1 = \dot{I}_m + \left(-\frac{\dot{I}_2}{k}\right) = \dot{I}_m + \dot{I}_{1L} \tag{3-23}$$

式中，$\dot{I}_{1L} = -\frac{\dot{I}_2}{k}$ 称为原边电流的负载分量。

上式表明，负载时，原边电流可以认为由两个分量组成：一个是励磁电流 $\dot{I}_m$；另一个是负载分量 $\dot{I}_{1L}$，而负载分量产生的磁动势 $\dot{I}_{1L}N_1$ 用以抵消副边绕组产生的磁动势 $\dot{I}_2 N_2$，即

$$\dot{I}_{1L} N_1 + \dot{I}_2 N_2 = 0 \tag{3-24}$$

2. *电动势平衡方程式*

按图 3-11 所表示的各物理量正方向，根据电路定律，可得负载运行时，原、副边电动势平衡方程式如下

$$\dot{U}_1 = -\dot{E}_1 + \dot{I}_1 R_1 + \mathrm{j}\dot{I}_1 X_{1\sigma} = -\dot{E}_1 + \dot{I}_1(R_1 + \mathrm{j}X_{1\sigma}) = -\dot{E}_1 + \dot{I}_1 Z_1 \tag{3-25}$$

$$\dot{U}_2 = \dot{E}_2 + \dot{E}_{2\sigma} - \dot{I}_2 R_2 = \dot{E}_2 - \mathrm{j}\dot{I}_2 X_{2\sigma} - \dot{I}_2 R_2 = \dot{E}_2 - \dot{I}_2 Z_2 \tag{3-26}$$

式中，$Z_2 = R_2 + \mathrm{j}X_{2\sigma}$ 称为副边的漏阻抗。

$$\dot{U}_2 = \dot{I}_2 Z_L \tag{3-27}$$

三、变压器的折算法

利用式(3-25)、式(3-26)、式(3-27) 和式(3-22) 等对变压器已能进行定量计算。但因变压器原、副边线圈的匝数相差较大，原、副边的参数和电压、电流的数值相差较大，计算时不

方便，画相量图就更困难。所以一般均采用折算法。即用一个匝数和原边线圈相等的新的副边线圈来替代实际的副边线圈。这个新的副边线圈的各种物理量就称为副边的折算值。应当注意：折算仅仅是一种数学方法，所以在副边线圈折算前后，保持变压器原来的电磁关系、磁场分布情况和能量关系不变。折算值用原来物理量的右上角加“′”来表示。各物理量的折算值方法如下：

(1) 折算前后副边产生的磁动势保持不变，即 $\dot{I}_2{}'N_1 = \dot{I}_2 N_2$，得

$$\dot{I}_2{}' = \frac{N_2}{N_1}\dot{I}_2 = \frac{\dot{I}_2}{k} \tag{3-28}$$

(2) 折算前后副边的视在功率保持不变，即 $E_2{}'I_2{}' = E_2 I_2$，得

$$E_2{}' = (I_2/I_2{}')E_2 = kE_2 \tag{3-29}$$

折算前后副边输出的视在功率保持不变，即 $U_2{}'I_2{}' = U_2 I_2$，得

$$U_2{}' = (I_2/I_2{}')U_2 = kU_2 \tag{3-30}$$

(3) 折算前后副边绕组的损耗保持不变，即 $I_2{}'^2 R_2{}' = I_2{}^2 R_2$，得

$$R_2{}' = (I_2/I_2{}')^2 R_2 = k^2 R_2 \tag{3-31}$$

折算前后副边输出的有功功率保持不变，即 $I_2{}'^2 R_L{}' = I_2^2 R_L$，得

$$R_L{}' = (I_2/I_2{}')^2 R_L = k^2 R_L \tag{3-32}$$

(4) 折算前后副边绕组的无功功率保持不变，即 $I_2{}'^2 X_{2\sigma}{}' = I_2^2 X_{2\sigma}$，得

$$X_{2\sigma}{}' = (I_2/I_2{}')^2 X_{2\sigma} = k^2 X_{2\sigma} \tag{3-33}$$

折算前后副边输出的无功功率保持不变，即 $I_2{}'^2 X_L{}' = I_2^2 X_L$，得

$$X_L{}' = (I_2/I_2{}')^2 X_L = k^2 X_L \tag{3-34}$$

综上所述，将副边物理量折算到原边的方法为：电动势、电压的折算值等于原值乘以变比 k；电流的折算值等于原值除以 k；阻抗的折算值等于原值乘以 k^2。

折算后变压器的基本方程组为

$$\left.\begin{aligned}
\dot{U}_1 &= -\dot{E}_1 + \dot{I}R_1 + \mathrm{j}\dot{I}_1 X_{1\sigma} \\
\dot{U}_2{}' &= \dot{E}_2{}' - \dot{I}_2{}'R_2{}' - \mathrm{j}\dot{I}_2{}'X_{2\sigma}{}' \\
\dot{U}_2{}' &= \dot{I}_2{}'Z_L{}' = \dot{I}_2{}'(R_L{}' + \mathrm{j}X_L{}') \\
\dot{I}_1 + \dot{I}_2{}' &= \dot{I}_m \\
\dot{E}_1 = \dot{E}_2{}' &= -\mathrm{j}4.44 f N_1 \dot{\Phi}_m \\
-\dot{E}_1 = \dot{I}_m Z_m &= \dot{I}_m (R_m + \mathrm{j}X_m)
\end{aligned}\right\} \tag{3-35}$$

四、等效电路

1. T 形等效电路图

根据上述方程式组可以画出等效电路图如图 3-12(a) 所示。图中 $\dot{E}_1$、$\dot{E}_2{}'$ 的箭头表示电动势的正方向。

因 $\dot{E}_1 = \dot{E}_2{}'$，所以可以将两条电动势相等的电路合并成一条支路，而流过这条支路的电流为 $\dot{I}_1 + \dot{I}_2{}' = \dot{I}_m$。等效电路变成如图 3-12(b) 所示。

根据 $-\dot{E}_1 = \dot{I}_m(R_m + \mathrm{j}X_m)$，可以得到用纯阻抗表示的等效电路如图 3-12(c) 所示。由于电路中的阻抗(不包括负载阻抗) 分布呈“T”形，所以称为 T 形等效电路图。

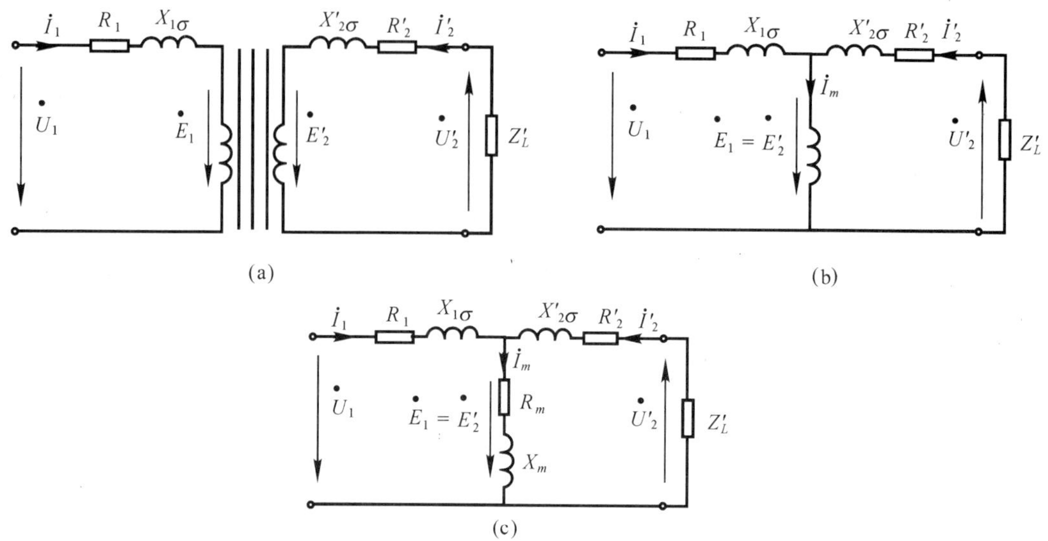

图 3-12　变压器 T 形等效电路的形成

2. 近似 Γ 形等效电路图

T 形等效电路能准确地反映变压器内在的电磁关系，但它包含有串联和并联电路，进行相量运算比较复杂。为简化计算，考虑到 $Z_1 \ll Z_m$，可以将形等效电路中的激磁支路 R_m 和 X_m 直接移到电源端，成为如图 3-13 所示的近似 Γ 形等效电路图。使计算大为简化，而误差不大。

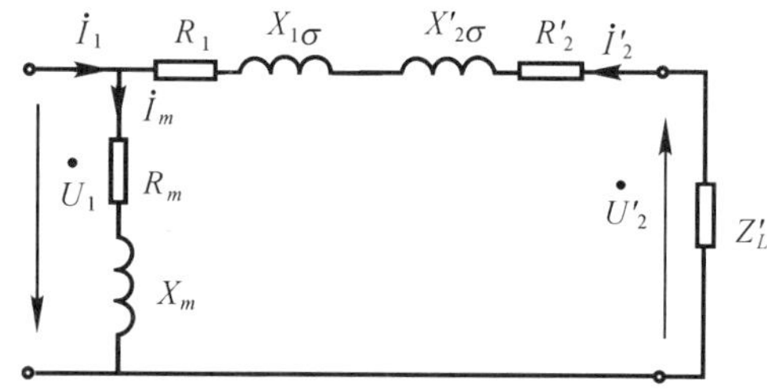

图 3-13　变压器的近似形 Γ 等效电路图

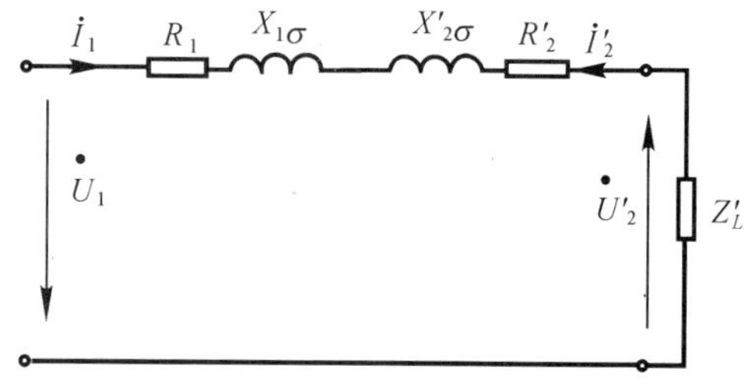

图 3-14　变压器的简化等效电路图

3. 简化等效电路

在电力变压器中励磁电流 $I_m \ll$ 额定电流 I_{1N}，则可忽略 I_m，即将近似 Γ 形等效电路图中的励磁支路去掉，就得到如图 3-14 所示的简化等效电路图。

在近似 Γ 形等效电路和简化等效电路图中，常将原、副边的漏阻抗合并起来，即

$$\left.\begin{aligned} R_k &= R_1 + R_2{}' \\ X_k &= X_{1\sigma} + X_{2\sigma}{}' \\ Z_k &= R_k + \mathrm{j}X_k = Z_1 + Z_2{}' \end{aligned}\right\} \tag{3-36}$$

式中，Z_k 称为短路阻抗；R_k 称为短路电阻；X_k 称为短路电抗。

对应简化等效电路的电压平衡方程式为

$$\dot{U}_1 = \dot{I}_1(R_k + \mathrm{j}X_k) - \dot{U}_2{}' = \dot{I}_1 Z_k - \dot{U}_2{}' \tag{3-37}$$

从简化等效电路可见，短路阻抗 Z_k 决定变压器稳态短路电流 $I_k = U_1/Z_k$ 的大小，Z_k 还表征了变压器在额定负载时电压降落的大小，它是变压器的一个重要参数。

五、相量图

根据变压器基本方程式组(3-35)不仅可以画出T形等效电路,同时可以画出相量图,如图3-15所示。相量图能清楚地表明各物理量之间的相位关系,是分析交流电路的一种重要手段。

变压器的负载通常为感性负载,在已知 U_2、I_2 和 $\cos\varphi_2$,以及变压器参数 k、R_1、$X_{1\sigma}$、R_2、$X_{2\sigma}$、R_m 和 X_m 等时,绘制相量图的步骤如下:

(1) 根据变比计算出副边参数和变量的折算值 U_2',I_2',R_2',$X_{2\sigma}'$;

(2) 按比例尺绘出 $\dot{U}_2'$ 和 $\dot{I}_2'$ 相量,其中 $\dot{I}_2'$ 滞后于 $\dot{U}_2'$ 为 φ_2 角;在 $\dot{U}_2'$ 上依次加上副边绕组的漏阻抗压降 $\dot{I}_2'R_2'$ 和 $\mathrm{j}\dot{I}_2'X_{2\sigma}'$,便得到相量 $\dot{E}_2'$。由于 $\dot{E}_2'=\dot{E}_1$,所以 $\dot{E}_1$ 相量也就已同时绘出;

(3) 导前于 $\dot{E}_1$ 90°作主磁通 $\dot{\Phi}_m$;导前于 $\dot{\Phi}_m \alpha_{Fe}$ 角作励磁电流 $\dot{I}_m$,其中 $\alpha_{Fe}=\arctan(R_m/X_m)$,$I_m=E_1/Z_m$;

(4) 根据 $\dot{I}_1=\dot{I}_m+(-\dot{I}_2')$ 作出 $\dot{I}_1$ 相量;

(5) 作相量 $-\dot{E}_1$;在 $-\dot{E}_1$ 上依次加上原边绕组的漏阻抗压降 $\dot{I}_1R_1$ 和 $\mathrm{j}\dot{I}_1X_{1\sigma}$,便得到电源电压 $\dot{U}_1$ 的相量。$\dot{U}_1$ 与 $\dot{I}_1$ 之间的相位差角 φ_1 就是变压器原边的功率因数角,$\cos\varphi_1$ 就是原边的功率因数。

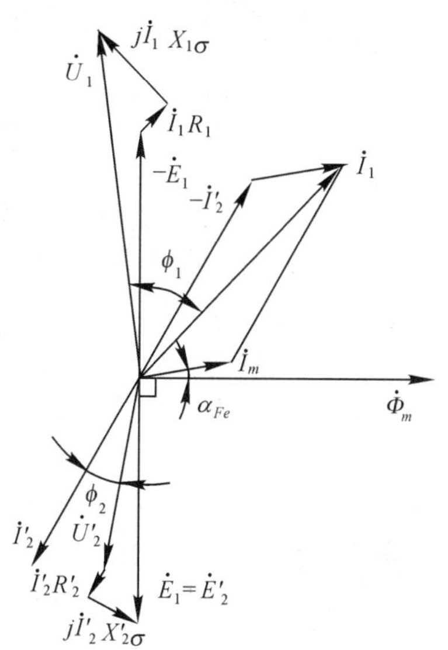

图3-15 感性负载时的变压器相量图

值得注意的是:① 由于变压器原、副边漏阻抗压降值远远小于感应电动势和原、副边电压,励磁电流也远远小于原、副边电流,所以不可能严格按实际值的比例去画相量图;② 对应于不同的等效电路,有不同的相量图。

总之,基本方程组、等效电路和相量图是分析变压器运行状况的三种方法,三者之间是相互关联和统一的,只是基本方程组概括了变压器中的电磁关系,定量计算时一般利用基本方程组和等效电路图;讨论各物理量之间的相位关系时,利用相量图就显得特别方便和明了。

§3-4 变压器的参数测定

在求解变压器基本方程组、画等效电路图和相量图时,均需要知道变压器的参数,即原、副边绕组的电阻、漏抗和激磁阻抗。这些参数,对新设计的变压器可以通过计算获得,对已有的变压器可以通过空载和短路试验测定。

一、变压器的空载试验

为便于测量和安全起见,通常将正弦波电源电压加在低压绕组上。试验接线图如图3-16所示。考虑到空载试验时电压需超过额定值,而电流很小,为减少测量仪表所需电流引起的误差,一般将电流表和功率表的电流线圈接在靠变压器绕组侧。为了获得空载时各物理量随电压变化的曲线,外施电压应能在一定范围内变化。一般,先将电源电压升高到 $1.2U_N$,然后再逐渐单调下降,依次分别测出空载电流 I_0 和空载损耗 p_0,即可作出曲线 $I_0 = f(U_0)$ 和 $p_0 = f(U_0)$。

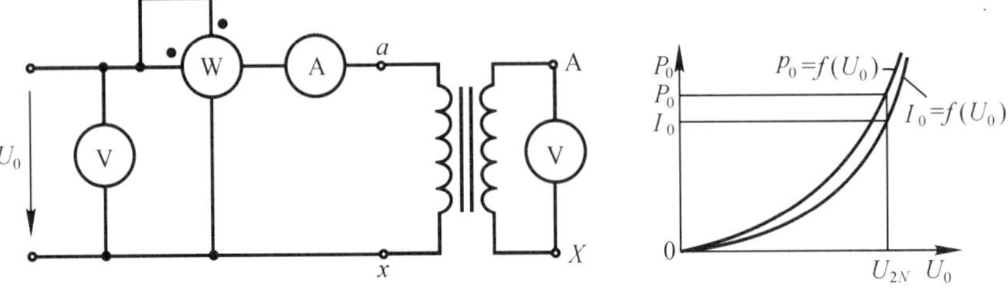

图 3-16　变压器空载试验接线图与 $I_0 = f(U_0)$ 和 $p_0 = f(U_0)$ 曲线

变压器分析时,以降压变压器为例的。从 T 形等效电路可知,空载试验时测得的总阻抗为

$$Z_0 = Z_2 + Z_{2m} = (R_2 + \mathrm{j}X_{2\sigma}) + (R_{2m} + \mathrm{j}X_{2m})$$

式中,Z_{2m}、R_{2m} 和 X_{2m} 分别为折算到低压边的激磁阻抗、铁耗电阻和激磁电抗。

在电力变压器中,由于 $R_{2m} \gg R_2$,$X_{2m} \gg X_{2\sigma}$,所以近似地认为

$$Z_0 \approx Z_{2m} = R_{2m} + \mathrm{j}X_{2m}$$

由于 R_{2m} 和 X_{2m} 的数值与磁路的饱和程度有关,即在不同电压下所测得的数值不同,为使所测得的参数更符合于实际运行的情况,应取额定电压点的数据来计算激磁阻抗。即从试验所得曲线 $I_0 = f(U_0)$ 和 $p_0 = f(U_0)$ 上查出 $U_0 = U_{2N}$ 所对应的 I_0 和 p_0,再进行计算:

$$\left.\begin{aligned} Z_{2m} &= U_0/I_0 \\ R_{2m} &= p_0/I_0^2 \\ X_{2m} &= \sqrt{Z_{2m}^2 - R_{2m}^2} \end{aligned}\right\} \tag{3-38}$$

根据空载试验低压边加额定电压时所测得的高压边电压值,可以计算出变压器的变比 k,然后将上述计算所得的激磁阻抗值乘以 k^2,就得到折算到高压边的激磁阻抗值,即

$$\left.\begin{aligned} Z_m &= k^2 Z_{2m} \\ R_m &= k^2 R_{2m} \\ X_m &= k^2 X_{2m} \end{aligned}\right\} \tag{3-39}$$

一般变压器在额定电压时,空载电流 $I_0 \approx (2 \sim 10)\% I_N$ 空载损耗 $p_0 \approx (0.2 \sim 1.0)\% S_N$;随着变压器容量的增大,$I_0$ 和 p_0 的百分值逐渐减小。

二、变压器的短路试验

为便于测量,短路通常将电源施加在高压边,而副边直接短路。试验接线图如图 3-17 所示。考虑到短路试验时电流需超过额定值,而电压很低,为减少测量仪表上的电压降引起的误差,一般将电压表和功率表的电压线圈接在靠变压器绕组侧。变压器短路时,外施电压仅用于克服变压器中的等效漏阻抗压降;由于一般电力变压器的短路阻抗 Z_k 很小,为了避免产生过大的短路电流而使绕组烧毁,短路试验应当在低电压下进行。调节外施电压,使短路电流 I_k 从 0 逐渐增加到 $1.2 \sim 1.3I_N$,测出短路电流 I_k 和短路损耗 p_k 随外施电压 U_k 变化的曲线 $I_k = f(U_k)$ 及 $p_k = f(U_k)$。由于漏磁路不饱和,短路阻抗(即漏阻抗)Z_k 可视为常值,故短路电流曲线为一直线;而短路损耗的曲线近似为指数曲线。

由于短路试验时外施电压很低,铁芯中磁通密度很低,铁耗和励磁电流均可忽略,所以在短路情况下可采用变压器的简化等效电路。在 $I_k = f(U_k)$ 和 $p_k = f(U_k)$ 曲线上,取 $I_k =$

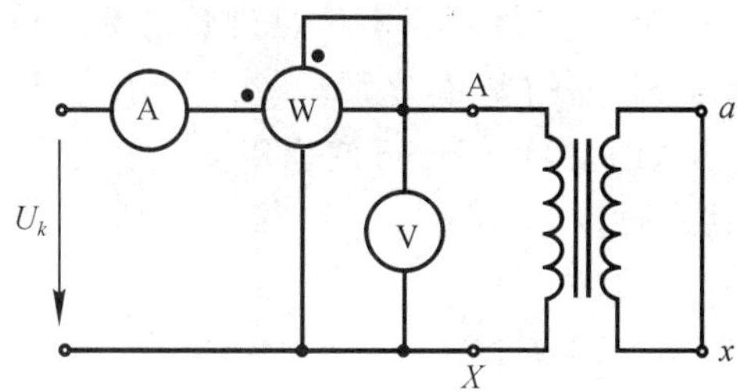

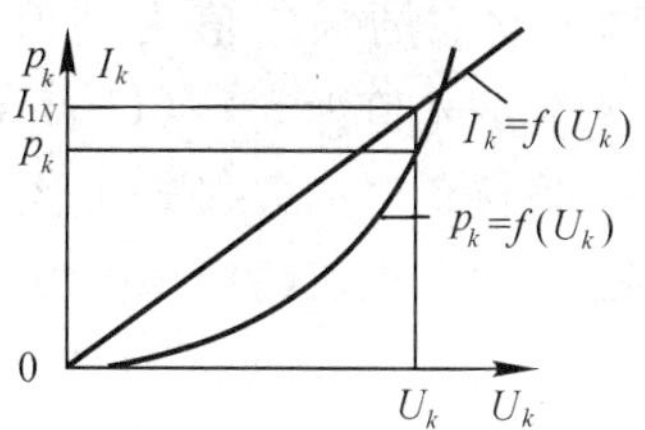

图 3-17　变压器短路试验接线图与 $I_k = f(U_k)$ 和 $p_k = f(U_k)$ 曲线

I_{1N} 查出对应的 U_k 和 p_k，计算变压器的短路参数

$$\left.\begin{aligned} Z_k &= U_k/I_K \\ R_k &= p_k/I_k^2 \\ X_k &= \sqrt{Z_k^2 - R_k^2} \end{aligned}\right\} \tag{3-40}$$

由于导体的电阻值和温度有关，而短路试验时的温度与变压器实际运行时不同，因此，由短路试验所得的参数应换算到基准工作温度(75℃)时的数值。换算公式为

$$R_{k75℃} = R_{k\theta}(\alpha + 75)/(\alpha + \theta) \tag{3-41}$$

$$Z_{k75℃} = \sqrt{R_{k75℃}^2 + X_k^2} \tag{3-42}$$

式中，θ 为试验时的室温；$R_{k\theta}$ 为 θ 环境温度下的短路电阻；α 为温度折算系数，绕组为铜线时 $\alpha = 234.5$，绕组为铝线时 $\alpha = 228$。

一般电力变压器当短路电流值达到额定电流值时，短路损耗约为$(0.4\% \sim 4\%)S_N$，数值随着变压器容量的增大而减小。

当短路电流达到额定值时，外施电压 $U_k = I_{1N}Z_{k75℃}$ 称为短路电压(或称为阻抗电压)，为便于使用，短路电压通常用额定电压的百分值表示，即

$$u_k = \frac{U_k}{U_{1N}} \times 100\% = \frac{I_{1N}Z_{k75℃}}{U_{1N}} \times 100\% \tag{3-43}$$

它的有功分量(或称电阻分量)u_{kR} 和无功分量(或称电抗分量)u_{kX} 分别为

$$\left.\begin{aligned} u_{kR} &= \frac{I_{1N}R_{k75℃}}{U_{1N}} \times 100\% \\ u_{kX} &= \frac{I_{1N}X_k}{U_{1N}} \times 100\% \\ u_k &= \sqrt{u_{kR}^2 + u_{kX}^2} \end{aligned}\right\} \tag{3-44}$$

短路电压 u_k 是变压器的一个重要参数，它的大小反映了在额定负载时，变压器漏阻抗压降的大小。u_k 较小，则变压器负载变化时，输出电压的波动较小，但当变压器短路时，短路电流就较大。一般电力变压器的 u_k 约为 $4\% \sim 10\%$，其数值随着变压器容量的增大而增大。

§3-5　标么值

工程和科技计算中，各物理量，如电压、电流、阻抗和功率等往往不用它们的实际值来表示，而是表示成这些物理量与选定的同单位的基值之比的形式，称为标么值。为区分实际值

和标么值，在各物理量原来符号的右上角加一个“*”号来表示该物理量的标么值。一般电流、电压选定它们的额定值为基值，原、副边阻抗的基值分别取 $Z_{1N}=U_{1N}/I_{1N}$，$Z_{2N}=U_{2N}/I_{2N}$，功率的基值为 $S_N=U_{1N}I_{1N}=U_{2N}I_{2N}$。这样处理后可使采用标么值表达的基本方程式与采用实际值时的方程式在形式上保持一致。

原、副边电压、电流的标么值为

$$U_1^*=U_1/U_{1N};U_2^*=U_2/U_{2N}$$

$$I_1^*=I_1/I_{1N};I_2^*=I_2/I_{2N}$$

原、副边绕组阻抗的标么值为

$$Z_1^*=\frac{Z_1}{Z_{1N}}=\frac{I_{1N}Z_1}{U_{1N}},R_1^*=\frac{R_1}{Z_{1N}}=\frac{I_{1N}R_1}{U_{1N}},X_{1\sigma}^*=\frac{X_{1\sigma}}{Z_{1N}}=\frac{I_{1N}X_{1\sigma}}{U_{1N}};$$

$$Z_2^*=\frac{Z_2}{Z_{2N}}=\frac{I_{2N}Z_2}{U_{2N}},R_2^*=\frac{R_2}{Z_{2N}}=\frac{I_{2N}R_2}{U_{2N}},X_{2\sigma}^*=\frac{X_{2\sigma}}{Z_{2N}}=\frac{I_{2N}X_{2\sigma}}{U_{2N}}$$

使用标么值的优点是：

(1) 不论变压器的容量大小和电压高低，所有同类型的变压器，用标么值表示的参数和性能数据的变化范围很小，便于分析比较。例如，电力变压器的空载电流 $I_0^*=0.02\sim0.10$，短路阻抗 $Z_k^*=0.05\sim0.10$。

(2) 采用标么值时，原、副边各物理量不再需要进行折算。因原、副边绕组各采用自身的额定值作为基值，因而能自然地消除原、副边绕组匝数的差别，例如：

$$R_2^*=\frac{I_{2N}R_2}{U_{2N}}=\frac{(I_{2N}/k)k^2R_2}{kU_{2N}}=\frac{I_{1N}R_2'}{U_{1N}}=R_2'^*$$

显然，副边绕组电阻实际值和折算到原边值的标么值是相等的，已无折算的必要，这给分析和运算带来很大的方便。

(3) 采用标么值时，某些物理量具有相同的数值，便于计算。例如：

$$Z_k^*=\frac{I_{1N}Z_k}{U_{1N}}=U_k^*$$

$$R_k^*=\frac{I_{1N}R_k}{U_{1N}}=U_{kR}^*=p_k^*$$

$$X_k^*=\frac{I_{1N}X_k}{U_{1N}}=U_{kX}^*$$

(4) 额定电压、额定电流的标么值等于1。在三相变压器中，线电压、线电流的标么值和相电压、相电流的标么值是相等的。

应当注意，在分析和计算三相变压器时，阻抗的基值应是相额定电压与相额定电流之比。

§3-6　变压器的工作特性

一、变压器的外特性

当 $U_1=U_{1N}$，$\cos\varphi_2=$ 常数时，$U_2=f(I_2)$ 的关系曲线称为变压器的外特性。由于变压器原、副边线圈中均有漏阻抗存在，因此在负载运行时，当负载电流流过漏阻抗时，就会有电压降落，因而变压器副边的输出电压将随负载电流的变化而变化，变化规律与负载的性质有关，图3-18是变压器在不同负载性质时的外特性。一般为电感性负载，是一条下垂曲线。

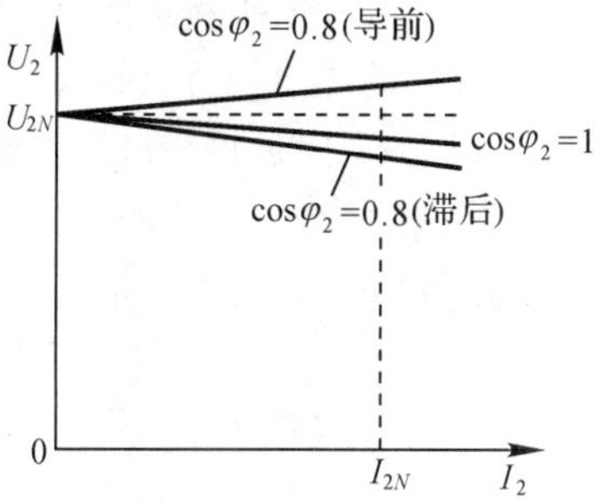

图3-18 变压器的外特性

为表征U_2随负载电流I_2变化而变化的程度，用电压变化率(或称电压调整率)Δu来表示。它的定义是：当原边施加额定频率的额定电压时，副边空载电压与某一功率因数下额定负载时的副边电压U_2之差，对副边额定电压U_{2N}的百分值，即

$$\Delta u=\frac{U_{20}-U_2}{U_{2N}}\times 100\%=\frac{U_{2N}-U_2}{U_{2N}}\times 100\%$$
$$=\frac{U_{1N}-U_2'}{U_{1N}}\times 100\% \tag{3-45}$$

电压变化率Δu是变压器的一项重要性能，它反映了供电电压的稳定性。电压变化率Δu与变压器的参数和负载的性质有关，可利用相量图求取。图3-19表示变压器在额定负载情况下对应于简化等效电路的相量图。图中，将相量$-\dot{U}_2'$延长到P'点，使$\overline{OP'}=\overline{oA}=U_{1N}$，过$A$点和$B$点分别作$\overline{Ap}$和$\overline{B}a$垂直于$\overline{OP'}$并相交于$P$点和$a$点，过$B$点再作直线$\overline{B}b$平行于$\overline{op}'$，并与$\overline{Ap}$的延长线相交于$b$点。则从图中可得

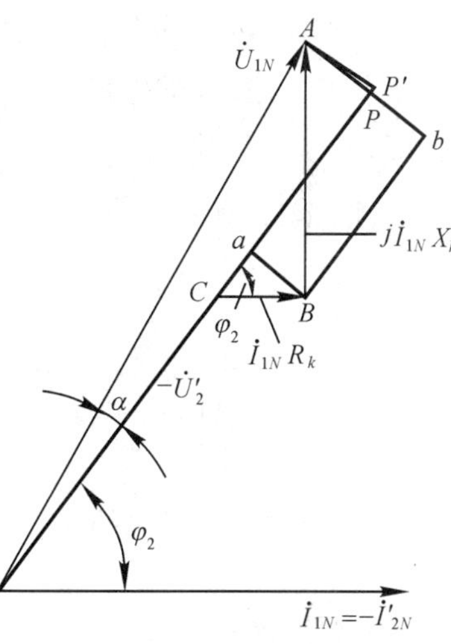

图3-19 Δu的确定

$$U_{1N}-U_2'=\overline{OP'}-\overline{OC}=\overline{CP}+\overline{PP'}$$

一般情况下$\dot{U}_1$与$-\dot{U}_2'$之间得夹角很小，故可忽略相对很小的$\overline{PP'}$，则

$$U_{1N}-U_2'\approx\overline{CP}=\overline{Ca}+\overline{Bb}=I_{1N}R_k\cos\varphi_2+I_{1N}X_k\sin\varphi_2$$

故得

$$\Delta u=\frac{U_{1N}-U_2'}{U_{1N}}\times 100\%$$
$$=\left(\frac{I_{1N}R_k}{U_{1N}}\cos\varphi_2+\frac{I_{1N}X_k}{U_{1N}}\sin\varphi_2\right)\times 100\%$$
$$=(R_k^*\cos\varphi_2+X_k^*\sin\varphi_2)\times 100\% \tag{3-46}$$

从上式可见，在感性负载时，$\varphi_2>0$，$\sin\varphi_2>0$，$\Delta u>0$，表明副边端电压U_2将随着负载电流I_2的增大而下降；当负载为容性时，$\varphi_2<0$，$\sin\varphi_2<0$，若$|I_{1N}R_k\cos\varphi_2|<|I_{1N}X_k\sin\varphi_2|$，则$\Delta u<0$，表明副边端电压$U_2$将随着负载电流$I_2$的增大而升高。

当变压器不在额定负载运行时，电压变化率Δu为

$$\Delta u=I_2^*(R_k^*\cos\varphi_2+X_k^*\sin\varphi_2)\times 100\%$$

式中，$I_2^*=I_2/I_{2N}$为副边电流的标么值。

二、变压器的损耗和效率特性

1. 变压器的损耗

变压器负载运行时，将产生铁耗和铜耗。铁耗p_{Fe}包括基本铁耗和附加铁耗两部分。基本铁

耗就是由铁芯中的磁通密度、频率、材料和重量所决定的磁滞损耗 p_h 和涡流损耗 p_w，附加铁耗包括叠片间绝缘损伤所引起的局部涡流损耗、结构件中的涡流损耗和高压变压器绝缘材料中的介质损耗等。附加铁耗占基本铁耗的 15% ～ 20%；铜耗包括基本铜耗和附加铜耗两部分。基本铜耗就是原、副边线圈的直流电阻铜耗，即 I^2r，附加铜耗主要是由集肤效应和邻近效应使导线中电流分布不均匀所增加的铜耗。附加铜耗相当于使基本铜耗增加到 1.005 ～ 1.05 倍。

对于已有的变压器，其损耗可以通过试验测定。变压器空载运行，当电压为额定值时，空载电流仅为额定电流的 2% ～ 10%，铜耗可以忽略，所以额定电压时的空载损耗 P_0 就是变压器的铁耗。由于变压器的主磁通 Φ 从空载到负载基本不 变，所以变压器的铁耗基本不变，将铁耗称为不变损耗。变压器短路运行，当短路电流达到额定值时，所需电压仅为额定电压 4.5% ～ 10.5%，所以此时铁芯中的主磁通 Φ 很小，铁耗和励磁电流均可忽略，此时的短路损耗 P_D 就是额定负载时的铜耗。由于铜耗和电流的平方成正比，所以是随负载变化而变化的可变损耗。变压器的总损为

$$\sum p = p_{\mathrm{Fe}} + p_{Cu} = P_0 + (I_2/I_{2N})^2 P_D = P_0 + I_2^{*2} P_D \tag{3-47}$$

2. 变压器的效率

$$\begin{aligned}\eta &= (P_2/P_1) \times 100\% = (1 - \sum p/P_1) \times 100\% \\ &= [1 - \sum p/(P_2 + \sum p)] \times 100\%\end{aligned} \tag{3-48}$$

式中，P_1 为变压器的输入功率

$$P_1 = U_1 I_1 \cos\varphi_1 \tag{3-49}$$

P_2 为变压器的输出功率

$$P_2 = U_2 I_2 \cos\varphi_2 \tag{3-50}$$

一般，因 Δu 很小，$U_2 \approx U_{20} = U_{2N}$，则

$$P_2 \approx U_{2N} I_2 \cos\varphi_2 = U_{2N} I_2^* I_{2N} \cos\varphi_2 = I_2^* S_N \cos\varphi_2$$

将上式和式(3-47)一起代入式(3-48)可得

$$\eta = \left[1 - \frac{P_0 + I_2^{*2} P_D}{I_2^* S_N \cos\varphi_2 + P_0 + I_2^{*2} P_D}\right] \times 100\% \tag{3-51}$$

令 $\mathrm{d}\eta/\mathrm{d}I_2^* = 0$，解得 $I_2^* = \sqrt{P_0/P_D}$，即当 $I_2^{*2} P_D = P_0$，也就是当可变损耗和不变损耗相等时，变压器的效率将达到最大。一般电力变压器通常将最大效率设计在 $I_2^* = 0.5 \sim 0.58$ 的时候。效率特性曲线如图 3-20 所示。

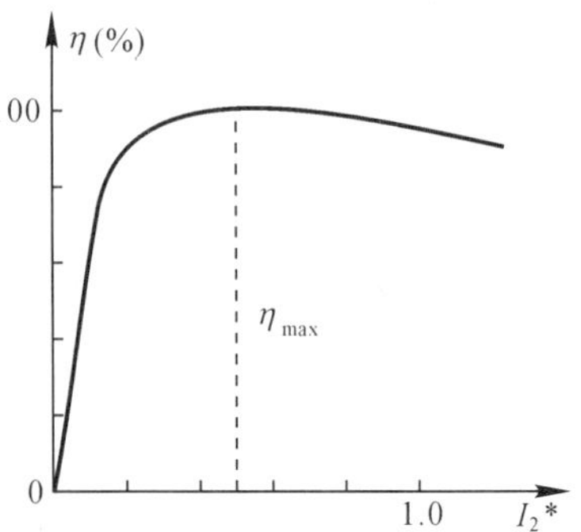

图 3-20 变压器的效率特性曲线

例题 3-1 一台单相变压器，$S_N = 210[\mathrm{kVA}]$，$U_{1N}/U_{2N} = 6000/230[\mathrm{V}]$，$f = 50[\mathrm{Hz}]$，$R_1 = R_2' = 2.7[\Omega]$，$X_{1\sigma} = X_{2\sigma}' = 9[\Omega]$，$R_m = 720[\Omega]$，$X_m = 7200[\Omega]$，负载阻抗 $Z_L = 0.32 + \mathrm{j}0.24[\Omega]$。当原边施加额定电压时，试用 T 形等效电路求原、副边电流 I_1 和 I_2，副边电压 U_2 和功率因数 $\cos\varphi_2$。

解：变比 $k = U_{1N}/U_{2N} = 6000/230 = 26.087$

负载折算值 $Z_L' = k^2 Z_L = 26.087^2 \times (0.32 + \mathrm{j}0.24)$
$= 217.77 + \mathrm{j}163.33 = 272.21\angle 36.87°[\Omega]$

激磁阻抗 $Z_m = R_m + jX_m = 720 + j7200 = 7235.9\angle 84.29°[\Omega]$

$$Z_2' + Z_L' = (2.7 + j9) + (217.77 + j163.33) = 220.47 + j172.33 = 279.83\angle 38.01°[\Omega]$$

$$Z_m + Z_2' + Z_L' = 720 + j7200 + 220.47 + j172.33 = 940.47 + j7372.33 = 7432.1\angle 82.73°[\Omega]$$

原边等效电阻 $Z_d = Z_1 + \dfrac{1}{1/Z_m + 1/(Z_2' + Z_L')} = Z_1 + \dfrac{Z_m(Z_2' + Z_L')}{Z_m + Z_2' + Z_L'}$

$$= 2.7 + j9 + \frac{7235.9\angle 84.29° \times 279.83\angle 38.01°}{7432.1\angle 82.73°} = 280.3\angle 40.64°[\Omega]$$

设 $\dot{U}_{1N} = 6000\angle 0°[V]$

则原边电流 $\dot{I}_1 = \dfrac{\dot{U}_{1N}}{Z_d} = \dfrac{6000\angle 0°}{280.3\angle 40.64°} = 21.406\angle -40.64°[A]$

功率因数 $\cos\varphi_1 = \cos 40.64° = 0.75882$

副边电流折算值

$$\dot{I}_2' = \frac{-Z_m}{Z_m + Z_2' + Z_L'}\dot{I}_1 = \frac{-7235.9\angle 84.29°}{7432.1\angle 82.73°} \times 21.406\angle -40.64° = 20.841\angle 140.92°[A]$$

副边电流实际值 $\dot{I}_2 = k\dot{I}_2' = 26.087 \times 20.841\angle 140.92° = 543.68\angle 140.92°[A]$

副边电压折算值 $\dot{U}_2' = \dot{I}_2'Z_L' = 20.841\angle 140.92° \times 272.21\angle 36.87° = 5673.1\angle 177.79°[V]$

副边电压实际值 $\dot{U}_2 = \dfrac{\dot{U}_2'}{k} = \dfrac{5673.1\angle 177.79°}{26.087} = 217.47\angle 177.79°[V]$

例题 3-2 一台单相变压器，$S_N = 20000[kVA]$，$U_{1N} = 220/\sqrt{3}[kV]$，$U_{2N} = 11[kV]$。低压边空载试验，当电压为额定电压时，$I_0 = 45.4A$，$P_0 = 47[kW]$；高压边短路试验，当电流为额定电流时，$U_K = 9.24[kV]$，$P_k = 129[kW]$。求：

(1) 近似Γ形等效电路中的激磁阻抗、铁耗电阻和激磁电抗，短路阻抗、短路电阻和短路电抗的实际值和标么值表示的参数值；

(2) 变压器的短路电压 u_k、及有功分量 u_{kr} 和无功分量 u_{kx}；

(3) 利用近似Γ形等效电路求副边满载，$\cos\varphi_2 = 0.8$(滞后) 时的电压和电压变化率 Δu。

解： $I_{1N} = \dfrac{S_N}{U_{1N}} = \dfrac{20000 \times \sqrt{3}}{220} = 157.46[A]$ $\quad I_{2N} = \dfrac{S_N}{U_{2N}} = \dfrac{20000}{11} = 1818.2[A]$

$Z_{1N} = \dfrac{U_{1N}}{I_{1N}} = \dfrac{220 \times 10^3}{\sqrt{3} \times 157.46} = 806.67[\Omega]$ $\quad Z_{2N} = \dfrac{U_{2N}}{I_{2N}} = \dfrac{11000}{1818.2} = 6.05[\Omega]$

$$k = \frac{U_{1N}}{U_{2N}} = \frac{220}{\sqrt{3} \times 11} = 11.547$$

(1) 由空载试验求得折算到低压边的激磁阻抗为

$$Z_{2m} = \frac{U_0}{I_0} = \frac{11000}{45.4} = 242.29[\Omega]$$

$$R_{2m}=\frac{P_0}{I_0^2}=\frac{47000}{45.4^2}=22.803[\Omega]$$

$$X_{2m}=\sqrt{Z_{2m}^2-R_{2m}^2}=\sqrt{242.29^2-22.803^2}=241.21[\Omega]$$

$$Z_m^*=\frac{Z_{2m}}{Z_{2N}}=\frac{242.29}{6.05}=40.048$$

$$R_m^*=\frac{R_{2m}}{Z_{2N}}=\frac{22.803}{6.05}=3.7691$$

$$X_m^*=\frac{X_{2m}}{Z_{2N}}=\frac{241.21}{6.05}=39.87$$

也可用以下方法先直接求得标么值，再求得实际值

$$U_0^*=1$$

$$I_0^*=\frac{I_0}{I_{2N}}=\frac{45.4}{1818.2}=0.02497$$

$$P_0^*=\frac{P_0}{S_N}=\frac{47\times10^3}{20000\times10^3}=0.00235$$

$$Z_m^*=\frac{U_0^*}{I_0^*}=\frac{1}{0.02497}=40.048$$

$$R_m^*=\frac{P_0^*}{I_0^{*2}}=\frac{0.0235}{0.02497^2}=3.7691$$

$$X_m^*=\sqrt{Z_m^{*2}-R_m^{*2}}=\sqrt{40.048^2-3.7691^2}=39.87$$

显然，两种方法的计算结果是完全一致的。

折算到高压边的激磁阻抗为

$$Z_m=k^2Z_{2m}=11.547^2\times242.29=32305[\Omega]$$

$$R_m=k^2R_{2m}=11.547^2\times22.803=3040.4[\Omega]$$

$$X_m=k^2X_{2m}=11.547^2\times241.21=32162[\Omega]$$

由短路试验求得的高压边的短路阻抗为

$$Z_k=\frac{U_k}{I_k}=\frac{9240}{157.46}=58.682[\Omega]$$

$$R_k=\frac{P_k}{I_k^2}=\frac{129000}{157.46^2}=5.2029[\Omega]$$

$$X_K=\sqrt{Z_k^2-R_k^2}=\sqrt{58.682^2-5.2029^2}=58.451[\Omega]$$

$$Z_k^*=\frac{Z_k}{Z_{1N}}=\frac{58.682}{806.67}=0.07275$$

$$R_k^*=\frac{R_k}{Z_{1N}}=\frac{5.2029}{806.67}=0.00645$$

$$X_k^*=\frac{X_k}{Z_{1N}}=\frac{58.451}{806.67}=0.07246$$

或同样先求标么值

$$I_k^*=\frac{I_k}{I_{1N}}=\frac{I_{1N}}{I_{1N}}=1$$

$$U_k^*=\frac{U_k}{U_{1N}}=\frac{9.24\times\sqrt{3}}{220}=0.07275$$

$$P_k^* = \frac{P_k}{S_N} = \frac{129000}{20000 \times 10^3} = 0.00645$$

$$Z_k^* = \frac{U_k^*}{I_k^*} = \frac{0.07275}{1} = 0.07275$$

$$R_k^* = \frac{P_k^*}{I_k^{*2}} = \frac{0.00645}{1^2} = 0.00645$$

$$X_k^* = \sqrt{Z_k^{*2} - R_k^{*2}} = \sqrt{0.07275^2 - 0.00645^2} = 0.07246$$

(2) 变压器的短路电压及其分量

$$u_k = Z_k^* \times 100\% = 0.07275 \times 100\% = 7.275\%$$

$$u_{kr} = R_k^* \times 100\% = 0.00645 \times 100\% = 0.645\%$$

$$u_{kx} = X_k^* \times 100\% = 0.07246 \times 100\% = 7.246\%$$

(3) 利用近似Γ形等效电路求低压边的电压和电压变化率

根据图 3-19,设$-\dot{I}_2^* = 1\angle 0°$,$\beta = \alpha + \varphi_2$,则$\dot{U}_1^* = 1\angle\beta$,$-\dot{U}_2^* = U_2^*\angle\varphi_2$

从三角形的几何关系可得

$$\left.\begin{aligned} U_1^* \cos\beta &= U_2^* \cos\varphi_2 + I_2^* R_k^* \\ U_1^* \sin\beta &= U_2^* \sin\varphi_2 + I_2^* X_k^* \end{aligned}\right\}$$

解联立方程,即将上二式两边平方后相加得

$$U_2^{*2} + 2U_2^*(R_k^* \cos\varphi_2 + X_k^* \sin\varphi_2) + R_k^{*2} + X_k^{*2} - 1 = 0$$

将已获得得数据代入并整理后得

$$U_2^{*2} + 0.097272U_2^* - 0.99471 = 0$$

解得

$$U_2^* = 0.9499$$

所以

$$U_2 = U_2^* U_{2N} = 0.9499 \times 11000 = 10449[\mathrm{V}]$$

$$\Delta u = (1 - U_2^*) \times 100\% = 5.01\%$$

如直接利用公式计算,因为$\cos\varphi_2 = 0.8$滞后,所以$\sin\varphi_2 = 0.6$,则

$$\begin{aligned} \Delta u &= (R_k^* \cos\varphi_2 + X_k^* \sin\varphi_2) \times 100\% \\ &= (0.00645 \times 0.8 + 0.07246 \times 0.6) \times 100\% \\ &= 4.864\% \end{aligned}$$

两者略有差别,这是因Δu计算公式推导时有所忽略引起得的。

§ 3-7　三相变压器

在电力系统中广泛使用三相变压器。三相变压器在对称三相负载下运行时,各相的电压、电流大小相等,相位互差120°;因此在运行原理分析和计算时,可以取三相中的任意一相来研究。这样,前面导出的单相变压器的基本方程式、等效电路图和相量图均可直接使用于三相中的任一相。当然,三相变压器也具有自身的特点,如三相绕组的联接方式、三相磁路系统以及绕组内的感应电动势波形等问题。

一、三相变压器的绕组联接法和联接组

1. 三相变压器绕组的联接法

三相绕组的通常采用的联接法有：星形（Y 形）联接，用 Y(或 y) 表示；三角形（△ 形）联接，用 △，或 D(或 d) 表示；有些特种变压器，如三相整流变压器有时还采用曲折形(Z 形) 联接。三种联接法分别如图 3-21(a)、(b) 和(c) 所示。由于一般变压器有原、副边两套绕组，两边可以采用相同或不相同的联接法，因此可以出现多种不同的配合，通常有 Y/Y，Y/△，△/Y，△/△，其中 Y 接法当有中点引出线时用 Y_0 表示。

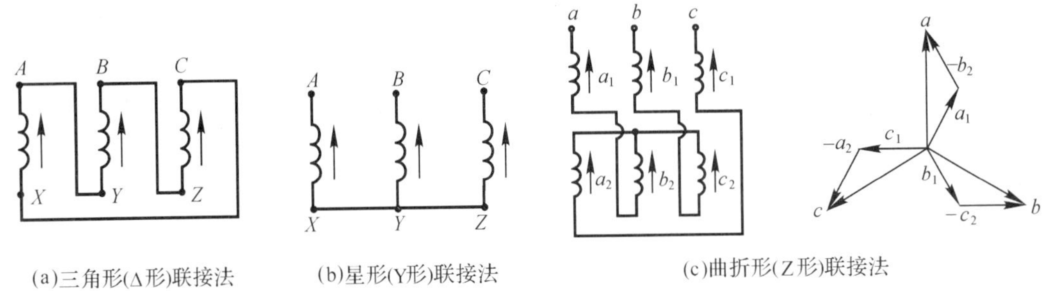

图 3-21 三相绕组的联接法

为了正确联接，在变压器绕组进行联接之前，必须将绕组的各个出线端点给予标志。高压绕组的首端通常用 A,B,C(或 U_1,V_1,W_1) 表示，末端用 X,Y,Z(或 U_2,V_2,W_2) 表示；低压绕组的首端用 a,b,c(或 u_1,v_1,w_1) 表示，末端用 x,y,z 或(u_2,v_2,w_2) 表示；高、低压绕组的中点分别用 O 或 o 表示。

2. 高、低压绕组中电动势的相位关系

在联接绕组之前，首先必须确定原、副边绕组中电动势之间的相位关系，即极性关系。对于单相变压器，原、副边绕组同时与铁芯中的主磁通 Φ 相交链，在任意一个瞬间，若原边绕组的某一端点为高电位，则副边绕组也必有一个端点为高电位，则这两个对应的同极性端点就称为同极性端，通常在这对应的两端点旁标以“.”。显然，另两个对应的端点也同样是同极性端。所以，原、副边绕组中电动势的相位关系与是否同时命名为首端有关，如图 3-22 所示，(a) 为同极性端命名首端时，原、副边电动势同相位；(b) 为非同极端命名为首端，则原、副边电动势反相位。

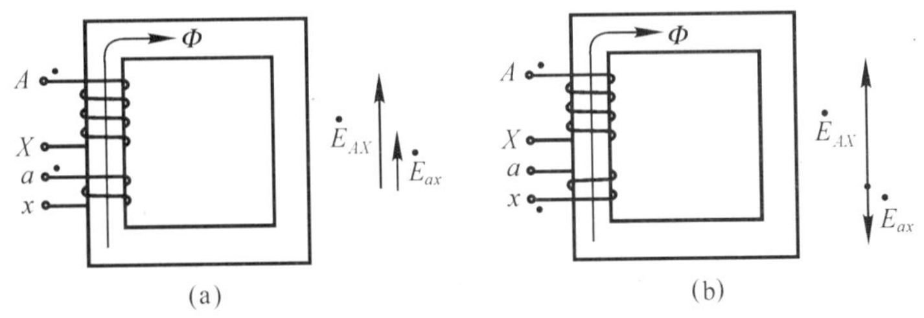

图 3-22 绕组的绕向和出线端的标志与电动势的相位关系

为表示高、低压绕组中的电动势的相位关系，用变压器的联接组号标志。联接组号的表示法是：将高压边电动势的相量作为时钟中的长针，并固定指向 12 数字，把低压边电动势的相量作为时钟中的短针，则根据高、低边电动势的相位差所决定的钟点数就是变压器的联接组号。对于图 3-22(a)，用 I/I-12 来表示，图 3-22(b) 用 I/I-6 表示，其中 I/I 表示原、副边均是

单相绕组。至于三相变压器的联接组应分别取对应的线电动势进行比较判别。

3. 三相变压器的联接组

三相变压器的联接组别不仅与绕组的绕向和首末端的标志有关，而且还与三相绕组的联接方式有关。下面以 Y/Y、Y/△ 两种接法为例来分析几种不同的联接组。

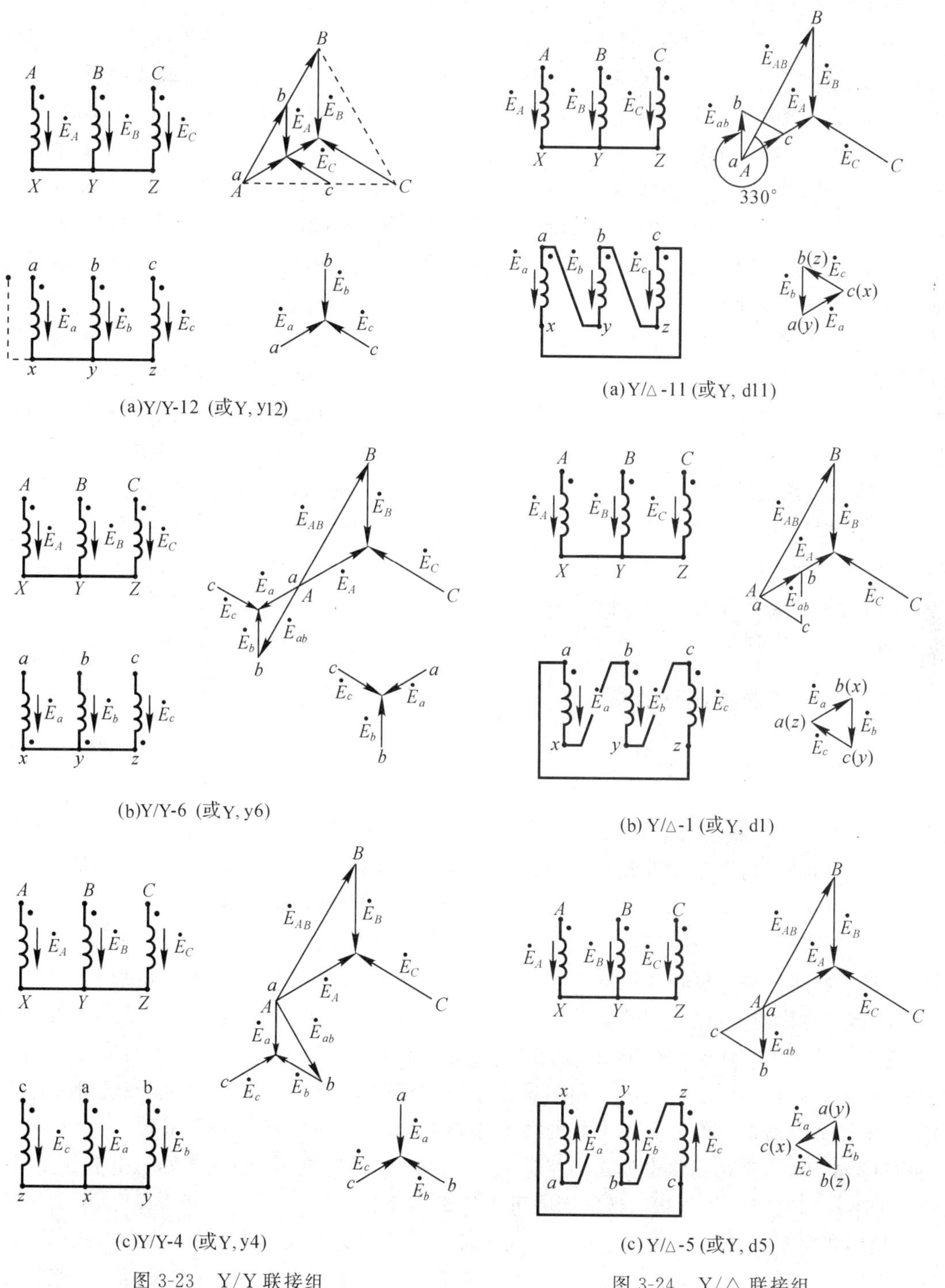

(a)Y/Y-12 (或Y, y12)

(b)Y/Y-6 (或Y, y6)

(c)Y/Y-4 (或Y, y4)

图 3-23 Y/Y 联接组

(a) Y/△-11 (或Y, d11)

(b) Y/△-1 (或Y, d1)

(c) Y/△-5 (或Y, d5)

图 3-24 Y/△ 联接组

图 3-23(a) 为三相变压器 Y/Y(或 Y,y) 接法时的联接图。此时取原、副边绕组同极性端为首端或末端，则对应的每一相原、副边绕组的电动同相位，当我们将原、副边绕组首端和重合，作出三相变压器电动势的相量图后，显见原边线电动势 $\dot{E}_{AB}$ 和副边线电动势 $\dot{E}_{ab}$ 同相位，则变压器的联接组用 Y/Y-12（或 Y,y0）表示。如果把副边绕组的首、末端对调，如图 3-23(b) 所示，这时对应的每一相原、副边绕组的电动反相位，作相量图可见，联接组变为 Y/Y-6(或 Y,y6)。若副边绕组的端点改作图 3-23(c) 所示时，由于副边相电动势比对应的原边相电动势滞后 120°，故 $\dot{E}_{ab}$ 亦滞后于 $\dot{E}_{AB}$ 为 120°，则联接组应为 Y/Y-4(或 Y,y4)。

图 3-24(a) 为三相变压器 Y/△ 接法时的联接图，仍然取原、副边绕组同极性端为首端或末端，副边 △ 接法次序为 $a \to y \to b \to z \to c \to x \to a$ 时，从相量图可以看出：$\dot{E}_{ab}$ 滞后于 $\dot{E}_{AB}$ 为 $11 \times 30° = 330°$，联接组用 Y/△-11(或 y,d11) 表示。当 △ 接法联接次序为 $a \to z \to c \to y \to b \to x \to a$，如图 3-24(b) 所示时，$\dot{E}_{ab}$ 滞后于 $\dot{E}_{AB}$ 为 30°，故用 Y/△-1(或 Y,d1) 表示。当副边 △ 接法次序仍如图 3-24(a)，但非同极性端为首端，如图 3-24(c) 时，联接组就变成了 Y/△-5(或 Y,d5)。

综上所述，改变出线端标志或选择是否用同极性端作为首端，或采用不同的 △ 接法次序，可以获得不同的联接组。采用 Y/Y 或 △/△ 联接时，可获得所有偶数联接组；采用 Y/△ 或 △/Y 联接时，可获得所有奇数联接组。为避免混乱和便于制造与使用，我国国家标准规定 Y/Y_0-12，Y/△-11，Y_0/△-11，Y_0/Y-12 和 Y/Y-12 为电力变压器标准联接组。

联接组可用试验方法校核其组号是否正确。根据原、副边绕组联接图判别联接组号时，必须先绘出相量图，绘相量图时，将 A、a 点重合在一起，以便于比较，相量图中，A,B,C 和 a，b,c 均按顺时针方向排列。根据联接组绘制绕组联接图时，亦应先绘制相量图，根据相量图中原、副边绕组相电动势之间的相位关系标出出线端和同极性端，不过 A,B,C 和 a,b,c 均是从左到右，或是依次顺移。

二、三相变压器的磁路系统

三相变压器的磁路系统分为各相磁路彼此独立的三相组式变压器和各相磁路彼此相关的三相芯式变压器。

三相组式变压器是由三台同规格的单相变压器，按一定的接线方式，联接成三相变压器，如图 3-25 所示。当原边外施对称的三相电压时，对称的三相主磁通 $\dot{\Phi}_A$、$\dot{\Phi}_B$ 和 $\dot{\Phi}_C$ 在各自的铁芯中流通，彼此互无关。基波磁通和谐波磁通均可以在铁芯中形成闭合回路。

三相芯式变压器的各相磁路彼此相关，我国电力系统用得最多的是三相三铁芯柱变压器。如将三台同规格的单相变压器的各一个铁芯柱合并成如图 3-26(a) 所示的形式，则由于三相磁通是对称的，所以中间铁芯柱中的磁通为 $\dot{\Phi}_A + \dot{\Phi}_B + \dot{\Phi}_C = 0$。这样中间铁芯柱可以省略，变成如图 3-26(b) 所示的形式。实用上，为便于制造，常将三相的三个铁芯柱布置在同一个平面内，这样就得到了常用的三相芯式变压器的铁芯，如图 3-26(c) 所示。在这种磁路系统中，每相主磁通均要借助另外两相的磁路才能闭合，由于中间相的磁路最短，因而在外施三相对称电压时，三相励磁电流是不相等的，B 相的励磁电流最小。但由于励磁电流很小，因此这种不对称对变压器负载运行的影响可以忽略不计。

三相芯式变压器具有材料消耗少、价格低、占地面积小和维护方便等优点，因此得到广泛的应用。但对容量很大的巨型变压器，为便于运输和减少备用容量，常常采用三相组式变

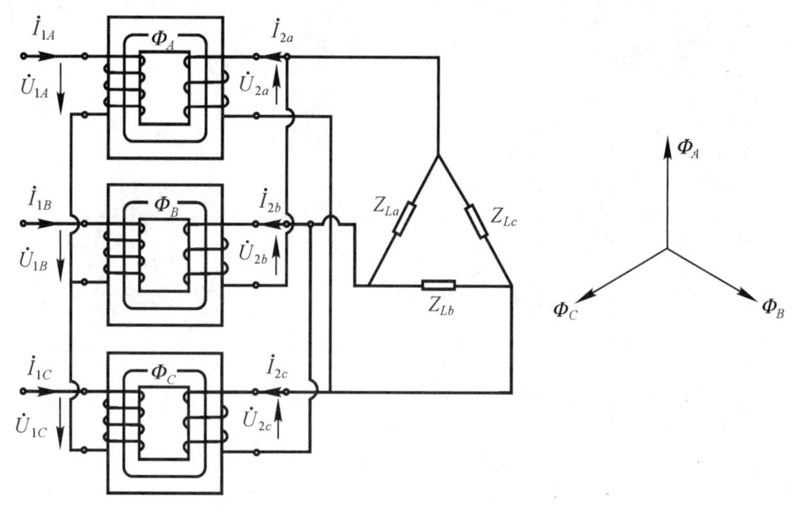

图 3-25　三相组式变压器磁路系统

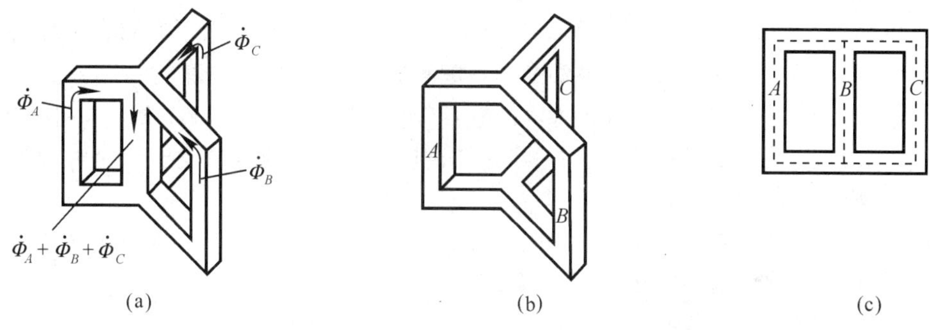

图 3-26　三相芯式变压器的磁路系统

压器。

三、三相变压器的绕组联接法和磁路系统对电动势波形的影响

在分析单相变压器时，已知当外施正弦波电压且铁芯饱和时，由于磁通按正弦变化，励磁电流的波形为尖顶波，含有三次和更高次谐波(三次是主要的)。但在三相变压器中，由于三次谐波电流在时间上互差 $3\times120^\circ=360^\circ$，即为同相位，故不一定都能够流通。这将使主磁通和相电动势的波形受到影响，这种影响不仅与绕组的联接方式有关，而且还与三相磁路系统有关。

1. Y/Y 联接的三相变压器

在 Y/Y 联接时，由于没有中线引出，所以励磁电流中的三次谐波无法流通，励磁电流近似于正弦波。则根据变压器铁芯的磁化曲线，用作图法作出的磁通波形为一平顶波，如图 3-27 所示。可以分解出基波和谐波，其中的三次和三倍次谐波同样在时间上同相位。

在三相组式变压器中，由于各相磁路独立，所以三次谐波磁通和主磁通一样沿铁芯闭合，故其数值较大；加上三次谐波的交变频率为基波的三倍，即 $f_3=3f_1$，所以由三次谐波磁通感应的三次谐波相电动势的数值较大，其幅值有时可达到基波幅值的(45% ～ 60%)，甚至更大；同时，当基波达到幅值时，三次谐波亦达到幅值，结果使相电动势的最大值升高很多，如图 3-28 所示，从而可能将绕组绝缘击穿。至于三相三次谐波线电动势，由于同相位的三次谐波相电动势相互抵消，因此线电动势波形仍为正弦波。

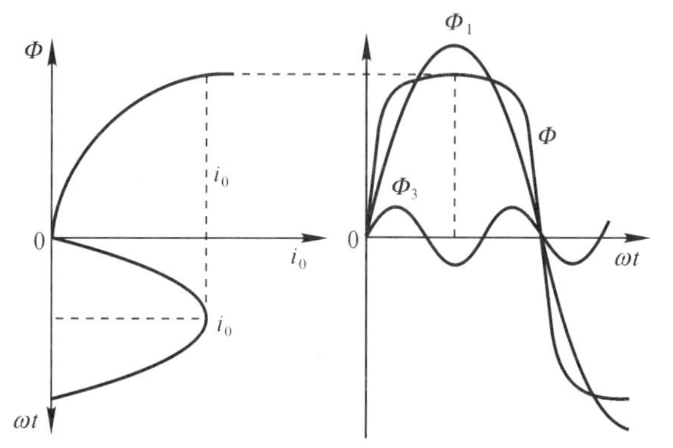

图 3-27　磁路饱和时，正弦波励磁电流产生的主磁通波形

图 3-28　Y/Y 联接的三相组式变压器的磁通和相电动势波形

在三相芯式三铁柱变压器中，由于三相磁路彼此相关，因此同相位的三相三次谐波磁通无法沿铁芯闭合，故只能借助变压器油和油箱壁等形成闭合回路，如图 3-29 所示。由于这一磁路的磁阻很大，故三次谐波磁通被大大削弱，三次谐波电动势也就相应减少，相电动势也就接近正弦波。但三次谐波在油箱壁中引起附加损耗，使变压器油箱壁局部过热，并降低了变压器的效率。

综上所述，三相组式变压器绝对不应采用 Y/Y 联接法；在容量较大和电压较高的三相芯式变压器中，为减少附加损耗，也不宜采用 Y/Y 联接法。

2. △/Y/ 或 Y/△ 联接的三相变压器

当三相变压器采用 △/Y 联接时，励磁电流中三相同相位的三次谐波分量可以在原边流通，所以磁通和相电动势均基本上为正弦波。

当三相变压器采用 Y/△ 联接时，如图 3-30 所示。由于原边绕组中励磁电流的三次谐波分量无法流通，主磁通和相电动势中就会出现三次谐波。副边绕组在三相同相位的三次谐波电动势作用下，就有三次谐波电流流通，而此时的漏电抗常远大于电阻，故三次谐波电流滞后于三次谐波电动势近 90°，即滞后于三谐波磁通近 180°，对三次谐波磁通起削弱作用，从而使主磁通和相电动势接近正弦波。

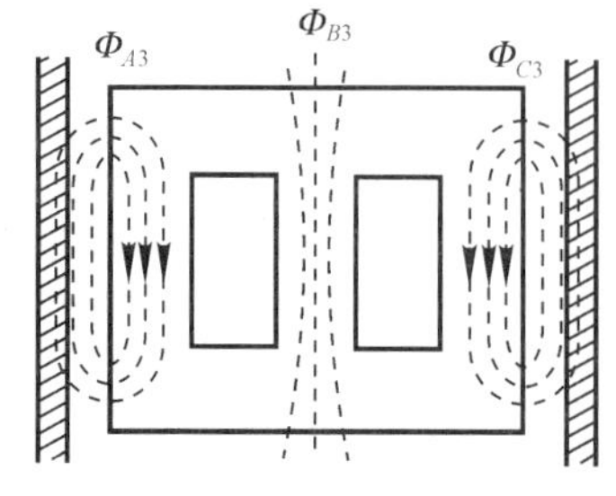

图 3-29　三相芯式变压器中三次谐波的路径

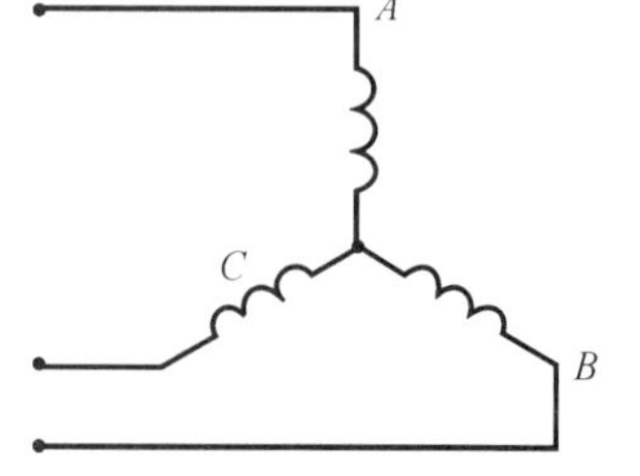

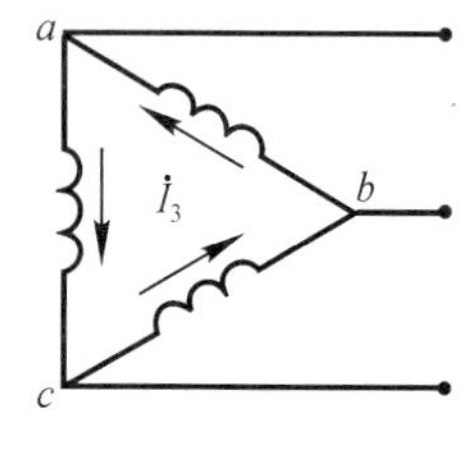

图 3-30　Y/△ 联接的三相变压器

综上所述，当三相变压器的原边和副边绕组中如有一边联接成 △ 形，就可以使主磁通和相电动势接近正弦波，有利于变压器安全运行。

§3-8 变压器的并联运行(*)

并联运行是指几台变压器原、副边绕组相同标志端点分别接在公共的母线(U_1,V_1,W_1与u_1,v_1,w_1)上,共同对负载供电,如图3-31所示。

并联运行优点有:(1) 当某台变压器发生故障把它从电网上切除进行检修时,其他变压器可以继续向用户供电,或将备用变压器投入运行,提高了电网供电的可靠性;(2) 根据电网负载变化情况,调整投入并联运行的变压器台数,以提高变压器运行效率;(3) 当电网容量逐年增加时,还可分期分批地增加新的变压器,以减少总的备用容量和初期投资。

变压器并联运行的最理想情况是:(1) 空载时并联的各台变压器副边绕组之间没有环流;(2) 负载时各台变压器所承担的负载电流按它们的额定容量成正比例分配,以保证每台变压器的容量能充分利用;(3) 负载时各台变压器副边电流应同相位,这样,在总的负载电流一定时,各变压器所承担的电流最小。

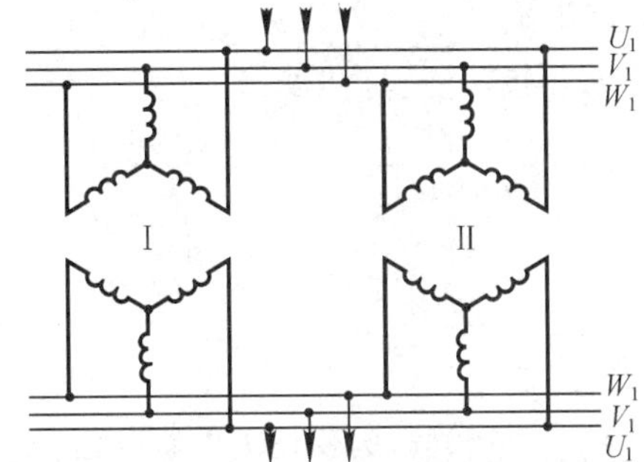

图3-31 两台变压器并联运行时的接线图

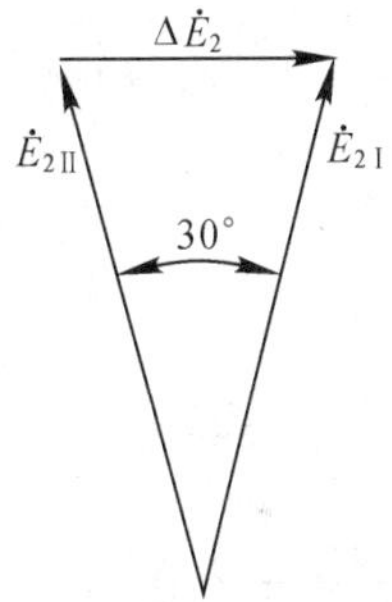

图3-32 Y/Y－12和Y/△－11两台变压器并联运行时,副边线电动势的的相量图

一、变压器理想并联运行的条件

为了达到上述并联运行的理想情况,并联运行的各变压器必须满足下列三个条件:

(1) 各变压器的原、副边额定电压应分别相等,即各变压器的变比应相等;

(2) 各变压器应属于同一联接组号;

(3) 各变压器用标么值表示的短路阻抗应相等;短路电抗与短路电阻之比也应相等。

满足条件(1)、(2),可保证空载时各并联变压器间无环流。满足条件(3),能保证各并联变压器的负载,按它们的额定容量合理分配,并使各变压器的装置容量得到充分利用。其中,条件(2)必须严格保证,否则会引起极大的环流,有可能将变压器绕组烧毁。例如,两台联接组号分别为Y/Y-12和Y/△-11的变压器并联运行时,即使副边的线电动势相等,但它们之间有30°的相位差,如图3-32所示,则在副边绕组闭合回路中有电动势差$\Delta E_2=|\dot{E}_{2\text{I}}-\dot{E}_{2\text{II}}|=2E_2\sin15°=0.518E_2$,由于变压器的短路阻抗很小,在这个电动势差作用下,将会产生极大的环流。其他两个条件允许稍有差值。

二、变比不相等时变压器的并联运行

以两台变压器并联运行为例，设第一台的变比为 k_{I}，第二台为 k_{II}，且 $k_{\text{I}} < k_{\text{II}}$。因为两台变压器的原边接在同一电源上，副边电压 $U_1/k_{\text{I}} > U_1/k_{\text{II}}$，故在空载时，两台并联运行的变压器之间就已有环流。为便于计算，将原边各物理量折算到副边，并忽略励磁电流，则可得并联运行时的简化等效电路如图 3-33 所示。可见，空载时（$I=0$，Z_L 支路开路）的环流为

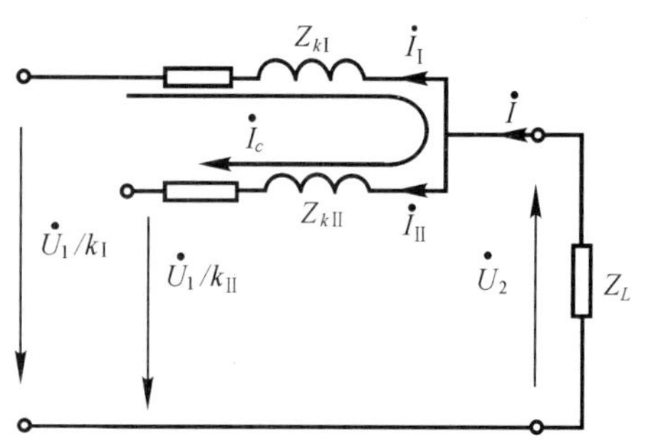

图 3-33 变比不等的两台变压器并联运行的等效电路

$$\dot{I}_C = \frac{\dot{U}_1/k_{\text{I}} - \dot{U}_1/k_{\text{II}}}{Z_{k\text{I}} + Z_{k\text{II}}} = \frac{\dot{U}_1(1/k_{\text{I}} - 1/k_{\text{II}})}{Z_{k\text{I}} + Z_{k\text{II}}} \tag{3-52}$$

式中，$Z_{k\text{I}}$、$Z_{k\text{II}}$ 分别为折算到副边的两台变压器的短路阻抗。

在一般电力变压器中，短路阻抗的相位角相差不大，则式(3-52)可改写为

$$I_C = \frac{U_{20}\Delta k/100\%}{Z_{k\text{I}} + Z_{k\text{II}}} = \frac{\Delta k}{u_{k\text{I}}/I_{2N\text{I}} + u_{k\text{II}}/I_{2N\text{II}}}$$

或

$$\frac{I_C}{I_{2NI}} = \frac{\Delta k}{u_{k\text{I}} + u_{k\text{II}} I_{2N\text{I}}/I_{2N\text{II}}} \approx \frac{\Delta k}{u_{k\text{I}} + u_{k\text{II}} S_{N\text{I}}/S_{N\text{II}}} \tag{3-53}$$

式中，$\Delta k = \dfrac{k_{\text{II}} - k_{\text{I}}}{\sqrt{k_{\text{I}} k_{\text{II}}}} \times 100\% = \dfrac{\text{变比之差}}{\text{两台变比的几何平均值}} \times 100\%$，为变比差的百分值；

$\sqrt{k_{\text{I}} k_{\text{II}}}$ 为两台变比的几何平均值，作为并联运行时变比的基值；

$U_{20} \approx \dfrac{U_1}{\sqrt{k_{\text{I}} k_{\text{II}}}}$ 为并联运行空载时的副边电压。

由于短路阻抗很小，u_k 约为 $5\% \sim 10\%$，所以即使不大的变比差就能产生很大的环流。为了使环流不致过大，通常规定并联运行的各变压器变比的相对差值 Δk 不应大于 1%。

三、变比相等但短路阻抗不等时变压器的并联运行

联接组号相同，变比相等的变压器并联运行时，不存在环流，只有负载电流，对应的等效电路如图 3-34 所示。

设各变压器副边电流分别为 $\dot{I}_{\text{I}}$、$\dot{I}_{\text{II}}$、$\dot{I}_{\text{III}}$、……、$\dot{I}_n$，则总负载电流为

$$\dot{I} = \dot{I}_{\text{I}} + \dot{I}_{\text{II}} + \dot{I}_{\text{III}} + \cdots + \dot{I}_n \tag{3-54}$$

并联运行的各变压器内的短路阻抗压降应该相等，即

$$\begin{aligned} \dot{I}_{\text{I}} Z_{k\text{I}} &= \dot{I}_{\text{II}} Z_{k\text{II}} = \dot{I}_{\text{III}} Z_{k\text{III}} \\ &= \cdots = \dot{I}_n Z_{kn} = \dot{I} Z_{k\Sigma} \end{aligned} \tag{3-55}$$

式中，$Z_{k\Sigma}$ 为 n 台并联变压器的总阻抗。

$$Z_{k\Sigma} = \frac{1}{1/Z_{k\text{I}} + 1/Z_{k\text{II}} + \cdots + 1/Z_{kn}}$$

式(3-55)也可写成

$$\dot{I}_{\mathrm{I}} : \dot{I}_{\mathrm{II}} : \dot{I}_{\mathrm{III}} : \cdots : \dot{I}_n = (1/Z_{k\mathrm{I}}) : (1/Z_{k\mathrm{II}}) : \cdots(1/Z_{kn}) \tag{3-56}$$

即各台变压器所承担的负载电流的实际值与变压器的短路阻抗成反比。短路阻抗大的变压器所承担的电流小;短路阻抗小的变压器所承担的电流大。

第 i 台变压器所承担的负载电流为

$$\dot{I}_i = (Z_{k\sum}/Z_{ki})\dot{I} \tag{3-57}$$

式(3-55)用标么值表示时

$$\dot{I}_{\mathrm{I}}^* Z_{k\mathrm{II}}^* = \dot{I}_{\mathrm{II}}^* Z_{k\mathrm{I}}^* = \dot{I}_{\mathrm{III}}^* Z_{k\mathrm{III}}^* = \cdots = \dot{I}_n^* Z_{kn}^* \tag{3-58}$$

或

$$\dot{I}_{\mathrm{I}}^* : \dot{I}_{\mathrm{II}}^* : \dot{I}_{\mathrm{III}}^* : \cdots : \dot{I}_n^* = (1/Z_{k\mathrm{I}}^*) : (1/Z_{k\mathrm{II}}^*) : (1/Z_{k\mathrm{III}}^*) : \cdots : (1/Z_{kn}^*) \tag{3-59}$$

这时,第 i 台变压器所承担的负载电流标么值,根据式(3-57)可推导出为

$$\dot{I}_i^* = \frac{\dot{I}}{Z_{ki}^* \sum_{j=1}^{n} (I_{Nj}/Z_{kj}^*)} \tag{3-60}$$

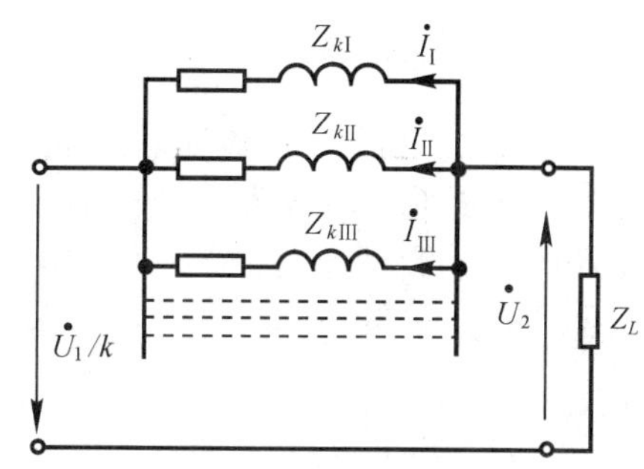

图 3-34　组号和变比相同的 n 台变压器并联运行的等效电路

可见,各台变压器所承担的负载电流标么值与其短路阻抗标么值成反比。理想的负载分配应使各台变压器的电流标么值相等,此即前述并联运行的第(3)条条件。为了保证各台变压器所承担的负载电流不致和理想的负载分配相差太远,规定并联运行的各变压器的短路阻抗标么值相差不应大于10%。在实际使用中,为使设备充分利用,应取容量大的变压器的短路阻抗标么值小一些,即让容量大的变压器先达到满载。

从式(3-55)还可看出,当并联运行的各变压器的阻抗角相等时,即 $\tan\varphi_k = X_{k\mathrm{I}}/R_{k\mathrm{I}} = X_{k\mathrm{II}}/R_{k\mathrm{II}} = \cdots = X_{kn}/R_{kn}$ 时,各变压器的副边电流同相位。

§3-9　其他用途的变压器(*)

一、自耦变压器

自耦变压器的铁芯上仅绕一个绕组,当作降压变压器使用时,原边绕组中的一部分兼作副边绕组,如图 1-35 所示;当作升压变压器使用时,外施电压只施加在部分绕组上,而整个绕组作为副边绕组。因此,自耦变压器的原、副边绕组之间,不仅有磁的耦合,而且还有电的直接联接。

普通变压器中的原边电流 $\dot{I}_1$ 和副边电流 $\dot{I}_2$ 实际上接近反相位,而自耦变压器公用部分绕组中电流 $\dot{I}$ 却好正是原、副边绕组电流之和,接近于空载电流 $\dot{I}_0$,所以自耦变压器的材料和体积均较普通变压器小得多,材料减少到普通变压器的$(1-1/k)$倍。所以在电力系统中常用作不同电压等级电网之间的联络变压器使用。

在实验室和家用电器中，为了能在负载情况下平滑地调节输出电压，常使用自耦接触式调压器，它实际上是一台将绕组绕在环形铁芯上，环形一端的经加工后铜线裸露，放一组可滑动的电刷与裸铜线相接触，作为副边绕组的一个出线头。这样，当电刷移动时，便可以平滑地调节输出电压。自耦接触式调压器结构简单、效率高和便于移动，使用较多。但因受被电刷短路线圈中短路电流的限制，绕组每一匝的电压不能太高，一般不超过1[V]，而且负载电流也不能太大，所以容量一般小于几十[kVA]，电压多在500[V]以下。因此，当需要更大容量和更高电压时，应选用动圈式或感应式调压器。

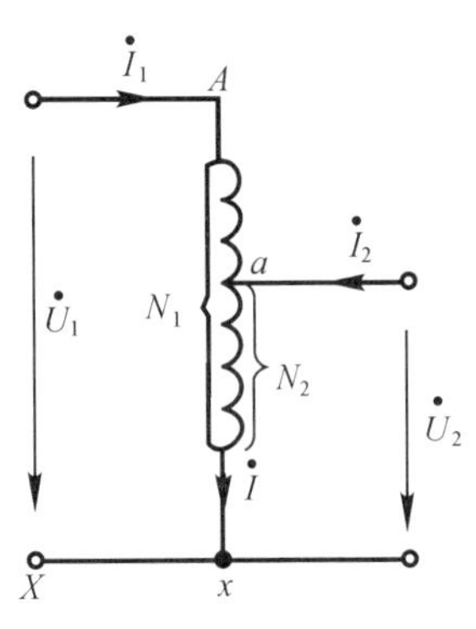

图 3-35　自耦变压器示意图

二、仪用互感器

仪用互感器分为电流互感器和电压互感器两种。当被测电流很大或电压很高时，如电力系统中，为了使测量仪表、控制回路和继电保护装置与高压线路隔离，以保障操作人员和设备的安全；为与其他测量仪表和控制线路配合，对电流、电压和功率等进行自动检测和控制，以及将被测的大电流和高电压转换成统一标准值范围来测量，以利于仪表和控制装置的标准化。

1. 电流互感器

电流互感器的原边绕组由一匝或数匝截面积较大的导线绕制，与被测量电路串联；副边绕组匝数较多，截面积较小，并与阻抗很小的仪表（如电流表、功率表的电流线圈等）组成闭合回路，如图 3-36 所示。所以电流互感器相当于运行在变压器的短路运行状态。

为减少测量误差，铁芯中的磁通密度一般取得较低，约为 0.08 ～ 0.1[T]，故所需励磁电流很小，可以忽略不计。则根据磁动势平衡关系，得到

$$I_1 = \frac{N_2}{N_1} I_2 = k_i I_2$$

这样，利用原、副边绕组不同的匝数比，可以将被测量电路中的电流变为小电流来测量。一般电流互感器副边的额定电流为 1[A] 或 5[A]。

使用电流互感器时应注意：(1) 副边绕组一端必须可靠接地，以防止高压绕组可能损坏后使副边绕组带高压而引起的伤害事故；(2) 电流互感器在工作时，副边绕组绝对不允许开路。因为当副边开路时，原边流通的被测量电流均成为励磁电流，就会使铁芯中的磁通密度显著增加，导致铁芯过热而损坏绕组绝缘，同时大大降低了准确度。更为严重的是，当磁路高度饱和时，磁通接近矩形波，当磁通过零时，$\mathrm{d}\Phi/\mathrm{d}t$ 很大，而副边绕组的匝数又很多，副边将感应出幅值极高的尖顶波电压，会将绝缘击穿，并危及人身和仪表安全。因此在工作情况下需要在副边更换仪表时，首先应将副边绕组短接，待更换结束后再打开短接开关；(3) 副边回路不能串入过多的测量和控制仪表，不使总阻抗超过允许的额定值，以免测量误差增大。

2. 电压互感器

电压互感器的原边绕组并联在被测电压两端，副边绕组与内阻抗很大的电压表、功率表电压线圈等组成闭合回路，如图 3-37 所示。所以电压互感器相当于变压器的空载运行状态。

如果忽略励磁电流和原、副边的漏阻抗压降，则有

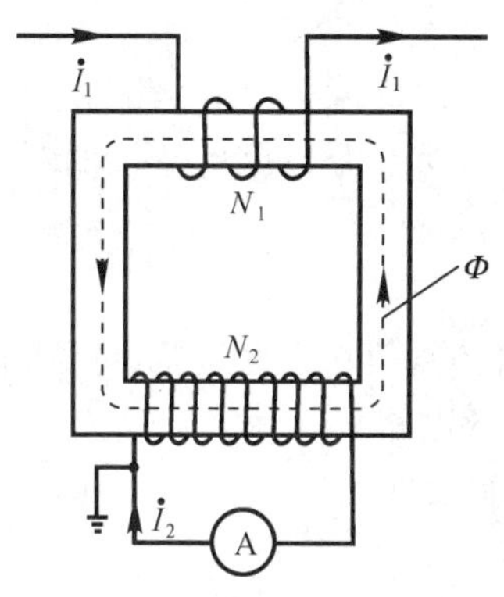

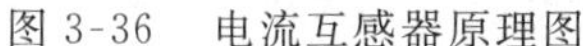
图 3-36 电流互感器原理图

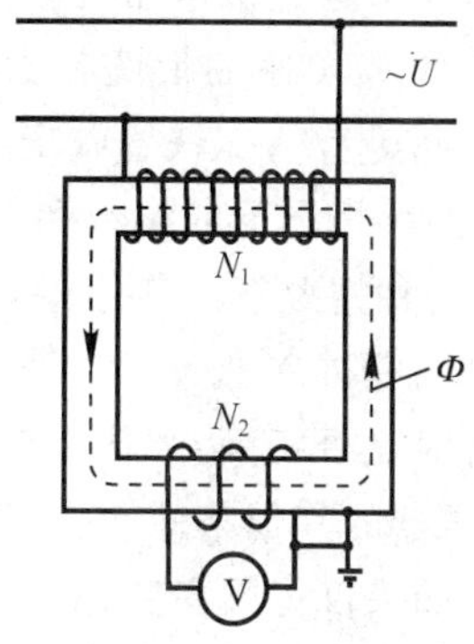

图 3-37 电压互感器原理图

$$U_1 = \frac{N_1}{N_2}U_2 = k_u U_2$$

同样，为减少测量误差，铁芯中的磁通密度一般取得较低，约为 0.6 ~ 0.8[T]，同时采用大截面导线和改进原、副边绕组之间的排列，使漏阻抗减小。副边额定电压一般为 100[V]。

使用电压互感器时，副边绕组绝对不允许短路，否则会产生很大的短路电流将绕组烧毁；为安全起见，副边绕组的一端和铁 芯必须可靠接地；另外，电压互感器工作时，也不宜接过多的仪表，以免电流过大引起较大的漏阻抗压降，影响互感器的准确度。

习题与思考题

3-1 变压器铁芯的作用是什么？为什么铁芯要用厚 0.35mm、表面涂有绝缘漆的硅钢片叠压而成，而不用整块硅钢？

3-2 变压器有哪些主要的额定值？它们是怎样定义的？

3-3 有一台单相变压器，额定容量 $S_N = 250$[kVA]，额定电压 $U_{1N}/U_{2N} = 10/0.4$[kV]。试求原、副边的额定电流。

3-4 有一台三相变压器，额定容量 $S_N = 5000$[kVA]，额定电压 $U_{1N}/U_{2N} = 10/6.3$[kV]，Y/△ 联接。试求原、副边的额定电流。

3-5 有一台单相变压器，额定容量 $S_N = 5$[kVA]，原、副边均有两个线圈组成，原边每个线圈的额定电压 $U_{1N} = 1100$[V]，副边每个线圈的额定电压 $U_{2N} = 110$[V]，将这个变压器进行不同的联接。问：可得几种不同的变比？每种联接时的原、副边额定电流各为多少？

3-6 有一台单相变压器，$U_{1N}/U_{2N} = 220/110$[V]。当在高压侧加 220[V] 时，空载电流为 I_0，主磁通为 Φ。今将 X、a 端联在一起，在 A、x 端加 330[V] 电压，试求此时空载电流和主磁通各为多少？若将 X、x 端联在一起，在 A、a 端加 110[V] 电压，则空载电流和主磁通又各为多少？

3-7 两台单相变压器，$U_{1N}/U_{2N} = 220/110$[V]。原边绕组匝数相等，但空载电流为 $I_{01} = 2I_{02}$。今将两台变压器的原边绕组顺极性串联起来，原边加 440[V] 电压。试问两台变压器副边的空载电压是否相等?

3-8 将一台1000匝的带铁芯线圈接到110[V]、50[Hz]的交流电源上,测得 $I_1 = 0.5$[A], $P_1 = 10$[W];把铁芯取出后,测得电流为100[A],功率为10000[W]。试求:

(1) 两种情况下的参数和等效电路;

(2) 两种情况下磁通的最大值。

3-9 试说明电抗 $X_{1\sigma}$、X_k 和 X_m 的物理意义。它们各自的数值在空载试验、短路试验和额定运行时是否相等?为什么变压器能用一个线性等效电路来表示?

3-10 变压器的其他条件不变,仅将原、副边绕组的匝数变化±10%,对 $X_{1\sigma}$ 和 X_m 的影响怎样?如果仅将频率变化±10%,其影响又怎样?

3-11 一台变压器,原来设计的额定频率为60[Hz],现将它接到50[Hz]的电网上运行而额定电压不变,试问对励磁电流、铁耗、漏抗和电压变化率等有何影响?

3-12 一台单相变压器,$S_N = 100$[kVA],$U_{1N}/U_{2N} = 6000/230$[V],$f_N = 50$[Hz],原、副边绕组的电阻和漏抗分别为:$R_1 = 4.32[\Omega]$,$X_{1\sigma} = 8.9[\Omega]$,$R_2 = 0.0063[\Omega]$,$X_{2\sigma} = 0.018[\Omega]$。求:

(1) 折算到高压方的短路电阻、短路电抗和短路阻抗?

(2) 折算到低压方的短路电阻、短路电抗和短路阻抗?

(3) 短路电阻、短路电抗和短路阻抗的标么值?

(4) 用百分值表示的短路电压及其分量?

(5) 满载及 $\cos\varphi_2 = 1$、$\cos\varphi_2 = 0.8$(滞后)和 $\cos\varphi_2 = 0.8$(超前)三种情况下的电压变化率?并对计算结果进行比较和讨论。

3-13 一台单相变压器,$S_N = 1000$[kVA],$U_{1N}/U_{2N} = 60/6.3$[kV],$f_N = 50$[Hz]。空载试验在低压侧进行,当电压为额定值时测得 $I_0 = 10.1$[A],$P_0 = 5000$[W];短路试验在高压侧进行,当 $U_k = 3240$[V]时,$P_k = 14000$[W],$I_k = 15.15$[A]。求:

(1) 设 $R_1 = R_2' = R_k/2$,$X_{1\sigma} = X_{2\sigma}' = X_k/2$,,折算到高压侧的参数;

(2) 画出折算到高压侧的T形等效电路;

(3) 用标么值表示的短路阻抗及其分量和用百分值表示的短路电压及其分量;

(4) 分别用T形、Γ形和简化等效电路计算原边额定电压,满载,且 $\cos\varphi_2 = 0.8$(滞后)时副边电压、电压变化率 Δu、原边电流和效率 η。

3-14 有一台Y/△-11联接的三相变压器,$S_N = 8000$[kVA],$U_{1N}/U_{2N} = 121/6.3$[kV],$f_N = 50$[Hz]。空载试验在低压侧进行,当外施电压为额定值时,空载线电流为 $I_0 = 8.06$[A],空载损耗 $P_0 = 11.6$[kW];短路试验在高压侧进行,当短路电流为额定值时,短路电压 $U_k = 12705$[V],短路损耗 $P_k = 64$[kW]。设折算到同一侧后,高、低绕组的电阻和漏抗分别相等。试求:

(1) 变压器参数的实际值和标么值;

(2) 满载且 $\cos\varphi_2 = 0.8$(滞后)时的电压变化率 Δu 和效率 η。

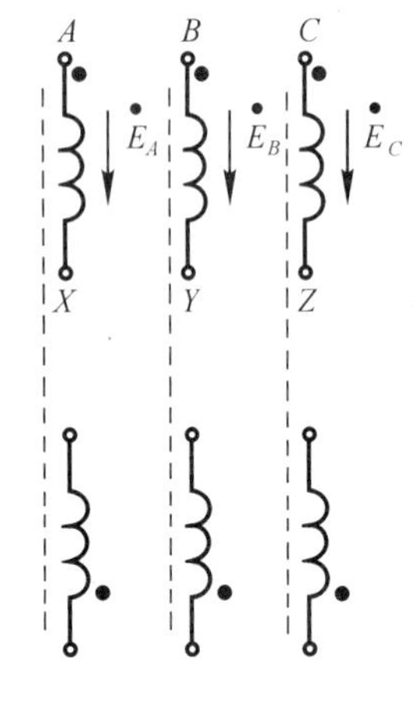

图 3-38

3-15 一台三相变压器,原、副边绕组的12个端点和各相绕组的极性如图3-38所示。试将此三相变压器联接成Y/△-7和

Y/Y-4，并画出联接图、相量图和标出各相绕组的端点标志。

3-16　画出图 3-39 所示各种联接法的相量图，根据相量图标出联接组号。

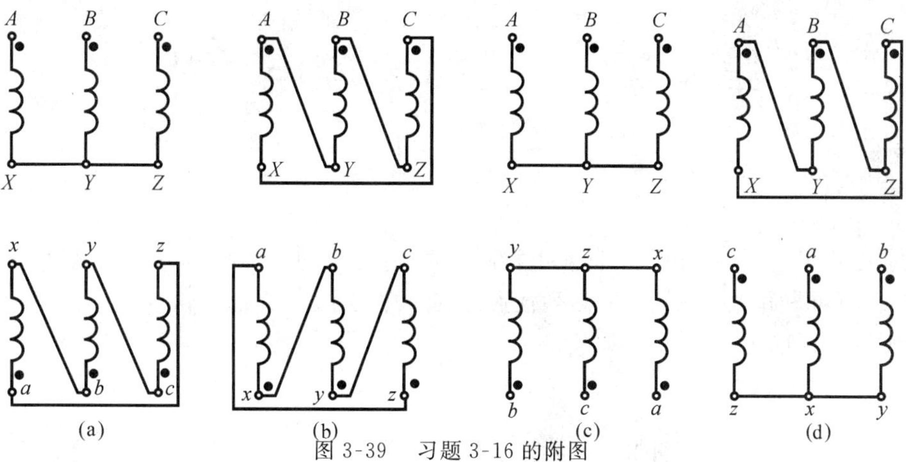

图 3-39　习题 3-16 的附图

3-17　画出 Y/Y-10，△/△-2，Y/△-9，△/Y-1 和 Y/Y-8 的相量图和连接图。

第 4 章　三相感应电动机

交流电机可分为感应电机和同步电机两大类。感应电动机具有结构简单、制造方便、价格低廉、运行可靠和效率较高等一系列优点。因此，在工农业、交通运输、国防工业以及家用电器中得到广泛应用。

§4-1　三相感应电动机的基本工作原理与结构

一、三相感应电动机的基本工作原理

图 4-1 为一台三相笼型感应电动机的示意图。定于上有完全相同的三个绕组 AX，BY，CZ，它们在空间上互差 120° 电角度，称之为对称三相绕组。转子槽内放有导条，导体两端用短路环互相联接起来，形成一个笼形的闭合绕组。三相绕组可接成星形，也可以接成三角形。

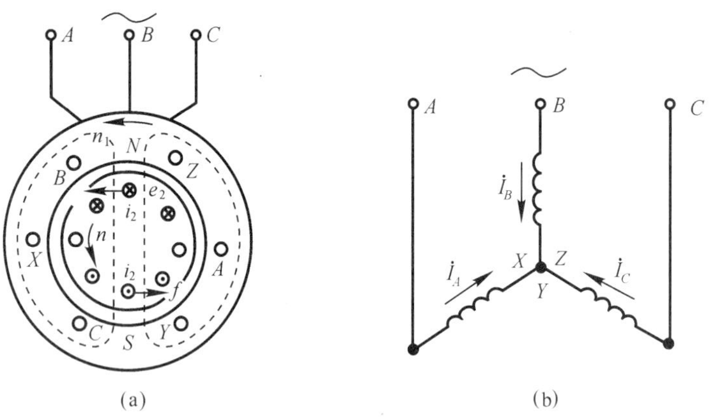

图 4-1　三相感应电动机的工作原理图

根据下述的旋转磁场理论，当定于对称三相绕组施以对称的三相电压，有对称的三相电流流过时，会在电机的气隙中形成一个旋转的磁场，这个旋转磁场的转速 n_1 称为同步转 速，它与电网频率 f_1 及电机的极对数 p 的关系如下：

$$n_1 = \frac{60f_1}{p} \tag{4-1}$$

为了叙述方便，这个旋转的气隙磁场用磁极 N 和 S 来表示，且假设其转向为逆时针方向。旋转的气隙磁场切割转子导体，在转子导条中感应电动势 e_2，其大小为：

$$e_2 = B_1 l \Delta v$$

式中 B_1 为转子导体所处的气隙磁密；l 为转子导条的有效长度；Δv 为转子导体对气隙磁场的相对切割速度。

e_2 的方向可由右手定则决定，如图 4-1(a) 所示。e_2 在闭合的转子绕组中产生电流 i_2，其有功分量与 e_2 同相，它与气隙磁场相互作用，使转子导条受到电磁力 f。f 的大小由式 $f = Bli$ 决定，f 的方向由左手定则确定，如图 4-1(a) 所示。f 将产生力矩 $T_x = f\dfrac{D}{2}$（式中 D 为转子外径），而转子所有导条所生的力矩之总和即为转轴所受的电磁转矩 $T = \sum T_x$。T 的方向与旋转磁场 n_1 的转向一致。

在电磁转矩 T 的驱动下，转子就会沿着 n_1 的方向转起来。但是，即使轴上不带任何机械负载，转子也不可能加速到与 n_1 相等。这是因为当 $n = n_1$ 时，转子导体对气隙磁场的相对切割速度 $\Delta v = 0$，使 $e_2 = 0$ 以致 $i_2 = 0$，$f = 0$ 及 $T = 0$，转子就要减速而使 $n < n_1$。

如果负荷增加而使 $T_Z > T$ 时，转子就会减速，Δv 增大，使 e_2、i_2、f 及 T 变大。当 n 降低到使 T 增至 $T = T_Z$ 时，达到新的平衡，转子以更低的转速而稳定运行。而且 T_Z 越大，n 越低。

综上所述，感应电机工作在电动状态时，从电网输入电能转换成轴上机械能，带动生产机械以低于同步转速 n_1 的速度而旋转。其电磁转矩 T 是驱动转矩，其方向与转子转向一致。由于产生电磁转矩的转子电流是靠电磁感应作用产生的，所以称感应电动机。由于其转子转速始终低于同步速 n_1，即 n 与 n_1 之间必须存在着差异，因而又称'异步'电动机。

转差$(n_1 - n)$的存在是感应电机运行的必要条件，我们将转差$(n_1 - n)$与同步转速 n_1 的比值称为转差率，同符号 S 表示，即：

$$S = \frac{(n_1 - n)}{n_1} \tag{4-2}$$

转差率是感应电机的一个基本参数，它对电机的运行有着极大的影响。它的大小同样也能反映转子转速，即

$$n = (1 - S)n_1 \tag{4-3}$$

由于感应电机工作在电动状态时，其转速 n 与同步速 n_1 方向一致但是低于同步速，如果以同步速 n_1 的方向作为正方向的话，则 $0 < n < n_1$，所以感应电机工作于电动状态时的转差率的范围为 $0 < S < 1$。

普通感应电动机，为了使额定运行时的效率较高，通常设计成使它的额定转速略低于但很接近于它的同步转速，即额定转差率 S_N 很小，一般在 5% 以下。

例 4-1 某三相 50[Hz] 感应电动机的额定转速 $n_N = 720$[r/min]。试求该机的额定转差率及极对数。

解：该机的同步转速可写成：

$$n_1 = \frac{60f_1}{p} = \frac{60 \times 50}{p} = \frac{3000}{p}[\text{r/min}]$$

当极对数 $p = 1$ 时 $n_1 = 3000$[r/min]，当 $p = 2$ 时 $n_1 = 1500$[r/min]，当 $p = 3$ 时，$n_1 = 1000$[r/min]，当 $p = 4$ 时 $n_1 = 750$[r/min]，当 $p = 5$ 时，$n_1 = 600$[r/min]… 该机的同步转速必为比 $n_N = 720$[r/min] 略高的 $n_1 = 750$[r/min]。则其极对数及额定转差率分别为：

$$p = \frac{60f_1}{n_1} = \frac{60 \times 50}{750} = 4$$

$$S_N = \frac{n_1 - n_N}{n_1} = \frac{750 - 720}{750} = 0.04$$

二、感应电动机的分类

感应电动机的种类很多，从不同的角度看，有不同的分类法。

(1) 按定子绕组供电电源的相数分

由单相电源供电的单相感应电动机；由三相电源供电的三相感应电动机；还有主要是控制系统中用的两相感应电动机。

(2) 按转子绕组的结构型式分

绕线式感应电动机与笼型感应电动机两类。笼型感应电动机又可分为单笼、双笼和深槽式感应电动机三种。笼型感应电机结构简单、制造容易、成本低、运行可靠，而绕线式感应电机的起动、制动及调速性能好。

三、三相感应电动机的结构

图 4-2 所示的是一台三相笼型感应电动机的结构图。

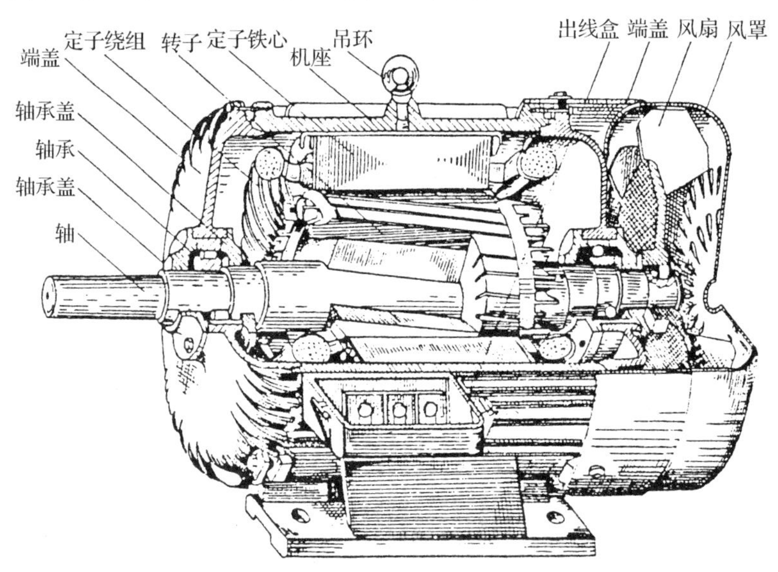

图 4-2　三相笼型感应电动机结构图

其主要部件介绍如下：

1. 感应电机的定子

感应电机的定子由定子铁芯、定子绕组、机座 和端盖等几部分组成。

定子铁芯的作用是作为电机主磁通磁路的一部分和安放定子绕组。为了减少旋转磁场在铁芯中引起的涡流损耗和磁滞损耗，定子铁芯用 0.5[mm] 厚的硅钢片迭压而成，而且在硅钢片的两面涂以绝缘漆。为了安放定子绕组，在定子铁芯内圆开有槽，槽的形状有：半闭口槽、半开口槽和开口槽等。

定子绕组的作用是通过电流建立磁场、感应电动势以实现机电能量的转换。定子绕组在槽内的布置可以是单层的，也可以是双层的。三相绕组的六个端点都引出机外，根据需要可接成 Y 和 △ 形。

机座的作用是固定与支撑定子铁芯，故要求它有足够的机械强度和刚度。中、小型电机一般采用铸铁机座，而大容量感应电机采用钢板焊接机座。封闭式中、小型感应电机的机座表面有散热筋片以增加散热面积。大型感应电机机座内壁与定子铁芯之间隔开一定距离而作为冷却空气的通道。

端盖的作用是安装轴承来支撑转子，使定转子之间保证一定的同心度；还起保护定、转子绕组的作用以及作为通风的风路。在大容量电机中，采用座式轴承直接固定在电机的底座上来支撑转子的重量。

2. 感应电机的转子

感应电机的转子由转轴、转子铁芯和转子绕组所组成。

转子铁芯的作用也是组成电机主磁路的一部分和安放转子绕组。它也用 0.5[mm] 厚的冲有转子槽形的硅钢片迭压而成。中小型感应电机的转子铁芯一般都直接固定在转轴上，而大型感应电机的转子铁芯则套在转子支架上，然后让支架固定在转轴上。

转子绕组的作用是感应电动势、流动电流并产生电磁转矩。按其结构型式可分为绕线式转子和笼型转子两种。

(1) 笼型转子绕组

这种转子绕组是在转子铁心的每个槽内放入一根导体，在伸出铁芯的两端分别用两个导电端环把所有的导条连接起来，形成一个自行闭合的短路绕组。如果去掉铁芯，剩下来的绕组形状就好像一个松鼠笼子，所以称之为笼式转子。对于中、小型感应电机，笼型转子一般采用铸铝，将导条、端环和风叶一次铸出。笼型转子无需集电环、又无绝缘，所以结构简单、制造方便，成本低，运行可靠。

(2) 绕线式转子绕组

这种转子绕组与定子绕组一样，也是一个对称三相绕组。它接成 Y 形后，其三根引出线分别接到轴上的三个滑环(称为集电环)，再经电刷引出而与外部电路接通，如图 4-3 所示。通过滑环与电刷而在转子回路中串入外接的附加电阻或其他控制装置，可以改善感应电动机的起动性能及调速性能。绕线式感应电机还装有提刷短路装置，当电动机起动完毕而又不需调速时，可操作手柄将电刷提起同时使三只滑环短路起来，其目的是减少电刷摩损和摩擦损耗。

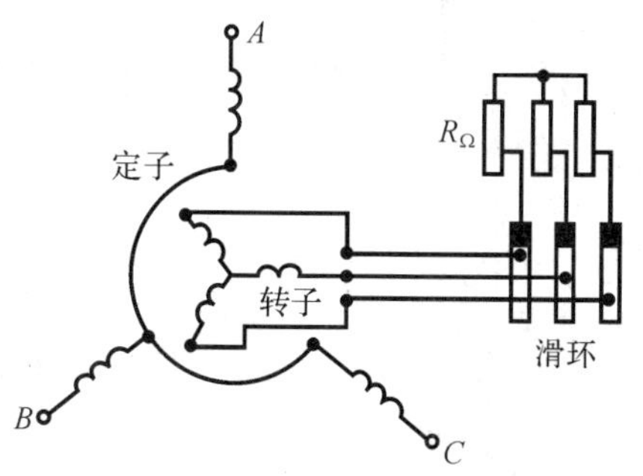

图 4-3　绕线式感应电动机的连接示意图

3. 感应电机的气隙

感应电机定子与转子之间的气隙比同容量直流电机的气隙小得多，一般仅为 0.2～1.5[mm]。气隙的大小对感应电动机的运行性能影响极大。气隙大，则由电网供给的励磁电流(滞后的无功电流) 大，使电机的功率因数变差。但是气隙过小时，将使装配困难；运行不可靠；高次谐波磁场增强，从而使附加损耗增加以及使起动特性变差。

四、感应电动机的额定值

(1) 额定功率 P_N[kW]，指电动机在额定工况下运行时，从轴上输出的机械功率。

(2) 额定电压 U_N[V],指电动机在额定工况下运行时,加在定子绕组出线端的线电压。

(3) 额定电流 I_N[A],指电动机在额定电压额定频率下,轴上输出额定功率时,在定子绕组中流过的线电流。

(4) 额定频率 f_N[Hz],我国感应电动机的额定频率均为 $f_N = 50$[Hz]。

(5) 额定转速 n_N[r/min],指电动机在额定电压、额定频率下,轴上输出额定功率时的转子转速。

此外,铭牌上还标明定子绕组的相数、绕组的接法以及绝缘等级等。对于绕线式感应电动机,还标明转子绕组的接法、转子额定电压(指定子加额定频率的额定电压而转子绕组开路时滑环间的电压)和转子额定电流。

为此,三相感应电动机的额定功率可用下式计算:

$$P_N = \sqrt{3} U_N I_N \eta_N \cos\varphi_N \cdot 10^{-3} \tag{4-4}$$

式中 η_N 为额定运行时的效率;$\cos\varphi_N$ 为额定运行时的功率因数。

例 4-2 某三相六极 50[Hz] 感应电动机的额定数据如下:$P_N = 55$[kW],$U_N = 380$[V],$\eta_N = 91.5\%$,$\cos\varphi_N = 0.88$,$n_N = 970$[r/min],定子绕组△接法。试求:该机的额定转差率、额定电流及额定相电流。

解:$n_1 = \dfrac{60f}{p} = \dfrac{60 \times 50}{3} = 1000$[r/min]

则

$$S_N = \frac{n_1 - n_N}{n_1} = \frac{1000 - 970}{1000} = 0.03$$

$$I_N = \frac{P_N 10^3}{\sqrt{3} U_N \eta_N \cos\varphi_N} = \frac{55 \times 10^3}{\sqrt{3} \times 380 \times 0.915 \times 0.88} = 104[\text{A}]$$

$$I_{N\varphi} = \frac{I_N}{\sqrt{3}} = \frac{104}{\sqrt{3}} = 60.05[\text{A}]$$

§4-2 交流电机的电枢绕组

一、概述

1. 交流绕组的分类

按相数可分为单相、两相和三相绕组;按槽内的层数可分为单层、双层和单双层混合绕组,双层绕组又可分为迭绕组和波绕组,而单层绕组又可分为等元件式、同心式、链式和交叉式绕组;按每极每相槽数可分为整数槽绕组和分数槽绕组。

2. 交流绕组的几个术语

线圈　是由单匝或多匝串联而成,是组成交流绕组的基本单元。每个线圈放在槽内的两个直线部分称之为两个有效边。

极距 τ　是相邻两磁极轴线之间的距离。它可用定子槽数或定子内圆弧长来表示,即:

$$\tau = \frac{z_1}{2p} \quad \text{或} \quad \tau = \frac{\pi D}{2p}$$

式中 z_1 为定子总槽数，D 为定子内径，p 为极对数。

线圈节距 y_1　是线圈的两个有效边所跨的距离，用槽数来表示。$y_1=\tau$ 称为整距线圈，$y_1<\tau$ 称为短矩线圈，$y_1>\tau$ 称为长距线圈。为使绕组所生的电动势、磁动势和电磁转矩最大，应使 y_1 接近或等于一个极距。合理的短矩，不仅可以缩短线圈端部长度，节省用铜量；而且可以改善电动势或磁动势的波形，提高电机的性能指标。

电角度与机械角度　电机圆周从几何上量度为 360°，这种角度称为机械角度。但是从电磁观点来看，经过 N-S 一对磁极时，磁场的空间分布曲线或线圈中的感应电动势恰好是正负交变一周，相当于 360°。所以，将一对磁极所占的空间角度视为 360° 的话，这种角度称为电角度。显然，若电机有 p 对磁极，则其电角度与机械角度的关系为：

$$电角度 = p \times 机械角度$$

则电机转子的机械角速度 $\Omega=\frac{2\pi n}{60}$[rad/s] 与电角速度 ω[rad/s] 的关系为：

$$\omega = p\Omega = \frac{2\pi pn}{60}$$

槽距角 α　是相邻两槽之间的距离用电角度来表示，即

$$\alpha = \frac{p \times 360^\circ}{z_1}$$

每极每相槽数 q　是每个极面下每相所占有的槽数，即

$$q = \frac{z_1}{2pm_1}$$

式中 m_1 为定子相数。若 q 为整数则称为整数槽绕组；若 q 为分数则称为分数槽绕组。

相带　每个极距内属于同一相的槽在圆周上连续所占有的区域称为相带。对于三相绕组，在一个极距内可以等分成三个区域，每个区域分别为一相绕组所占据。这样，每个极下每相绕组所连续占有的空间用电角度表示为 60°，称为 60° 相带。三相感应电动机一般都采用 60° 相带绕组。

3. 对交流绕组的基本要求

(1) 交流绕组通过电流之后，必须形成规定的磁场极数，以四极为例，图 4-4 所示的 A 相绕组有 A_1X_1 和 A_2X_2 两个线圈，须按(a) 的接法才能形成所要求的 4 极，而(b) 的接法只能形成 2 极磁场。

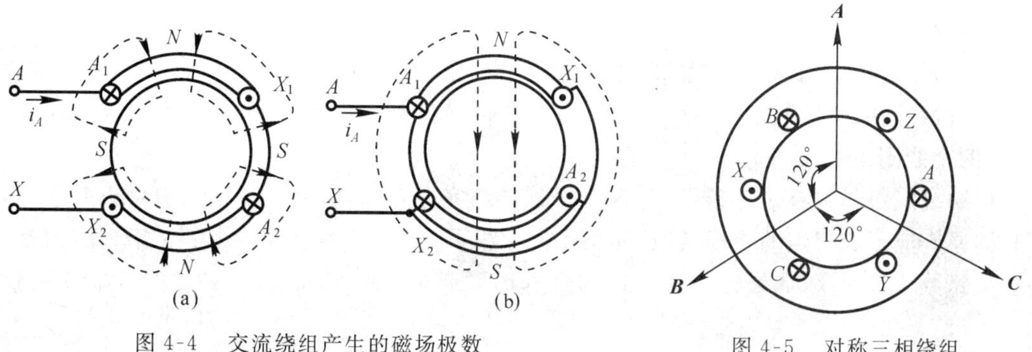

图 4-4　交流绕组产生的磁场极数　　图 4-5　对称三相绕组

(2) 对于多相绕组，m 相绕组必须对称，这不仅要求 m 相绕组的匝数 N、跨距 y_1、线径及

在圆周上的分布情况相同；而且要求 m 相绕组的轴线(即绕组平面的垂直中心线，其正方向与绕组中电流正方向符合右手螺旋关系)在空间上互差$\frac{360°}{m}$电角度。例如图 4-5 所示的三相绕组的 AX，BY，CZ，轴线 $\boldsymbol{A}$，$\boldsymbol{B}$，$\boldsymbol{C}$ 在空间上必须互差 120° 电角度，因此，一对磁极范围内六个相带的顺序必须为 A，Z，B，X，C，Y。

(3) 交流绕组通过电流所建立的磁场在空间的分布须为正弦分布；且旋转磁场在交流绕组中的感应电动势必须随时间按正弦规律变化。为此，必须采用分布绕组和短距绕组。

(4) 在一定的导体数之下，建立的磁场最强而且感应电动势最大。为此，线圈的跨距 y_1 应尽可能接近极距 τ，而且对于三相绕组应尽可能采用 60° 相带。

(5) 用铜量少；下线方便；强度好(绝缘性能好，机械强度高，散热条件好)。

二、三相单层绕组

单层绕组在每一个槽内只安放一个线圈边，所以三相绕组的总线圈数等于槽数的一半。现以 $z_1 = 24$，要求绕成 $2p = 4$，$m_1 = 3$ 单层绕组为例，说明三相单层绕组的绕制规律。

1. 计算绕组数据

$$\tau = \frac{z_1}{2p} = \frac{24}{4} = 6[\text{槽}];q = \frac{z_1}{2pm_1} = \frac{24}{2\times2\times3} = 2[\text{槽}]。$$

2. 划分相带

在平面上画出 24 根线表示定子 $z_1 = 24$ 个槽，并且按 1，2，3，… 顺序编号。

据 $q = 2$ 共有 12 个相带。按 A，Z，B，X，C，Y 的顺序依次给 12 个相带命名，如表 4-1 所示。由表可知，划分相带实际上是给定子上每个槽划分相属。例如，属于 A 相绕组的槽号有 1，2，7，8，13，14，19，20 等 8 个槽。

表 4-1　槽号与相带对照表

槽号	1，2	3，4	5，6	7，8	9，10	11，12
相带名	A_1	Z_1	B_1	X_1	C_1	Y_1
槽号	13，14	15，16	17，18	19，20	21，22	23，24
相带名	A_2	Z_2	B_2	X_2	C_2	Y_2

3. 画绕组展开图

将同属 A 相且相距一个极距的两个线圈边组成一个线圈，得 #1、#2、#13、#14 共四个线圈。再将同一个极下相邻的 $q = 2$ 个线圈串联成一个线圈组(又称极相组) 得 A_1X_1 和 A_2X_2 两个线圈组。

单层绕组每相只有 p 个线圈组。这 p 个线圈组完全对称，它们可以串联也可以并联。串并联的原则应形成规定的磁场极数。如果将 p 个线圈组全部并联起来，则得每相绕组的最大并联支路数 $a_{max} = p$，如果将 p 个线圈组全部串联起来，则得每相绕组的最少并联支路数 $a_{min} = 1$。

仿上可以画出 B 相与 C 相绕组的展开图，从而得到三个完全独立而又对称的三相绕组 AX、BY、CZ，如图 4-6 所示。

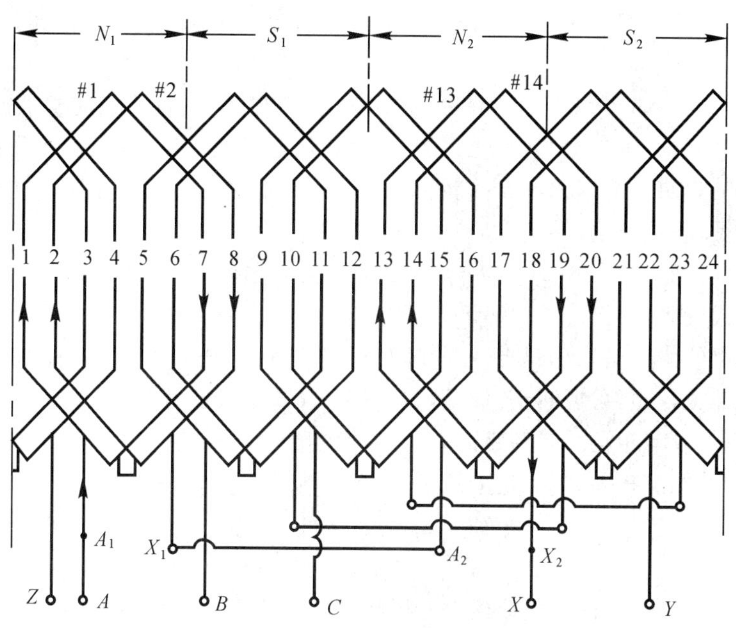

图 4-6　三相单层迭绕组展开图

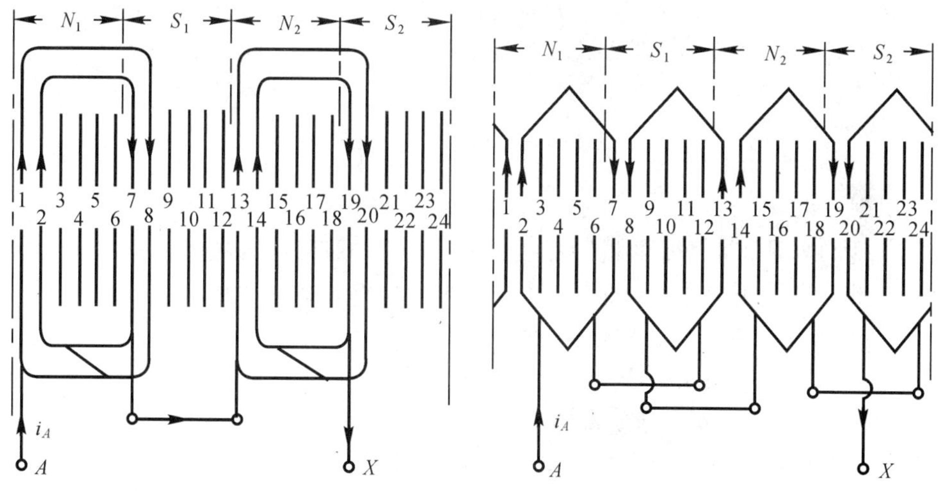

图 4-7　三相单层同心式 A 相绕组展开图　　　图 4-8　三相单层链式 A 相绕组展开图

最后，将此三相绕组接成 Y 形（将 X、Y、Z 接在一起作为中点，从三个首端引出来），也可将之接成△形（即 A 接 Y，B 接 Z，C 接 X、再从三个首端引出），构成一个对称三相四极绕组。

4. 单层绕组的改进

图 4-6 所示的是分布（$q=2>1$）整距（$y_1=\tau$）的等元件绕组，称之为单层迭绕组。为了缩短端部连线，节省用铜或者便于嵌线，在实际的应用中，单层绕组常采用以下几种改进的形式。

(1) 同心式绕组

保持图 4-6 中 A 相绕组的各导体相属及其电流方向不变，仅将线圈端部照图 4-7 所示的规律连结起来。图 4-7 的各线圈轴线重合，故称之为同心式绕组。

显然，图 4-7 所示的 A 相绕组所产生的磁场和感应电动势跟图 4-6 相同。所以从电磁观点来看，同心式绕组与单层迭绕组是等效的。但是，同心式绕组嵌线较方便。

(2) 链式绕组

保持图 4-6 中 A 相绕组各导体相属及其电流方向不变，仅将各线圈端部按照图 4-8 所示的规律连结起来。视之形状，称之为链式绕组。从电磁观点看，图 4-8 所示的链式绕组也与图 4-6 所示的单层迭绕组是等效的。然而，链式绕组不仅仍是等元件，而且每个线圈跨距小，端部连结线短，可以省铜。

如果 $q=3$(如 $z_1=36, 2p=4, m_1=3$)，其连结规律与链式相似，但是线圈端部有交叉，称之为交叉式绕组。

单层绕组的优点是每槽只有一个线圈边，嵌线方便，槽利用率高，而且链式或交叉式绕组的线圈端部也较短，可以省铜。但是，它们都是从单层整距迭绕组演化而来的。所以从电磁观点来看，其等效节距仍然是整距的，不可能用绕组的短距来改善感应电动势及磁场的波形（后述）。因而其性能较差，只能适应用于 10[kW] 以下的小型感应电动机。

三、三相双层绕组

双层绕组在每个槽内要安放两个不同线圈的线圈边。线圈的一个有效边放在某槽的上层，另一个有效边放在相距 $y_1 \approx \tau$ 的另一个槽的下层。所以三相绕组的总线圈数正好等于槽数。采用双层绕组的目的，是为了选择合适的短距，从而改善电磁性能。现也以 $z_1=24, 2p=4, m_1=3$ 为例，说明三相双层绕组的绕制规律。

(1) 计算绕组数据

$$\tau=\frac{24}{4}=6[\text{槽}];q=\frac{24}{4\times 3}=2[\text{槽}];y_1=\frac{5}{6}\tau=\frac{5}{6}\times 6=5[\text{槽}]，\text{即为短距绕组。}$$

(2) 划分相带

仿上可得如表 4-1 所示的相带表。必须指出，对于双层绕组，每槽的上下层线圈边，可能属于同一相的两个不同线圈，也可能属于不同相的。所以表 4-1 所给出的并非每个槽的相属，而是每个槽的上层边导体的相属关系。例如，♯1、♯2 槽是 A_1 相带，仅表示 ♯1、♯2 槽的上层边导体是属于 A 相线组，而 ♯1、♯2 线圈的另一线圈边放在哪一个槽的下层，则由节距 y_1 来决定，跟表 4-1 的相带划分无关。

(3) 画绕组展开图

由表 4-1 知，♯1，♯2 槽的上层边(用实线表示)属于 A 相，据 $y_1=5$ 槽，可知 ♯1，♯2 线圈的另一边分别在 ♯6，♯7 槽的下层(用虚线表示)，将此属于 A 相的相邻的 $q=2$ 个线圈串联起来组成一个线圈组 A_1A_1'，同样可得，A 相的另外三个线圈组为 X_1X_1'，A_2A_2' 及 X_2X_2'。由此可知，双层绕组每相共有 $2p$ 个线圈组。

这四个线圈组也完全对称，可并可串，若全部并联，可得每相最大并联支路数 $a_{max}=2p=4$；若全部串联起来，可得每相最少支路数 $a_{min}=1$；当然也可以两串后再两并而得每相有 $a=2$ 条支路并联。串并联的原则仍然是要形成规定的极数，如图 4-9 所示。

仿上可画出 B、C 相绕组展开图，然后再接成 Y 或 △ 而得三相对称的双层迭绕组。

由图可知，迭绕组的线圈组之间的连结线(即极间连结线)较多。在低速交流电机的定子绕组(或绕线式感应电机的转子绕组)中，为了减少极间连结线，一般采用波绕组。

波绕组的绕组数据计算、相带的划分及每个线圈的组成等都跟三相双层迭绕组相同。而

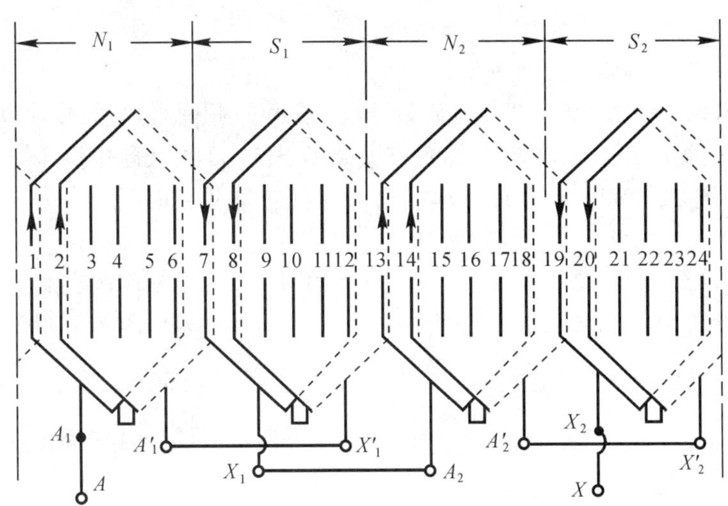

图 4-9 三相双层迭绕组 A 相绕组展开图

相串联的两个线圈相距 2τ 距离，每串联 q 个线圈时人为地后退一个槽，如图 4-10 所示。由图可知，双层波绕组每相只有两个完全对称的半绕组，即使并联起来也只有 $a_{\min}=2$ 条并联支路数而与极数无关。

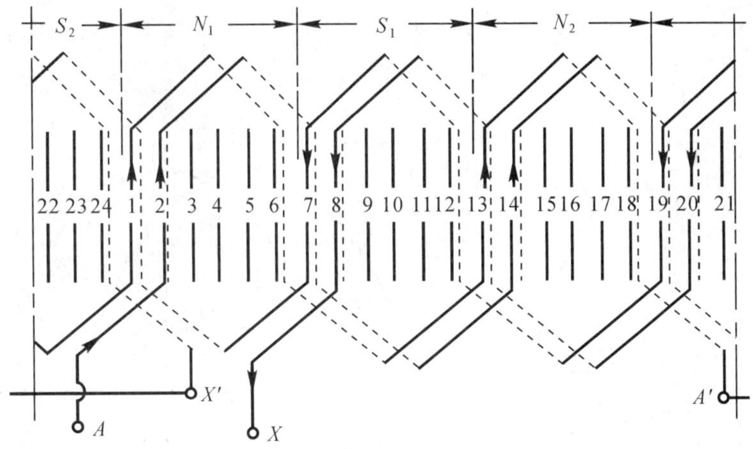

图 4-10 三相双层波绕组 A 相绕组展开图

§4-3 交流绕组的感应电动势

交流电机气隙中的磁场旋转时，它切割定子绕组（如果这个磁场与转子不同步旋转，还要切割转子绕组），在定子绕组（或转子绕组）中感应电动势。本节分析气隙中的旋转磁场在定子绕组中的感应电动势，其结论也适合于转子绕组。

一、相绕组中的基波电动势

如果气隙磁场沿圆周正弦分布，且其极数等于该机的极数，则称为基波磁场。基波磁场在电机绕组中感应的电动势称为基波电动势。

1. 单个(集中)线圈的基波电动势

设定子上有两个线圈 11′ 和 22′，其匝数 N_Y 及节距 y_1 相同，但它们的轴线 1 和 2 在空间上错开 β 电角度。幅值为 B_{m1}、转速为 n_1 的基波磁场 $B_1(\theta,t)$ 在气隙中恒速等幅逆时针旋转时，它先到达线圈 22′ 而后到达 11′，称线圈 22′ 在空间上导前于 11′ 为 β 电角度，如图 4-11(a) 所示。

设 $B_1(\theta,t)$ 转到其 B_{m1} 正好与 1 重合时为 $t=0$，且令 1 与电枢内圆交点为空间坐标 θ(电角度) 的原点，则此时刻基波磁场的空间分布为 $B_1 = B_{m1}\cos\theta$，如图 4-11(b) 曲线 ① 所示。

设基波磁场的旋转电角速度为 $\omega = \dfrac{2\pi n_1 p}{60}$[rad/s]，则在时刻 t，磁场转过 ωt 电角度时的表达式为 $B_1 = B_{m1}\cos(\omega t+\theta)$，如图 4-11(b) 曲线 ② 所示。时刻 t 在圆周上任一点 θ 处的 $\mathrm{d}\theta$ 范围内的基波磁通为：

$$\mathrm{d}\Phi = B_1 l\mathrm{d}x = B_{m1}\cos(\omega t+\theta)\cdot l\cdot\frac{\tau}{\pi}\mathrm{d}\theta = B_{m1}\cdot\frac{\tau l}{\pi}\cos(\omega t+\theta)\mathrm{d}\theta \qquad (4\text{-}5)$$

式中 l 为电枢有效长度。则在时刻 t 穿过线圈 11′ 的磁通为：

$$\Phi_{11'} = \int_{-\frac{y_1}{2\tau}\pi}^{+\frac{y_1}{2\tau}\pi} B_{m1}\frac{\tau l}{\pi}\cos(\omega t+\theta)\mathrm{d}\theta = \frac{2}{\pi}B_{m1}\cdot\tau l\left[\cos\omega t\cdot\sin\frac{y_1}{\tau}\frac{\pi}{2}\right] = \Phi_1 k_{y1}\cos\omega t \qquad (4\text{-}6)$$

式中 $\Phi_1 = \dfrac{2}{\pi}B_{m1}\tau l$ 为基波磁场的每极磁通；$k_{y1} = \sin\dfrac{y_1}{\tau}90^\circ$ 称为基波电动势的短距系数。

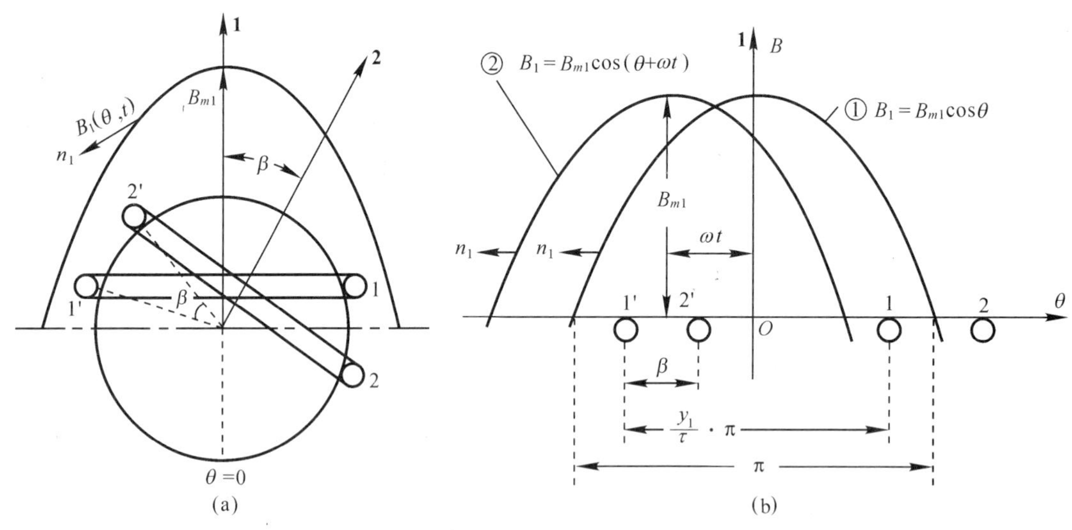

图 4-11　单个(集中)线圈的感应电动势

同理可得，穿过线圈 22′ 的磁通为：

$$\Phi_{22'} = \int_{-(\frac{y_1}{\tau}\frac{\pi}{2}-\beta)}^{+(\frac{y_1}{\tau}\frac{\pi}{2}+\beta)} B_{m1}\frac{\tau l}{\pi}\cos(\omega t+\theta)\mathrm{d}\theta = \Phi_1 k_{y1}\cos(\omega t+\beta) \qquad (4\text{-}7)$$

则基波磁场 B_1 在线圈 11′ 及 22′ 中的感应电动势分别为：

$$e_{y1} = -N_y\frac{\mathrm{d}\Phi_{11'}}{\mathrm{d}t} = -N_y\frac{\mathrm{d}(\Phi_1 k_{y1}\cos\omega t)}{\mathrm{d}t} = \omega\Phi_1 N_y k_{y1}\sin\omega t = \sqrt{2}E_{y1}\cos(\omega t-90^\circ) \qquad (4\text{-}8)$$

$$e_{y2} = -N_y \frac{d\Phi_{22'}}{dt} = \sqrt{2}E_{y1}\cos(\omega t + \beta - 90^\circ) \tag{4-9}$$

式中 $E_{y1} = \dfrac{\omega\Phi_1 N_y k_{y1}}{\sqrt{2}}$ 为单个集中线圈基波电动势的有效值。

由式(4-8)及式(4-9)可知：由同一个恒速等幅旋转的基波磁场在定子园周上任意两个线圈(N_y 及 y_1 相同，但在空间上错开)中的感应电动势的幅值相等且以相同的频率随时间作正弦变化，但两个电动势在时间上有相位差。

(1) 感应电动势的角频率等于基波磁场的旋转电角速度。其交变频率为：

$$f_1 = \frac{\omega}{2\pi} = \frac{1}{2\pi}\frac{2\pi p n_1}{60} = pn_1/60[\text{Hz}] \tag{4-10}$$

式中 p 为旋转磁场的极对数；n_1[r/min] 为旋转磁场对绕组的相对切割速度。

(2) 感应电动势的有效值 E_{y1} 为：

$$E_{y1} = \frac{\omega\Phi_1 N_{y1} k_{y1}}{\sqrt{2}} = \sqrt{2}\pi f_1 N_{y1} k_{y1}\Phi_1 \approx 4.44 f_1 N_{y1} k_{y1}\Phi_1 \tag{4-11}$$

式中 f_1 用[Hz]，Φ 用[Wb]，E_{y1} 用[V]。由上式可知，如果线圈为整距，其短距系数 $k_{y1} = \sin\dfrac{y_1}{\tau}90^\circ = 1$。则整距线圈的基波电动势为：

$$E_{y1(y=\tau)} = 4.44 f_1 N_{y1}\Phi_1 \tag{4-12}$$

据此式(4-11)又可写成：

$$E_{y1} = E_{y1(y=\tau)} k_{y1}$$

或

$$k_{y1} = \frac{E_{y1}}{E_{y1}(y=\tau)} = \sin\frac{y_1}{\tau}90^\circ < 1 \tag{4-13}$$

由式(4-13)可知基波电动势短距系数 k_{y1} 的物理意义是：由于线圈的短距，使得其基波电动势比整距时为小，要打一个折扣，这个折扣即为基波电动势的短距系数。

(3) 由于线圈 22′ 在空间上导前线圈 11′ 为 β 电角度，所以线圈 22′ 的基波电动势 e_{y2} 在时间上也导前 e_{y1} 为 β 相位角。另外，线圈中的感应电动势在时间上落后于各自磁通为 90°，如 e_{y1} 落后于 $\Phi_{11'}$ 为 90°，e_{y2} 落后于 $\Phi_{22'}$ 为 90°。

2. 线圈组的基波电动势

由于从电磁观点看，不同型式的交流绕组都可转化成等节距的迭绕组型式，所以在分析相绕组的感应电动势及其磁动势时，均以迭绕组为例。迭绕组的每个线圈组是由节距 y_1 相同，匝数 N_y 相等而在空间上互差槽距角 α 的 q 个线圈串联而成，如图 4-12(a) 所示。由同一个基波磁场在这 q 个线圈中的感应电动势 $e_{y1}, e_{y2}, e_{y3}, \cdots$ 是频率相同、大小相等、而相位互差 α 的正弦电动势，分别用相量 $\dot{E}_{y1}, \dot{E}_{y2}, \dot{E}_{y3}$，表示，如图 4-12(b) 所示。线圈组基波电动势相量 $\dot{E}_{q1}$ 应为这 q 个线圈电动势的相量和，即

$$\dot{E}_{q1} = \dot{E}_{y1} + \dot{E}_{y2} + \dot{E}_{y3} + \cdots$$

将图(b)中各相量相加，构成了正多边形的一部分，如图 4-12(c) 所示。设 R 为该多边形的外接圆的半径，则由平面几何关系可得：

$$\dot{E}_{q1} = 2R\sin\frac{qa}{2};\dot{E}_{y1} = 2R\sin\frac{a}{2};\frac{E_{q1}}{E_{y1}} = \frac{\sin\dfrac{qa}{2}}{\sin\dfrac{a}{2}}$$

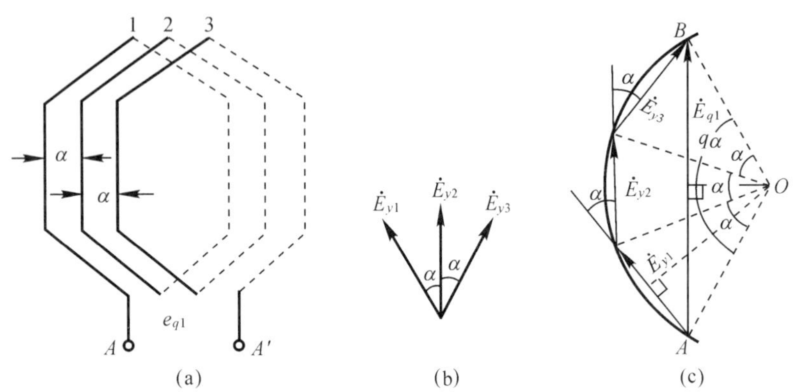

图 4-12　线圈组的基波电动势

则

$$E_{q1}=E_{y1}\frac{\sin\frac{q\alpha}{2}}{\sin\frac{\alpha}{2}}=qE_{y1}\frac{\sin\frac{q\alpha}{2}}{q\sin\frac{\alpha}{2}}=qE_{y1}k_{q1} \tag{4-14}$$

式中 $k_{q1}=\dfrac{\sin\frac{q\alpha}{2}}{q\cdot\sin\frac{\alpha}{2}}$ 称为基波电动势的分布系数。k_{q1} 可写成以下形式：

$$k_{q1}=\frac{E_{q1}}{qE_{y1}}=\frac{\text{线圈组中 } q \text{ 个分布线圈基波电动势矢量和}}{q \text{ 个线圈基波电动势的代数和}}$$

$$=\frac{\text{正多边形的弦长}\overline{AB}}{\text{正多边形}\overline{AB}\text{对应的各边长之和}}<1 \tag{4-15}$$

此式说明：如果把 q 个线圈分布在相邻的 q 个槽内，则线圈组的基波电动势要比 q 个线圈集中在一个槽中时的电动势小，要打一个折扣，此折扣即为基波电动势的分布系数。

3. 相绕组的基波电动势

每相绕组由 $2p$ 个(双层绕组)或 p 个(单层)线圈组串并联而成。相绕组的基波电动势 $E_{\Phi1}$ 实际上就是 a 条并联支路中任何一条支路的电动势。由于同一相的各个线圈组完全对称，所以各线圈组的基波电动势大小相等相位相同。因而一条支路内各线圈组电动势是代数相加的。则双层绕组每相绕组基波电动势有效值为：

$$E_{\Phi1}=E_{q1}\cdot\frac{2p}{a}=\frac{2p}{a}q(4.44f_1N_yk_{y1}\Phi_1)k_{q1}=4.44f_1N_1k_{\omega1}\Phi_1 \tag{4-16}$$

式中 $k_{\omega1}=k_{y1}k_{q1}$，称为基波电动势的绕组系数；$N_1=\frac{2p}{a}q\cdot N_{y1}$ 为双层绕组每相在一条支路内的串联匝数，称为每相串联匝数。

同理可证明，单层绕组的每相基波电动势有效值的表达式与式(4-16)相同，只是单层绕组每相串联匝数应为 $N_1=\frac{p}{a}qN_y$。

比较式(4-16)与式(4-12)可知，一个分布短距的由若干线圈组串并联而成的实际相绕组的基波电动势 $E_{\Phi1}$ 跟一个匝数为 $N_1k_{\omega1}$ 的单个整距线圈所生的基波电动势是相等的。所以从基波电动势等效的观点来看，一个实际的分布短距的 A 相绕组可以用一个匝数等于

$N_1k_{\omega1}$ 的单个整距线圈 AX 来等效代替。同理，实际的 B 相，C 相绕组，也可以分别用匝数为 $N_1k_{\omega1}$ 的等效集中整距线圈来代替，如图 4-5 所示。由于三相绕组 AX、BY、CZ 的有效匝数 $N_1k_{\omega1}$ 相同，其轴线在空间上互差 120° 电角度，所以由同一个基波旋转磁场在三相绕组 AX、BY、CZ 中所产生的基波电动势 $\dot{E}_A$、$\dot{E}_B$、$\dot{E}_C$ 的大小相等（$E_{\Phi1} = 4.44f_1N_1k_{\omega1}\Phi_1$），频率相同（$f_1 = \frac{pn_1}{60}$），相位互差 120°，所以三相电动势是对称的。

二、相绕组中的高次谐波电动势

在实际电机中，由于定转子铁芯开槽及同步电机磁极形状等原因，气隙中的磁场沿圆周并非按正弦规律分布。如图 4-13 所示的凸极同步电机转子直流励磁所建立的气隙磁场即为非正弦分布磁场，它可以分解出沿圆周均为正弦分布的基波磁场 B_1 及 B_3，B_5，$B_7\cdots B_v$ 等一系列谐波磁场，其中 v 次谐波磁场的极对数为 $p_v = vp$，当转子以转速 n 恒速旋转时，基波与各次谐波磁场均以同一个转速 n 切割定子绕组，它们都会在定子绕组中感应电动势。其中 B_1 所产生的电动势就是上面分析的基波电动势。现在分析各次谐波磁场在定子绕组中感应的电动势，即谐波电动势。

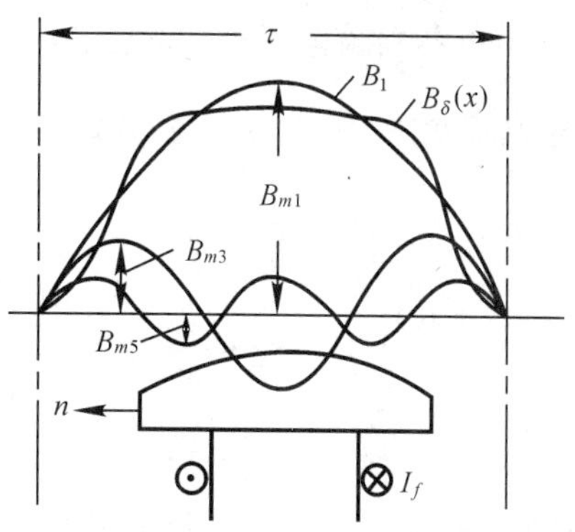

图 4-13　凸极同步电机转子直流励磁所建立的气隙磁场

1. 谐波电动势的计算

(1) 仿式(4-10) 可得极对数为 $p_v = vp_1$，转速为 $n_v = n_1 = n$ 的 v 次谐波磁场在定子绕组中感应电动势的频率为：

$$f_v = \frac{p_vn_v}{60} = \frac{vp_1n_1}{60} = vf_1$$

(2) 仿式(4-16) 可得 v 次谐磁场在定子相绕组中感应的 v 次谐波电动势为：

$$E_{\Phi v} = 4.44f_v \cdot N_1 \cdot k_{wv} \cdot \Phi_v \tag{4-17}$$

式中 $k_{wv} = k_{yv} \cdot k_{qv}$ 为 v 次谐波电动势的绕组系数，其中 v 次谐波电动势的短距系数 k_{yv} 及分布系数 k_{qv} 为：

$$k_{yv} = \sin\left(v \cdot \frac{y_1}{\tau}90°\right);k_{qv} = \frac{\sin\left(v \cdot \frac{qa}{2}\right)}{q\sin\frac{va}{2}}$$

v 次谐波磁场的每极磁通 Φ_v 为：

$$\Phi_v = \frac{2}{\pi}B_{mv}\tau_vl = \frac{2}{\pi}B_{mv}\frac{\tau}{v} \cdot l$$

式中 B_{mv} 为 v 次谐波磁场的幅值。

2. 削弱高次谐波电动势的方法

由于相电动势中除了基波电动势之外，还有一系列高次谐波电动势，即相电动势为：

$$e_\Phi(t) = e_{\Phi1}(t) + e_{\Phi3}(t) + e_{\Phi5}(t) + \cdots + e_{\Phi v}(t) + \cdots$$

所以相电动势 $e_\Phi(t)$ 波形变成非正弦波。使发电机的附加损耗增加，效率下降，温度升高；高次谐波电流在输电线可能引起谐振而产生过电压，或对邻近的通讯线路产生干扰；高次谐波电流在感应电动机中将产生有害的附加转短，引起振动与噪声，使运行性能变坏。为此，须设法削弱电动势中的高次谐波分量。

削弱谐波电动势的办法很多。首先是设计合适的同步电机磁极形状使主机磁场分布趋向于正弦分布；采用斜槽(感应电机) 或斜极(同步电机) 来减小齿槽的影响；将对称三相绕组接成 Y 或 △ 而使线电动势中消除 3 次或 3 的奇数倍次谐波电动势；采用短距与分布绕组来削弱高次谐波电动势。下面仅分析如何合理选择绕组节距来削弱高次谐波的。

一般来说，谐波次数 v 越高，谐波磁场的幅值 B_{mv} 越小，相应的谐波电动势值也越小。因此，对电机影响较大的是次数 v 较低的谐波。然而 $v=3$ 次谐波可以通过三相绕组的 Y 或 △ 连 结而消除。为此，应主要考虑如何使 5，7 次谐波受到尽可能多的削弱。如果选取$\frac{y_1}{\tau}=\frac{4}{5}$，则 $k_{y5}=\sin\left(5\times\frac{4}{5}90^\circ\right)=0$ 而 $k_{y7}=\sin\left(7\times\frac{4}{5}90^\circ\right)=0.588$；如果取$\frac{y_1}{\tau}=\frac{6}{7}$，则 $k_{y7}=\sin\left(7\times\frac{6}{7}90^\circ\right)=0$，而 $k_{y5}=\sin\left(5\times\frac{6}{7}90^\circ\right)=0.434$；如果$\frac{y_1}{\tau}=\frac{5}{6}$，则 $k_{y5}=k_{y7}=0.259$。为此，为使五次、七次谐波都受到较大的削弱，一般选取$\frac{y_1}{\tau}=\frac{5}{6}=0.833$ 节距。由于各种型式的单层绕组在电磁性能上都是整距，不能利用短距来削弱谐波，故性能较差。

例 4-3 某三相六极同步电动机，定子槽数 $z_1=36$ 槽，线圈节距 $y_1=5$ 槽(即双层短距)，每个线圈串联匝数 $N_y=20$，并联支路数 $a=1$，频率 $f_1=50[\mathrm{Hz}]$。转子直流励磁所建立的气隙磁场中，基波每极磁通 $\Phi_1=0.00398[\mathrm{Wb}]$，五次谐波每极磁通 $\Phi_5=0.00004[\mathrm{Wb}]$，七次谐波每极磁通 $\Phi_7=0.00001[\mathrm{Wb}]$，试求：

(1) 相绕组基波电动势有效值；

(2) 相绕组中五次谐波电动势有效值；

(3) 相绕组中七次谐波电动势有效值。

解：

$$\tau=\frac{z_1}{2p}=\frac{36}{6}=6[\text{槽}]$$

$$q=\frac{z_1}{2m_1p}=\frac{36}{2\times3\times3}=2[\text{槽}];$$

$$\alpha=\frac{p360^\circ}{z_1}=3\times360^\circ/36=30^\circ$$

$$N_1=\frac{2p}{a}qN_y=\frac{6}{1}\times2\times20=240[\text{匝}]$$

(1) 求基波电动势有效值：

$$k_{y1}=\sin\frac{y_1}{\tau}\frac{\pi}{2}=\sin\frac{5}{6}90^\circ=0.966$$

$$k_{q1}=\frac{\sin\frac{qa}{2}}{q\sin\frac{a}{2}}=\frac{\sin\frac{2\times30^\circ}{2}}{2\sin\frac{30^\circ}{2}}=0.965$$

基波绕组系数 $k_{\omega1}=k_{y1}k_{q1}=0.966\times0.965=0.932$。

基波相电动势有效值为：

$$E_{\Phi1} = 4.44 f_1 N_1 k_{\omega1} \Phi_1 = 4.44 \times 50 \times 240 \times 0.932 \times 0.00398 = 197.6[\mathrm{V}]$$

(2) 求五次谐波电动势有效值：

$$k_{y5} = \sin 5 \frac{y_1}{\tau} \frac{\pi}{2} = \sin 5 \times \frac{5}{6} 90^\circ = 0.259$$

$$k_{q5} = \frac{\sin 5 \dfrac{qa}{2}}{q \sin \dfrac{5a}{2}} = \frac{\sin 5 \dfrac{2 \times 30^\circ}{2}}{2 \sin \dfrac{5 \times 30^\circ}{2}} = 0.259$$

五次谐波绕组系数 $k_{w5} = k_{y5} k_{q5} = 0.259 \times 0.259 = 0.067$。

相绕组五次谐波电动势有效值为：

$$E_{\Phi5} = 4.44 f_5 N_1 k_{w5} \Phi_5 = 4.44 \times 5 \times 50 \times 240 \times 0.067 \times 0.00004 = 0.715[\mathrm{V}]$$

(3) 计算七次谐波电动势有效值

$$k_{y7} = \sin 7 \frac{y_1}{\tau} \frac{\pi}{2} = \sin 7 \times \frac{5}{6} \times 90^\circ = 0.259$$

$$k_{q7} = \frac{\sin 7 \dfrac{qa}{2}}{q \sin \dfrac{7a}{2}} = \frac{\sin 7 \dfrac{2 \times 30^\circ}{2}}{2 \sin \dfrac{7 \times 30^\circ}{2}} = -0.259$$

七次谐波绕组系数 $k_{w7} = k_{y7} k_{q7} = -0.067$。

相绕组中七次谐波电动势有效值为：

$$E_{\Phi7} = 4.44 f_7 N_1 k_{w7} \Phi_7 = 4.44 \times 7 \times 50 \times 240 \times 0.067 \times 0.00001 = 0.28[\mathrm{V}]$$

本例计算结果表示，由于绕组采用了分布与短距，虽然 $k_{\omega1} = 0.932$ 使基波电动势也受到削弱，但是削弱不多，而 $k_{w5} = k_{w7} = 0.067$ 使相电动势中的五次谐波及七次谐波分量受到很大的削弱，从而使相电动势的波形基本上趋向于正弦波形。

§4-4　交流绕组建立的磁动势

在交流电机中，电枢绕组是“分布”在电枢表面，其中的电流又是交变的。因此，电枢绕组所建立的磁动势既是沿“空间分布”，又是随时间变化的，是时间与空间的函数，而且两者之间又有一定的关系。

一、单相绕组的磁动势

1. 单个整距线圈的磁动势

图4-14(a)中线圈 AX 是一个匝数为 N_y，跨距为 y_1 的整距集中线圈。当线圈中有电流 i 流过时（设 i 的正方向为从首端 A 流入，末端 X 流出），就会建立磁动势。

设线圈轴线 **A** 与电枢内圆的交点作为坐标原点，将电机展成平面，以电枢内圆周作为表示空间坐标 θ（用电角度表示）的横轴，纵横与 **A** 重合代表线圈所生的磁动势 f_y。在距离原点 θ 处作一磁回路，可以写出：

$$\int H \mathrm{d}l = \sum i = i N_y$$

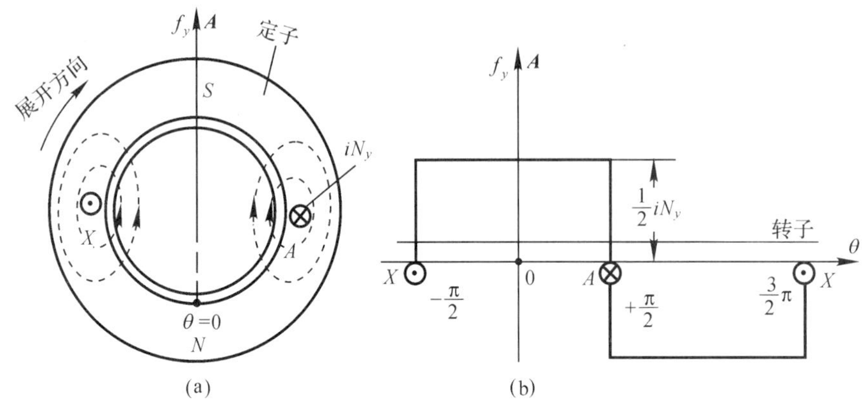

图 4-14 单个整距线圈产生的磁动势

由于定转子铁芯的导磁系数要比空气的导磁系数大得多，其磁压降可以忽略不计。因此全部磁动势可以认为都降落在两个气隙上。如果气隙是均匀的，则每个气隙所需的磁动势 f_y 是全部磁动势的一半。在 $-\frac{\pi}{2}<\theta<+\frac{\pi}{2}$ 范围内，各处气隙所需磁动势相等(均为 $\frac{1}{2}iN_y$)，而且方向一致(磁力线均从电枢出来进入转子，即 N 极)，设之为正，即 $+\frac{1}{2}iN_y$，而在 $+\frac{\pi}{2}<\theta<+\frac{3}{2}\pi$(即 $-\frac{\pi}{2}$ 处) 范围内，各处气隙所需磁动势也均等于 $\frac{1}{2}iN_y$，但方向与上者相反(磁力线从转子出来进入电枢，即 S 极)，则为负，即 $-\frac{1}{2}iN_y$。由此可得整距线圈所生气隙磁动势的表达式为：

$$f_y=\begin{cases}+\frac{1}{2}iN_y(\text{当}-\frac{\pi}{2}<\theta<+\frac{\pi}{2}\text{时}) & [\text{A}]\\ -\frac{1}{2}iN_y(\text{当}+\frac{\pi}{2}<\theta<\frac{3}{2}\pi\text{时}) & [\text{A}]\end{cases} \tag{4-18}$$

据上式可以画出单个整距线圈所产生的气隙磁动势 f_y 沿圆周分布是一个如图 4-14(b) 所示的矩形波。

如果线圈中电流 $i=\sqrt{2}I\cos\omega t$ 随时间余弦变化，则式(4-18) 可写成：

$$f_y(\theta,\omega t)=\begin{cases}+\frac{\sqrt{2}}{2}IN_y\cos\omega t,(-\frac{\pi}{2}<\theta<+\frac{\pi}{2}) & [\text{安匝 / 极}]\\ -\frac{\sqrt{2}}{2}IN_y\cos\omega t,(+\frac{\pi}{2}<\theta<+\frac{3}{2}\pi) & [\text{安匝 / 极}]\end{cases} \tag{4-19}$$

由式(4-19) 可知，当单个整距线圈流过随时间按余弦变化的交流电流时，它所产生的气隙磁动势在空间上仍沿圆周方向作矩形分布，但其矩形波的幅值大小及正负随时间按余弦规律变化，且矩形波的空间位置并不随时间移动，我们称之为脉振磁动势，其脉振的频率等于电流的交变频率 $f=\frac{\omega}{2\pi}$。

为了分析方便，我们将图 4-14(b) 所示的矩形磁动势波分解成无穷多个沿圆周方向正弦分布的磁动势波。由于该磁动势波对纵轴与横轴对称，分解后只有奇次的余弦项，则：

$$f_y = \frac{4}{\pi}\left(\frac{1}{2}iN_y\right)\left[\cos\theta - \frac{1}{3}\cos3\theta + \frac{1}{5}\cos5\theta - \frac{1}{7}\cos7\theta + \cdots + \frac{1}{v}\left(\sin v \cdot \frac{\pi}{2}\right)\cos v\theta + \cdots\right] \tag{4-20}$$

如果线圈电流 $i = \sqrt{2}I \cdot \cos\omega t$ 是正弦电流，则上式可写成：

$$\begin{aligned} f_y(\theta,t) &= \frac{4}{\pi}\frac{\sqrt{2}}{2}IN_y\left[\cos\theta - \frac{1}{3}\cos3\theta + \frac{1}{5}\cos5\theta - \frac{1}{7}\cos7\theta + \cdots\right]\cos\omega t \\ &= F_{y1}\cos\theta\cos\omega t - F_{y3}\cos3\theta\cos\omega t + F_{y5}\cos5\theta\cos\omega t - F_{y7}\cos7\theta\cos\omega t + \cdots \\ &= f_{y1} + f_{y3} + f_{y5} + f_{f7} + \cdots \end{aligned} \tag{4-21}$$

其中 $v = 1$ 项，称为基波磁动势，其表达式为：

$$\left.\begin{aligned} f_{y1}(\theta,t) &= F_{y1}\cos\omega t\cos\theta \\ F_{y1} &= \frac{4}{\pi}\frac{\sqrt{2}}{2}IN_y = 0.9IN_y \end{aligned}\right\} \tag{4-22}$$

基波磁动势的极数等于电机的极数，基波磁动势幅值位置必与该线圈的轴线 **A** 重合，如图 4-15 所示。

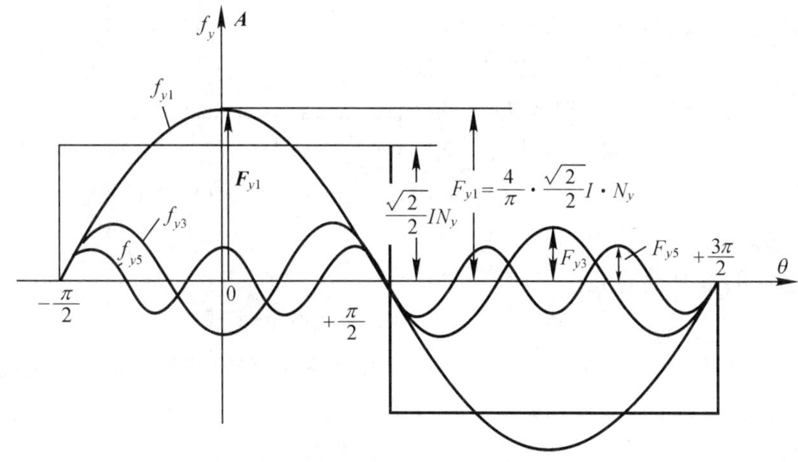

图 4-15　矩形磁动势波的分解——基波与谐波磁动势分量

凡是 $v > 1$ 的各项，统称为谐波磁动势。对于任意 v 次谐波磁动势，其表达式为：

$$\left.\begin{aligned} f_{yv}(\theta,t) &= F_{yv}\cos\omega t\cos v\theta \\ F_{yv} &= \frac{1}{v}\frac{4}{\pi}\frac{\sqrt{2}}{2}IN_y = \frac{0.9}{v}IN_y = \frac{F_{y1}}{v} \\ p_v &= vp_1 \end{aligned}\right\} \tag{4-23}$$

为便于分析，用空间矢量来代表在空间上正弦分布的基波与谐波磁动势。矢量的长度等于磁动势的幅值，矢量所在的位置为该磁动势幅值所在的位置(即该线圈的轴线位置)，矢量箭头的方向代表磁力线的方向。如图 4-15 所示的用基波磁动势矢量 $\boldsymbol{F}_{v1}$ 来代表基波磁动势波 f_{v1}。

2. 线圈组的磁动势

(1) 单层整距线圈组的磁动势

图 4-16(a) 表示由 $q=3$ 个整距线圈串联而成的线圈组。这 q 个整距线圈具有相同的匝数 N_y，流过同一个电流 $i=\sqrt{2}I\cos\omega t$，但是它们在空间上互相错开一个槽距角 α。该线圈组的磁动势是这 q 个线圈各自所生的幅值相同但空间上互差 α 电角度的 q 个矩形磁动势波的叠加，其结果是一个沿气隙圆周为非正弦分布的阶梯形波。

为便于分析，我们先将 q 个线圈单独产生的矩形磁动势波分解成基波与一系列谐波；然后将 q 个线圈的基波磁动势叠加起来(可用空间矢量相加的方法)，得到线圈组的基波磁动势；再将 q 个线圈的次数相同的谐波磁动势叠加起来(也用空间矢量相加的方法)，得到线圈组的该次谐波磁动势；最后把线圈组的基波磁动势及各次谐波磁动势表达式加起来，就是线圈组的合成磁动势。不过这最后一步在工程上往往是可以省略的。

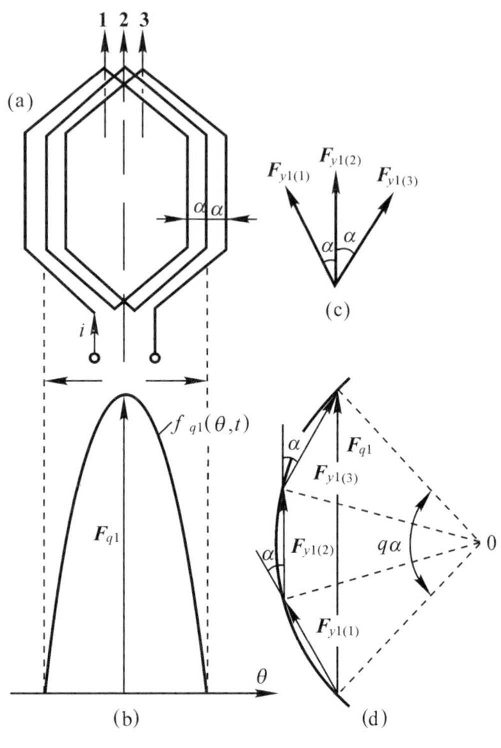

图 4-16 单层整距线圈组的基波磁动势

由于 q 个整距线圈匝数及电流相同，所以其各自单独建立的基波磁动势幅值相等，即

$$F_{y1(1)}=F_{y1(2)}=F_{y1(3)}=F_{y1}=0.9I\cdot N_y$$

但是，这 q 个线圈的轴线在空间上依次错开 α 电角度，所以它们的基波磁动势幅值位置在空间上也互差 α 电角度。当用空间矢量表示时，$\boldsymbol{F}_{y1(1)}$，$\boldsymbol{F}_{y1(2)}$，$\boldsymbol{F}_{y(3)}$ 这三个基波磁动势矢量长度相等而空间相位互差 α 电角度，如图 4-16(c) 表示。将此 q 个基波磁动势矢量相加，就得到整距线圈组的合成基波磁动势，如图 4-16(d) 所示，它跟图 4-12(c) 相似，所以可仿式(4-14)直接写出整距线圈组合成基波磁动势的幅值为：

$$\left.\begin{aligned}F_{q1}&=qF_{y1}k_{q1}\\ k_{q1}&=\frac{\sin\dfrac{q\alpha}{2}}{q\sin\dfrac{\alpha}{2}}\end{aligned}\right\}\tag{4-24}$$

式中 $F_{y1}=0.9IN_y$ 为单个整距线圈所生的基波磁动势幅值；k_{q1} 是基波磁动势的分布系数，其表达式及物理意义与基波电动势分布系数相同。

由图 4-16(d) 可知，整距线圈组的合成基波磁动势矢量 $\boldsymbol{F}_{q1}$ 跟 q 个线圈的中间一个线圈的基波磁动势矢量 $\boldsymbol{F}_{y1(2)}$ 在空间上是同相位的。即合成基波磁动势 $f_{q1}(\theta,t)$ 的幅值一定与该线圈组的中间一个线圈的轴线 **2** 重合。为此，可以画出线圈组的合成基波磁动势波如图 4-16(b) 所示。

用同样的方法可以推导出整距线圈组的合成 v 次谐波磁动势幅值为：

$$\left.\begin{aligned} F_{qv} &= qF_{yv}k_{qv} \\ k_{qv} &= \frac{\sin v \cdot \dfrac{qa}{2}}{q\sin\dfrac{va}{2}} \\ F_{yv} &= \frac{1}{v}0.9I \cdot N_y \end{aligned}\right\} \tag{4-25}$$

式中 k_{qv} 为 v 次谐波磁动势的分布系数，其表达式及物理意义跟 v 次谐波电动势分布系数相同。

(2) 双层短距线圈组的磁动势

单个短距线圈所生的磁动势虽然也是矩形波，但是其正负两半波形不再对横轴对称，因而式(4-21)至式(4-25)各式不再适用。必须对双层短距绕组作必要的演化，才能引用上述的整距线圈组磁动势的结论。

现以 $z_1 = 18$ 槽，$2p = 2$ 极，$m_1 = 3$ 相，$y_1 = 7$ 槽双层短距绕组为例，仅讨论 A 相绕组所建立的每极气隙磁动势。其绕组数据如下：极距 $\tau = 9$ 槽，$q = \dfrac{18}{2 \times 3} = 3$ 槽，槽距角 $\alpha = \dfrac{1 \times 360°}{18} = 20°$，定义短距线圈的短距角 ε 为：

$$\varepsilon = \pi - \frac{y_1}{\tau}\pi = \left(1 - \frac{7}{9}\right)\pi = 40°$$

A 相绕组展开图如图 4-17(a) 所示。现保持 A 相绕组各导体及其电流(大小、方向)不变，仅将其端部连结改为图 4-17(b) 的接法。显然，图(b) 绕组所建立的磁动势跟图(a) 是一样的。然而，由于图(b) 的两个线圈组都是整距的，所以，可以引用上述的整距线圈组磁动势的结论，两个整距线圈组各自建立的基波磁动势幅值相等，均为：

$$F_{q上} = F_{q下} = F_{q1} = qF_{y1}k_{q1}$$

但是，上层整距线圈组基波磁动势幅值 $F_{q上}$ 跟上层线圈组的中间一个线圈轴线 $\mathbf{2}_{上}$ 重合，而下层整距线圈组基波磁动势幅值 $F_{q下}$ 跟下层线圈组中间一个线圈轴线 $\mathbf{18}_{下}$ 重合，如图(b) 与(c) 所示。由图可知，$\boldsymbol{F}_{q上}$ 与 $\boldsymbol{F}_{q下}$ 互差 ε 电角度。将 $\boldsymbol{F}_{q上}$ 与 $\boldsymbol{F}_{q下}$ 矢量相加，即得上下层线圈组的合成基波磁动势矢量 $\boldsymbol{F}_{\varphi1(p=1)}$，如图(d) 所示。由于本例是 $2p = 2$ 极电机，所以 $\boldsymbol{F}_{\varphi1(p=1)}$ 实际上就是一相绕组所生的每极基波磁动势，其幅值是：

$$F_{\varphi_1(p=1)} = 2F_{q1}\cos\frac{\varepsilon}{2} = 2F_{q1}\sin\frac{y_1}{\tau}90° = 2F_{q1}k_{y1} \tag{4-26}$$

式中 $k_{y1} = \sin\dfrac{y_1}{\tau}90°$ 为基波磁动势的短距系数，其表达式及物理意义与基波电动势的短距系数相同。

用同样的方法可以推导出双层短距线圈组所生的合成 v 次谐波磁动势的幅值为：

$$\left.\begin{aligned} F_{\varphi v(p=1)} &= 2F_{qv}k_{yv} \\ F_{qv} &= qF_{yv}k_{qv} \\ k_{yv} &= \sin v\frac{y_1}{\tau}90° \end{aligned}\right\} \tag{4-27}$$

式中 $k_{y\upsilon}$ 为 υ 次谐波磁动势的短距系数，其表达式及物理意义与 υ 次谐波电动势的短距系数相同。

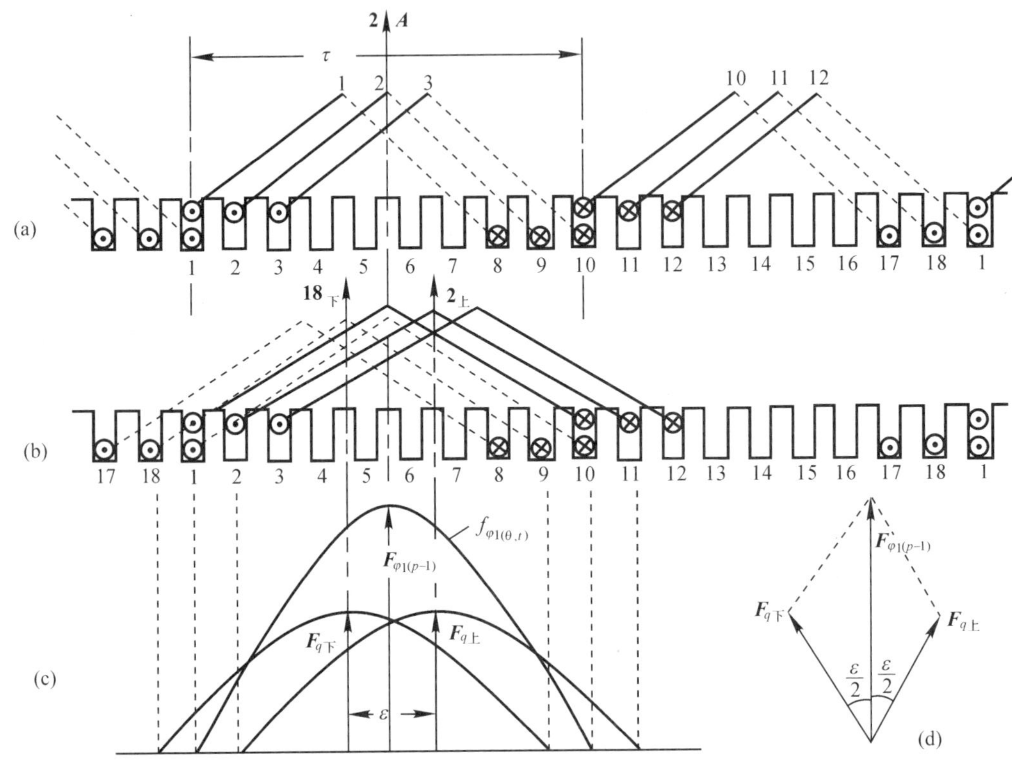

图 4-17　双层短距线圈组的合成基波磁动势

3. 单相绕组的磁动势

以 $q=2$，$m_1=3$，$2p=4$ 双层短距为例。图 4-18 给出了该四极电机一相绕组所建立的磁场情况。由图可知，虽然是四极的，但是一相绕组所建立的每极气隙磁动势仍然由该相绕组在一对极范围内被交链的上下层两个线圈组电流所决定。因此，无论极对数为多少，双层绕组每相基波磁动势幅值 $F_{\varphi1}$ 为：

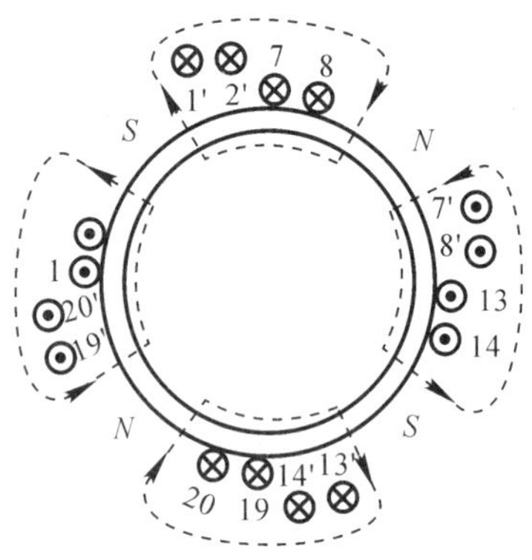

图 4-18　4 极一相绕组建立的磁动势

$$F_{\varphi1}=F_{\varphi1(p=1)}=2F_{q1}k_{y1}$$
$$=\frac{4}{\pi}\frac{\sqrt{2}}{2}\left(\frac{N_1a}{p}\right)k_{\omega1}\frac{I_\varphi}{a}$$
$$\approx 0.9\frac{N_1k_{\omega1}}{p}I_\varphi[\text{安匝/极}] \tag{4-28}$$

式中 $N_1=\frac{2p}{a}qN_y$ 为双层绕组每相串联匝数；$I_\varphi=a\cdot I$ 为相电流的有效值（I 为线圈电流即支路电流有效值）；$k_{\omega1}=k_{y1}k_{q1}$ 为基波绕组系数。同理可得，相绕组的 υ 次谐波磁动势幅值为：

$$F_{\varphi\upsilon}=F_{\varphi\upsilon(p=1)}=\frac{1}{\upsilon}0.9\frac{N_1k_{w\upsilon}}{p}I_\varphi[\text{安匝/极}] \tag{4-29}$$

对于单层绕组，同样可以推导得相绕组的基波磁动势与谐波磁动势幅值表达式仍跟式(4-28)和(4-29)相同，只是 $N_1 = \frac{p}{a}qN_y$ 而已。

比较式(4-28)和式(4-22)可知，对于一个每相串联匝数为 N_1，基波绕组系数为 $k_{\omega1}$，相电流为 I_φ 的分布短距的单相绕组，如果用一个集中整距线圈代替时，只要做到这个等效整距线圈的匝数为$\frac{N_1K_{w1}}{p}$，流过的电流为 I_φ，而且其线圈轴线与原单相绕组轴线(如图4-17中的**A**)重合，则这个等效整距线圈所生的基波磁动势(大小及空间位置)跟原单相绕组的基波磁动势完全相同。又比较式(4-29)与式(4-23)可知，如果把这个等效整距线圈的匝数改为$\frac{N_1K_{wv}}{p}$，则它所生的 v 次谐波磁动势跟原单相绕组的 v 次谐波磁动势相同。为此，可依照式(4-22)及式(4-23)写出单相绕组所生的基波及谐波磁动势的表达式为：

$$\left.\begin{aligned} f_{\varphi1} &= F_{\varphi1}\cos\omega t\cos\theta \\ f_{\varphi v} &= F_{\varphi v}\cos\omega t\cos v\theta \end{aligned}\right\} \tag{4-30}$$

式中 $F_{\varphi1}$ 由式(4-28)计算；$F_{\varphi v}$ 由式(4-29)计算。

根据以上分析，对单相绕组所生磁动势可归纳如下：

(1) 单相绕组的磁动势沿气隙圆周方向的分布是一个非正弦的阶梯形波。它可以分解出沿气隙圆周作正弦分布的基波磁动势和一系列奇次的谐波磁动势。随着谐波次数的增高，谐波磁动势的幅值迅速减小。

(2) 当绕组中电流是随时间作正弦变化的交流电时，单相绕组的磁动势是一个在空间上的位置固定不动而其大小及正负随时间交变的脉振磁动势。基波与各次谐波磁动势都以同一个电流的频率而脉振；

(3) 单相绕组基波磁动势幅值的位置与该相绕组的轴线相重合；

(4) 单相脉振磁动势的基波最大振幅为：

$$F_{\varphi1} = \frac{4}{\pi}\frac{\sqrt{2}}{2}\frac{N_1k_{\omega1}}{p}I_\varphi$$

而 v 次谐波磁动势最大振幅为：

$$F_{\varphi v} = \frac{1}{v}\frac{4}{\pi}\frac{\sqrt{2}}{2}\frac{N_1k_{wv}}{p}I_\varphi$$

由于 $F_{\varphi v} \propto \frac{k_{wv}}{v}$，所以可以采用绕组的分布与短距来削弱谐波磁动势(主要是5、7、11、13次)，从而使磁动势沿圆周的分布趋向于正弦分布。

二、三相绕组的磁动势

1. 三相绕组的合成基波磁动势

图4-5为一对称三相绕组，通入对称的三相电流：

$$i_A = \sqrt{2}I_\varphi\cos\omega t\,[\mathrm{A}]$$

$$i_B = \sqrt{2}I_\varphi\cos(\omega t - 120°)\,[\mathrm{A}]$$

$$i_C = \sqrt{2}I_\varphi\cos(\omega t - 240°)\,[\mathrm{A}]$$

三相电流的正方向如图示。取 A 相绕组轴线 $\boldsymbol{A}$ 与电枢内圆的交点作为空间坐标变量的原点 $\theta = 0$，各相绕组轴线及其单独建立的基波磁动势波形 f_{A1}, f_{B1}, f_{C1} 如图 4-19 所示 。

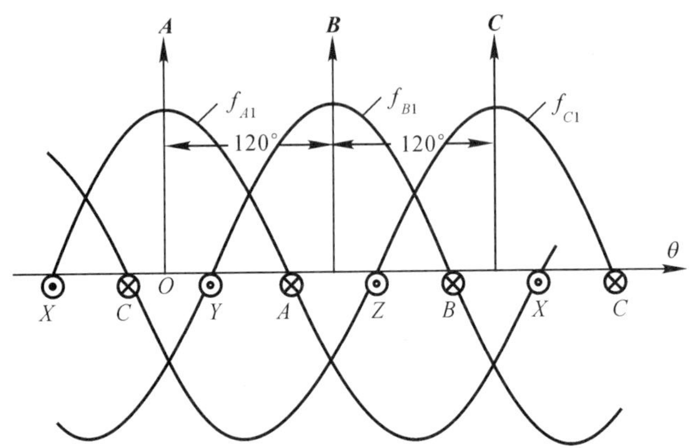

图 4-19　对称三相绕组及其基波磁动势

由于纵坐标取在 A 相绕组轴线上，所以各相绕组单独建立的基波磁动势表达式可直接引用式(4-30)，即：

$$f_{A1}(\theta,t) = F_{\varphi1}\cos\omega t\cos\theta$$

$$f_{B1}(\theta,t) = F_{\varphi1}\cos(\omega t - 120^\circ)\cos(\theta - 120^\circ)$$

$$f_{C1}(\theta,t) = F_{\varphi1}\cos(\omega t - 240^\circ)\cos(\theta - 240^\circ)$$

据三角公式将 f_{A1}, f_{B1}, f_{C1} 三式分解，并加以整理可得：

$$f_{A1}(\theta,t) = \frac{1}{2}F_{\varphi1}\cos(\omega t - \theta) + \frac{1}{2}F_{\varphi1}\cos(\omega t + \theta)$$

$$f_{B1}(\theta,t) = \frac{1}{2}F_{\varphi1}\cos(\omega t - \theta) + \frac{1}{2}F_{\varphi1}\cos(\omega t + \theta - 240^\circ)$$

$$f_{C1}(\theta,t) = \frac{1}{2}F_{\varphi1}\cos(\omega t - \theta) + \frac{1}{2}F_{\varphi1}\cos(\omega t + \theta - 120^\circ)$$

将以上三式相加，即得三相合成的基波磁动势表达式为：

$$\begin{aligned} f_1(\theta,t) &= f_{A1} + f_{B1} + f_{C1} \\ &= \frac{3}{2}F_{\varphi1}\cos(\omega t - \theta) + \frac{1}{2}F_{\varphi1}[\cos(\omega t + \theta) + \cos(\omega t + \theta - 120^\circ) + \cos(\omega t + \theta - 240^\circ)] \\ &= F_1\cos(\omega t - \theta) \end{aligned} \tag{4-31}$$

为了阐明由式(4-31) 所表征的三相合成基波磁动势的性质与特点，我们先观察几个特定时刻的合成基波磁动势波。当 $\omega t = 0$ 时，A 相电流 $i_A = \sqrt{2}I_\varphi = +I_m$ 达正的最大值，此时刻三相合成的基波磁动势为 $f_1 = F_1\cos\theta$。可见此刻三相合成基波磁动势沿气隙圆周方向按正弦分布，幅值为 F_1，而幅值位置与 A 相绕组轴线 $\boldsymbol{A}$ 重合。当 $\omega t = 120^\circ$ 时，B 相电流 $i_B = \sqrt{2}I_\varphi = +I_m$ 达正最大值，此刻 $f_1 = F_1\cos(120^\circ - \theta)$。可见此刻三相合成的基波磁动势仍沿气隙正弦分布，幅值 F_1 不变，但幅值位置移到 B 相绕组轴线 $\boldsymbol{B}$ 上。当 $\omega t = 240^\circ$，C 相电流 $i_C = \sqrt{2}I_\varphi = +I_m$ 达正最大值，此刻 $f_1 = F_1\cos(240^\circ - \theta)$。可见此刻三相合成的基波磁动势仍正弦分布，幅值 F_1 不变，但幅值位置移到 C 相绕组轴线 $\boldsymbol{C}$ 上。

据上分析，可得对称三相绕组通过对称三相电流后，所建立的三相合成基波磁动势的性质及特点如下：

(1) 三相合成基波磁动势是一个空间上正弦分布，幅值大小不变，而幅值位置随时间而移动的旋转磁动势。由于波幅顶点运动轨迹是一个圆，所以称为圆形旋转磁动势波。

(2) 三相合成基波磁动势的幅值为：

$$F_1 = \frac{3}{2}F_{\varphi 1} = \frac{3}{2} \times 0.9\frac{N_1 k_{\omega 1}}{p}I_{\varphi} = 1.35\frac{N_1 k_{\omega 1}}{p}I_{\varphi}[\text{安匝 / 极}] \tag{4-32}$$

即三相合成基波磁动势的幅值是单相脉振基波磁动势幅值的 3/2 倍。

(3) 当某相电流达正最大值时，三相合成基波磁动势的幅值也正好转到该相绕组的轴线上。由于三相绕组中电流的相序为 *A-B-C*，所以三相合成基波磁动势幅值先与 **A** 重合，然后转到 **B** 上，最后转到 **C** 上。即旋转磁动势对产生它的绕组的转向是从电流导前相绕组转向电流落后相绕组。

(4) 要确定旋转磁动势的转速，只要求出波幅的转速即可。由式(4-31)可知，三相合成基波磁动势幅值坐标应满足关系式 $\cos(\omega t - \theta) = 1$，即 $\omega t - \theta = 0$。因此可得幅值的空间坐标与时间 t 的 $\theta_m = \omega t$。将 θ_m 对时间求导数，即为旋转磁动势的旋转电角速度 ω_1：

$$\omega_1 = \frac{\mathrm{d}\theta_m}{\mathrm{d}t} = \frac{\mathrm{d}(\omega t)}{\mathrm{d}t} = \omega$$

可见旋转磁动势的电角速度在数值上与绕组中电流的角频率 $\omega = 2\pi f$ 相等。设旋转磁动势的转速为 n_1[r/min]，由于 $\omega_1 = p\frac{2\pi n_1}{60}$，则得三相合成基波磁动势对产生它的绕组的转速即基波磁动势同步转速 n_1 为：

$$n_1 = \frac{60f}{p}[\text{r/min}] \tag{4-33}$$

式中 f 为产生该磁动势的绕组中电流的频率[Hz]。

上述关于对称三相系统基波磁动势的分析，可以推广到更一般情况。其详细的证明将留给读者自己进行，现仅将推论结果简述如下：

(1) 交流绕组产生旋转磁动势的条件是：必须有两个或两个以上的绕组，其轴线在空间上必须错开(不能互差 0°或 180°)，而且其内的电流在时间上也必有相位差(也不能互差 0°或 180°)。这两个条件缺一不可。

(2) 对称 m 相绕组通入对称 m 相电流时，所生的 m 相合成基波磁动势是一个圆形旋转磁动势；其幅值为 $F_1 = \frac{m}{2} \times 0.9\frac{N_1 k_{\omega 1}}{p}I_{\varphi}$(安匝 / 极)，即为一相绕组基波磁动赀幅值的$\frac{m}{2}$倍；它对产生它的绕组的转速即同步转速为 $n_1 = \frac{60f}{p}$[r/min]，式中 f 为绕组中电流的频率；它对产生它的绕组的转向是从电流导前相绕组转向电流落后相绕组。

2. 三相绕组的合成 v 次谐波磁动势

(1) 三相合成的三次谐波磁动势

由于三次谐波磁动势的极对数是基波的三倍，所以三相绕组各自建立的三次谐波磁动势表达式为：

$$f_{A3} = F_{\varphi 3}\cos\omega t\cos 3\theta$$

$$f_{B3} = F_{\varphi 3}\cos(\omega t - 120°)\cos 3(\theta - 120°) = F_{\omega 3}\cos(\omega t - 120°)\cos 3\theta$$

$$f_{C3}=F_{\varphi3}\cos(\omega t-240°)\cos3(\theta-240°)=F_{\omega3}\cos(\omega t-240°)\cos3\theta$$

把这三个三次谐波磁动势叠加起来可得三相合成的三次谐波磁动势，即

$$f_3(\theta,t)=f_{A3}+f_{B3}+f_{C3}=F_{\varphi3}\cos3\theta[\cos\omega t+\cos(\omega t-120°)+\cos(\omega t-240°)]=0$$

由此可知，三相合成的三次谐波磁动势为零。这个结论可以推广到 $v=6k-3$ 的谐波次数，其中 $k=1,2,3\cdots$ 即 $v=3,9,15\cdots$。所以在对称的三相系统中，电机气隙中不存在3,9,15,21次等3的奇数倍次的谐波磁动势。

(2) 三相合成的五次谐波磁动势

三相绕组各自建立的五次谐波磁动势表达式为：

$$f_{A5}=F_{\varphi5}\cos\omega t\cos5\theta$$

$$f_{B5}=F_{\varphi5}\cos(\omega t-120°)\cos5(\theta-120°)=F_{\varphi5}\cos(\omega t-120°)\cos(5\theta+120°)$$

$$f_{C5}=F_{\varphi5}\cos(\omega t-240°)\cos5(\theta-240°)=F_{\varphi5}\cos(\omega t-240°)\cos(5\theta+240°)$$

利用三角公式将 f_{A5}、f_{B5}、f_{C5} 三式分解并把它们相加起来，可得三相合成的五次谐波磁动势表达式为：

$$f_5(\theta,t)=\frac{3}{2}F_{\varphi5}\cos(5\theta+\omega t)+\frac{1}{2}F_{\varphi5}[\cos(5\theta-\omega t)+\cos(5\theta-\omega t-120°)+\cos(5\theta-\omega t+120°)]=F_5\cos(5\theta+\omega t) \tag{4-34}$$

由此可知，三相合成五次谐波磁动势也是一个圆形旋转磁动势。其幅值等于每相五次谐波磁动势幅值的3/2倍，即：

$$F_5=\frac{3}{2}F_{\varphi5}=\frac{1}{5}\times1.35\frac{N_1k_{\omega5}}{p}I_{\varphi}[\text{安匝}/\text{极}]$$

三相合成五次谐波磁动势的转速与转向也可依照分析基波转速的方法可得为 $n_5=-\frac{n_1}{5}$，即为基波磁动势转速的1/5，负号表示其转向与基波磁动势的转向相反，称为反转磁动势。

可以证明当谐波次数 $v=6k-1$，其中 $k=1,2,3\cdots$，即 $v=5,11,17\cdots$ 时，三相合成谐波磁动势都是一个与基波转向相反的圆形旋转磁动势，幅值 $F_v=\frac{3}{2}F_{\varphi v}$，其转速 $n_v=-\frac{n_1}{v}$(负号表示为反转磁动势)。

(3) 三相合成的七次谐波磁动势

仿照求合成五次谐波磁动势同样的方法，可以得到三相合成七次谐波磁动势表达式为：

$$f_7(\theta,t)=\frac{3}{2}F_{\varphi7}\cos(\omega t-7\theta)=F_7\cos(\omega t-7\theta) \tag{4-35}$$

由上式可知，三相合成的七次谐波磁动势也是一个圆形旋转磁动势，其幅值等于每相七次谐波磁动势幅值的$\frac{3}{2}$倍，其转速 $n_7=+\frac{n_1}{7}$ 为基波转速的$\frac{1}{7}$，正号表示其转向与基波转向一致，称为正转磁动势。

可以证明，当谐波次数 $v=6k+1$，其中 $k=1,2,3\cdots$，即 $v=7,13,19\cdots$ 时，三相合成谐波磁动势都是一个转向与基波一致的正转磁动势。

综上所述，对称三相绕组通入对称三相电流后，在电机的气隙中，除了主要成分即基波磁动势之外，虽然不存在三次及3的奇数倍次谐波磁动势，但是还存在 $v=6k\pm1$(即 $v=5,7,11,13\cdots$)次的谐波磁动势，其中有的与基波转向一致，有的与基波转向相反，而且对于次

数较低的磁动势(主要是 $v=5,7$ 次)尚有较大的幅值。这些谐波磁动势的存在,将在交流电机中引起附加损耗、振动与噪声。对于感应电动机还将产生有害的附加转矩,使其起动性能变坏。为此,必须设法削弱这些谐波磁动势。采用分布和矩距绕组是削弱谐波磁动势的有效方法。

例 4-4 某三相感应电动机定子槽数 $z_1=36$,$2p=6$ 极,采用双层迭绕组,$y_1=\frac{5}{6}\tau$,每槽有 48 根导体,每相二条并联支路。通入 $f=50[\mathrm{Hz}]$ 的对称三相电流,且每相电流的有效值 $I_\varphi=20[\mathrm{A}]$。试求三相合成的基波和 3,5,7 次谐波磁动势的幅值、转速与转向。

解:$q=\frac{36}{3\times 6}=2$;$\alpha=\frac{3\times 360^\circ}{36}=30^\circ$。

每个线圈匝数为 $N_y=\frac{48}{2}=24$,每相串联匝数 $N_1=\frac{2p}{a}qN_y=\frac{6}{2}\times 2\times 24=144$

(1) 求三相合成的基波磁动势

$$k_{y1}=\sin\frac{5}{6}\times 90^\circ=0.966$$

$$k_{q1}=\frac{\sin\frac{2\times 30^\circ}{2}}{2\sin\frac{30^\circ}{2}}=0.966$$

$$k_{\omega 1}=0.966\times 0.966=0.933$$

则

$$F_1=1.35\times\frac{144\times 0.933}{3}\times 20=1209.3[安匝/极]$$

基波磁动势的转速为

$$n_1=\frac{60\times 50}{3}=1000[\mathrm{r/min}]$$

(2) 对称三相系统的三相合成的三次谐波磁动势为零。

(3) 求三相合成的五次谐波磁动势

$$k_{y5}=\sin 5\times\frac{5}{6}\times 90^\circ=0.259$$

$$k_{q5}=\frac{\sin 5\times\frac{2\times 30^\circ}{2}}{2\sin\frac{5\times 30}{2}}=0.259$$

$$k_{\omega 5}=0.259\times 0.259=0.067$$

则

$$F_5=\frac{1}{5}\times 1.35\times\frac{144\times 0.067}{3}\times 20=17.37[安匝/极]$$

五次谐波磁动势的转速为

$$n_5=\frac{1000}{5}=200[\mathrm{r/min}]，转向与 n_1 方向相反。$$

(4) 求三相合成的七次谐波磁动势

$$k_{y7}=\sin 7\times\frac{5}{6}\times 90^\circ=0.259$$

$$k_{q7} = \frac{\sin 7 \times \frac{2 \times 30^\circ}{2}}{2\sin \frac{7 \times 30^\circ}{2}} = -0.259$$

$$k_{w7} = -0.259 \times 0.259 = -0.067$$

则

$$F_7 = \frac{1}{7} \times 1.35 \times \frac{144 \times |(-0.067)|}{3} \times 20 = 12.4[\text{安匝 / 极}]$$

$n_7 = \dfrac{1000}{7} = 143[\text{r/min}]$，转向与基波方向一致。

三、定子三相绕组建立的磁场

由上分析可知，交流电机定子对称三相绕组通入对称三相电流以后。会在气隙中建立起以同步转速 n_1 旋转的基波磁动势及一系列以各种不同转速旋转的谐波磁动势。这些磁动势都会在气隙中形成各自的旋转磁场。其中由基波磁动势 $f_1 = F_1\cos(\omega t - \theta)$ 在气隙中建立的基波磁场为：

$$B_1(\theta, t) = \mu_c \frac{f_1(\theta, t)}{\delta} = B_{m1}\cos(\omega t - \theta)$$

式中 B_{m1} 为基波磁密的幅值。

由上式可知，如果气隙均匀，则由基波磁动势在气隙中建立的基波磁场也是一个以同步转速 n_1 旋转的圆形旋转磁场。读者可以自己证明：当忽略 $B_1(\theta, t)$ 在定子铁芯中所产生的铁耗时，基波磁密波 $B_1(\theta, t)$ 的幅值位置跟产生它的基波磁动势波的幅值位置重合；而当考虑铁耗时，$B_1(\theta, t)$ 的幅值位置在空间上落后于 $f_1(\theta, t)$ 的幅值位置一个角度 α_{Fe}，称此角度为铁耗角。为此，当用空间矢量表示时，若不计铁耗，则矢量 $\boldsymbol{B}_1$ 跟矢量 $\boldsymbol{F}_1$ 重合，两者在空间上同相；若考虑铁耗，则 $\boldsymbol{B}_1$ 落后于 $\boldsymbol{F}_1$ 一个铁耗角 α_{Fe}。

基波磁场 $\boldsymbol{B}_1$ 交链定转子绕组，在定转子绕组产生随时间正弦变化的磁通，从而在定转子绕组中都会产生感应电动势，实现机电能量的转换。因此，把基波磁场称为主磁场，它在定子绕组中所交链的磁通称为主磁通，用 Φ_m 表示。

对于谐波磁动势 $f_v = F_v\cos(\omega t \pm v\theta)$ 所建立的各次谐波磁场（次数 $v = 6k \pm 1$)），虽然它们也穿过气隙进入转子而同时交链定转子绕组，但是由于它的数值较小；它对转子的作用不会产生有效的转矩；而且它在定子绕组产生的感应电动势的频率为：

$$f_v = \frac{p_v n_v}{60} = \frac{vp\frac{n_1}{v}}{60} = f_1$$

必然会影响到定子回路的电压平衡关系。因此，我们将谐波磁场作为漏磁场来处理。

定子绕组中的电流除了建立气隙磁场（主磁场与谐波磁场）之外，还要在定子槽内及绕组的端部建立漏磁通，由此可知，交流绕组的漏磁通包括槽漏磁通，端部漏磁通和谐波漏磁通三部分，用 Φ_δ 表示。

四、交流电机的时空矢量图

根据电路原理、凡随时间作正弦变化的物理量（如电动势、电压、电流、磁通等），都可以用一个以其交变角频率作为角速度而环绕时间参考轴(简称时轴 t) 逆时针旋转的时间矢量(即相量) 来代替。该相量在时轴上的投影即为缩小$\sqrt{2}$ 倍的该物理量的瞬时值。例如:A 相电流 $i_A=\sqrt{2}I_A\sin(\omega t+\varphi_i)$,可以用图 4-20(a) 中的相量 $\dot{I}_A$ 来代表。$\dot{I}_A$ 在时轴t 上的投影 $I_A\cdot\sin\varphi_i$ 正好是 i_A 在 $\omega t=0$ 时刻的瞬时值的$\frac{1}{\sqrt{2}}$ 倍。

在电机中,往往是对称的多相系统,例如对称三相电流 i_A、i_B 和 i_C,如果采用一根公共的时轴 t,则必须用三根互差 120° 的相量 $\dot{I}_A$,$\dot{I}_B$,$\dot{I}_C$ 才能表示此三相电流,这就是通常说的单时轴多相量表示法。为了减少相量的数目,我们可以采用多时轴单相量表示法,即每相的时间相量都以该相的相轴为时轴,而各相对称的同一物理量用一根统一的时间相量来代表。如在图 4-20(b) 中,只用一根统一的电流相量 $\dot{I}_1$(下标 1 代表定子电流) 即可代表定子的对称三相电流。不难证明,$\dot{I}_1$ 在 $\boldsymbol{A}$ 上的投影即为该时刻 i_A 的瞬时值的$\frac{1}{\sqrt{2}}$;在 $\boldsymbol{B}$ 上的投影即为该时刻 i_B 的瞬时值的$\frac{1}{\sqrt{2}}$ 倍;在 $\boldsymbol{C}$ 上的投影即为该时刻 i_C 的瞬时值的$\frac{1}{\sqrt{2}}$ 倍。

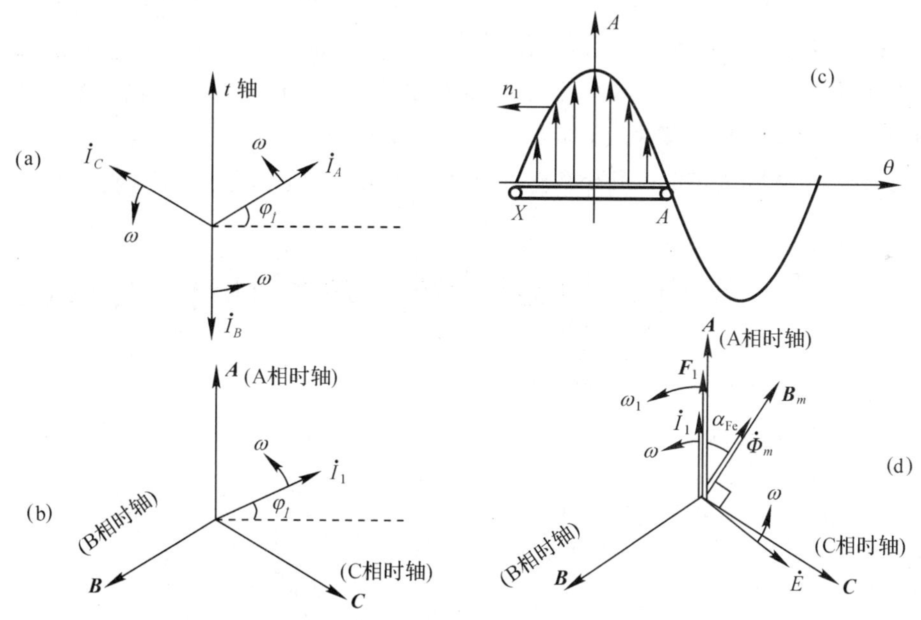

图 4-20　统一相量和时 — 空矢量图

有了统一时间相量的概念,就可以方便地将时间相量跟空间矢量联系起来,将它们画在同一张矢量图中,得到了交流电机理论中常用的时 — 空矢量图。在图 4-20(d) 所示的时 — 空矢量图中,我们取各相的相轴作为该相的时轴。假设某时刻 $i_A=+I_m$ 达正最大,则此时刻统一电流相量 $\dot{I}_1$ 应与 $\boldsymbol{A}$ 重合。据旋转磁场理论,这时由定子对称三相电流所生的三相合成基波磁动势幅值应与 $\boldsymbol{A}$ 重合,即 $\boldsymbol{F}_1$ 与 $\boldsymbol{A}$ 重合,亦即与 $\dot{\boldsymbol{I}}_1$ 重合。由于时间相量 $\dot{\boldsymbol{I}}_1$ 的角频率 $\boldsymbol{\omega}$ 跟空间矢量 $\boldsymbol{F}_1$ 的电角速度 $\boldsymbol{\omega}_1$ 相等,所以在任何其他时刻,$\boldsymbol{F}_1$ 与 $\dot{\boldsymbol{I}}_1$ 都始终重合。为此,我们称 $\dot{\boldsymbol{I}}_1$ 与由它所生的三相合成基波磁动势 $\boldsymbol{F}_1$ 在时 — 空图上同相。如果不计铁耗,则 $\boldsymbol{B}_1$ 应与 $\boldsymbol{F}_1$ 重合;如果考虑铁耗,则 $\boldsymbol{B}_1$ 应落后于 $\boldsymbol{F}_1$ 一个铁耗角 $\boldsymbol{\alpha}_{Fe}$,如图(d) 所示。再观察图(c) 所示的 $\boldsymbol{B}_1$ 幅值正好与 $\boldsymbol{A}$ 重合,即 $\boldsymbol{B}_1$ 与 $\boldsymbol{A}$ 重合的时刻,$\boldsymbol{B}_1$ 穿过 $\boldsymbol{A}$ 相绕组的磁通达正最大值,即代表定子

对称三相磁通的统一磁通相量 $\dot{\boldsymbol{\Phi}}_m$ 也应与 $\boldsymbol{A}$ 重合，亦即与 $\boldsymbol{B}_1$ 重合。也由于 $\boldsymbol{B}_1$ 的 ω_1 与 $\dot{\Phi}_m$ 的 w 相等，所以在任何其他时刻，$\dot{\Phi}_m$ 与 $\boldsymbol{B}_1$ 也始终重合，即 $\dot{\Phi}_m$ 与 $\boldsymbol{B}_1$ 在时 — 空图上同相。据此，在图(d) 所示时刻，相量 $\dot{\Phi}_m$ 也应画在矢量 $\boldsymbol{B}_1$ 处。定子对称三相电动势的统一电动势相量 $\dot{E}_1$ 应落后于 $\dot{\Phi}$ 为 $90°$。

虽然图(d) 是针对 $i_A = + I_m$ 时刻画出的，但是由于所有时间相量的旋转角频率 ω 跟以同步转速旋转的所有空间矢量的旋转角速度 ω_1 是相等的，所以，当统一电流相量 $\dot{I}_1$ 转过 ωt 角度时，$\boldsymbol{F}_1$，$\boldsymbol{B}_1$，$\dot{\Phi}$，$\dot{E}_1$ 等空间矢量及时间相量也转过 $\omega_1 t = \omega t$ 相同的角度。为此，对于任何时刻，图(d) 所示的各矢(相) 量之间的相位关系是不变的。

综上所述，我们归纳如下：在交流电机中处理对称多相系统时，我们可以采用统一时间相量的时 - 空矢量图。其画法规则如下：

(1) 以各相绕组的轴线(其正方向与该绕组电流正方向符合右手螺旋关系) 作为该相的时间相量的时轴；各相对称的同一物理量可以用一根统一时间相量来代替；统一时间相量在各相轴上的投影即等于该相该物理量的瞬时值的 $1/\sqrt{2}$ 倍。

(2) 在时 - 空矢量图中，统一电流相量 $\dot{I}_1$ 与由该对称系统电流所建立的基波磁动势矢量 $\boldsymbol{F}_1$ 同相；而基波磁密矢量 $\boldsymbol{B}_1$ 与由它在对称多相绕组中所交链的统一磁通相量 Φ_m 同相。

(3) 在时 - 空矢量图中，如果不计铁耗，则基波磁密矢量 $\boldsymbol{B}_1$ 与产生它的基波磁动势矢量 $\boldsymbol{F}_1$ 同相；若考虑铁耗，则矢量 $\boldsymbol{B}_1$ 落后于 $\boldsymbol{F}_1$ 为一个铁耗角 α_{Fe}。

(4) 根据统一相量 $\dot{I}_1$，$\dot{\Phi}_m$，空间矢量 $\boldsymbol{F}_1$，$\boldsymbol{B}_1$ 及电机的基本方程式，可以进而画出其他相(矢) 量。

§ 4-5　三相感应电动机转子静止时的运行分析

设感应电机定子和转子绕组均为对称多相绕组，其数据分别为：相数为 m_1 和 m_2，每相串联匝数为 N_1 和 N_2，基波绕组系数为 $k_{\omega 1}$ 和 $k_{\omega 2}$，定转子绕组所产生的基波磁场的极对数为 p_1 和 p_2，下标 1 表示定子的量而下标 2 代表转子的量(下同)。在一般情况下 $m_1 \neq m_2$，$N_1 \neq N_2$，$k_{\omega 1} \neq k_{\omega 2}$，但是 $p_1 = p_2 = p$ 极数必须相等，否则平均电磁转矩为零。从以后的分析可以证明，任何一个对称的转子绕组都可以用一个相数为 m_1 匝数为 N_1，绕组系数为 $k_{\omega 1}$ 的定子绕组来等效代替。为方便起见，我们以 $m_2 = m_1$ 的三相绕线式感应电机为例，如图 4-21 所示。

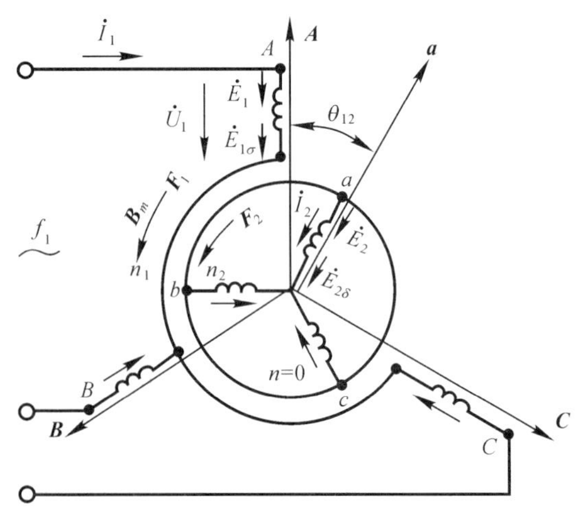

图 4-21　三相感应电动机运行示意图

一、转子被堵住时的转子基波磁动势

在图 4-21 中，当定子对称三相绕组外施频率为 f_1，相序为 A-B-C，相电压为 U_1 的对称

三相电压时，定子绕组中就有对称的三相电流 I_1 流过，其正方向如图示。由定子绕组在气隙中建立的圆形基波旋转磁动势幅值为：

$$F_1 = \frac{m_1}{2} 0.9 \frac{N_1 k_{\omega 1}}{p} I_1 \tag{4-36}$$

它对定子的转速为 $n_1 = \frac{60 f_1}{p}$[r/min]而对定子的转向为逆时针而转。由 $\boldsymbol{F}_1$ 在气隙中产生 基波旋转磁场 $\boldsymbol{B}_m$ 在定转子绕组中分别感应出电动势 $\dot{E}_1$ 和 $\dot{E}_2$，由于转子绕组对称且自行闭合，所以在 $\dot{E}_2$ 的作用下转子绕组中就有对称的三相电流 $\dot{I}_2$ 流过，其正方向如图示。转子对称三相电流也要建立一个圆形的基波旋磁动势 $\boldsymbol{F}_2$，其幅值为：

$$F_2 = \frac{m_2}{2} 0.9 \frac{N_2 k_{\omega 2}}{p} I_2 \tag{4-37}$$

$\boldsymbol{F}_2$ 对产生它的转子绕组的转速即转子基波磁动势的同步转速为 $n_2 = \frac{60 f_2}{p}$，式中 f_2 为转子电流的频率。由于转子被堵住，气隙基波磁场 $\boldsymbol{B}_m$ 以同一个转速 n_1 切割定转子绕组，所以在定转子绕组中感应电动势的频率相同，即 $f_1 = f_2 = f$。则：

$$n_2 = \frac{60 f_2}{p} = \frac{60 f_1}{p} = n_1$$

所以转子静止时的转子基波磁动势跟定子基波磁动势在空间上转速相等。

根据 $\boldsymbol{B}_m$ 对转子的切割方向可知转子三相感应电动势的相序亦即转子电流的相序为 a-b-c，所以 $\boldsymbol{F}_2$ 对转子绕组的转向为逆时针旋转，即 $\boldsymbol{F}_1$ 与 $\boldsymbol{F}_2$ 在空间上的转向一致。

由于 $\boldsymbol{F}_1$ 与 $\boldsymbol{F}_2$ 在空间上 转向一致，转速相等，即它们在空间上同步旋转，相对静止。因而 $\boldsymbol{F}_1$ 和 $\boldsymbol{F}_2$ 可以矢量相加而成一个合成基波磁动势 $\boldsymbol{F}_m$，从而可得转子静止时的感应电动机的磁动势平衡方程式为：

$$\boldsymbol{F}_1 + \boldsymbol{F}_2 = \boldsymbol{F}_m \tag{4-38}$$

可见当转子电流 $I_2 \neq 0$ 时，气隙基波磁密 $\boldsymbol{B}_m$ 是由 $\boldsymbol{F}_1$ 与 $\boldsymbol{F}_2$ 的合成磁动势 $\boldsymbol{F}_m$ 所建立的。我们称这个合成基波磁动势 $\boldsymbol{F}_m$ 为励磁磁动势。为了分析方便，我们假设这个基波励磁磁动势是由定子对称三相电流中的分量 $\dot{I}_m$ 流过对称的定子三相绕组所建立的，称 $\dot{I}_m$ 为励磁电流，它的大小由 F_m 所决定，即：

$$F_m = \frac{m_1}{2} 0.9 \frac{N_1 k_{\omega 1}}{p} I_m \tag{4-39}$$

I_m 的相位是在时 —— 空矢量图中跟 $\boldsymbol{F}_m$ 同相。

为了确定转子基波磁动势 $\boldsymbol{F}_2$ 的空间相位，必须画出转子静止时的时空矢量图。在图 4-22 中，画出互差 120° 的定子三相绕组轴线 $\boldsymbol{A}$,$\boldsymbol{B}$,$\boldsymbol{C}$ 与互差 120° 的转子三相绕组轴线 $\boldsymbol{a}$,$\boldsymbol{b}$,$\boldsymbol{c}$；定转子对应相的相轴互差 θ_{12} 电角度，且保持不变，表示此刻转子被堵住时的转子位置；定子各相的时轴取在定子各自的相轴上，而转子各相的时轴也取在转子各自的相轴上；假设某时刻，励磁磁动势 $\boldsymbol{F}_m$ 转到图 4-22 所示的位置，当铁耗

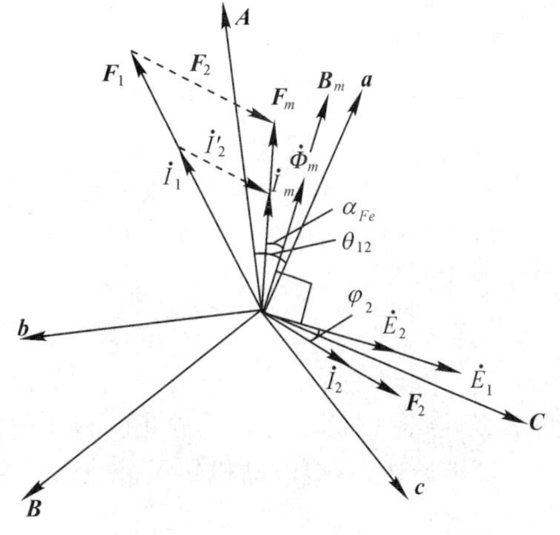

图 4-22 感应电动机转子静止时的时空矢量图

$p_{Fe} \neq 0$ 时，由 $\boldsymbol{F}_m$ 所建立的基波磁密 $\boldsymbol{B}_m$ 落后于 $\boldsymbol{F}_m$ 一个铁耗角 α_{Fe}。定转子的统一磁通相量 $\dot{\Phi}_m$ 应与 $\boldsymbol{B}_m$ 重合；定子的统一电动势相量 $\dot{E}_1$ 和转子的统一电动势相量 $\dot{E}_2$ 都落后于同一个 $\dot{\Phi}_m$ 为 90°。在闭合的转子回路所生的转子统一电流相量 $\dot{I}_2$ 落后于 $\dot{E}_2$ 一个角度 φ_2，此 φ_2 是转子静止时的转子回路漏阻抗角，即

$$\varphi_2 = \arctan\frac{x_{2\sigma}}{r_2} \tag{4-40}$$

由 $\dot{I}_2$ 所建立的转子基波磁动势 $\boldsymbol{F}_2$ 与 $\dot{I}_2$ 同相；由式(4-38)可以求出此刻定子基波磁动势矢量 $\boldsymbol{F}_1$；而建立 $\boldsymbol{F}_1$ 及 $\boldsymbol{F}_m$ 的定子统一电流相量 $\dot{I}_1$ 及 $\dot{I}_m$ 应分别与 $\boldsymbol{F}_1$ 及 $\boldsymbol{F}_m$ 同相。

由图可知，转子基波磁动势 $\boldsymbol{F}_2$ 在空间上落后于气隙磁密 $\boldsymbol{B}_m$ 为 $(90° + \varphi_2)$ 电角度。即 $\boldsymbol{F}_2$ 在空间上的位置仅决定于转子回路的阻抗角 φ_2，而与转子位置即 θ_{12} 的大小无关。这是一个很重要的结论。

二、转子被堵住时的三相感应电动机的基本方程式

1. 磁动势平衡方程式的电流形式

由于 $\boldsymbol{F}_1$ 与 $\dot{I}$，$\boldsymbol{F}_2$ 与 $\dot{I}_2$，F_m 与 $\dot{I}_m$ 在时——空矢量图中两两同相，所以由式(4-36)、式(4-37)、式(4-38)及式(4-39)可得：

$$\frac{m_1}{2}0.9\frac{N_1 k_{\omega 1}}{p}\dot{I}_1 + \frac{m_2}{2}0.9\frac{N_2 k_{\omega 2}}{p}\dot{I}_2 = \frac{m_1}{2}0.9\frac{N_1 k_{\omega 1}}{p}\dot{I}_m$$

将上式化简即得转子静止时三相感应电动机磁动势平衡方程式的电流形式为：

$$\dot{I}_1 + \frac{\dot{I}_2}{k_i} = \dot{I}_m \text{ 或 } \dot{I}_1 = \dot{I}_m + \left(-\frac{\dot{I}_2}{k_i}\right) = \dot{I}_m + \dot{I}_{1L} \tag{4-41}$$

式中 $k_i = \dfrac{m_1 \cdot N_1 k_{\omega 1}}{m_2 \cdot N_2 \cdot k_{\omega 2}}$，称为感应电机的电流变比。

可见当 $I_2 \neq 0$ 时定子电流包含两个分量：一个是励磁电流分量 $\dot{I}_m$，它用于建立 $\boldsymbol{F}_m$ 以便在气隙中建立磁场 $\boldsymbol{B}_m$；另一个是负载分量，它用来建立磁动势 $(-\boldsymbol{F}_2)$ 以抵消转子磁动势 $\boldsymbol{F}_2$ 的反作用，使气隙磁场保持不变。当感应电动机空载时，$I_2 \approx 0$（证明于后），这时定子电流称为空载气流 $\dot{I}_0$，则由式(4-41)可知，感应电机空载时 $\dot{I}_0 \approx \dot{I}_m$，即励磁电流 $\dot{I}_m$ 可以近似等于感应电动机的空载电流 $\dot{I}_0$。

2. 电动势平衡方程式

根据图 4-21 给出的定子各量的正方向可得定子电动势平衡方程式为：

$$\dot{U}_1 = -\dot{E}_1 - \dot{E}_{1\sigma} + \dot{I}_1 r_1 = -\dot{E}_1 + \mathrm{j}\dot{I}_1 X_{1\sigma} + \dot{I}_1 r_1 = -\dot{E}_1 + \dot{I}_1 Z_1 \tag{4-42}$$

式中 $Z_1 = r_1 + \mathrm{j}X_{1\sigma}$ 是定子一相绕组的漏阻抗。

转子绕组自行闭合，根据图 4-21 给出的转子各量正方向可得转子静止时转子电动势平衡方程式为：

$$\left.\begin{aligned} 0 &= \dot{E}_2 + \dot{E}_{2\sigma} - \dot{I}_2 r_2 = \dot{E}_2 - \dot{I}_2(r_2 + \mathrm{j}X_{2\sigma}) = \dot{E}_2 - \dot{I}_2 Z_2 \\ \text{或}\quad \dot{E}_2 &= \dot{I}_2(r_2 + \mathrm{j}X_{2\sigma}) = \dot{I}_2 Z_2 \end{aligned}\right\} \tag{4-43}$$

式中 $Z_2 = r_2 + \mathrm{j}X_{2\sigma}$ 为转子静止时转子一相绕组的漏阻抗。

综上所述，感应电动机转子静止时的电磁关系可用图 4-23 来表示。

3. 主电动势表达式

根据式(4-16)及图 4-22 所示的定转子感应电动势与 $\dot{\Phi}_m$ 主磁通之间的相位关系，可以

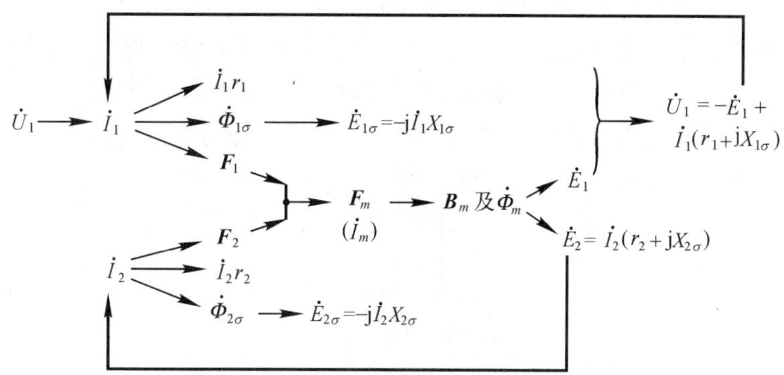

图 4-23　感应电动机转子静止时的电磁关系图

写出基波磁场 $\boldsymbol{B}_m$ 在定转子绕组中产生的感应电动势的复数形式分别为：

$$\left.\begin{aligned}\dot{E}_1 &= -\mathrm{j}4.44 f_1 N_1 k_{\omega 1}\dot{\Phi}_m \\ \dot{E}_2 &= -\mathrm{j}4.44 f_2 N_2 k_{\omega 2}\dot{\Phi}_m = -\mathrm{j}4.44 f_1 N_2 \cdot k_{w2}\dot{\Phi}_m\end{aligned}\right\} \tag{4-44}$$

则

$$\frac{\dot{E}_1}{\dot{E}_2} = \frac{N_1 k_{\omega 1}}{N_2 k_{\omega 2}} = k_e \text{ 或 } \dot{E}_1 = k_e \cdot \dot{E}_2 \tag{4-45}$$

式中 k_e 为感应电机定转子感应相电动势之比，称为电动势变比。

仿照变压器，我们将感应电动机中由定子的励磁电流 $\dot{I}_m$ 产生气隙合成基波磁动势 $\boldsymbol{F}_m$，建立气隙基波磁场 $\boldsymbol{B}_m$ 及主磁通 $\dot{\Phi}_m$，从而在定子绕组中感应电动势 $\dot{E}_1$ 的电磁过程，用定子的励磁电流在一个阻抗 z_m 上的压降来代表，即

$$\dot{E}_1 = -\dot{I}_m z_m \tag{4-46}$$

式中 $Z_m = r_m + \mathrm{j}x_m$ 称为感应电动机的励磁阻抗。由图 4-22 可知，由于铁耗的存在，$\dot{E}_1$ 与 $\dot{I}_m$ 的夹角大于 90°，所以励磁阻抗的实部 $r_m \neq 0$。为此，r_m 是反映铁耗大小的一个等效电阻，称之为励磁电阻。r_m 的大小可以这样来决定，即 I_m 流过 r_m 所生的损耗用来模拟铁耗，即

$$p_{\mathrm{Fe}} = m_1 I_m^2 r_m \tag{4-47}$$

Z_m 的虚部 X_m 是主磁通 Φ_m 在定子一相绕组所产生的电抗，称之为励磁电抗。如果不计铁耗，$r_m = 0$，$Z_m = \mathrm{j}X_m$，则由式(4-46) 可得：

$$X_m \approx \frac{E_1}{I_m} = \frac{4.44 f_1 N_1 k_{\omega 1}\Phi_m}{I_m}$$

由于感应电机主磁路中有二个气隙，所以其 X_m 比变压器的励磁电抗为小，空载电流 $I_0 \approx I_m \approx \frac{E_1}{X_m}$ 比变压器大得多，一般为额定电流的 20% ～ 40%，小型感应电动机可达 60% 甚至更大。

综上所述，可得三相感应电动机转子静止且转子绕组短接时的基本方程式为：

$$\left.\begin{aligned}\dot{U}_1 &= -\dot{E}_1 + \dot{I}_1 Z_1 \\ \dot{E}_2 &= \dot{I}_2 Z_2 \\ \dot{I}_1 + \frac{\dot{I}_2}{k_i} &= \dot{I}_m \\ \dot{E}_1 &= k_e \dot{E}_2 = -\dot{I}_m \dot{Z}_m = -\mathrm{j}4.44 f_1 N_1 k_{\omega 1}\dot{\Phi}_m\end{aligned}\right\} \tag{4-48}$$

下面举两个三相绕线式感应电机转子静止时的应用实例。

例 4-5 某移相器的接线如图 4-24(a) 所示。定转子三相绕组对称，定子接相电压为 U_1 的恒压恒频对称三相正弦电源。转子被一套蜗轮蜗杆卡住不能自由旋转，但可以偏移一定角度 θ，定转子绕组的有效匝数比为 k，定转子漏阻抗忽略不计。转子绕组经滑环引出接对称三相负载。试求：负载相电压 U_2 的大小及相位随转子位置 θ 而变化的规律。

解： 以 $\dot{E}_1 \approx -\dot{U}_1$ 为参考相量，设电源相序为 A-B-C。由于转子在空间上导前于定子为 θ 电角度，所以 $\dot{E}_2 \approx \dot{U}_2$ 在时间上也导前于 $\dot{E}_1$ 为 θ 角，如图 4-24(b) 所示，则：

$$\dot{U}_2 \approx \dot{E}_2 = \frac{\dot{E}_1}{k}e^{j\theta}$$

例 4-6 某感应调压器的接线如图 4-25(a) 所示。转子绕组作为原边，接相电压为 U_1 的恒压恒频对称三相正弦电源。转子也被一套蜗轮蜗杆卡住不能自由转动，但可以偏移一定的角度 θ。定转子漏阻抗忽略不计，定转子绕组的有效匝数比为 K。试求：从定子输出的相电压 U_2 随转子位置 θ 而变化的规律。

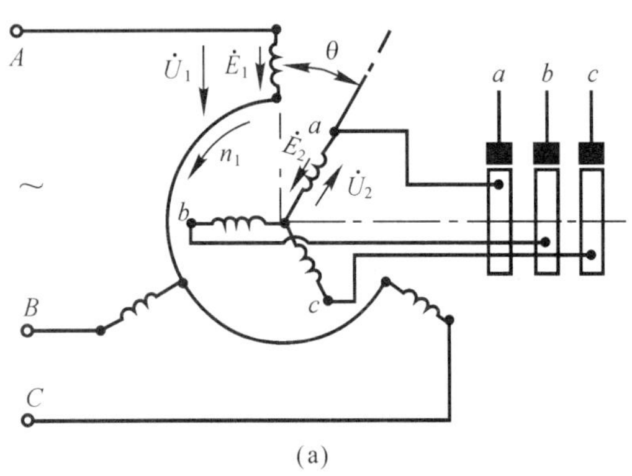

(a)

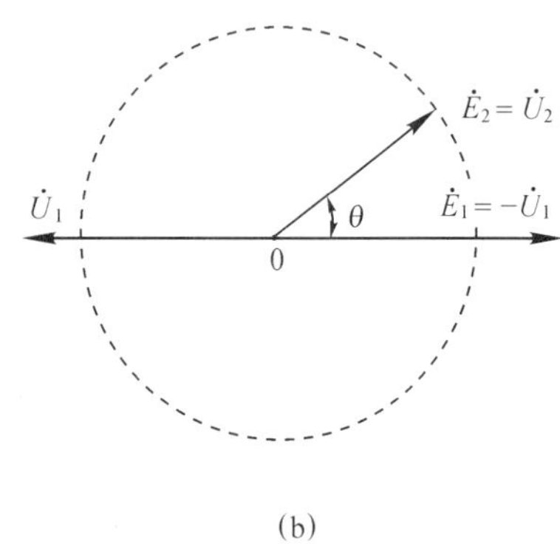

(b)

图 4-24 移相器

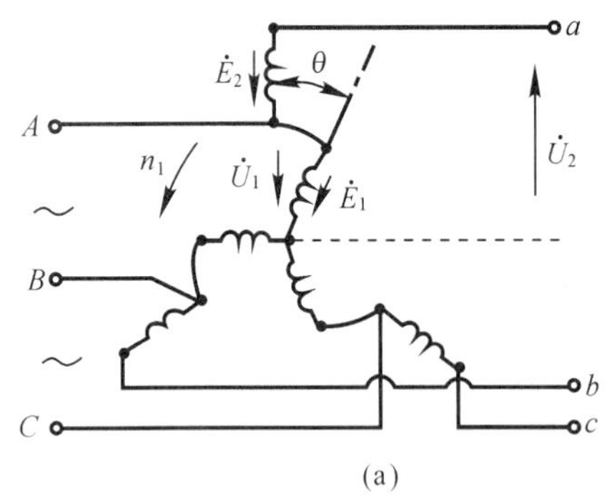

(a)

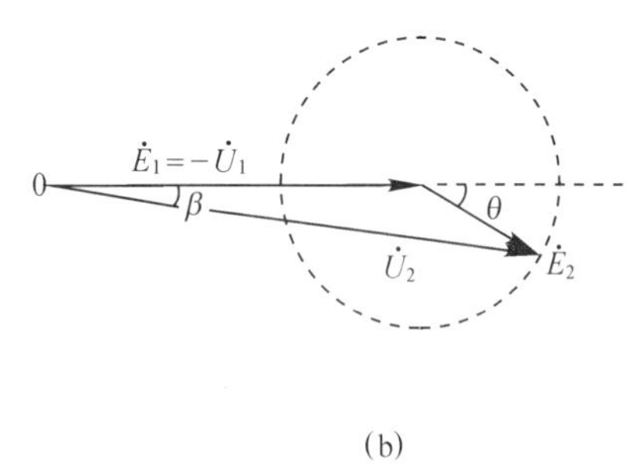

(b)

图 4-25 感应调压器

解： 以 $\dot{E}_1 \approx -\dot{U}_1$ 为参考相量。若电源相序为 A-B-C，则定子在空间上落后于转子为 θ 电角度。所以，定子电势 $\dot{E}_2$ 在时间上落后于转子电势 $\dot{E}_1$ 为 θ 度，如图 4-25(b) 所示。则：

$$U_2 = \sqrt{E_1^2 + E_2^2 + 2E_1E_2\cos\theta} \approx U_1\sqrt{1 + \frac{1}{k^2} + \frac{2}{k}\cos\theta}$$

可见只要调节 θ，即可平滑地调节输出电压 U_2。当 $\theta = 0$ 时，得到最大输出电压为：

$$U_{2max}=E_1+E_2\approx U_1\left(1+\frac{1}{k}\right)$$

当 $\theta=180°$ 时，其输出电压最小，为 $U_{2min}=E_1-E_2\approx U_1\left(1-\frac{1}{k}\right)$

由图 4-25(b) 可见，当改变 θ 来改变输出电压 U_2 的大小时，U_2 的相位也随之改变。

§4-6　三相感应电动机转子转动时的运行分析

如果将图 4-21 的堵住转子的机构松开，转子就会在 $\boldsymbol{B}_m$ 的作用下带动一定的机械负载沿着 $\boldsymbol{B}_m$ 的旋转方向以低于 n_1 的转速 n 而稳定运行。

一、转子转动时的物理情况

1. 转子转动时的转子频率

由于 $n<n_1$ 且同向，则气隙旋转磁场 $\boldsymbol{B}_m$ 以 $\Delta n=n_1-n=Sn_1$ 的相对速度沿 n_1 的方向切割转子，则 B_m 在转子绕组中感应的电动势频率为：

$$f_2=\frac{p\Delta n}{60}=\frac{pSn_1}{60}=Sf_1 \tag{4-49}$$

2. 转子转动时的转子基波磁动势

$\boldsymbol{B}_m$ 在转子绕组中产生对称三相电动势 $\dot{E}_{2S}$ 及其对称三相电流 $\dot{I}_{2S}$(下标 S 表示转子转动后的量，下同)。而对称的 $\dot{I}_{2S}$ 也会建立圆形基波磁动势 $\boldsymbol{F}_{2S}$，其幅值为：

$$F_{2S}=\frac{m_2}{2}\cdot 0.9\frac{N_2k_{\omega 2}}{p}I_{2S}[\text{安匝}/\text{极}] \tag{4-50}$$

它对转子的转速为：　$$n_{2S}=\frac{60f_2}{p}=S\cdot\frac{60f_1}{p}=Sn_1 \tag{4-51}$$

它对转子的转向也从 **a** 转到 **b** 再转到 **c**(因为这时转子电流的相序为 a-b-c)，即与 n_1 的方向一致。由于转子本身以 n 转速沿 n_1 方向旋转，所以 $\boldsymbol{F}_{2S}$ 在空间上的转向跟定子 $\boldsymbol{F}_1$ 的转向一致，$\boldsymbol{F}_{2S}$ 对定子的转速为：

$$n_{2S}'=n+n_{2S}=n+Sn_1=n_1$$

由此可知，转子转动后的转子基波磁动势 $\boldsymbol{F}_{2S}$ 在空间上仍与 $\boldsymbol{F}_1$ 同步旋转，相对静止。$\boldsymbol{F}_1$ 与 $\boldsymbol{F}_{2S}$ 仍可以矢量相加而得合成的 $\boldsymbol{F}_m$，所以转子转动后的磁动势平衡方程式为：

$$\boldsymbol{F}_1+\boldsymbol{F}_{2S}=\boldsymbol{F}_m \tag{4-52}$$

不难证明，对于转子的其他任何转速(除 $n=n_1$ 之外)，包括 n 和 n_1 转向相同但 $n>n_1$ 的情况或 n 和 n_1 转向相反的情况，$\boldsymbol{F}_{2S}$ 与 $\boldsymbol{F}_1$ 在空间上始终同步的结论仍然适合。

必须指出，由于这时 $\dot{I}_1$ 与 $\dot{I}_{2S}$ 的频率不同，所以不能依照式(4-41) 而将磁动势平衡方程式(4-52) 写成电流形式，即

$$\dot{I}_1+\frac{\dot{I}_{2S}}{k_i}\neq\dot{I}_m$$

3. 定转子回路的电动势平衡方程式

仿照式(4-42)、式(4-43) 及式(4-46) 可以写出转子转动后的电动势平衡方程式为：

$$\dot{U}_1 = -\dot{E}_1 + \dot{I}_1 Z_1 \tag{4-53}$$

$$\dot{E}_{2S} = \dot{I}_{2S} Z_{2S} = \dot{I}_{2S}(r_{2S} + jX_{2\sigma S}) \tag{4-54}$$

$$\dot{E}_1 = -\dot{I}_m Z_m \tag{4-55}$$

$$E_{2S} = 4.44 f_2 N_2 k_{\omega 2} \Phi_m = S4.44 f_1 N_2 k_{\omega 2} \Phi_m = SE_2 \tag{4-56}$$

式中 $E_2 = 4.44 f_1 N_2 k_{\omega 2} \Phi_m$ 为 $f_2 = f_1$（即转子静止时）时的转子电动势。若不计集肤效应，则转子每相电阻可近似认为 $r_{2S} = r_2$，但其漏电抗为：

$$X_{2\sigma S} = 2\pi f_2 L_{2\sigma} = S2\pi f_1 L_{2\sigma} = SX_{2\sigma}$$

式中 $X_{2\sigma}$ 为 $f_2 = f_1$（即转子静止时）的转子每相漏抗。

为此，式(4-54)可以写为： $\dot{E}_{2S} = \dot{I}_{2S}(r_2 + jSX_{2\sigma})$ (4-57)

也应指出，由于 $\dot{E}_{2S}$ 与 $\dot{E}_2$ 的频率不同，所以不能把式(4-56)写成复数形式，即

$$\dot{E}_{2S} \neq S\dot{E}_2 = S \cdot \frac{\dot{E}_1}{k_e}$$

由上分析可知，转子转动时，由于 $f_2 \neq f_1$，所以联系定转子电流及电动势的两个方程式不能成立，因而不能得到与变压器方程组相似的转子静止时的基本方程组，不能直接引用变压器的结论与等值电路图。为此必须进行适当的处理，将转子的实际频率 f_2 转换成定子频率 f_1，这就引入“频率折算”的概念。

二、频率折算

把以转速 n 稳定运行的感应电机的转子实际频率 f_2 用其定子频率 f_1 来替代，而且保持替代前后电机的电磁本质不变（即从电网输入的电流、有功功率和无功功率不变，通过电磁感应而传递给转子的功率不变，从轴上输出的功率也不变）的处理方法，称为感应电机的频率折算。由于只有当转子静止时才能做到 $f_2 = f_1$，所以，所谓频率折算实际上就是设法用一个等效的静止转子来代替以转速 n 而转动的转子。然而，转子对定子的作用，是通过转子磁动势来实现的。为此，要使电机的电磁本质保持不变，必须使等效静止转子由 $\dot{I}_2$ 所生的基波磁动势 $\boldsymbol{F}_2$ 跟实际转动转子由 $\dot{I}_{2S}$ 所生的基波磁动势 $\boldsymbol{F}_{2S}$ 完全相同，即要求两者的大小、转向、转速及其空间相位都相同。

由上分析已知，无论感应电机的转速为多少（除 $n = n_1$ 之外的所有转速，当然包括 $n = 0$ 即转子静止时的情况），其转子基波磁动势始终与定子基波磁动势同步，所以用静止转子等效代替转动转子后，$\boldsymbol{F}_2$ 与 $\boldsymbol{F}_{2S}$ 的转向一致且转速相同这两个条件已自然满足，只要做到 $\boldsymbol{F}_2$ 和 $\boldsymbol{F}_{2S}$ 的大小及其空间相位相同就可以了。要使 $F_2 = F_{2S}$，必须使 $I_2 = I_{2S}$；要使 $\boldsymbol{F}_2$ 与 $\boldsymbol{F}_{2S}$ 的空间相位不变，必须使等效静止转子的转子漏阻抗角 φ_2 跟实际转动转子的转子漏阻抗角 φ_{2S} 相等。

由式(4-56)及式(4-57)可得实际转动转子的电流及其漏阻抗角为：

$$\left.\begin{aligned} I_{2S} &= \frac{E_{2S}}{\sqrt{r_2^2 + (SX_{2\sigma})^2}} = \frac{E_2}{\sqrt{\left(\frac{r_2}{S}\right)^2 + X_{2\sigma}^2}} \\ \varphi_{2S} &= \arctan\left(\frac{SX_{2\sigma}}{r_2}\right) = \arctan\left[\frac{X_{2\sigma}}{\frac{r_2}{S}}\right] \end{aligned}\right\} \tag{4-58}$$

如果将转差率为 S 的实际转动转子堵住，且在转子每相中串入附加电阻 $\frac{1-S}{S}r_2$，使之转子回路每相电阻变成 $r_2+\frac{1-S}{S}r_2=\frac{r_2}{S}$，则由式(4-43)可得这个静止转子的电流及其漏阻抗角为：

$$\left.\begin{aligned} I_2 &= \frac{E_2}{\sqrt{\left(\frac{r_2}{S}\right)^2+X_{2\sigma}^2}} \\ \varphi_2 &= \arctan\frac{X_{2\sigma}}{\left(\frac{r_2}{S}\right)} \end{aligned}\right\} \tag{4-59}$$

比较式(4-58)及式(4-59)不难看出这个等效静止转子的电流 I_2 及其漏阻抗角 φ_2 跟实际转动转子的电流 I_{2S} 及其漏阻抗角相等，因而 $\boldsymbol{F}_2=\boldsymbol{F}_{2S}$。

综上所述，对于一个以转差率为 S 的实际转动的三相感应电动机，可以把它当作转子静止不动的状态来分析。只要在其转子每相回路中增加一个附加电阻 $\frac{1-S}{S}r_2$ 使其转子每相电阻从实际值 r_2 变成 $\frac{r_2}{S}$ 即可。因此，可以仿照式(4-48)方便地写出转子转动后的三相感应电动机的基本方程组为：

$$\left.\begin{aligned} \dot{U}_1 &= -\dot{E}+\dot{I}_1 Z_1 \\ \dot{E}_2 &= \dot{I}_2\left(\frac{r_2}{S}+\mathrm{j}X_{2\sigma}\right)=\dot{I}_2 Z_2+\dot{I}_2\left(\frac{1-S}{S}r_2\right) \\ \dot{I}_1 &+ \frac{\dot{I}_2}{k_i}=\dot{I}_m \\ \dot{E}_1 &= k_e\dot{E}_2=-\dot{I}_m Z_m=-\mathrm{j}4.44 f_1 N_1 k_{\omega 1}\dot{\Phi}_m \end{aligned}\right\} \tag{4-60}$$

为了阐明附加电阻的物理意义，设原来实际转动转子本身电阻的铜耗为 $m_2 I_{2S}^2 r_2$，其总机械功率为 P_Ω(包括轴上输出的有效机械功率 P_2 及克服机械损耗 p_Ω 和杂散损耗 p_Δ 所消耗的机械功率)。而等效静止转子没有机械功率，但其转子回路的铜耗变成了：

$$m_2 I_2^2\frac{r_2}{S}=m_2 I_{2S}^2 r_2+m_2 I_2^2\left(\frac{1-S}{S}r_2\right)$$

因此，等效静止转子附加电阻上的功率实质上就是表征实际转动转子的总机械功率 P_Ω。而且这附加电阻 $\frac{1-S}{S}r_2$ 本身是转差率 S 的函数，因而它可以反映机械负载的大小及感应电机的运行状态。例如：当 $n>n_1$ 且转向相同时，$S<0$，则 $P_\Omega=m_2 I_2^2\left(\frac{1-S}{S}r_2\right)<0$，表示这时该机从轴上输入机械功率，因而不再是电动状态。

三、转子绕组的折算

经过频率折算之后，这个等效静止转子的绕组仍是原来实际转子的绕组，而通常 $m_2\neq m_1$，$N_1\neq N_2$，$k_{\omega 2}\neq k_{\omega 1}$ 使得式(4-60)中的变比 $k_i\neq 1$ 且 $k_e\neq 1$。这不仅给计算或绘矢量图带来不便，而且不能导出感应电机的等值电路图。因此，还必须仿照变压器，把实际转子绕组用一个相数、每相串联匝数及基波绕组系数都与定子绕组完全一样的等效转子绕组来代替，并保持电机的电磁本质不变，这种处理方法称为把转子绕组折算成定子绕组，简称转子绕组的折算。为使折算前后电机的电磁本质不变，转子的所有量都必须作相应的改变。这些改变后的转子物理量，称之为该量的折算值，用该量的符号加“′”来表示。

1. 转子电流的折算值

为使转子绕组折算前后电磁本质不变，必须使等效转子绕组所生的基波磁动势 $\boldsymbol{F}_2'$ 跟实际转子绕组的 $\boldsymbol{F}_2$ 的完全相同，即

$$\boldsymbol{F}_2' = \frac{m_1}{2}0.9\frac{N_1 k_{\omega 1}}{p}\dot{I}_2' = \boldsymbol{F}_2 = \frac{m_2}{2}0.9\frac{N_2 k_{\omega 2}}{p}\dot{I}_2$$

则

$$\dot{I}_2' = \frac{m_2 N_2 k_{\omega 2}}{m_1 N_1 k_{\omega 1}}\dot{I}_2 = \frac{\dot{I}_2}{k_i} \tag{4-61}$$

2. 转子电动势折算值

由于 $\boldsymbol{F}_2' = \boldsymbol{F}_2$ 不变，使 $\boldsymbol{B}_m$ 不变，所以折算前后 $\dot{\Phi}_m$ 不变，则：

$$\frac{\dot{E}_2'}{\dot{E}_2} = \frac{-\mathrm{j}4.44 f_1 N_1 k_{\omega 1}\dot{\Phi}_m}{-\mathrm{j}4.44 f_2 N_2 k_{\omega 2}\dot{\Phi}_m} = \frac{N_1 k_{\omega 1}}{N_2 k_{\omega 2}} = k_e$$

即

$$\dot{E}_2' = k_e \dot{E}_2 = \dot{E}_1 \tag{4-62}$$

3. 转子阻抗的折算值

为使折算前后转子回路的有功功率保持不变，则有：

$$\left.\begin{aligned} m_1 I_2'^2\left(\frac{r_2'}{S}\right) &= m_2 I_2^2\left(\frac{r_2}{S}\right) \\ \text{即}\quad \frac{r_2'}{S} = \frac{m_2}{m_1}\left(\frac{I_2}{I_2'}\right)^2\left(\frac{r_2}{S}\right) &= \frac{m_2}{m_1}\left(\frac{m_1 N_1 k_{\omega 1}}{m_2 N_2 k_{\omega 2}}\right)^2\left(\frac{r_2}{S}\right) = k_e k_i\left(\frac{r_2}{S}\right) \\ \text{或}\quad r_2' &= k_e k_i r_2 \\ \frac{1-S}{S}r_2' &= k_e k_i\left(\frac{1-S}{S}\cdot r_2\right) \end{aligned}\right\} \tag{4-63}$$

同理，为使折算前后转子回路的无功功率保持不变，则有

$$m_1 I_2'^2 X_{2\sigma}' = m_2 I_2^2 X_{2\sigma}$$

得

$$X_{2\sigma}' = k_e k_i X_{2\sigma} \tag{4-64}$$

为此可得转子阻抗的折算值为：

$$\left.\begin{aligned} Z_2' &= r_2' + \mathrm{j}X_{2\sigma}' = k_e k_i(r_2 + \mathrm{j}X_{2\sigma}) = k_i k_e Z_2 \\ \varphi_{2S}' &= \arctan(X_{2\sigma}'/\frac{r_2'}{S}) = \arctan(X_{2\sigma}/\frac{r_2}{S}) = \varphi_{2S} \end{aligned}\right\} \tag{4-65}$$

由此可知，折算前后 $\boldsymbol{F}_2'$ 的空间相位不变。

至此，我们可以将经过频率折算的式(4-60) 再进行一次绕组折算，即可得到感应电机的基本方程组为：

$$\left.\begin{aligned}
&\dot{U}_1 = -\dot{E}_1 + \dot{I}_1 Z_1 \\
&\dot{E}_2{}' = \dot{I}_2{}'\left(\frac{r_2{}'}{S} + \mathrm{j}X_{2\sigma}{}'\right) = \dot{I}_2{}'Z_2{}' + \dot{I}_2{}'\left(\frac{1-S}{S}r_2{}'\right) \\
&\dot{I}_1 + \dot{I}_2{}' = \dot{I}_m \\
&\dot{E}_1 = \dot{E}_2{}' = -\dot{I}_m Z_m = -\mathrm{j}4.44 f_1 N_1 k_{\omega 1}\dot{\Phi}_m
\end{aligned}\right\} \tag{4-66}$$

四、感应电动机的等值电路

1. 感应电动机的 T 型等值电路

由式(4-66) 给出的感应电动机的基本方程组，跟变压器基本方程组在形式上完全一样。其附加电阻$\frac{1-S}{S}r_2{}'$ 上的压降 $\dot{I}_2{}'\left(\frac{1-S}{S}r_2{}'\right)$就相当于变压器副边的负载阻抗压降 $\dot{U}_2{}' = \dot{I}_2 Z_l{}'$。因此，可以仿照变压器的 T 型等值电路而直接画出感应电机的 T 型等值电路，如图 4-26(a) 表示。

T 型等值电路是根据基本方程组推导出来的，能够精确地反映感应电机的电磁规律。例如空载时，$n \approx n_1$，$S \approx 0$，$\frac{1-S}{S}r_2{}' \to \infty$，$I_2 \approx 0$，转子回路可视为开路，则得空载时等值电路如图 4-26(c) 所示。图(c) 中有一个很大的 X_m，所以空载时的功率因数 $\cos\varphi_0$ 很低。

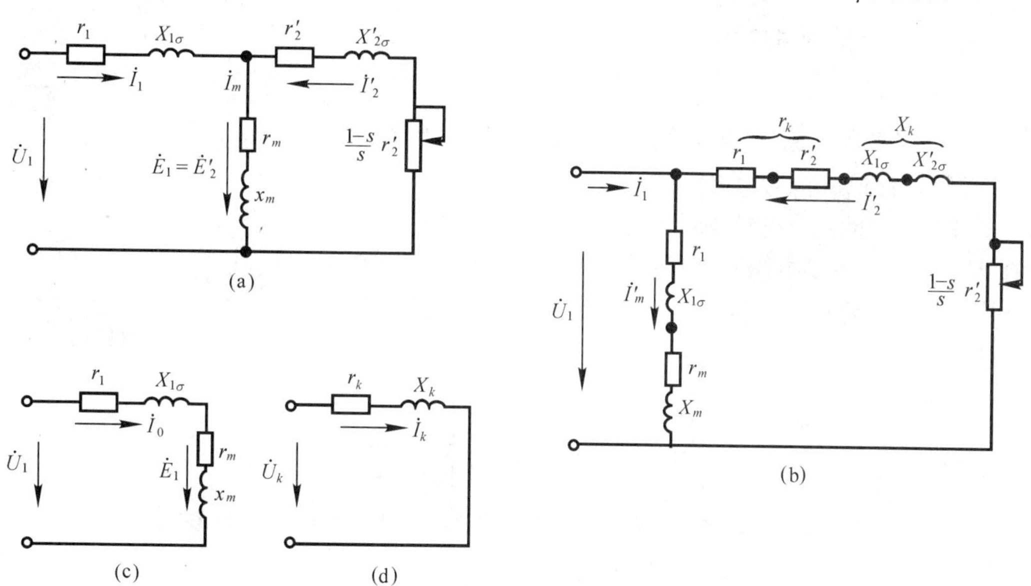

图 4-26　感应电机的等值电路

如果将转子堵住，或者是起动时，由于 $n=0$，$S=1$，$\frac{1-S}{S}r_2{}'=0$，图(a) 中的励磁支路可视为断开，得刚起动或堵转时的等值电路如图 4-26(d) 所示。其中 $r_k = r_1 + r_2{}'$ 和 $X_k = X_{1\sigma} + X_{2\sigma}{}'$ 分别称为感应电动机的短路电阻和短路电抗。

感应电动机运行于额定状态时，$S_N < 5\%$，$\frac{r_2{}'}{S}$ 比 $r_2{}'$ 大 20 倍以上，因此图 4-26(a) 的转子边支路呈电阻性，使定子边总的功率因数大大提高，可达 $80\% \sim 85\%$。

由图 4-26(a) 还可以看出，由于 Z_1 不大，所以从空载到额定负载，定子漏阻抗压降 I_1Z_1 不大，可视为 $E_1 \approx U_1$ 不变，因而主磁通 Φ_m 基本不变，$I_m \approx I_0$ 也基本不变。

2. 感应电动机的简化等值电路

将励磁支路 Z_m 前移至输入端，得到与变压器 Γ 型图相似的感应电机简化等值电路，如图 4-26(b) 所示。由于感应电机的 Z_m 较小而 Z_1 较大，Z_m 支路的前移所引起的误差比变压器大，为此，在图 4-26(b) 的励磁支路中串入 $Z_1 = r_1 + jX_{2\sigma}$ 以减小误差。

简化等值电路不仅便于计算，而且图中参数 $Z_k = r_k + jX_k$ 及 $Z_m = r_m + jX_m$ 都可以通过试验测出，因此是工程上实用的等值电路。

然而，无论使用图 4-26 中哪一种形式的等值电路，都必须注意：等值电路上定转子所有的量，都是指一相的量；而且转子侧的所有量都为折算值。

五、感应电动机的相量图

图 4-27 所示的是以主磁通 $\dot{\Phi}_m$ 为参考相量的感应电动机的相量图，其画法过程跟变压器相同，不再重复。由图可知，定子电流 $\dot{I}_1$ 始终落后于电源电压 $\dot{U}_1$，所以感应电动机的功率因数 $\cos\varphi_1$ 总是滞后的。

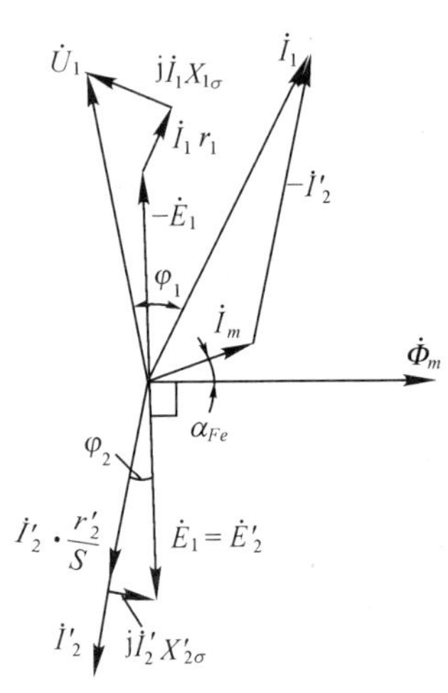

图 4-27 感应电动机的相量图

六、笼型转子的绕组数据

1. 笼型转子的极数

假设以同步转速为 n_1，极对数为 $p_1 = 2$ 的气隙磁场 $\boldsymbol{B}_m$ 对以转速为 n，转向与 n_1 相同的笼型转子相对切割速度为 Δn，$\boldsymbol{B}_m$ 在转子各导条中的感应电动势 e_2 的方向如图 4-28(a) 所示。在 e_2 的作用下，就有转子电流 I_2 流过各导条。为简单起见，假设转子漏抗 $X_{2\sigma} = 0$，则 i_2 与 e_2 同相，所以 i_2 的方向与 e_2 一致，如图 4-28(b) 所示。

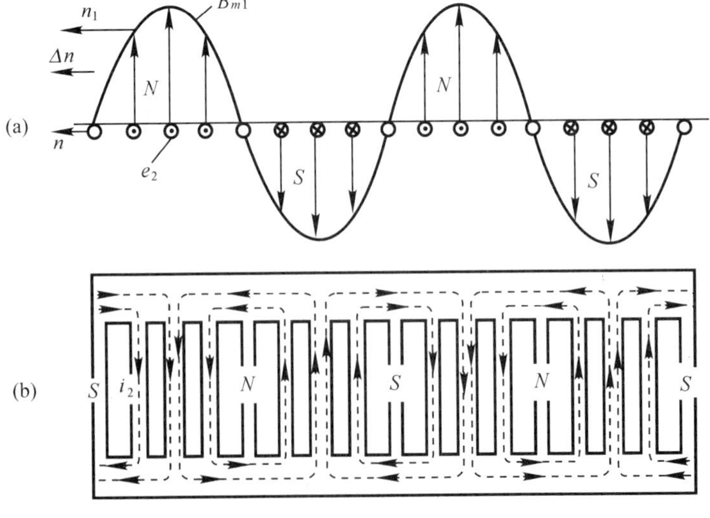

图 4-28 笼型转子的极数

由图(b)可知，i_2 所产生的转子磁场也是四极的，即 $p_2 = p_1$。同样可以证明，当气隙磁场极对数 p_1 为其他数值时，由 i_2 所生的转子磁场极对数 p_2 也自动改变，做到 $p_2 = p_1$。

由此可知，笼型转子自己没有固定的极对数，它的极对数 p_2 由定子绕组的极对数 p_1 所决定，且始终自动保持与定子绕组的极对数相等，这是笼型转子一个很重要且很可贵的特点。

2. 笼型转子的相数、匝数和绕组系数

笼型转子是每槽一根导体，转子导条数即等于槽数 z_2，它们均匀地分布在转子表面而彼此互差一个槽距角 $\alpha_2 = \dfrac{p \cdot 360^\circ}{z_2}$。气隙磁场 $\boldsymbol{B}_m$ 以转速 $\Delta n = n_1 - n = Sn_1$ 切割转子时，在这 z_2 根导条中所产生的电动势 e_2 的大小相等，频率相同($f_2 = Sf_1$)，但在时间上互差 α_2 角度。因而，这 z_2 根导体的电动势是对称的。换言之，是对称 z_2 相电动势。所以，笼型转子的相数 m_2 即等于槽数 z_2，即 $m_2 = z_2$。

由于笼型转子每相只有一根导体，相当于半匝，所以每相串联匝数 $N_2 = \dfrac{1}{2}$；每相并联支路数 $a_2 = 1$(所以导条电流就是转子相电流 I_2)；也正因为每相只有一根导条，不存在绕组的短距和分布问题，所以其绕组系数为 $k_{\omega 2} = 1$。

例 4-7 某三相绕线式感应电动机，额定数据为：$P_N = 30[\text{kW}]$，$U_{1N} = 380[\text{V}]$，$f_N = 50[\text{Hz}]$，$n_N = 578[\text{r/min}]$，Y 接法。定转子绕组数据为：$N_1 = 80[\text{匝}]$，$k_{\omega 1} = 0.93$，$N_2 = 30[\text{匝}]$，$k_{\omega 2} = 0.95$。已知该机参数为：$r_1 = 0.123[\Omega]$，$X_{1\sigma} = 0.127[\Omega]$，$R_2 = 0.0176[\Omega]$，$X_{2\sigma} = 0.187[\Omega]$，$r_m = 1.9[\Omega]$，$X_m = 9.8[\Omega]$。试求：

(1) 转子漏阻抗的折算值 r_2' 及 $X_{2\sigma}'$；

(2) 用简化电路计算额定电流 I_N；

(3) 额定运行时功率因数 $\cos\varphi_N$ 及效率 η_N。

解：(1) 由于 $m_1 = m_2 = 3$，所以：

$$k_e k_i = k_e^2 = \left(\frac{N_1 k_{\omega 1}}{N_2 k_{\omega 2}}\right)^2 = \left(\frac{80 \times 0.93}{30 \times 0.95}\right)^2 = 6.8$$

则

$$r_2' = k_e k_i r_2 = 6.8 \times 0.00176 = 0.12[\Omega]$$

$$X_{2\sigma}' = k_e k_i X_{2\sigma} = 6.8 \times 0.187 = 1.27[\Omega]$$

(2) 设 $\dot{U}_1 = \dfrac{380}{\sqrt{3}}\angle 0^\circ = 220\angle 0^\circ[\text{V}]$，由图 4-26(b) 可得：

$$\dot{I}_m' = \frac{\dot{U}_1}{(r_1 + r_m) + \text{j}(X_{1\sigma} + X_m)} = \frac{220\angle 0^\circ}{(0.123 + 1.9) + \text{j}(0.127 + 9.8)} = 21.8\angle 78^\circ = 4.5 - \text{j}21.3[\text{A}]$$

因

$$S_N = \frac{n_1 - n_N}{n_1} = \frac{600 - 578}{600} = 0.0367$$

得

$$\dot{I}_2' = \frac{-\dot{U}_1}{\left(r_1 + \dfrac{r_2'}{S}\right) + \text{j}(X_{1\sigma} + X_{2\sigma}')}$$

$$= \frac{-220\angle 0^\circ}{(0.123+\frac{0.12}{0.0367})+j(0.127+1.27)} = 60\angle 158^\circ$$

$$= -55.6 + j22.5[A]$$

则

$$\dot{I}_1 = \dot{I}_m' - \dot{I}_2' = 4.5 - j21.3 + 55.6 - j22.5 = 60.1 - j43.8 = 74.4\angle -36^\circ[A]$$

即

$$I_{1N} = 74.4[A];\cos\varphi_N = \cos 36^\circ = 0.81$$

(3) $P_{1N} = \sqrt{3}U_{1N}I_{1N}\cos\varphi_N \cdot 10^{-3} = \sqrt{3}\times 380\times 74.4\times 0.81\times 10^{-3} = 39.7[kW]$

则

$$\eta_N = \frac{P_N}{P_{1N}}\cdot 100\% = \frac{30}{39.7}\times 100\% = 75.6\%$$

§4-7 三相感应电动机的功率和转矩

一、感应电动机的功率平衡方程式

感应电动机定子绕组从电源输入的有功功率 P_1 为：

$$P_1 = m_1 U_1 I_1 \cos\varphi_1$$

其中一小部分消耗在定子绕组铜损耗 $p_{Cu1} = m_1 I_1^2 r_1$ 及旋转磁场在定子铁芯中的铁损耗 $p_{Fe} = m_1 I_0^2 r_m$（由于 $n \approx n_1$，f_2 很低，而且转子铁芯也为迭片而成，所以转子铁耗忽略不计）。剩下的大部分即为通过电磁感应而进入转子的电磁功率 P_M，即

$$P_M = P_1 - p_{Cu1} - p_{Fe} \tag{4-67}$$

由 T 型等值电路可知，进入转子回路的电磁功率 P_M 为：

$$P_M = m_1 E_2' I_2' \cos\varphi_2 = m_1 I_2'^2 \frac{r_2'}{S} = m_1 I_2'^2 r_2' + m_1 I_2'^2\left(\frac{1-S}{S} r_2'\right) = p_{Cu2} + P_\Omega \tag{4-68}$$

即 P_M 中的一部分消耗在转子绕组的铜耗上 p_{Cu2}，另一部分则转化为轴上的总机械功率 P_Ω。而 P_Ω 还必须克服机械损耗 p_Ω 及由于定转子开槽等原因所引起的附加损耗 p_Δ，剩下的才是从轴上输出的机械功率 P_2，即

$$P_2 = P_\Omega - p_\Omega - p_\Delta = P_1 - p_{Cu1} - p_{Fe} - p_\Omega - p_\Delta - p_{Cu2} = P_1 - \sum p \tag{4-69}$$

式中 $\sum p = p_{Cu1} + p_{Fe} + p_{Cu2} + p_\Omega + p_\Delta$ 为感应电动机的总损耗。

则感应电动机的效率为：

$$\eta = \frac{P_2}{P_1}\times 100\% = \frac{P_1 - \sum p}{P_1}\times 100\% = \left|1 - \frac{\sum p}{P_1}\right|\times 100\% \tag{4-70}$$

转子铜耗 p_{Cu2} 及总机械功率 P_Ω 还可以写成以下形式：

$$p_{Cu2} = m_1 I_2'^2 r_2' = SP_M \tag{4-71}$$

$$P_{\Omega}=m_1 I'^2_2\left(\frac{1-S}{S}r_2'\right)=\frac{1-S}{S}p_{Cu2}=P_M-p_{Cu2}=(1-S)P_M \tag{4-72}$$

由以上二式可知，若n_1及P_M不变，则n降低即S增加时，输出功率要降低而转子回路的铜耗（SP_M又称滑差功率）随S正比增加，使效率降低。

二、感应电动机的转矩平衡方程式

感应电动机带动负载以转速n稳定运行时，作用在轴上的转矩有三个。一是由转子电流和气隙磁场相作用产生的驱动性质的电磁转矩T；二是由电动机的机械损耗及附加损耗所引起的阻止转动的转矩，它即使在电机空载时也存在，所以称为空载制动转矩T_0；三是机械负载反作用于转子上的负载制动转矩T_2。当转速恒定时，作用在轴上的驱动转矩应与其总制动转矩相平衡。由此可得感应电动机稳速运行的转矩平衡方程式为：

$$T=T_2+T_0=T_Z \tag{4-73}$$

式中$T_Z=T_2+T_0$为电动机的总负载转矩；空载转矩$T_0=T_{\Omega}+T_{\Delta}$，其中$T_{\Omega}$为机械摩擦转矩，$T_{\Delta}$为附加损耗所对应的制动转矩。

由于$P_{\Omega}=P_2+(p_{\Omega}+p_{\Delta})$，两边除以转子的机械角速度$\Omega=\frac{2\pi n}{60}$[rad/s]，得：

$$\frac{P_{\Omega}}{\Omega}=\frac{P_2}{\Omega}+\frac{p_{\Omega}+p_{\Delta}}{\Omega}=T_2+T_0=T$$

则电磁转矩T与电磁功率P_M的关系为：

$$T=\frac{P_{\Omega}}{\Omega}=\frac{P_{\Omega}}{(1-S)\Omega_1}=\frac{P_M}{\Omega_1} \tag{4-74}$$

式中$\Omega_1=\frac{2\pi n_1}{60}$[rad/s]为同步机械角速度。

例4-8 某三相感应电动机的额定数据如下：$P_N=7.5$[kW]，$U_N=380$[V]，$f_N=50$[Hz]，$n_N=962$[r/min]，$\cos\varphi_N=0.827$，定子绕组△接法。已知额定运行时各项损耗如下：$p_{Cu1}=470$[W]，$p_{Fe}=234$[W]，$p_{\Omega}=45$[W]，$p_{\Delta}=80$[W]。试求额定运行时的：(1)转子电流频率；(2)效率；(3)额定电流；(4)电磁转矩。

解：(1) 由于$S_N=\frac{n_1-n_N}{n_1}=\frac{1000-962}{1000}=0.038$；则

$$f_2=S_N f_1=0.038\times 50=1.9[\text{Hz}]$$

(2) 因为 $P_{\Omega}=P_2+p_{\Omega}+p_{\Delta}=7500+45+80=7625$[W]

$$p_{Cu2}=\frac{S_N}{1-S_N}\cdot P_{\Omega}=\frac{0.038}{1-0.038}\times 7625=301.2[\text{W}]$$

$$P_{1N}=P_2+p_{Cu1}+p_{Fe}+p_{Cu2}+p_{\Omega}+p_{\Delta}=7500+470+234+301.2+45+80=8630.2[\text{W}]$$

则

$$\eta_N=\frac{P_N}{P_{1N}}100\%=\frac{7500}{8630.2}\times 100\%=87\%$$

(3) $I_N=\frac{P_{1N}}{\sqrt{3}U_N\cos\varphi_N}=\frac{8630.2}{\sqrt{3}\times 380\times 0.827}=15.85$[A]

$$(4)T=\frac{P_M}{\Omega_1}=\frac{P_2+p_{Cu2}+p_\Omega+p_\Delta}{\frac{2\pi n_1}{60}}=\frac{7500+301.2+45+80}{\frac{2\pi\times1000}{60}}=75.73[\mathrm{N\cdot m}]$$

§4-8 三相感应电动机的工作特性

感应电动机的工作特性是指在额定电压、额定频率、额定接法及定转子回路不接阻抗的情况下，从空载到额定负载的运行范围内，电动机的转速、定子电流、电磁转矩、功率因数及效率跟输出功率的关系。对于中、小型电动机，其工作特性可以用直接负载法测出。而对于大容量感应电动机因受到设备的限制，通常是由空载和短路试验测出电机的参数，然后再利用等值电路来计算出工作特性。

一、转速特性

当 $P_2=0$ 空载时，$n\approx n_1$，$S\approx 0$。而当输出功率 $P_2=T_2\Omega$ 增加时，T_2 的增加要求与之平衡的电磁转矩 T 也增加，故转子对气隙磁场的相对切割速度 $\Delta n=n_1-n=Sn_1$ 必须增加，即转差率 S 要随 P_2 增加而增加，其 $S=f(P_2)$ 特性如图 4-29 所示。

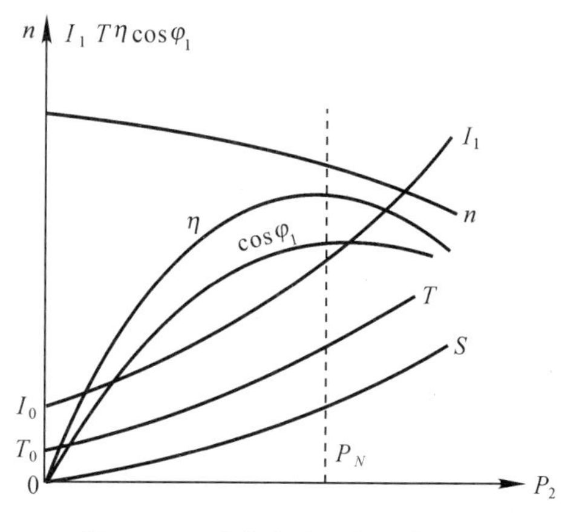

图 4-29 感应电动机的工作特性

当 S 增加时，转速 n 下降。但是为了使电动机有较高的效率，要求转子铜耗 $p_{Cu2}=SP_M$ 较小。所以一般感应电动机额定运行时的转差率很小，控制在 0.015～0.05 之间，从空载到满载时，转速从 n_1 降到 $n_N=(1-S_N)n_1=(0.985-0.95)n_1$，变化不大。所以转速特性 $n=f(P_2)$ 下降的程度不大。

二、定子电流特性

空载时，$I_1\approx I_m$，随着负载 P_2 的增加，S 增大，I_2' 增加，使与之相平衡的定子电流中的负载分量增加。因此 I_1 几乎随 P_2 成正比地增加。

三、电磁转矩特性 $T=f(P_2)$

电动机从空载到满载，其转速 n 及主磁通 Φ_m 基本不变，所以其机械损耗 p_Ω 及附加损耗 p_Δ 基本不变，因而空载转矩 T_0 可视为不变。但是输出转矩 $T_2=\dfrac{P_2}{\Omega}$ 近似于随 P_2 成正比地增加。所以 $T=T_2+T_0=f(P_2)$ 近似于上升的直线。

四、定子功率因数特性

空载时，$\dot{I} \approx \dot{I}_m$ 基本上是无功电流，所以 $\cos\varphi_{10} < 0.2$ 很低。当负载增加时，定子电流的有功分量增加，使 $\varphi_1 < \varphi_{10}$，所以 $\cos\varphi_1$ 增加。一般电机都设计成在额定负载时 $\cos\varphi_N$ 最高。超过额定负载时，过大的 I_2' 及 φ_2' 使 φ_1' 增大，如图 4-30 虚线所示。所以 $\cos\varphi_1$ 又降低。

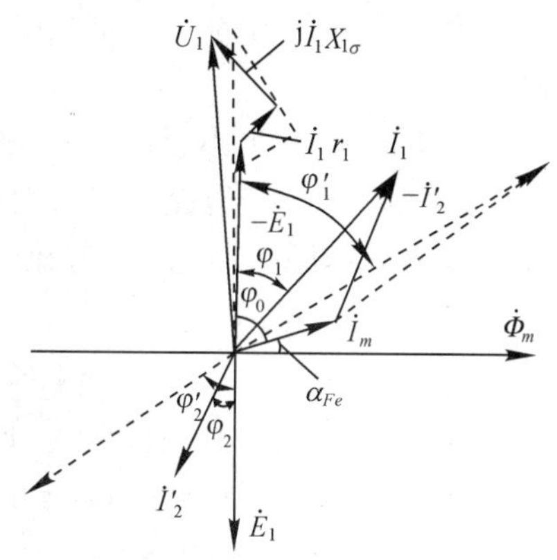

图 4-30　感应电动机不同负载时相量图

五、效率特性 $\eta = f(P_2)$

感应电动机的效率公式可以写成：

$$\eta = \frac{P_2}{P_1} = \frac{P_2}{P_2 + (p_\Omega + p_{Fe} + p_\Delta) + (p_{Cu1} + p_{Cu2})}$$

从空载到满载，$(p_\Omega + p_\Delta + p_{Fe})$ 可视为不变，称为不变损耗，而 $(p_{Cu1} + p_{Cu2})$ 是随负载 P_2 而变，称为可变损耗。当 $P_2 = 0$ 空载时，显然 $\eta = 0$；当 P_2 开始增加时，η 表达式的分子比分母增长快，所以效率升高；当负载加大到使可变损耗等于不变损耗时（对于一般电机，通常这时正好是额定负载 P_N），效率最高；若负载再增加，由于 $(p_{Cu1} + p_{Cu2})$）与电流平方成比例增加，η 表达式的分母比分子增长快，使效率反而降低。

由于感应电动机 $\cos\varphi_1$ 及 η 都在额定负载附近达最大值。所以电动机的容量选择，应尽可能地使之在其额定状态下运行，而不宜在空载或轻载状态下长期运行。否则，$\cos\varphi_1$ 及 η 都很低，能量消耗太大。

§4-9　三相感应电动机的参数测定

三相感应电动机参数测定接线图如图 4-31 所示。其中 T 为三相调压器，使电动机端电压能在 $(0 \sim 1.1)U_N$ 范围内连续可调；由三只电流表测得并换算成定子平均相电流 I_1；由电压表测得并换算成平均相电压 U_1；由二瓦特计法测出定子从电网输入的三相总功率 P_1（它等于两只瓦特计读数的代数和）。

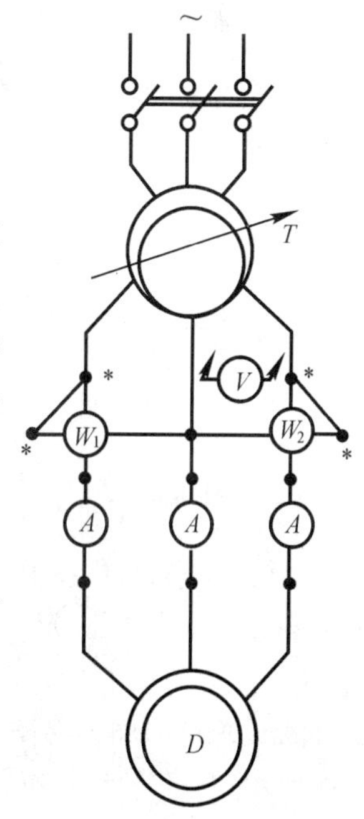

图 4-31　感应电动机参数测定接线图

一、空载试验

空载试验的目的是测出感应电动机的励磁阻抗 $Z_m = r_m + jx_m$，铁耗 p_{Fe} 及机械损耗 p_Ω。其方法是电动机轴上不带任何机械负载；定子施以额定频率的对称三相额定电压；让它空载运行一段时间，待机械损耗稳定后调节 U_1 使之从 $(1.1 \sim 1.3)U_N$ 开始逐次降低电压直到 $0.2U_N$ 左右为止（或者发现转速明显下降或者发现定子电流开始回升为止）。每次记取定子相电压 U_1，空载相电流 I_0 及空载输入功率 P_0，从而绘出电动机的空载特性 $I_0 = f(U_1)$ 及

$P_0 = f(U_1)$，如图 4-32 所示。

$$P_0{}' = P_0 - m_1 I_0^2 r_1 = p_{Fe} + p_\Omega \tag{4-75}$$

从空载输入功率 P_0 中减去空载定子铜耗即为机械损耗与铁耗之和。

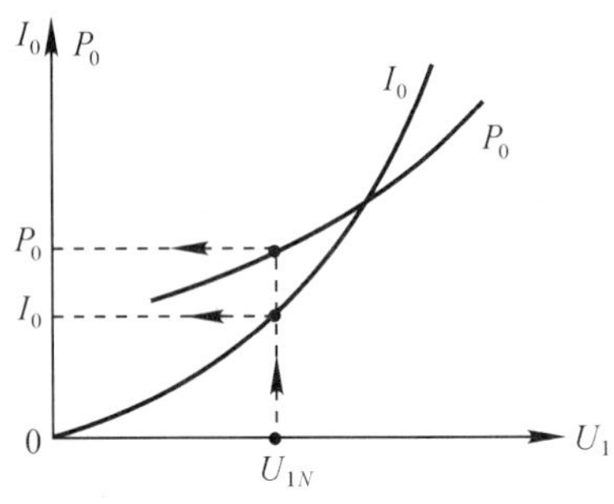

图 4-32　感应电动机的空载特性

由于铁耗 p_{Fe} 的大小近似与 U_1 平方成正比而机械损耗 p_Ω 的大小仅决定于转速，与 U_1 大小无关。所以在空载试验中，当 U_1 变化时，p_{Fe} 随 U_1^2 正比变化而 p_Ω 几乎不变。令 $p_{Fe} = bU_1^2, p_\Omega = a$，则式(4-75)可写成：

$$P_0{}' = a + bU_1^2 = f(U_1^2)$$

可知 $P_0{}'$ 和 U_1^2 的关系是一条直线。如图 4-33 所示。延长此直线与纵轴相交，再过交点 O' 作横轴平行线 $\overline{O'b}$。则 U_{1N}^2 所对应的 $\overline{ab}$ 段即为额定运行时的铁耗 p_{Fe}，$\overline{bc}$ 段即为机械损耗 p_Ω，而励磁电阻 r_m 为：

$$r_m = \frac{p_{Fe}}{m_1 I_0^2} \tag{4-76}$$

式中 I_0 应从 $I_0 = f(U_1)$ 中令 $U_1 = U_{1N}$ 来查取。

从 $I = f(U_1)$ 及 $P_0 = f(U_1)$ 中查取 U_{1N} 所对应的 I_0 及 P_0，则由空载等值电路得：

$$Z_0 = \frac{U_1}{I_0}; r_0 = \frac{P_0}{m_1 I_0^2}; X_0 = \sqrt{Z_0^2 - r_0^2}$$

式中 $X_0 = X_{1\sigma} + X_m$。定子漏抗 $X_{1\sigma}$ 可由下述的短路试验求得，则励磁电抗为：

$$X_m = X_0 - X_{1\sigma}$$

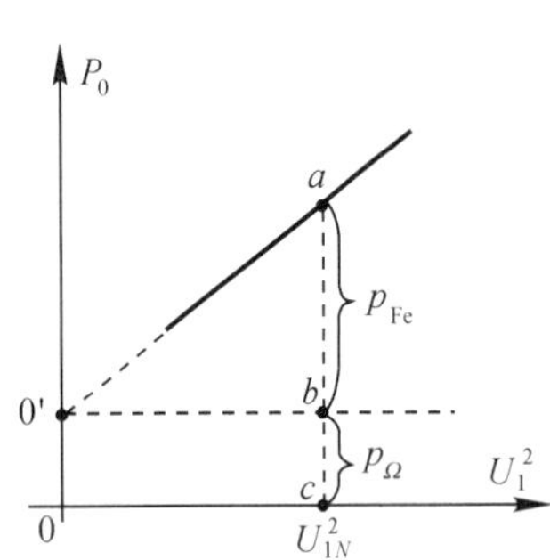

图 4-33　感应电动机机械损耗与铁耗的分离

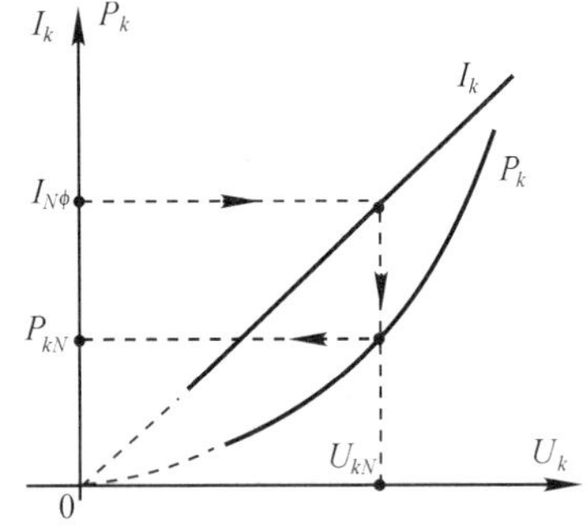

图 4-34　感应电动机的短路特性

二、短路试验

短路试验的目的是测出短路阻抗 $Z_k = r_k + jX_k$ 及额定电流时的定转子铜耗 $p_{Cu1} + p_{Cu2}$。其方法是将转子堵住；定子外施对称三相低电压(约 $0.4U_N$ 左右)；使定子电流(称为短路电流，用 I_k 表示)从 $1.2I_N$ 开始逐渐减小直到 $0.3I_N$ 左右为止。每次记取定子相电压 U_k，相电流 I_k 及短路试验输入功率 P_k，从而画出电动机的短路特性 $I_k = f(U_k)$ 及 $P_k = f(U_k)$ 如图 4-34 所示。从图中查出额定相电流 $I_{N\Phi}$ 所对应的 U_{kN} 及 P_{kN}，则由堵转时等值电路可得：

$$Z_k = \frac{U_{kN}}{I_{N\Phi}}; r_k = \frac{P_{kN}}{m_1 I_{N\Phi}^2}; X_k = \sqrt{Z_k^2 - r_k^2}$$

由于定子相电阻 r_1 可由电桥直接测出，所以转子每相电阻为 $r_2{}' = r_k - r_1$。

至于漏抗，对于大、中型感应电动机可以认为：$X_{1\sigma}=X_{2\sigma}'=\dfrac{X_k}{2}$；对于100千瓦以下的小型感应电动机，可取：$X_{2\sigma}'\approx 0.97X_k$（当$2p=2,4,6$时）或$X_{2\sigma}'\approx 0.57X_k$（当$2p=8,10$时）。

由于短路试验时 $P_2=0$，$p_\Omega=p_\Delta=0$ 且 $p_{Fe}\approx 0$，所以 P_{kN} 就是额定电流时定转子铜耗之和，则：

$$P_{kN}=m_1I_k^2r_k=p_{Cu1}+p_{Cu2}$$

习题与思考题

4-1　感应电机中气隙的大小对电机有什么影响？

4-2　感应电动机定、转子之间没有电路上的直接联系，为什么轴上输出功率增加时，定于电流和输入功率会自动增加？

4-3　某三相四极绕线式感应电动机，如果将其定子绕组短接，而在对称三相转子绕组中通入 $f=50[\mathrm{Hz}]$ 的对称三相电流。已知转子电流所生的旋转磁动势对转子的转向是顺时针旋转。试问：(1) 转子是否也会旋转？为什么？(2) 转子转向如何？(3) 设转子转速为 $n=1450[\mathrm{r/min}]$，则此时转差率应如何计算？

4-4　某三相感应电动机的额定数据如下：
$P_N=30[\mathrm{kW}]$，$U_N=380[\mathrm{V}]$，$n_N=1450[\mathrm{r/min}]$，$\cos\varphi_N=0.80$，$\eta_N=88\%$，$f_N=50[\mathrm{Hz}]$，试求：(1) 该机的极数；(2) 额定转差率；(3) 额定电流。

4-5　已知某三相交流电机的极对数 $p=3$，定子槽数 $z_1=36$，采用单层链式绕组，并联支路数 $a=3$，试用三种不同颜色画出三相绕组展开图并将之连结成Y接法。

4-6　已知某三相交流电机的极对数 $p=3$，定子槽数 $z_1=36$，线圈节距 $y_1=\dfrac{5}{6}\tau$，并联支路数 $a=1$，采用双层分布短距迭绕组。试求：

(1) 用三种不同颜色画出三相绕组展开图，并将之连结成 △ 接法。

(2) 该绕组可以接成哪几种并联支路数？

4-7　某幅值为 B_{m1} 的气隙基波磁场以转速 $n_1[\mathrm{r/min}]$ 切割定子上导体 A 与导体 B，取 $B_\delta(\theta,t)$ 转到图4-35所示位置时刻为 $t=0$，试证明：

(1) 导体 A 的基波电动势表达式为：$e_a=\sqrt{2}E_a\sin\omega t$。式中 ω 为 $B_\delta(\theta,t)$ 对导体的旋转电角速度$[\mathrm{rad/s}]$；$E_a=\dfrac{\pi}{\sqrt{2}}f_1\Phi_1$ 为导体基波电动势有效值；$\Phi_1=\dfrac{2}{\pi}B_{m1}\tau l$ 为每极基波磁通；τ 为极距；l 为导体有效长度；f_1 为导体基波电动势频率。

(2) 如果导体 B 与 A 相距 $y_1<\tau$，由 A、B 两导体组成一短距线圈，试用两导体电动势矢量相加的方法证明该线圈基波电动势的有效值为 $E_{y1}=2E_ak_{y1}$，式中 $k_{y1}=\sin\dfrac{y_1}{\tau}90°$ 为基波电动势短矩系数。

4-8　为什么绕组的分布和短距能够削弱谐波电动势，改善相电动势的波形？而此时每个导体中的电动势波形能否得到改善？为什么？

4-9 某三相六极 50[Hz] 感应电动机，额定电压 $U_N=380$[V]，定子槽数 $z_1=36$，定子采用双层短距分布绕组，Y 接法，节距 $y_1=5$ 槽，并联支路数 $a=1$，每槽导体数 40 根。已知定子额定基波电动势为额定电压的 85%，问气隙额定每极基波磁通量 Φ_m 为多少？

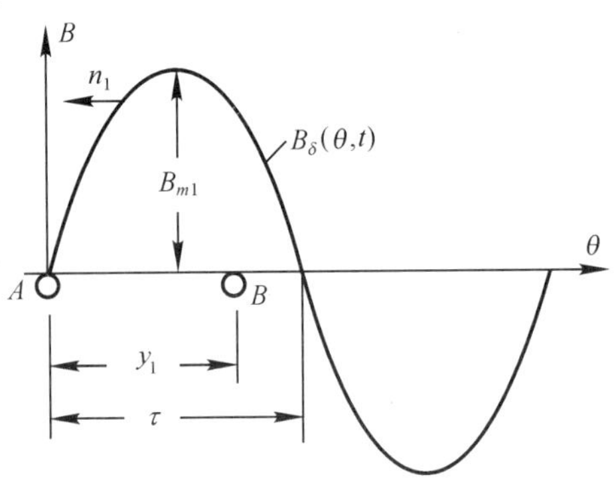

图 4-35 导体的基波电动势

4-10 某三相交流电机定子槽数 $z_1=36$，极距 $\tau=9$ 槽，绕组跨距 $y_1=7$ 槽，定子三相双层绕组 Y 接法。每个线圈匝数 $N_y=2$，并联支路数 $a=1$，气隙每极基波磁通 $\Phi_1=0.74$[Wb]，气隙谐波磁密与基波磁密的幅值之比为 $\frac{B_5}{B_1}=\frac{1}{25}$，$\frac{B_7}{B_1}=\frac{1}{49}$，基波及各次谐波磁场转速相等，均为 1500[r/min]。试求：

(1) 基波、五次谐波和七次谐波的绕组系数；

(2) 相电动势中的基波、五次谐波和七次谐波分量有效值；

(3) 合成相电势有效值。

4-11 一台三相感应电动机，如果把转子抽掉，而在定子三相绕组上施加对称三相额定电压会产生什么后果？

4-12 拆修感应电动机的定子绕组，若把每相的匝数减少 5% 而额定电压、额定频率不变，则对电机的性能有什么影响？

4-13 试分析图 4-36 所示的定子绕组所生的磁动势性质。其中(a)(b)(c) 的三相电源对称，(d) 为单相电源。

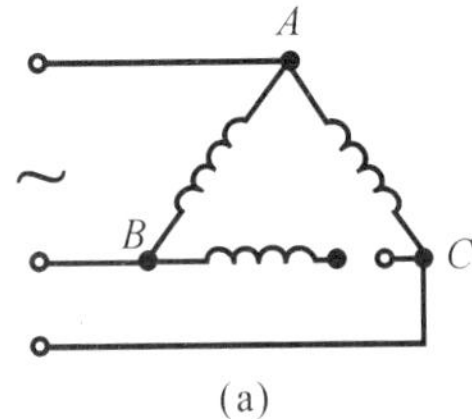

(a)

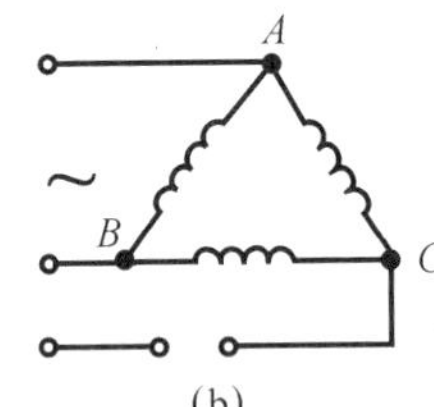

(b)

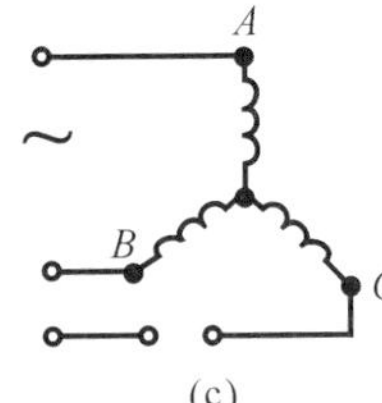

(c)

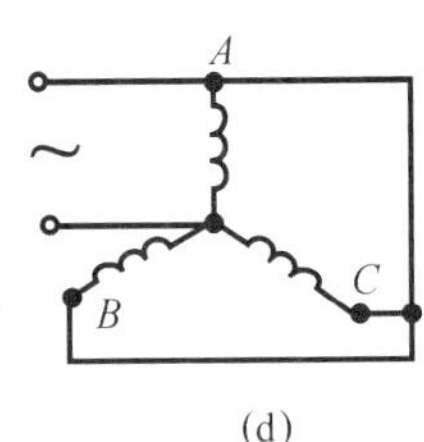

(d)

图 4-36 定子三相绕组所生的磁动势性质

4-14 某四极单相电机定子绕组串联匝数 $N_1=100$[匝]，基波绕组系数为 $k_{w1}=0.946$，三次谐波绕组系数 $k_{w3}=0.568$。试求：

(1) 当通入相电流为 $i=\sqrt{2}5\sin 314t$[A] 时，单相绕组所生的基波和三次谐波磁动势的幅值及脉振频率；

(2) 若通入的相电流为 $i=\sqrt{2}5\sin 314t-\sqrt{2}\frac{5}{3}\sin(3\times 314t)$[A] 时，相电流中的三次谐波电流能否产生基波磁动势？为什么？

(3) 对于项(2) 写出相绕组所生的基波脉振磁动势表达式；

(4) 对于项(2) 写出相绕组所生的三次谐波脉振磁动势表达式；

(5) 若通入的相电流为 $I = 5[\text{A}]$ 的直流电流,求相绕组所生的基波及三次谐波磁动势幅值各为多少?这时该磁动势是什么性质?

4-15 某电机的定子对称三相绕组短接,在静止不动的转子单相绕组中通入频率为 $50[\text{Hz}]$ 的正弦电流,如图 4-37 所示。试问:

(1) 定子三相绕组中的感应电动势是否对称?为什么?

(2) 定子三相绕组所生的合成基波磁动势是脉振的还是旋转的?为什么?

4-16 某二极交流电机定子对称三相绕组中加入相序 A-B-C 的对称三相电流。其中 A 相电流 $i_A = 10\sin 314t[\text{A}]$,试问:

(1) 当 $I_A = +10[\text{A}]$ 时,三相合成基波磁动势幅值位置在何处?

(2) 当 I_A 从 $+10[\text{A}]$ 减到 $I_A = +5[\text{A}]$ 时,三相合成基波磁动势幅值位置离开 **A** 多少机械角度?

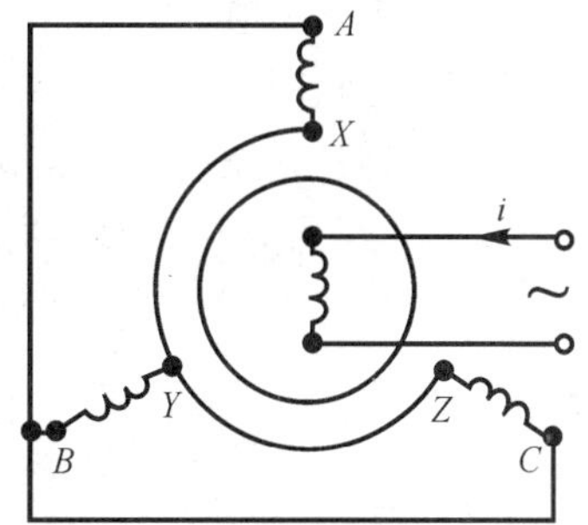

图 4-37 习题 4-15 附图

4-17 某三相六极感应电动机,定子槽数 $z_1 = 36$,定子绕组双层短距,每个线圈匝数 $N_y = 6$,线圈节距 $y_1 = 5$ 槽,并联支路数 $a = 1$。通入相电流有效值为 $20[\text{A}]$,频率为 $50[\text{Hz}]$ 的对称三相电流。试求三相合成的基波、三次谐波、五次谐波及七次谐波磁动势的幅值、转速及对基波的相对转向。

4-18 某对称三相绕组按图 4-38 所示连结,通入直流电流 I' 产生的合成基波磁动势幅值跟原 Y 接法通入对称三相电流 I 时所产生的三相合成基波磁动势幅值相等。试证明:$I' = \sqrt{2}I$。

4-19 在空间上互距 $90°$ 电角度而且有效匝数相等的两相绕组中通入对称两相电流 $i_A = I_m \sin\omega t$ 和 $i_B = I_m \sin(\omega t - 90°)$,求:(1) 合成基波磁动势的性质、转速与转向;(2) 合成三次谐波磁动势的性质、转速与转向。

4-20 试证明当考虑铁芯损耗时,气隙中磁密波 $B_m(\theta, t)$ 在空间上落后于励磁磁动势波 $F_m(\theta, t)$ 一个铁耗角,但两者仍同步旋转。

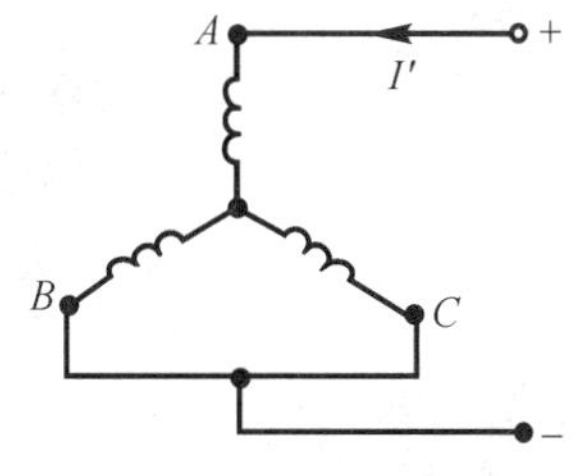

图 4-38 习题 4-18 附图

4-21 三相感应电动机的频率不变而将端电压比 U_N 升高 20%,则励磁电阻 r_m 和励磁电抗 X_m 将如何变化?为什么?

4-22 一台转子静止的绕线式感应电机,当转子绕组开路,定子施加对称三相额定电压时测得定子电流为 $0.1I_{1N}$,而当转子绕组短路,定子施加对称三相低电压时测得定子电流为 I_{1N}。试问:(1) 两种情况下主磁通哪一种大?为什么?(2) 两种情况下漏磁通哪个大?为什么?

4-23 试证明感应电机当运行于发电状态(n 与 n_1 同转向且 $n > n_1$)以及反接制动状态(n 与 n_1 转向相反)时,转子基波磁动势仍然与定子基波磁动势在空间上相对静止,同步旋转。

4-24 某三相四极 $50[\text{Hz}]$ 绕线式感应电动机,定转子对称三相绕组均 Y 接法,定子每相串联匝数 $N_1 = 240$ 匝,基波绕组系数 $k_{\omega 1} = 0.93$,转子每相有效串联匝数为 $N_2 k_{\omega 2} =$

58.18，定子额定电压$U_{1N}=380[V]$，定子每相感应电动势E_1为额定相电压的85%。试求：(1) 转子额定电压U_{2N}；(2) 当$n=1460[r/min]$时的转子相电动势有效值和频率。

4-25 某三相四极 50[Hz] 绕线式感应电动机，定转子对称三相绕组均 Y 接法，转子额定电压为240[V]，额定转差率$S_N=0.04$。当转子频率为50[Hz]时转子每相电阻$r_2=0.06[\Omega]$，漏抗$X_{2\sigma}=0.2[\Omega]$。试求额定运行时：(1) 转子电动势的频率；(2) 转子相电动势有效值；(3) 转子电流有效值。

4-26 某三相四极 50[Hz] 绕线式感应电动机，$U_{1N}=380[V]$，$n_N=1450[r/min]$，定转子对称三相绕组均 Y 接法，其有效匝数比为 4。已知电机参数如下：$r_1=r_2'=0.4[\Omega]$，$X_{1\sigma}=X_{2\sigma}'=1[\Omega]$，$X_m=40[\Omega]$，$r_m$忽略不计，试求额定运行时：(1) 定子电流$I_1$，转子电流$I_2$及空载电流$I_0$（用 T 型等值电路计算）；(2) 转子相电势$E_{2S}$；(3) 总机械功率$P_\Omega$。

4-27 某三相四极 50[Hz] 感应电动机，$P_N=10[kW]$，$U_N=380[V]$，$n_N=1455[r/min]$，定子绕组 △ 接法。$r_1=1.375[\Omega]$，$X_{1\sigma}=2.43[\Omega]$，$r_2'=1.04[\Omega]$，$X_{2\sigma}'=4.4[\Omega]$，$r_m=8.34[\Omega]$，$X_m=82.6[\Omega]$。额定负载时$p_\Omega+p_\Delta=205[W]$。试用简化等值电路计算额定负载时的定子电流、功率因数、输入功率和效率。

4-28 某三相四极 50[Hz] 感应电动机，已知输入功率$P_1=10.7[kW]$，定子铜耗$p_{Cu1}=450[W]$，铁耗$p_{Fe}=200[W]$，转差率$S=0.029$。试求此时该机的电磁功率P_M，总机械功率P_Ω，转子铜耗p_{Cu2}及电磁转矩T各为多少？

4-29 某三相六极 50[Hz] 感应电动机，$P_N=28[kW]$，$U_N=380[V]$，$n_N=950[r/min]$，$\cos\varphi_N=0.88$。已知额定运行时各项损耗为$p_{Cu1}=1.0[kW]$，$p_{Fe}=500[W]$，$p_\Omega=800[W]$，$p_\Delta=50[W]$，试求额定运行时的：(1) 转差率；(2) 转子铜耗；(3) 效率；(4) 定子电流；(5) 转子电流频率。

4-30 某三相四极 50[Hz] 感应电动机，$P_N=10[kW]$，$U_N=380[V]$，$I_N=20[A]$，定子绕组△接法。额定运行时的损耗为$p_{Cu1}=557[W]$，$p_{Cu2}=314[W]$，$p_{Fe}=276[W]$，$p_\Omega=77[W]$，$p_\Delta=200[W]$。试求额定转速n_N；额定运行时的电磁转矩、输出转矩及空载转矩。

4-31 某笼型感应电动机，原来转子采用铜导条，如改用铸铝转子，试问对电动机的起动电流、效率、功率因数、转速、定子电流及输出功率有什么影响？（假设负载转矩为恒转矩，额定电压不变）。

4-32 某三相感应电动机铭牌上标明：额定电压为 380/220[V]，定子绕组接法为 Y/△。试问：

(1) 如果定子 △ 接法，施以 380[V] 对称三相电压，能否空载或带额定负载运行？为什么？

(2) 如果定子 Y 接法，施以 220[V] 对称三相电压，能否空载或带额定负载运行？为什么？

4-33 三相感应电动机带动额定恒转矩负载运行时，试问：

(1) 如果电源电压下降 10%，对电动机的转速、定子电流I_1及定子功率因数有什么影响？

(2) 如果电源电压下降50%,对电机会引起什么后果?为什么?

4-34 某 $f_N = 60$[Hz] 的三相感应电动机,现接在 U_N 不变而 $f = 50$[Hz] 的对称三相电网上运行。试问:

(1) 电动机的漏电抗、励磁电抗及空载电流如何变化?

(2) 若保持转差率与原设计的 S_N 相同,则电动机的 I_2,$\cos\varphi_1$ 及 P_2 如何变化?

(3) 若保持 T_Z 与原60[Hz]时相同,则电动机的 I_1,$\cos\varphi_1$ 及 P_2 如何变化?

4-35 某三相绕线式感应电动机,转子三相绕组Y接法,现将转子绕组改为△接法。试问:

(1) 电机能否正常工作?

(2) 滑环电压和滑环电流有何变化?

(3) 折算到定子边的 r_2' 及 $X_{2\sigma}'$ 有何影响?

(4) 若保持改接前后转差率不变,则电动机的 P_1 及 P_2 是否变化?

4-36 某三相四极50[Hz]笼型感应电动机 $P_N = 3$[kW],$U_N = 380$[V],$I_N = 7.25$[A],Y接法,$r = 2.01$[Ω]。空载试验数据:当空载线电压 $U_1 = 380$[V]时,$I_0 = 3.64$[A],$p_0 = 246$[W],$p_\Omega = 11$[W];短路试验数据:当 $I_k = 7.05$[A]时,短路线电压 $U_k = 100$[V]而 $P_k = 470$[W]。假设附加损耗忽略不计,短路特性为线性,且 $X_{1\sigma} = X_{2\sigma}'$。试求:

(1) 参数 $X_{1\sigma}$,r_m,X_m,r_2';

(2) 该机的 $\cos\varphi_N$ 及 η_N(不考虑温度的影响)。

第 5 章 三相感应电动机的电力拖动

§5-1 三相感应电动机的机械特性

一、机械特性的三种表达式

1. 机械特性的物理表达式

由于 $P_M = m_1 E_2' I_2' \cos\varphi_2$，$\Omega_1 = \dfrac{\omega_1}{p} = 2\pi f_1/p$ 及 $E_2' = \sqrt{2}\pi f_1 N_1 k_{\omega 1}\Phi_m$，则

$$T = P_M/\Omega_1 = \left[(pm_1 N_1 k_{\omega 1})/\sqrt{2}\right]\cdot \Phi_m \cdot I_2' \cdot \cos\varphi_2 = C_{M1}\Phi_m I_2' \cdot \cos\varphi_2 \qquad (5\text{-}1)$$

式中 $C_{M1} = (pm_1 N_1 k_{\omega 1})/\sqrt{2}$ 为折算到定子边的感应电动机的转矩常数；Φ_m 为基波磁场的每极磁通；I_2' 为转子电流的折算值；$\cos\varphi_2$ 为转子回路的功率因数。此式跟从物理概念出发，根据 $T = \sum f\dfrac{D}{2}$ 而推导出来的电磁转矩公式完全相同，它阐明了感应电动机的电磁转矩跟气隙每极磁通 Φ_m 和转子电流有功分量（$I_2'\cos\varphi_2$）的乘积成正比的物理本质，故称式(5-1) 为感应电动机机械特性的物理表达式。

2. 机械特性的参数表达式

由感应电动机的简化等值电路图可得转子电流 I_2' 为：

$$I_2' = \frac{U_1}{\sqrt{\left(r_1 + \dfrac{r_2'}{S}\right)^2 + (x_{1\sigma} + x_{2\sigma}')^2}}$$

将上式及 $P_M = m_1 I_2'^2 \dfrac{r_2'}{S}$ 代入式 $T = P_M/\Omega_1$ 可得：

$$T = \frac{m_1}{\Omega_1}\cdot \frac{U_1^2 \cdot r_2'/S}{\left(r_1 + \dfrac{r_2'}{S}\right)^2 + (x_{1\sigma} + x_{2\sigma}')^2} = \frac{pm_1 U_1^2 \dfrac{r_2'}{S}}{2\pi f_1\left[\left(r_1 + \dfrac{r_2'}{s}\right)^2 + (x_{1\sigma} + x_{2\sigma}')^2\right]} \qquad (5\text{-}2)$$

式(5-2) 反映了感应电动机的电磁转矩 T 跟电源电压 U_1，频率 f_1，电机的参数(r_1，r_2'，$x_{1\sigma}'$，$x_{2\sigma}$，p 及 m_1) 以及转差率 S 之间的关系，称为机械特性的参数表达式。显然，当 U_1，f_1 及电机的参数不变时，电磁转矩 T 仅与转差率 S 有关，令 S 在 $-\infty < S < +\infty$ 之间变化，由式(5-2) 算出不同 S 所对应的 T 值，从而画出 $T = f(S)$ 曲线，如图 5-1 所示。经过简单的坐标变换，上述的 $T = f(S)$ 曲线即为感应电动机的机械特性 $n = f(T)$。

在图 5-1 中，当电磁转矩达最大值 T_m 时所对应的转差率 S_m 称为临界转差率。将式(5-2) 对 s 求导数并令 $\frac{dT}{dS}=0$，可得：

$$S_m=\pm\frac{r_2'}{\sqrt{r_1^2+(x_{1\sigma}+x_{2\sigma}')^2}} \tag{5-3}$$

将上式代入式(5-2) 即得最大转矩为：

$$\begin{aligned}T_m&=\pm\frac{m_1}{\Omega_1}\frac{U_1^2}{2[\pm r_1+\sqrt{r_1^2+(x_{1\sigma}+x_{2\sigma}')^2}]}\\&=\pm\frac{pm_1U_1^2}{4\pi f_1[\pm r_1+\sqrt{r_1^2+(x_{1\sigma}+x_{2\sigma}')^2}]}\end{aligned} \tag{5-4}$$

在一般感应电动机中，通常 $r_1\ll(x_{1\sigma}+x_{2\sigma}')$，为此，上二式可近似为：

$$\left.\begin{aligned}S_m&\approx\pm r_2'/(x_{1\sigma}+x_{2\sigma}')\\T_m&\approx\pm\frac{pm_1U_1^2}{4\pi f_1(x_{1\sigma}+x_{2\sigma}')}\end{aligned}\right\} \tag{5-5}$$

其中"+"号用于电动状态，"−"号用于发电状态。由式(5-3) 和式(5-4) 可知，电动状态与发电状态 $|S_m|$ 相同，但是由于 r_1 的存在，使发电状态的 $|T_m|$ 比电动状态的 T_m 大些。如果忽略 r_1 的影响，由式(5-5) 可知，电动状态与发电状态的 $|T_m|$ 相等。在以后的分析计算中，为简单起见，都认为电动状态与发电状态的 T_m 相等。

T_m 是感应电动机可能产生的最大转矩，为使电动机在运行中不会因短时过载而停机，要求其额定转矩 T_N 小于 T_m，具有一定的过载能力。我们称最大转矩 T_m 与额定转矩 T_N 之比为过载倍数，或过载能力，用 λ_M 表示。即 $\lambda_M=T_m/T_N$，λ_M 是感应电动机的一个重要指标，一般感应电动机的 $\lambda_M=1.6\sim2.2$。

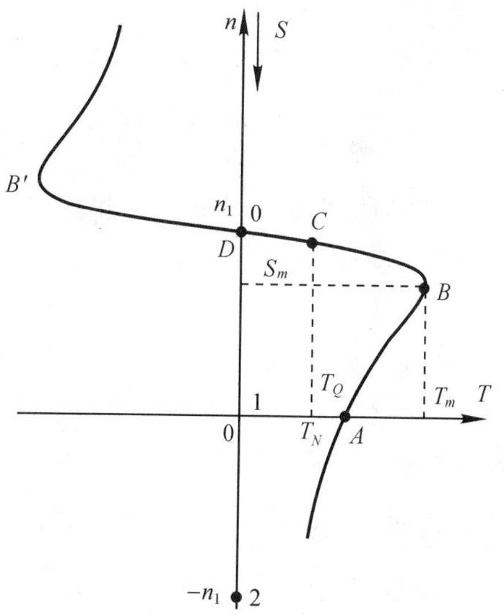

图 5-1　感应电动机的机械特性

由式(5-4) 可知，最大转矩主要与下述因素有关：

(1) 当电源频率及电机参数不变的情况下，最大转矩与定子相电压平方成正比，而临界转差率与 U_1 无关；

(2) 当 U_1，f_1 及其他参数不变而仅改变转子回路电阻 r_2' 时，最大转矩不变而临界转差率与成 r_2' 正比；

(3) 当 U_1，f_1 及其他参数不变而仅改变 $(x_{1\sigma}+x_{2\sigma}')$ 时，S_m 和 T_m 都近似与 $(x_{1\sigma}+x_{2\sigma}')$ 成反比。

将 $S=1$ 代入式(5-2) 即得感应电动机起动转矩的参数表达式为：

$$T_Q=\frac{pm_1U_1^2r_2'}{2\pi f_1[(r_1+r_2')^2+(x_{1\sigma}+x_{2\sigma}')^2]} \tag{5-6}$$

由式(5-6) 可知，起动转矩也与电源电压 U_1 平方成正比。

感应电动机在额定电压，额定频率及电机固有的参数条件下，其起动转矩只有一个固有

的数值 T_Q，它与额定转矩的比值，称为感应电动机的起动转矩倍数，用 K_M 表示，即 $K_M = T_Q/T_N$，一般要求 $K_M > 1$，这样才能带动额定负载顺利起动。

3. 机械特性的实用表达

用(5-4) 去除式(5-2)，可得：

$$\frac{T}{T_m} = \frac{2r_2'[\pm r_1 + \sqrt{r_1^2 + (x_{1\sigma} + x_{2\sigma}')^2}]}{\pm S\left[\left(r_1 + \frac{r_2'}{S}\right)^2 + (x_{1\sigma} + x_{2\sigma}')^2\right]} \tag{5-7}$$

又由式(5-3) 可得：

$$\sqrt{r_1^2 + (x_{1\sigma} + x_{2\sigma}')^2} = \pm r_2'/S_m$$

将此式代入式(5-7)，并经整理化简可得：

$$\frac{T}{T_m} = \frac{2 + \varepsilon}{\frac{S}{S_m} + \frac{S_m}{S} + \varepsilon} \tag{5-8}$$

式中 $\varepsilon = (2r_1/r_2') \cdot S_m \approx 2S_m$。在一般情况下，$S_m = 0.1 \sim 0.2$，所以 $\varepsilon \approx 0.2 \sim 0.4$，由于不论 S 为何值，$(S/S_m + S_m/S) > 2$，所以，$\varepsilon \ll (S/S_m + S_m/S)$，为了简化起见，可以略去 ε 项，于是式(5-8) 可简化为：

$$T = \frac{2T_m}{\frac{S}{S_m} + \frac{S_m}{S}} \tag{5-9}$$

式中 T_m 及 S_m 可用下述方法求出：

$$T_m = \lambda_M \cdot T_N \tag{5-10}$$

$$T_N = 9550P_N/n_N \tag{5-11}$$

式中 P_N 单位为[kW]，n_N 单位为[r/min]，T 单位为[N·m]。将 $T = T_N$，$S = S_N$ 代入式(5-9) 可得：

$$S_m = S_N \cdot (\lambda_M + \sqrt{\lambda_M^2 - 1}) \tag{5-12}$$

为此，只要从产品目录中查出该电机的 P_N，n_N，λ_M。由式(5-10) 至式(5-12) 算出 T_m 及 S_m，然后代入式(5-9) 即得该机的机械特性表达式。所以式(5-9) 使用起来方便实用，故称为机械特性的实用表达式。

由图 5-1 可知，当 $S \ll S_m$ 时，机械特性的为直线段，而当 $S \ll S_m$ 时，$\frac{S}{S_m} \ll \frac{S_m}{S}$，则式(5-9) 可简化为：

$$T = [(2T_m)/S_m] \cdot S \tag{5-13}$$

这就是机械特性直线段的表达式，又称机械特性的直线表达式。式中 $T_m = \lambda_M \cdot T_N$ 的计算方法同上，至于 S_m，可以用 $S = S_N$，$T = T_N$ 代入式(5-13) 求得，即

$$S_m = 2\lambda_M \cdot S_N \tag{5-14}$$

直线表达式(5-13) 用起来更为简单方便，但是必须注意两点：

(1) 必须事先能够判定运行点确定处于机械特性的直线段或 $S \ll S_m$。如果不能确定运行点处于直线段，则只能使用实用表达式(5-9)；

(2) 直线表达式中的 $S_m = 2\lambda_M \cdot S_N$ 而不能用式(5-12) 来计算。

二、感应电动机的固有机械特性

将定子对称三相绕组按规定的接线方式联接，不经任何阻抗(电阻或电抗)而直接施以额定电压，额定频率的对称三相电压，转子回路也不串任何阻抗，而直接自行短接。在这种情况下测得的感应电动机 $n=f(T)$ 关系，称为固有机械特性，如图5-1所示。其上有几个特殊运行点：

(1) 起动点 A：

该点的 $S=1$，对应的电磁转矩为固有的起动转矩 T_Q，即为直接起动时的起动转矩；对应的定子电流即为直接起动时的起动电流 I_Q。

(2) 临界点 B：该点的 $S=S_m$；对应的电磁转矩 T_m 即为电动机所能提供的最大转矩。

(3) 额定点 C：在固有特性上，额定点 C 所对应的 $n=n_N$，$T=T_N$，$I_1=I_{1N}$，$I_2=I_{2N}$，$P_2=P_N$，即该机运行于额定状态。

(4) 同步点 D：同步点又称理想空载点，该点 $n=n_1$(即 $S=0$)，$T=0$，$E_{2S}=0$，$I_2=0$，$I_1=I_m$。电动机处于理想空载状态。

例 5-1 某三相四级 50[Hz] 绕线式感应电动机。$P_N=150$[kW]，$U_{1N}=380$[V]，$n_N=1460$[r/min]，$\lambda_M=2$，试求：

(1) 该机的固有机械特性表达式；

(2) 该机固有的起动转矩 T_Q；

(3) 当负载为恒转矩负载且 $T_Z=755$[N·m] 时的转速。

解：(1) $n_1=\dfrac{60f_1}{p}=\dfrac{60\times 50}{2}=1500[\text{r/min}]$

$$S_N=\frac{n_1-n_N}{n_1}=\frac{1500-1460}{1500}=0.027$$

$$S_m=S_N(\lambda_M+\sqrt{\lambda_M^2-1})=0.027(2+\sqrt{2^2-1})=0.1$$

$$T_N=9550P_N/n_N=9500\cdot\frac{150}{1460}=981.2[\text{N}\cdot\text{m}]$$

$$T_m=\lambda_M\cdot T_N=2\times 981.2=1962.4[\text{N}\cdot\text{m}]$$

则得该机的固有特性为：

$$T=\frac{2T_m}{\dfrac{S}{S_m}+\dfrac{S_m}{S}}=\frac{2\times 1962.4}{\dfrac{S}{0.1}+\dfrac{0.1}{S}}=\frac{392.48S}{S^2+0.01}[\text{N}\cdot\text{m}]$$

(2) 将 $S=1$ 代入固有特性表达式，即得该机固有起动转矩为：

$$T_Q=\frac{392.48\times 1}{1^2+0.01}=388.6[\text{N}\cdot\text{m}]$$

(3) 在固有特性表达式中令 $T=T_Z=755$[N·m]，即：

$$755=\frac{392.48S}{S^2+0.01}$$

得

$$S=\frac{+0.5198\pm\sqrt{0.5198^2-4\times 1\times 0.01}}{2\times 1}=\begin{cases}0.02\\0.5\end{cases}$$

其中 $S=0.5>S_m$ 对于恒转矩负载是不能稳定运行的，应舍去，则该机转速为：

$$n=(1-S)n_1=(1-0.02)\times 1500=1470[\text{r/min}]$$

三、感应电动机的人为机械特性

人为地改变电动机的任一个参数（如 U_1，f_1，p，定子回路电阻或电抗，转子回路电阻或电抗等等）的机械特性统称为人为机械特性。

1. 降低定子端电压人为特性

电动机的其他条件都与固有特性时一样，仅降低定子相电压所得到的人为特性，称为降低定子端电压人为特性，其特点如下：

（1）降压后同步转速 n_1 不变，即不同 U_1 的人为特性都通过固有特性的理想空载点。

（2）降压后，最大转矩 T_m 随 U_1^2 成比例下降，但是 S_m 跟固有特性时一样，为此，不同 U_1 时的人为特性的临界点的变化规律如图 5-2 所示；

（3）降压后的起动转矩 T_Q' 也随 U_1^2 成比例下降。

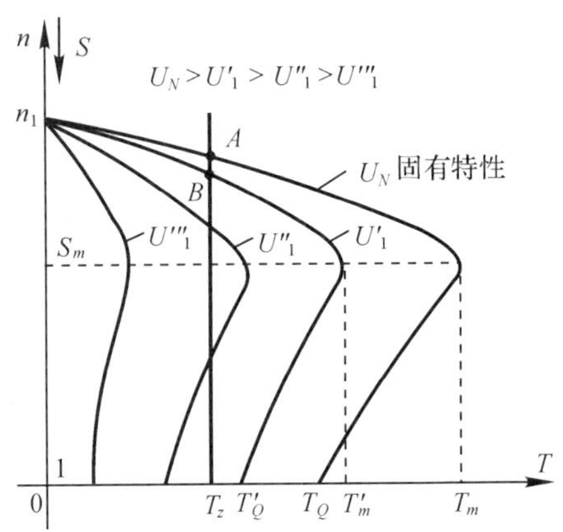

图 5-2　感应电动机降低定子端电压的人为特性

据上述特点，可以写出降低定子端电压的人为机械特性的实用表达式为：

$$\left.\begin{aligned}T&=\frac{2T_m'}{\dfrac{S}{S_m}+\dfrac{S_m}{S}}\\T_m'&=T_m\cdot(U_1'/U_1)^2\end{aligned}\right\}\tag{5-15}$$

式中 U_1 为额定相电压，T_m 与 S_m 跟固有特性时相同，分别由式(5-10)及式(5-12)算出。同理，可以写出降低定子端电压人为机械特性的直线表达式为：

$$\left.\begin{aligned}T&=\frac{2T_m'}{S_m}\cdot S\\T_m'&=T_m\cdot\left(\frac{U_1'}{U_1}\right)^2\end{aligned}\right\}\tag{5-16}$$

式中 S_m 由(5-14)决定。

由图 5-2 可知，端电压 U_1 下降后，电机的起动转矩 T_Q 和过载能力（$\lambda_M'=T_m'/T_N$）都显著地下降了，这在实际应用中必须注意。例如，设原来运行于 A 点，端电压下降为 U_1' 后，工作点变为 B 点，显然 $n_B<n_A$ 转速下降了。如果是恒转矩负载，则 $T_A=T_B=T_Z$ 不变，由于 $T=C_{M1}\cdot\Phi_m I_2'\cdot\cos\varphi_2$，其中 Φ_m 随 $E_1\approx U_1$ 的下降而下降，而且 $\varphi_2=\arctan x_{2\sigma}/\left(\dfrac{r_2}{S}\right)$ 随 S 的增大而增大，即 $\cos\varphi_2$ 变小，所以 I_2' 要增大，且 $I_1\approx I_2'$ 也随之增大，使定转子的铜耗都增加，绕组温度升高，如果长期处于低电压下运行可能要烧坏电机，如果电压下降太多，使 $T_m'<T_Z$ 则要停转。

2. 转子回路串对称三相电阻的人为特性

对于绕线式感应电动机，如果其他条件都与固有特性时一样，仅在转子回路中串入对称的三相电阻，所得的人为特性称为转子回路串对称三相电阻的人为特性，其特点如下：

(1) n_1 不变，所以不同 R_Ω 时的人为特性都通过固有特性的理想空载点。

(2) 临界转差率 $S_m' > S_m$，且随 R_Ω 的增加而增加，但是 T_m 不变。为此，不同 R_Ω 时的人为特性的临界点移动规律如图 5-3 所示。

(3) 当 $S_m' < 1$ 时，T_Q 随 R_Ω 的增加而增加；但当 $S_m' > 1$ 时，T_Q 随 R_Ω 的增加而减小。

据上述特点，可以写出转子串对称电阻时的人为特性的实用表达式为：

$$\left.\begin{aligned} T &= \frac{2T_m}{\dfrac{S}{S_m'} + \dfrac{S_m'}{S}} \\ \frac{S_m'}{S_m} &= \frac{r_2' + R_\Omega'}{r_2'} = \frac{r_2 + R_\Omega}{r_2} = 1 + \frac{R_\Omega}{r_2} \end{aligned}\right\} \tag{5-17}$$

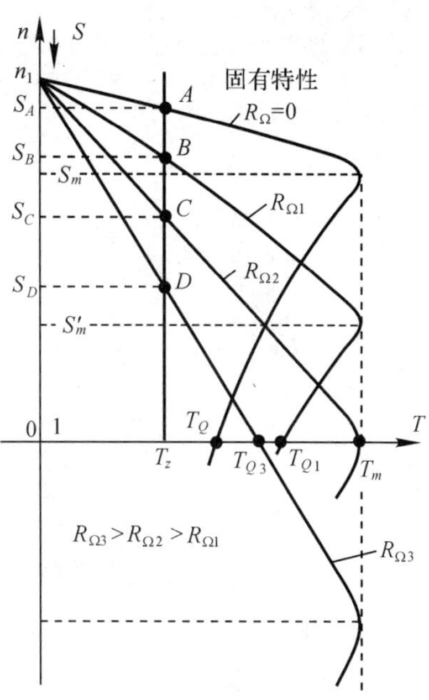

图 5-3　感应电动机转子回路串电阻的人为特性

式中 T_m 和 S_m 为固有特性时的数值。同理，可以写出转子串电阻人为特性的直线表达式为：

$$\left.\begin{aligned} T &= \frac{2T_m}{S_m'} \cdot S \\ \frac{S_m'}{S_m} &= \frac{r_2' + R_\Omega'}{r_2'} = 1 + \frac{R_\Omega}{r_2} \end{aligned}\right\} \tag{5-18}$$

式中 S_m 由式(5-14) 决定。

由图 5-3 可知，绕线式感应电动机转子回路串电阻 R_Ω，可以改变转速(用于调速)，也可以改变起动转矩，从而改善感应电动机的起动性能。例如：令 $S_m' = 1$，由式(5-3) 可得，为使 $T_Q = T_m$ 时应在转子每相串入电阻为：

$$R_\Omega' = \sqrt{r_1^2 + (x_{1\sigma} + x_{2\sigma}')^2} - r_2'$$

3. 定转子回路串对称三相电抗的人为特性

对于笼型感应电动机，可以在定子回路中串入对称的三相电抗 x_Ω；对于绕线式感应电动机，也可以在转子回路中串入对称的三相电抗，无论 x_Ω 串入定子回路或转子回路，其 n_1 不变；但是 T_m、S_m 及 T_Q 都减小。

例 5-2　某三相六极 50[Hz] 感应电动机，额定转速 $n_N = 980$[r/min]，转子每相电阻 $r_2 = 0.06$[Ω]，为使恒转矩负载 $T_Z = T_N$ 时的转速降为 $n = 750$[r/min]，试问：应在转子回路中每相串入多大电阻(R_Ω)？

解　如图 5-3 所示，按题意 A 和 B 两点的转差率为：

$$S_A = S_N = \frac{n_1 - n_N}{n_1} = \frac{1000 - 980}{1000} = 0.02$$

$$S_B = \frac{n_1 - n_B}{n_1} = \frac{1000 - 750}{1000} = 0.25$$

由于恒转矩负载 $T_A = T_B$，由参数表达式(5-2)可知，这只有当 $r_2'/S_A = \frac{r_2' + R_\Omega'}{S_B}$ 时才有可能，即

$$\frac{S_B}{S_A} = \frac{r_2' + R_\Omega'}{r_2'} = 1 + \frac{R_\Omega}{r_2}$$

则

$$R_\Omega = \left(\frac{S_B}{S_A} - 1\right)r_2 = \left(\frac{0.25}{0.02} - 1\right)\times 0.06 = 0.69[\Omega]$$

§5-2 三相感应电动机的起动

一、感应电动机的固有起动特性

将感应电动机按其额定的接法，定转子回路不串任何阻抗，直接投入额定电压、额定频率的电网，使之从静止状态开始转动直至稳定运行。这种起动方法叫做直接起动，这时的起动性能称为固有起动特性。由起动等值电路可知，直接起动时的定子相电流为：

$$I_{1Q} \approx I_{2Q}' = \frac{U_1}{\sqrt{(r_1 + r_2')^2 + (x_{1\sigma} + x_{2\sigma}')^2}} = \frac{U_1}{Z_k} \tag{5-19}$$

由于 $U_1 = U_{N\varphi}$ 很高，而 Z_k 很小，所以直接起动的电流很大，其线电流 I_Q 约为额定电流 I_N 的 4 ～ 7 倍。

由于起动时 $\cos\varphi_2$ 比额定运行时小得多，而且起动时过大的漏阻抗压降 $I_{1Q}Z_1$ 使主磁通 Φ_m 比额定时也小得多。为此，由式(5-1)可知，虽然起动时电流 I_2' 很大，但起动时的电磁转矩(即起动转矩)却不大，一般仅为额定转矩的(0.8 ～ 1.8)。

二、笼型感应电动机的起动方法

1. 直接起动

一般说来，7.5[kW]以下的小容量感应电动机，都可以直接起动；对于7.5[kW]以上的电动机，就要考虑过大的直接起动电流对供电系统的影响，一般按下列的经验公式来核定：

$$\frac{I_Q}{I_N} \leqslant \frac{3}{4} + \frac{S_H}{4P_N} \tag{5-20}$$

式中 I_Q 为直接起动时的定子线电流；I_N 为电动机的额定电流；S_H 为供电电源的总容量[kVA]；P_N 为电动机额定功率[kW]。如果式(5-20)能够满足，则该机允许直接起动；如果不能满足，则必须采取措施限制起动电流。

为了正确使用直接起动方法，在笼型感应电动机的产品目录中给出了固有起动特性的两个指标：即起动转矩倍数 K_M 和起动电流倍数 K_I。

$$K_M = T_Q/T_N$$

$$K_I = I_Q/I_N$$

式中 T_Q 与 I_Q 分别表示直接起动时的起动转矩与定子起动线电流。对于普通的笼型感应电动机，$K_M \approx 0.8 \sim 1.8$ 而 $K_I \approx 4 \sim 7$。

例 5-3 某三相六极笼型感应电动机，$P_N = 30[\text{kW}]$，$U_N = 380[\text{V}]$，$I_N = 59.3[\text{A}]$，$n_N = 952[\text{r/min}]$，$\lambda_M = 2.5$，$K_I = 6.5$，供电电源容量 $S_H = 850[\text{kVA}]$。试问该机能否带动额定负载直接起动？

解 由于$\frac{3}{4}+\frac{S_H}{4P_N}=\frac{3}{4}+\frac{850}{4\times30}=7.83>\frac{I_Q}{I_N}=K_I=6.5$，所以就起动电流言，供电电网允许该机直接起动。但是能否带动额定负载起动，还需校核起动转矩：

$$S_N=\frac{n_1-n_N}{n_1}=\frac{1000-952}{1000}=0.048$$

$$S_m=S_N(\lambda_M+\sqrt{\lambda_M^2-1})=0.048(2.5+\sqrt{2.5^2-1})=0.23$$

在固有特性实用表达式中令 $S=1$ 可得该机固有起动转矩，即直接起动转矩为：

$$T_Q=\frac{2T_m}{\frac{S_m}{S}+\frac{S}{S_m}}=\frac{2\times2.5T_N}{\frac{0.23}{1}+\frac{1}{0.23}}=1.09T_N>T_N$$

故该机可以带动额定负载直接起动。

2. 降压起动

如果判别式(5-20)不能满足时，必须降低端电压来减小起动电流。然而，定子端电压下降之后，虽然起动相电流 I_{1Q} 随 U_1 正比减小，但是起动转矩 T_Q 也随 U_1 成平方关系下降。因此，降压起动只能用于轻载或空载起动的场合。

(1) 定子回路串对称三相电抗器起动[*]

定子串电抗器降压起动的接线图如图 5-4 所示。起动时先把电源开关 1 合闸，且把开关 2 向下合至起动位置，使三相电抗器 x_Q 接入定子回路。等转速接近稳定时，再把开关 2 向上合至运行位置，把 x_Q 切除。

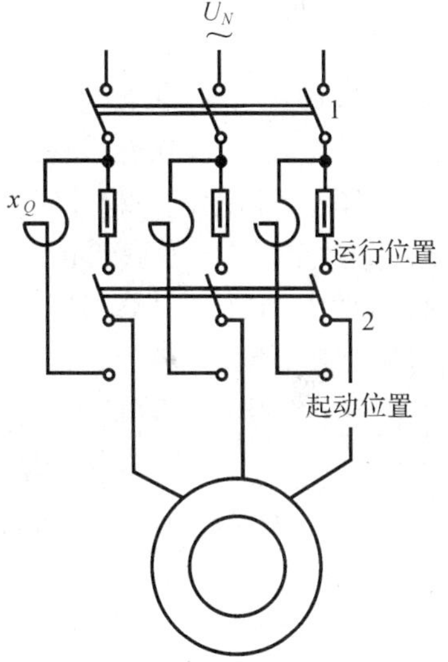

图 5-4 笼型感应电动机定子串电抗器降压起动

起动时，由于起动电流在 x_Q 上的电压降，使施加在电机出线端的相电压比额定相电压降低了，因而使起动电流 I_{1Q}' 比直接起动相电流 I_{1Q} 减小了。设 a 为定子串电抗器起动时起动电流所需降低的倍数，即 $a=I_{1Q}/I_{1Q}'$。则据 $U_1/U_1'=I_{1Q}/I_{1Q}'=a$ 可得：

$$\frac{T_Q'}{T_Q}=\left(\frac{U_1'}{U^1}\right)^2=\frac{1}{a^2}$$

由此可知，当定子回路串电抗起动时，如果起动电流降到直接起动时的 $1/a$ 倍，则其起动转矩更要降到原来的 $1/a^2$ 倍。由起动时等值电路可得：

$$I_{1Q}=\frac{U_1}{\sqrt{(r_1+r_2')^2+(x_{1\sigma}+x_{2\sigma}')^2}}=\frac{U_1}{\sqrt{r_k^2+x_k^2}}$$

$$I_{1Q}'=\frac{U_1}{\sqrt{(r_1+r_2')^2+(x_{1\sigma}+x_{2\sigma}'+x_Q)^2}}=\frac{U_1}{\sqrt{r_k^2+(x_k+x_Q)^2}}$$

$$a=\frac{I_{1Q}}{I_{1Q}'}=\frac{\sqrt{r_k^2+(x_k+x_Q)^2}}{\sqrt{r_k^2+x_k^2}}$$

则

$$x_Q = \sqrt{(a^2-1)r_k^2 + a^2 x_k^2} - x_k \tag{5-21}$$

式中a可根据对起动电流的具体要求决定，r_k及x_k可用短路试验测得，也可根据额定数据估算而得。如果定子为Y接法，$U_1 = U_N/\sqrt{3}$而$I_{1Q} = I_Q = K_I \cdot I_N$，则由起动时等值电路可知：

$$Z_k = U_1/I_{1Q} = U_N/(\sqrt{3}K_I \cdot I_N) \tag{5-22}$$

如果定子为△接法，$U_1 = U_N$而$I_{1Q} = I_Q/\sqrt{3} = (K_I \cdot I_N/\sqrt{3})$则

$$Z_k = U_1/I_{1Q} = \sqrt{3}U_N/K_I \cdot I_N \tag{5-23}$$

堵转时的功率因数为$\cos\varphi_k = r_k/Z_k$，一般$\cos\varphi_k \approx 0.25 \sim 0.4$，则

$$\left.\begin{aligned} r_k &\approx (0.25 \sim 0.4)Z_k \\ x_k &= \sqrt{Z_k^2 - r_k^2} = (0.97 \sim 0.91)Z_k \end{aligned}\right\} \tag{5-24}$$

(2) 自耦变压器降压起动

自耦变压器降压起动又称起动补偿器起动，其接线如图5-5所示。起动时将开关向下合至起动位置，使降压自耦变压器的原边接入额定电压的电网，其副边接至电动机的定子绕组。待转速接近稳定时，再把开关向上合至运行位置，从而将自耦变压器切除，使电动机直接接至额定电压电网运行。

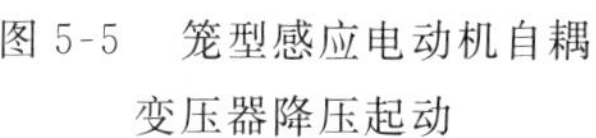

图5-5　笼型感应电动机自耦变压器降压起动

在图5-6所示的一相等值电路图中，原边电压U_1为额定相电压，副边电压U_2为施于电动机的相电压，副边电流$I_2 = I_{1Q2}$为降压后电动机的起动相电流。设自耦变压器的变比为$k = N_1/N_2$，则自耦变压器原副边的电压、电流关系为：

$$\left.\begin{aligned} U_1/U_2 &= N_1/N_2 = k \\ I_1/I_2 &= N_2/N_1 = 1/k \end{aligned}\right\} \tag{5-25}$$

据$I_{1Q} \infty U_1$，而$T_Q \infty U_1^2$可得：

$$I_{1Q}/I_{1Q2} = U_1/U_2 \text{ 或 } I_{1Q2} = I_{1Q}/k \tag{5-26}$$

$$T_Q/T_Q' = (U_1/U_1')^2 = k^2 \text{ 或 } T_Q' = T_Q/k^2 \tag{5-27}$$

但是，自耦变压器降压起动时，电源所提供的起动相电流是原边的I_{1Q1}而不是副边的I_{1Q2}，所以自耦变压器降压起动时电源所提供的起动电流降低倍数为：

$$I_{1Q}/I_{1Q1} = k \cdot I_{1Q}/I_{1Q2} = k^2 \text{ 或 } I_{1Q1} = I_{1Q}/k^2 \tag{5-28}$$

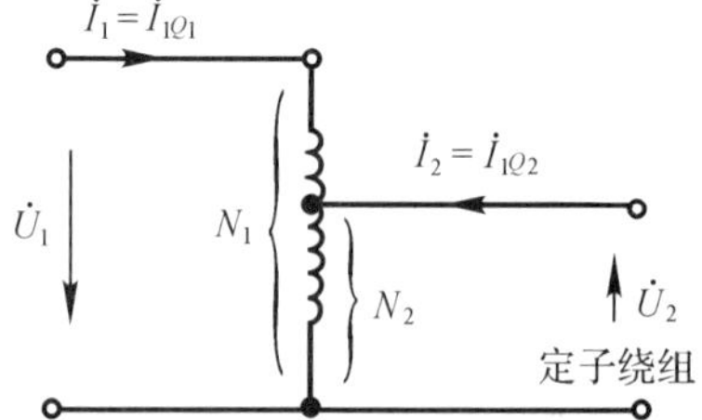

图5-6　自耦变压器降压起动时一相等值电路

由式(5-27)及式(5-28)可知，自耦变压器降压起动时，对电网而言的起动电流降低倍数跟起动转矩降低倍数相同。因此，它可以带较大的负载起动。而且，它可以通过改变原副边的匝比$k = N_1/N_2$来改变副边抽头电压U_2，从而满足不同负载对起动电流与起动转矩的不同要求。例如我国QJ2系列的起动用自耦变压器的副边抽头电压有55%、64%和73%三种，而QJ3系列有40%、60%和80%三种。

(3) 星—三角(Y—△)起动

对于定子每相绕组的首末端都引出机外,而且正常运行时为△接法的三相笼型感应电动机,可以采用更简单方便的Y—△降压起动,其原理接线图如图5-7所示。起动时先合电源开关1,然后将开关2向下合至Y位置,把绕组接成Y,使电动机在相电压$U_1'=U_N/\sqrt{3}$的电压下起动。当转速接近稳定时,将开关2向上合至△位置,把绕组接成△,使电动机在全压下运行。

由图5-8(a)可知,如果该机在△接法下直接起动,定子相电压$U_1=U_N$,电源供给的起动电流为I_Q,电动机定子起动相电流为$I_{1Q}=I_Q/\sqrt{3}$。设这时起动转矩为T_Q,如果起动时改变为Y,由图5-8(b)可知,这时定子相电压$U_1'=U_N/\sqrt{3}$,其起动相电流及起动转矩为:

$$\left.\begin{aligned}&\frac{I_{1Qy}}{I_{1Q}}=\frac{U_1'}{U_1}=1/\sqrt{3}\ \text{或}\ I_{1Qy}=I_{1Q}/\sqrt{3}\\&\frac{T_Q'}{T_Q}=\left(\frac{U_1'}{U_1}\right)^2=\frac{1}{3}\ \text{或}\ T_Q'=\frac{T_Q}{3}\end{aligned}\right\}\tag{5-29}$$

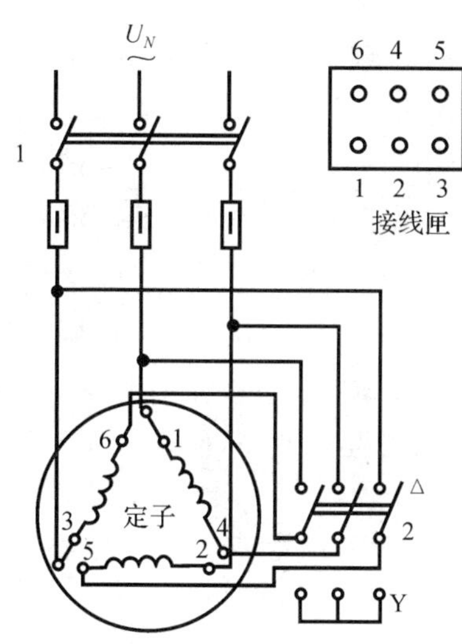

图5-7 笼型感应电动机Y—△起动接线图

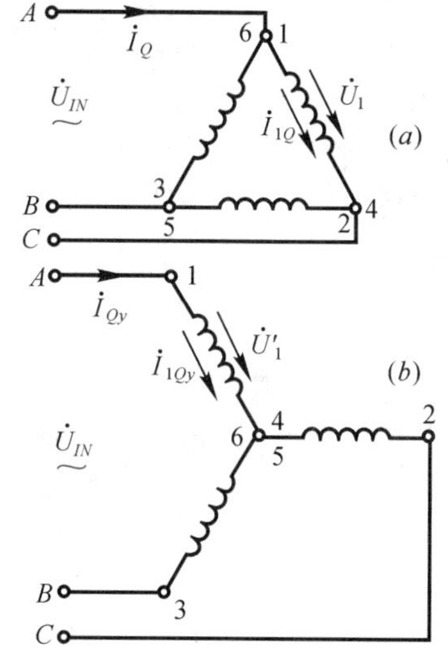

图5-8 感应电动机Y—△起动电流分析

这时电源供给的起动电流为$I_{Qy}=I_{1Qy}$,所以对电源而言,Y接法降压起动与△接法直接起动的起动线电流之比为:

$$\frac{I_{Qy}}{I_Q}=\frac{I_{1Qy}}{I_Q}=\frac{I_{1Q}/\sqrt{3}}{\sqrt{3}I_{1Q}}=\frac{1}{3}\tag{5-30}$$

由此可知,Y—△起动的起动电流与起动转矩降低倍数也相同,都降到固有起动特性的1/3。它相当于自耦变压器降压起动时抽头电压为$1/\sqrt{3}=0.5777$的情况,适用于空载或轻载起动,是笼型感应电动机起动的基本方法之一。而且凡能够采用Y—△起动的电动机,当它长期处于空载或轻载运行时,可以将它改成Y接法运行,从而提高功率因数,节约电能。为此,我国4[kW]以上的三相笼型感应电动机,都采用额定电压为380[V],6个出线端都引出机外,正常运行为△接法,就是为了给用户提供一个Y—△起动的可能性。

(4) 延边三角形降压起动(*)

延边三角形起动是在Y—△起动的基础上发展起来的一种新的降压起动方法。它既有

Y－△ 起动设备简单的优点，又具有自耦变压器降压起动时可以改变副边抽头电压来满足不同起动要求的特点。采用这种起动方法的电动机，定子三相绕组不仅每相的首末端要引出机外，而且每相绕组中间还要有一个抽头引出。因此共有九个接线端头，如图 5-9(a) 所示。

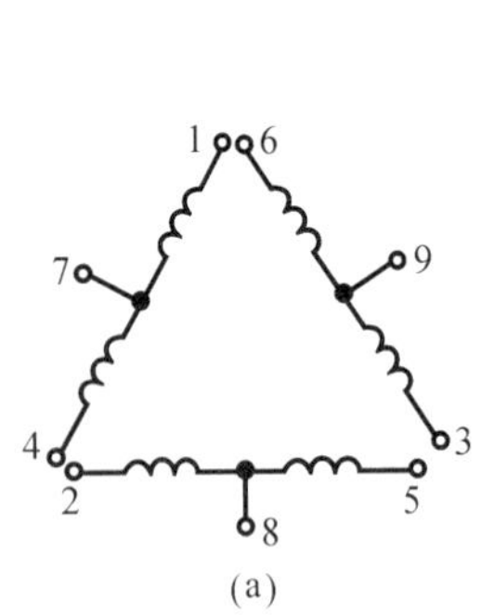

(a)

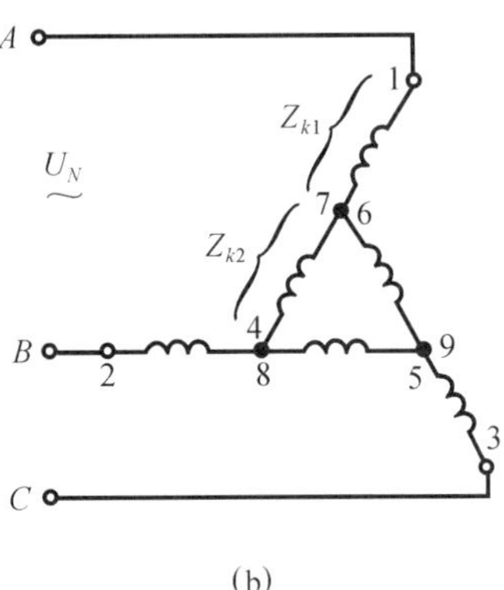

(b)

图 5-9　延边三角形起动的原理接线图

起动时，将三个末端 4，5，6 分别跟三个中间抽头 8，9，7 相联，从三个首端引出接三相额定电压，如图 5-9(b) 所示。这时，定子绕组一部分接成三角形，而另一部分按 Y 接法，两者合起来，像一个三角形的每条边被延长了一段，故称为延边三角形起动。如果把中间抽头 7，8，9 向首端移动，则 △ 部分渐渐扩大，当 7，8，9 移至首端 1，2，3 时，就相当于 △ 接法的全压起动，其每相电压为 U_N。如果把中间抽头 7，8，9 向末端移动，则 △ 部分渐渐缩小，当 7，8，9 移至末端 4，5，6 时，就相当于 Y 接法降压起动，其每相电压为 $U_N/\sqrt{3}$。因此，图 5-9(b) 接法的定子每相电压必为 $U_N/\sqrt{3} < U_1' < U_N$。它的起动电流与起动转矩也必介于直接起动和 Y 接法起动之间。当起动结束时，再通过切换开关将定子三相绕组接成 △，使电动机在全电压下运行。

例 5-4　某三相六极笼型感应电动机的额定数据同例 5-3，定子三相绕组 △ 接法。试求：

(1) 定子串对称三相电抗器起动，要求起动电流是直接起动的一半，求所串的电抗器大小及起动转矩倍数。

(2) 如果用 Y—△ 起动，能否带动 50％ 的负载起动？

(3) 如果用自耦变压器降压起动，应选用哪一档的抽头电压才能带动 50％ 的负载起动？这时电网供给的起动电流为多少？

解： (1) 按题意，$a = I_{1Q}/I_{1Q}' = 1/0.5 = 2$，则

$$T_Q' = T_Q/a^2 = T_Q/4 = \frac{1}{4}K_M \cdot T_N$$

由例 5-3 已求得 $K_M = 1.09$，则降压后的起动转矩倍数为：

$$K_M' = T_Q'/T_N = \frac{1}{4}K_M = 1.09/4 = 0.2725$$

所以只能带动小于 27％ 左右的轻负载起动。由式(5-23) 可得该机的短路阻抗近似为：

$$Z_k = \frac{\sqrt{3}U_N}{K_I \cdot I_N} = \frac{\sqrt{3} \times 380}{6.5 \times 59.3} = 1.708[\Omega]$$

设 $\cos\varphi_K = 0.3$，则短路电阻为：

$$r_k = Z_k \cdot \cos\varphi_k = 0.3 \times 1.708 = 0.512[\Omega]$$

而

$$x_k = \sqrt{Z_k^2 - r_k^2} = \sqrt{1.708^2 - 0.512^2} = 1.629[\Omega]$$

则

$$\begin{aligned} x_\Omega &= \sqrt{(a^2-1)r_k^2 + a^2 x_k^2} - x_k \\ &= \sqrt{(4-1)\times 0.512^2 + 4\times 1.629^2} - 1.629 \\ &= 1.748[\Omega] \end{aligned}$$

(2) 由式(5-29)可知，Y—△ 起动时的起动转矩为：

$$T_Q{}' = \frac{1}{3}T_Q = \frac{1}{3}K_M \cdot T_N$$

则此时的起动转矩倍数为：

$$K_M{}' = T_Q{}'/T_N = \frac{1}{3}K_M = 1.09/3 = 0.363 < 0.5$$

所以该机不能用 Y—△ 法带动 50% 的负载起动。

(3) 据题意，自耦变压器降压起动时的起动转矩须 $T_Q{}' > 0.5T_N$，即

$$T_Q{}' = T_Q/k^2 \geqslant 0.5T_N$$

$$k^2 \leqslant \frac{T_Q}{0.5T_N} = \frac{K_M \cdot T_N}{0.5T_N} = \frac{1.09}{0.5} = 2.18$$

$$k < 1.476$$

则自耦变压器副边的抽头电压为：

$$U_2/U_1 = \frac{1}{k} \geqslant \frac{1}{1.476} = 0.677$$

即可选用 QJ2 型 73% 电压抽头的自耦变压器，即取 $\frac{1}{k} = 0.73$。则这时电网供给的起动线电流 $I_Q{}'$ 为：

$$\frac{I_Q{}'}{I_Q} = \frac{I_{1Q1}}{I_{1Q}} = \frac{1}{k^2} = (0.73)^2 = 0.5329$$

即

$$I_Q{}' = 0.5329 I_Q = 0.5329 K_I I_N = 0.5329 \times 6.5 I_N = 3.46 I_N$$

这时起动电流将近降低一半。

三、绕线式感应电动机的起动方法

对于需要在重载下起动的生产机械(如起重机，皮带运输机等)或者需要频繁起制动的电力拖动系统，不仅要限制起动电流，而且还要有足够大的起动转矩。在这种情况下，必须采用绕线式感应电动机。

1. 绕线式感应电动机转子回路串对称电阻起动

感应电动机转子回路串入对称电阻 R_Ω 时，其起动相电流为：

$$I_{1Q} \approx I_{2Q}{}' = \frac{U_1}{\sqrt{(r_1 + r_2{}' + R_\Omega{}')^2 + (x_{1\sigma} + x_{2\sigma}{}')^2}} = \frac{U_1}{\sqrt{(r_k + R_\Omega{}')^2 + x_k^2}} \tag{5-31}$$

可见只要 R_Ω 足够大，就可以使起动电流 I_{1Q} 限制在规定的范围内。又由图 5-3 可知，转子回路串电阻 R_Ω 后，其起动转矩 T_Q' 可随 R_Ω 的大小而自由调节：可以随 R_Ω 的增加而增加，直至 $T_Q = T_m$ 以适应重载起动要求；也可以让 R_Ω 足够大，使 $S_m' > 1$，$T_Q < T_m$，然后再逐渐减小 R_Ω 使 T_Q 增大，这样可以减小起动时的机械冲击。因此，绕线式转子串电阻，可以得到比笼型电机优越得多的起动性能。

绕线式感应电动机转子串电阻起动的原理接线如图 4-3 所示。起动时，通过滑环与电刷将起动电阻 R_Ω 接入转子回路；随着转速的升高，逐渐减小 R_Ω 值，使整个起动过程的平均起动转矩较大，从而缩短起动时间；当 R_Ω 全部切除，转速达到稳定值时，操作起动器手柄将电刷提起同时将三只滑环自行短接，以减小运行中的电刷摩损及磨擦损耗，整个起动过程至此结束。但是必须注意，当电机停机时，必须操作起动器使三只滑环短路脱开，电刷压在滑环上且使 R_Ω 处于最大值位置，以供下次起动用。

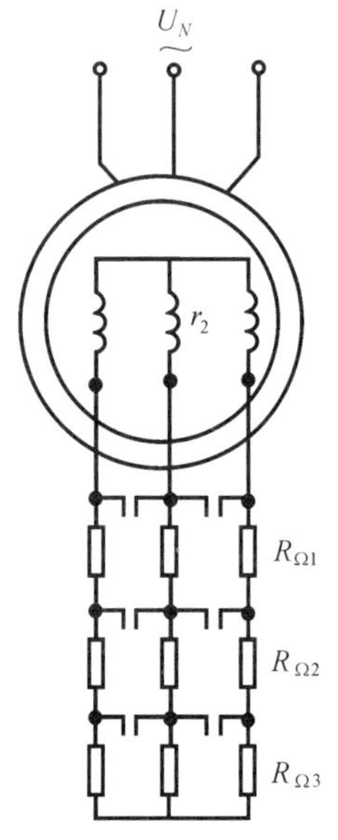

图 5-10　绕线式感应电动机转子串电阻分级起动图

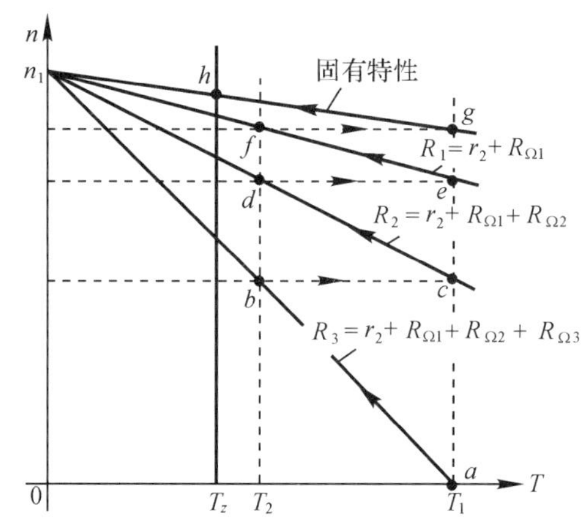

图 5-11　绕线式感应电动机转子串电阻分级起动特性

在实际应用中，起动电阻 R_Ω 在起动过程中是通过开关逐级切除（短接）的。图 5-10 所示的是分三级起动的原理接线图。其分级起动过程与直流电动机完全相似。刚起动时，全部起动电阻都接入，这时转子回路每相电阻为 $R_3 = R_{\Omega3} + R_{\Omega2} + R_{\Omega1} + r_2$，对应的人为特性如图 5-11 的 $\overline{n_1 ba}$ 所示，其 $S_{m3} > 1$，且对应的起动转矩 $T_{Q3} = T_1 = 0.85T_m$；当转速沿 $\overline{n_1 ba}$ 上升到 b 点，电磁转矩降为切换转矩 T_2 时，切除（短接）$R_{\Omega3}$ 使运行点跳至 $R_2 = R_{\Omega2} + R_{\Omega1} + r_2$ 所对应的人为特性 $\overline{n_1 dc}$ 上的 C 点，且使 C 点的转矩正好等于最大起动转矩 T_1；然后再逐级切除 $R_{\Omega2}$，$R_{\Omega1}$，最后稳定运行于固有特性的 h 点，其中切换转矩 T_2 可用下式来选取：

$$\left.\begin{array}{rl} & T_2 \geqslant (1.1 \sim 1.2)T_N \\ \text{或} & T_2 \geqslant (1.1 \sim 1.2)T_{Z\max} \end{array}\right\} \tag{5-32}$$

式中 $T_{Z\max}$ 为最大负载转矩。

在图 5-11 中，各条人为特性都可以用直线表达式来近似表示。考虑到 $S_b =$

$S_c, S_d = S_e, S_f = S_g, S_m \propto r_2$ 及人为特性的直线表达式可得：

$$R_3/R_2 = R_2/R_1 = R_1/r_1 = T_1/T_2 = \beta \tag{5-33}$$

式中 $\beta = T_1/T_2$ 称为起动转矩比。则各级起动电阻为：

$$\left.\begin{aligned} R_1 &= \beta r_2 \\ R_2 &= \beta R_1 = \beta^2 r_2 \\ R_3 &= \beta^3 r_2 \\ &\cdots \\ R_m &= \beta^m \cdot r_2 \end{aligned}\right\} \tag{5-34}$$

起动电阻各分段电阻值为：

$$\left.\begin{aligned} R_{\Omega 1} &= R_1 - r_2 = (\beta - 1) r_2 \\ R_{\Omega 2} &= R_2 - R_1 = \beta R_{\Omega 1} \\ R_{\Omega 3} &= R_3 - R_2 = \beta R_{\Omega 2} \\ &\cdots \end{aligned}\right\} \tag{5-35}$$

设起动电阻全部接入时转子起动电流为 I_{2Q}，这时转子回路总电阻 $R_m \gg x_{2\sigma}$，而额定运行时 $r_2 \gg S_N \cdot x_{2\sigma}$，则据式(4-57) 可得：

$$\left.\begin{aligned} r_2 &= (S_N \cdot E_{2N}) / \sqrt{3} I_{2N} \\ R_m &= E_{2N} / \sqrt{3} I_{2Q} \end{aligned}\right\} \tag{5-36}$$

考虑到 $T = \dfrac{m_1}{\Omega_1} \cdot I'^2_2 \cdot r_2' / S \propto I_2^2 \cdot \dfrac{r_2}{S}$ 可得：

$$R_m / r_2 = T_N / (S_N \cdot T_1) \tag{5-37}$$

则由式(5-34) 可得：

$$\beta = \sqrt[m]{\frac{R_m}{r_2}} = \sqrt[m]{\frac{T_N}{S_N \cdot T_1}} \tag{5-38}$$

如果分级起动数 m 未知，则先计算 r_2, S_N, T_N 及 T_m 并据生产要求或按 $T_1 \leqslant 0.85 T_m$ 选取 T_1 及式(5-32) 初选 T_2；然后据 $\beta' = T_1/T_2$ 以及 $m' = \dfrac{\lg(T_N/S_N \cdot T_1)}{\lg\beta'}$ 算出 m' 并取最接近的整数作为分级数 m；代回式(5-38) 算出真正的 β，并校 $T_2 = T_1/\beta$ 应满足式(5-32)；最后算出各级起动电阻。

例 5-5 某三相绕线式感应电动机额定数据如下：$P_N = 11$[kW]，$n_N = 715$[r/min]，转子三相绕组 Y 接法，其额定电压 $E_{2N} = 163$[V]，额定电流 $I_{2N} = 47.2$[A]。已知负载转矩 $T_Z = 98$[N·m]，要求最大起动转矩等于额定转矩的 1.8 倍。试求：起动分级数及每级起动电阻值。

解

$$S_N = \frac{750 - 715}{750} = 0.047$$

$$r_2 = \frac{S_N \cdot E_{2N}}{\sqrt{3} \cdot I_{2N}} = \frac{0.047 \times 163}{\sqrt{3} \times 47.2} = 0.097[\Omega]$$

$$T_1 = 1.8 T_N = 1.8 \times 9550 \frac{11}{715} = 264.46[\text{N} \cdot \text{m}]$$

初取 $T_1 = 1.2 T_Z = 1.2 \times 98 = 117.6$[N·m]，得：

$$\beta' = T_1/T_2 = \frac{264.46}{117.6} = 2.2488$$

则

$$m' = \frac{\lg(T_N/S_N \cdot T_1)}{\lg\beta} = \frac{\lg\left(\frac{T_N}{0.047 \times 1.8T_N}\right)}{\lg 2.2488} = 3.048$$

取 $m = 3$，则：

$$\beta = \sqrt[m]{\frac{T_N}{S_N T_1}} = \sqrt[3]{\frac{T_N}{0.047 \times 1.8T_N}} = 2.278$$

校：
$$T_2 = \frac{T_1}{\beta} = \frac{264.46}{2.278} = 116.1[\mathrm{N \cdot m}] > 1.1T_Z$$

则所取的分级数 $m = 3$ 符合要求。各段起动电阻为：

$$R_{\Omega 1} = (\beta - 1)r_2 = (2.278 - 1) \times 0.0937 = 0.1197 \approx 0.12[\Omega]$$

$$R_{\Omega 2} = \beta R_{\Omega 1} = 2.278 \times 0.1197 = 0.2726 \approx 0.273[\Omega]$$

$$R_{\Omega 3} = \beta R_{\Omega 2} = 2.278 \times 0.2726 = 0.621[\Omega]$$

2. 绕线式感应电动机转子串频敏变阻器起动(*)

频敏变阻器的外形象一台原边 Y 接法而没有副边绕组的三相芯式变压器，如图 5-12 的 PZ 部分所示。其铁芯用厚度约 50mm 的钢板或铸铁板迭成，所以其铁耗大，单位铁耗达 1000 ～ 2000[W/kg] 比普通变压器的 6[W/kg] 要大得多；但是其磁路较饱和，所以其电抗 X_{PZ} 较小。用此频敏变阻器去代替图 4-3 中的起动电阻 R_Ω，就可以获得较理想的起动性能。

频敏变阻器的等值电路跟变压器空载时等值电路相似。刚起动时，$f_2 \approx f_1$ 较高，且 PZ 铁芯迭片很厚，所以此时 PZ 的铁耗很大，其等效电阻 P_{mp} 也很大，而起动电流使 PZ 铁芯更饱和，所以 x_{PZ} 更小，此时相当于在转子回路中串入一个较大的 R_{mp}，使 I_Q 小而 T_Q 大；随着转速的升高，f_2 变低，铁耗减小使 R_{mp} 减小，相当于随转速的升高自动且连续地减小起动电阻值；当转速接近额定值时，f_2 极低，所以 R_{mp} 及 SX_{pz} 都很小，相当于将起动电阻全部切除。此时应把电刷提起且将三只滑环短接，使电机运行于固有特性上，起动过程结束。

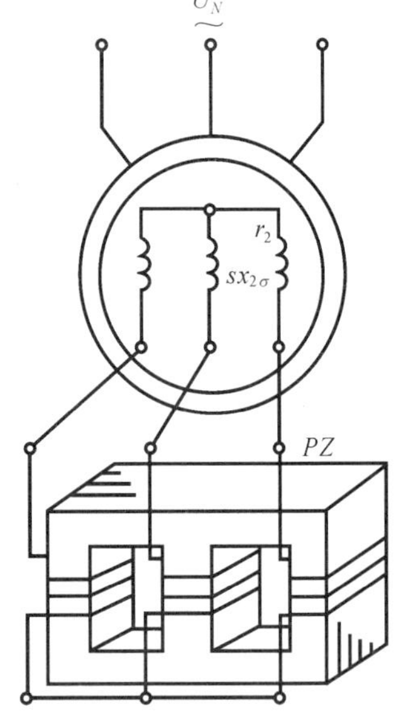

图 5-12　绕线式感应电动机转子串频敏变阻器起动图

四、改善起动性能的笼型感应电动机(*)

1. 高转差率感应电动机

这种电机的结构与普通的笼型感应电动机几乎完全一样，只是它的转子导条用电阻率较大的铝合金等材料做成，因此转子电阻较大，既限制了起动电流，又使起动转矩增加。

这种电机的缺点是：机械特性较软，正常运行时转差率大(因而称为高滑差电机)，转子铜耗大，使转子发热厉害且效率降低。然而，由于结构简单且有较好的起动性能，所以在起重运输机械和冶金企业的辅助设备上，仍得到广泛的应用。

2.深槽式感应电动机

深槽式感应电动机的结构特点是：转子槽深而窄，其槽深 h 和槽宽 b 之比 $h/b=10\sim20$，如图 5-13(a) 所示。可以将转子导条看成是由若干沿槽高排列的小导体并联而成。越靠近槽底的小导体所交接的漏磁链越多，所以越靠近槽底的小导体漏电抗越大。

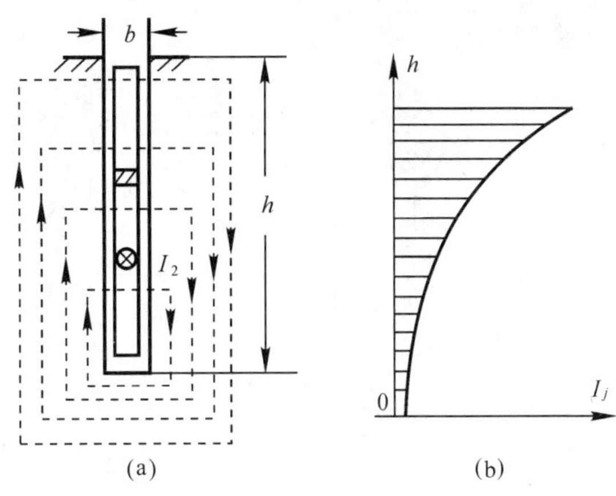

图 5-13 深槽式感应电动机转子导条集肤效应

起动时，$f_2=f_1$，转子漏电抗大，各并联小导体的电流分配主要取决于电抗。这时转子电流 I_2 主要从漏电抗小的槽顶处小导体通过，转子导条沿槽高的电流密度分布情况如5-13(b) 所示。这时转子电流被“挤”到槽顶表层，这种现象称作集肤效应或趋表效应。其结果，槽底部分的导体截面内几乎没有电流，相当于转子导体截面减小了，使转子电阻 r_2 增大，I_Q 减小而 T_Q 增加。

起动结束时，f_2 很低，转子电流均匀分布在转子导条的整个截面上，导条电阻减小到接近导条的直流电阻，使正常运行时 S_N 小而 η 高。

深槽式转子漏磁通大，正常运行时 $x_{2\sigma}$ 大，因此，电机的功率因数及过载能力要降低些。

普通笼型电动机在起动时也有集肤效应现象，但是它的转子槽形不是深而窄，集肤效应不明显，对起动性能没有多大的改善作用。为了简单起见，本书在分析计算普通笼型感应电动机的起动性能与运行性能时，均忽略了集肤效应的影响。

3.双笼感应电动机

双笼感应电动机有两套笼型绕组，其转子槽形如图 5-14(a) 所示。外笼导条的截面积较小，且由电阻率较高的黄铜或铝青铜等材料组成，因而电阻较大。但它所交接的槽漏磁通较小，所以漏抗较小。内笼的截面积较大，且由电阻率较小的紫铜制成，因而电阻较小，但它所交链的槽漏磁通较多，所以漏抗大。内、外笼通过各自的端环短路，形成两只“鼠笼”，故称为双笼感应电动机。它的工作原理可视为由两台单笼感应电动机的同轴运行。一台的转子绕组即为外笼，其 r_2 大而 $x_{2\sigma}$ 小，故它单独产生的机械特性如图 5-14(c) 的曲线 ① 所示。另一台的转子绕组即为内笼，其 r_2 小而 $x_{2\sigma}$ 大，故它单独产生的机械特性如图曲线 ② 所示。作用在转子上的总电磁转矩为 $T=T_{内}+T_{外}$，将曲线 ① 与曲线 ② 叠加起来，可得双笼感应电动机的机械特性如曲线 ③ 所示。由图可知：双笼感应电动机在整个起动过程中，其电磁转矩几乎不变且为最大。在刚起动及 n 较低时，主要靠外笼起作用，由于外笼 r_2 大，所以 T_Q 大而 I_Q 小；在起动结束即 n 较高时，主要靠内笼起作用，由于内笼 r_2 小，所以正常运行时 η 高且特性硬。为此，称外笼为起动笼，内笼为工作笼。

有的双笼感应电动机的内外笼都铸铝而成，其端环也是公共的，只是外笼截面比内笼小，因而外笼电阻比内笼大得多，如图 5-14(b) 所示。它的工作原理与深槽式相似。

改变内、外笼的参数，可得到不同的合成机械特性，从而满足不同的负载要求。双笼感应电动机有很好的起动性能，可以满载起动，而且又有较好的运行性能，特性硬效率高。但是其结构复杂，用钢量多，价格较高；而且其转子漏抗比普通笼型感应电动机的 $x_{2\sigma}$ 大，因而其 $\cos\varphi_N$ 及

T_m 也稍低。

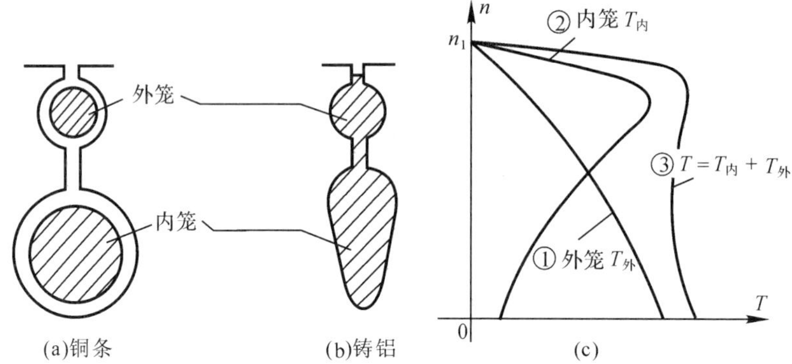

图 5-14　双笼感应电动机转子槽形及机械特性

五、三相感应电动机的起动过渡过程(*)

由于感应电动机机械特性的非线性，给过渡过程的分析带来一定的困难。为了简单起见，我们仅讨论理想空载机械过渡过程时间。

1. 三相感应电动机理想空载机械过渡过程时间的一般解

由于仅考虑理想空载的机械过渡过程，所以运动方程可简化为：

$$T=\frac{GD^2}{375}\cdot\frac{\mathrm{d}n}{\mathrm{d}t}$$

由于 $n=(1-S)\cdot n_1$，即 $\mathrm{d}n/\mathrm{d}t=-n_1\mathrm{d}S/\mathrm{d}t$，并考虑到 $T=\dfrac{2T_m}{\dfrac{S_m}{S}+\dfrac{S}{S_m}}$，则上式可写为：

$$\frac{2T_m}{\dfrac{S_m}{S}+\dfrac{S}{S_m}}=-\frac{GD^2\cdot n_1}{375}\cdot\frac{\mathrm{d}S}{\mathrm{d}t}$$

得

$$\mathrm{d}t=-\frac{GD^2\cdot n_1}{375\cdot T_m}\cdot\frac{1}{2}\left(\frac{S_m}{S}+\frac{S}{S_m}\right)\cdot\mathrm{d}S=-\frac{T_{MA}}{2}\cdot\left(\frac{S_m}{S}+\frac{S}{S_m}\right)\mathrm{d}S$$

式中 $T_{MA}=(GD^2\cdot n_1)/375\cdot T_m$ 为感应电动机拖动系统的机电时间常数。将上式两边积分，可得感应电动机空载机械过渡过程时间的一般表达式为：

$$t_0=-\frac{T_{MA}}{2}\cdot\int_{S_Q}^{S_X}\left(\frac{S_m}{S}+\frac{S}{S_m}\right)\mathrm{d}S=\frac{T_{MA}}{2}\left[\frac{S_Q^2-S_X^2}{2S_m}+S_m\cdot\ln\frac{S_Q}{S_X}\right]\qquad(5\text{-}39)$$

式中 S_Q 和 S_X 分别表示过渡过程中转差率的起始值与终了值；t_0 表示空载过渡过程从 S_Q 到 S_X 所需的时间。

由式(5-39)可知，时间 t_0 跟 T_{MA} 及 S_m 有关，而 T_{MA} 还与系统的飞轮矩 GD^2 及 n_1 有关。如果 T_{MA} 不变，则 t_0 仅与 S_m 有关。将式(5-39)对 S_m 求导数，令 $\mathrm{d}t_0/\mathrm{d}S_m=0$，可得：

$$S_{m0}=\sqrt{\frac{S_Q^2-S_X^2}{2\ln(S_Q/S_X)}}\qquad(5\text{-}40)$$

将式(5-40)代入(5-39)就可以得出过渡过程最短的时间 $t_{0\min}$。

2. 三相感应电动机空载起动过程时间的计算

由式(5-39)可知，电机从 $n=0$(即 $S_Q=1$)开始空载起动到 $n=n_1$(即 $S_X=0$)所需的

时间 $t_Q=\infty$。为此，一般只计算从 $n=0$ 到 $n=0.95n_1$ 即 $S_X=0.05$ 所需的时间 t_Q 为起动时间。即

$$t_Q=\frac{T_{MA}}{2}\left[\frac{1-0.05^2}{2\cdot S_m}+S_m\cdot\ln\frac{1}{0.05}\right]\approx T_{MA}\left(\frac{1}{4S_m}+1.5S_m\right) \tag{5-41}$$

为使起动时间最短，则由式(5-40)可得：

$$S_{m0}=\sqrt{\frac{1-0.05^2}{2\ln\frac{1}{0.05}}}\approx 0.407$$

将 $S_{m0}=0.407$ 代入式(5-41)即得对应的最小起动时间。

对于绕线式感应电动机可以在转子回路中串电阻 R_Ω，使其人为特性 $S_m{}'=0.407$。这样，既可以减小 I_Q 增加 T_Q，又可以使起动时间最短。但是普通笼型感应电动机 $S_m\approx 0.1\sim 0.05$，要缩短起动时间，可以采用高转差率电机，使其 $S_m\approx 0.407$。

例 5-6 某三相 50[Hz] 双速笼型感应电动机的额定数据如下：$p=1$ 时 $P_{N1}=55[\text{kW}]$，$n_{N1}=2920[\text{r/min}]$，$\lambda_{M1}=2$；$p=2$ 时 $P_{N2}=40[\text{kW}]$，$n_{N2}=1450[\text{r/min}]$，$\lambda_{M2}=2$。已知拖动系统的 $GD^2=4.52[\text{kg}\cdot\text{m}^2]$，试求：

(1) 从 $n=0$ 单级空载起动到 $n=2920[\text{r/min}]$ 所需时间；

(2) 分两级起动，先用 $p=2$，从 $n=0$ 空载起动到 $1450[\text{r/min}]$，再用 $p=1$，从 $n=1450[\text{r/min}]$ 空载起动到 $n=2920[\text{r/min}]$。求总起动时间。

解 (1) 单级起动：$n_1=3000[\text{r/min}]$，$S_Q=1$，$S_X=(3000-2920)/3000=0.027$

$$\Omega_1=(2\pi\times 3000)/60=314[\text{rad/s}]$$

$$S_{m1}=S_{N1}[\lambda_{M1}+\sqrt{\lambda_{M1}^2-1}]=0.027[2+\sqrt{2^2-1}]=0.1$$

$$T_{m1}=\lambda_{M1}\cdot T_{N1}=2\times 9550(55/2920)=359.76[\text{N}\cdot\text{m}]$$

$$T_{M1}=(GD^2n_1)/375T_{m1}=[(9.81\times 4.52)\times 3000]/(375\times 359.6)=0.99[\text{s}]$$

则

$$t_{Q1}=\frac{T_{M1}}{2}\left[\frac{S_Q^2-S_X^2}{2S_{m1}}+S_{m1}\ln\frac{S_Q}{S_X}\right]=\frac{0.99}{2}\left[\frac{1^2-0.027^2}{2\times 0.1}+0.1\ln\frac{1}{0.027}\right]=2.65[\text{s}]$$

(2) 二级起动：

第一级：

$n_1=1500[\text{r/min}]$，　$S_Q=1$，$S_X=\dfrac{1500-1450}{1500}=0.033$　　$\Omega_1=\dfrac{2\pi\times 1500}{60}=157[\text{rad/s}]$，　$S_{m2}=S_{N2}[\lambda_{M2}+\sqrt{\lambda_{M2}^2-1}]=0.33[2+\sqrt{2^2-1}]=0.12$

$$T_{m2}=\lambda_{M2}\cdot T_{N2}=2\times 9550\frac{40}{1450}=526.9[\text{N}\cdot\text{m}]$$

$$T_{M2}=\frac{GD^2n_1}{375T_{m2}}=[(9.81\times 4.25)\times 1500]/(375\times 526.9)=0.34[\text{s}]$$

则

$$t_{Q2}{}'=\frac{0.34}{2}\left[(1^2-0.033^2)/(2\times 0.12)+0.12\ln\frac{1}{0.033}\right]=0.78[\text{s}]$$

第二级：

$$n_1 = 3000[\text{r/min}], \Omega_1 = 314[\text{rad/s}], S_Q = \frac{3000-1450}{3000} = 0.517$$

$$S_X = 0.027, S_m = 0.1$$

$$t_{Q2}'' = \frac{0.99}{2}\left[\frac{0.517^2 - 0.027^2}{2\times 0.1} + 0.1\ln\frac{0.517}{0.027}\right] = 0.807[\text{s}]$$

则二级起动时总的起动时间为：

$$t_{Q2} = t_{Q2}' + t_{Q2}'' = 0.78 + 0.807 = 1.587[\text{s}]$$

由此可知，三相感应电动机采用合理的起(制)动方法，例如采用改变同步转速的分级起动方法(相当于他励直流电动机改变理想空载转速分级起动)，可以缩短起动时间。

§5-3 三相感应电动机的制动

一、感应电动机的反接制动

1. 转向反向的反接制动

这种反接制动相当于他励直流电动机的电势反向反接制动，适用于将重物匀低速下放。

设原来该机带动位能负载转矩 T_Z 以转速 n_A 提升，运行于图 5-15 固有特性上的 A 点，处于正向电动状态。如果在转子回路中串入足够大的电阻 R_Ω，使 $S_m' \gg 1$，以致对应的人为特性与 T_Z 相交于第四象限，如曲线④所示，在 F 点达到新的平衡，系统以 n_F 转速将重物稳速下放。这时 T_Z 是使重物下放的驱动转矩而 T 是起制动作用，因而运行于制动状态。

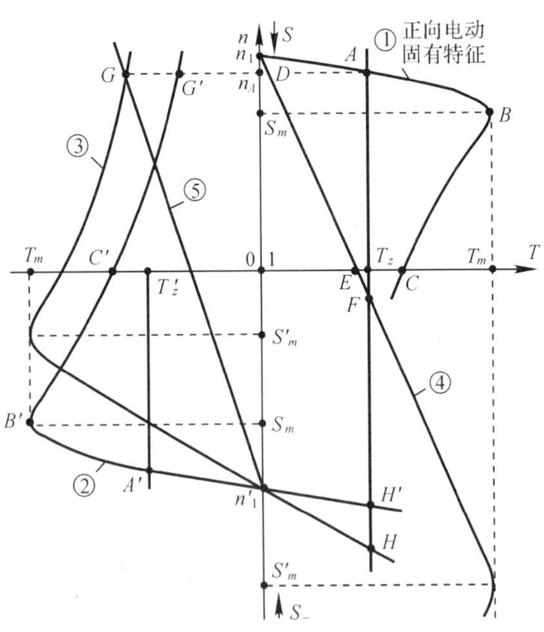

图 5-15 三相感应电动机反接制动机械特性

这时虽然没有改变定子绕组的接法，但是它具有反接制动的两个特点。首先实际工作点转速与同步转速方向相反，对于本例是 $n_1 > 0$，而 $n < 0$，所以转差率 $S = [n_1 - (n)]/n_1 > 1$。第二，从能量观点来看，$P_M = m_1 \cdot I_2'^2 \cdot (r_2' + R_\Omega')/S > 0$ 而 $P_\Omega = (1-S)\cdot P_M < 0$，转子回路铜耗为：

$$\begin{aligned} P_{Cu2} &= m_1 \cdot I_2'^2 \cdot (r_2' + R_\Omega') \\ &= m_1 \cdot I_2'^2 (r_2' + R_\Omega')/S - m_1 \cdot I_2'^2 \frac{(1-S)}{S}(r_2' + R_\Omega') \\ &= P_M - P_\Omega = P_M + |P_\Omega| \end{aligned}$$

即此时该机一方面从电网吸引电功率(进入转子的为 P_M),另方面从轴上输入机械功率(进入转子回路的为 P_Ω),两者全部消耗为转子回路(r_2+R_Ω)上的铜耗。

2. 定子两相对调的反接制动

这种反接制动相当于他励直流电动机的电压反向反接制动,适用于使反抗性负载快速停机。

(1) 感应电动机定子两相对调后的机械特性

定子任意两相对调后,其同步转速 $n_1'=-n_1<0$,设此时转差率为 S_-,则有:

$$\left.\begin{aligned}
&S_-=\frac{n_1'-n}{n_1'}=\frac{n_1+n}{n_1}>1\\
&T=-\frac{m_1}{\Omega_1}\cdot\frac{U_1^2\cdot r_2'/S_-}{\left(r_1+\dfrac{r_2'}{S_-}\right)^2+(x_{1\sigma}+x_{2\sigma}')^2}\text{(参数表达式)}\\
&T=-\frac{2T_m}{\dfrac{S_-}{S_m}+\dfrac{S_m}{S_-}}\text{(实用表达式)}\\
&T=-(2T_m/S_m)S_-\text{(直表达式)}
\end{aligned}\right\}\quad(5\text{-}42)$$

式中除 S_- 之外的所有各量(如 n_1,T_m 及 S_m 等)都采用正向电动时的值。据式(5-42)可以画出定子任意两相对调后的固有特性如图5-15曲线②所示,与正向电动时的固有特性①完全对称。但需注意的是,对于同一个转速坐标轴而言,S_- 的坐标轴方向与 S 轴方向相反。定子任意两相对调,并且转子回路串对称电阻 R_Ω 的人为特性为:

$$\left.\begin{aligned}
&T=-\frac{2T_m}{\dfrac{S_-}{S_m'}+\dfrac{S_m'}{S_-}}\\
&S_m'=(1+R_\Omega/r_2)\cdot S_m
\end{aligned}\right\}\quad(5\text{-}43)$$

根据式(5-43)可以画出其人为特性如曲线③所示。

(2) 感应电动机定子两相对调后的物理过程

设原来运行于正向电动状态 A 点。当定子任意两相对调时,工作点变为特性②上的 G' 点。在 T 和 T_Z 的共同制动下工作点沿 $G'C'$ 下移直至 C' 点。在第二象限 $G'C'$ 段,$T<0$ 而 $n>0$,所以 T 为制动转矩,而且 $S_-=\dfrac{n_1+n}{n_1}>1$,因而是反接制动状态。

如果是反抗性负载,在 C' 点不及时切断电源,而且 $|T_{C'}|>T_Z$,系统就会反向起动而进入第三象限,最后稳定运行于 A' 点。由于 A' 点 $n<0$ 且 $T<0$,两者方向仍相同,而且 $0<S_-=\dfrac{n_1+n}{n_1}<1$,所以是反向电动状态。

如果是位能性负载,则系统反向起动后 T_Z 方向不变,在 T 与 T_Z 共同驱动下工作点沿 $\overline{C'B'n_1'}$ 移动直至 n_1' 点。在 T_Z 的驱动下系统继续反向加速使 $|n|>|n_1'|$ 而进入第四象限直至 H' 点,$T=T_Z$ 达到新平衡,系统以高于同步转速的速度 $n_{H'}$ 将重物稳速下放。下面将证明,此时电机处于回馈制动状态。

以上分析可知,感应电动机定子任意两相对调之后,其机械特性在第二象限所对应的 $\overline{G'C'}$ 段才是反接制动状态。由于此时 $S_->1$,转子感应电动势比起动时还要大,为了限制定转子电流并且提高制动转矩,在定子两相对调的同时在转子回路中串入足够大制动电阻

R_Ω，对应的人为特性如曲线③所示。

例 5-7 某三相绕线式感应电动机额定数据如下：$P_N = 60[\mathrm{kW}]$，$U_{1N} = 380[\mathrm{V}]$，$I_{1N} = 133[\mathrm{A}]$，$n_N = 577[\mathrm{r/min}]$，$E_{2N} = 253[\mathrm{V}]$，$I_{2N} = 160[\mathrm{A}]$，$\lambda_M = 2.5$。定转子绕组都 Y 接法。试求：

(1) 采用反接制动使位能负载 $T_Z = 0.8T_N$ 以 $n = 150[\mathrm{r/min}]$ 的速度稳速下放，应在转子每相串入电阻 $R_\Omega = ?$

(2) 该机在额定运行时突然将定子任意两相对调，要求制动初瞬的制动转矩为 $1.2T_N$，应在转子每相串入电阻 $R_\Omega = ?$

解： $S_N = \dfrac{n_1 - n_N}{n_1} = \dfrac{600-577}{600} = 0.0383$

$$r_2 = (S_N \cdot E_{2N}/\sqrt{3} \cdot I_{2N} = (0.0383 \times 253)/\sqrt{3} \times 160 = 0.035[\Omega]$$

(1) 当重物以 $n = -150[\mathrm{r/min}]$ 下放时，$S = [600-(-150)]/600 = 1.25$，所以转子串 R_Ω 后的人为特性必须通过$(1.25, 0.8T_N)$ 这一点，即：

$$0.8T_N = \frac{2T_m}{\dfrac{1.25}{S_m{}'} + \dfrac{S_m{}'}{1.25}} = \frac{2 \times 2.5T_N}{\dfrac{1.25}{S_m{}'} + \dfrac{S_m{}'}{1.25}}$$

得

$$S_m{}' = \begin{cases} 0.203(\text{由于 } S_m{}' = 0.203 < S = 1.25\text{，不稳定，所以弃去}) \\ 7.61 \end{cases}$$

因 $S_m = S_N(\lambda_M + \sqrt{\lambda_M^2 - 1} = 0.0383(2.5 + \sqrt{2.5^2 - 1}) = 0.183$，据 $S_m{}'/S_m = (r_2 + R_\Omega)/r_2$ 可得转子回路应串电阻 R_Ω 值为：

$$R_\Omega = (S_m{}'/S_m - 1)r_2 = \left(\frac{7.61}{0.183} - 1\right) \times 0.035 = 1.42[\Omega]$$

由图 5-15 可知，此时运行点 F 处于人为特性的直线段，所以可用直线表达式来计算，即

$$0.8T_N = (2T_m/S_m{}') \cdot S = (2 \times 2.5T_N \times 1.25)/S_m{}'$$

得

$$S_m{}' = 7.81$$

因 $S_m = 2S_N\lambda_M = 2 \times 2.5 \times 0.0383 = 0.193$，则：

$$R_\Omega = (S_m{}'/S_m - 1)r_2 = (7.81/0.193 - 1) \times 0.035 = 1.39[\Omega]$$

可见用直线表达计算结果与用实用表达式计算结果很接近，但计算工作大大简化。

(2) 在定子两相刚对调瞬间 $n = n_N$ 未变，则：

$$S_- = (n_1 + n_N)/n_1 = (600 + 577)/600 = 1.96$$

据题意，定子两相对调且转子串 R_Ω 的人为特性必须通过这一点，则有

$$-1.2T_N = -\frac{2 \times 2.5T_N}{\dfrac{1.96}{S_m{}'} + \dfrac{S_m{}'}{1.96}}$$

得

$$S_m{}' = \begin{cases} 7.67 \\ 0.5 \end{cases}$$

如取 $S_m{}' = 0.5$，其人为特性曲线③所示，这时应串电阻 R_Ω 为：

$$R_\Omega = (0.5/0.183 - 1) \times 0.035 = 0.06[\Omega]$$

如取 $S_m' = 7.67$，其人为特性为曲线 ⑤ 所示，对应电阻为：

$$R_\Omega = (7.67/0.183 - 1) \times 0.035 = 1.43[\Omega]$$

可见反接制动停机过程有两个解答，其中 $R_\Omega = 0.06[\Omega]$ 对应的人为特性 ③ 在 $n = n_N \sim 0$ 之间的平均制动转矩大，所以制动停机时间短；而 $R_\Omega = 1.43$ 由于阻值大，所以制动过程电流冲击小。因此，可根据生产需要选取其中之一。

如果采用直线表达式，则有：

$$1.2T_N = -(2T_m/S_m') \cdot S_- = [(2 \times 2.5T_N)/S_m'] \times 1.96$$

得

$$S_m' = 8.17$$

则

$$R_\Omega = (8.17/0.193 - 1) \times 0.035 = 1.45[\Omega]$$

可见也能得到与实用表达式非常接近的结果。但是得不到另一个 $R_\Omega = 0.06[\Omega]$ 的解答。

二、感应电动机的回馈制动

1. 感应电机的发电运行状态

设某感应电动机接在电网上运行时，其轴上受到外来驱动转矩使转子沿同步转速方向旋转且 $|n| > |n_1|$，因而 $S = (n_1 - n)/n_1 < 0$。由于感应电动机转子电流的有功分量为：

$$I_{2a}' = I_2' \cdot \cos\varphi_2 = \frac{E_2'}{\sqrt{\left(\frac{r_2'}{S}\right)^2 + x'^2_{2\sigma}}} \cdot \frac{r_2'/S}{\sqrt{\left(\frac{r_2'}{S}\right)^2 + x'^2_{2\sigma}}} = \frac{E_2' r_2'/S}{\left(\frac{r_2'}{S}\right)^2 + x'^2_{2\sigma}}$$

转子电流的无功分量为：

$$I_{2r}' = I_2' \cdot \sin\varphi_2 = \frac{E_2'}{\sqrt{\left(\frac{r_2'}{S}\right)^2 + x'^2_{2\sigma}}} \cdot \frac{x_{2\sigma}'}{\sqrt{\left(\frac{r_2'}{S}\right)^2 + x'^2_{2\sigma}}} = \frac{E_2' \cdot x_{2\sigma}'}{\left(\frac{r_2'}{S}\right)^2 + x'^2_{2\sigma}}$$

可知，当 $S < 0$ 时 $I_{2a}' < 0$ 而 $I_{2r}' > 0$。表示此时转子电流的有功分量与正向电动时相反而其无功分量的方向不变。据此可以画出 $S < 0$ 时的相量图如图 5-16 所示。由图可知当 $S < 0$ 时，$90° < \varphi_2 < 180°$ 且 $90° < \varphi_1 < 180°$。由于：

$$T = (m_1 E_2' \cdot I_2' \cdot \cos\varphi_2)/\Omega_1$$

不难证明，当 $S < 0$ 时，T 与 n 始终方向相反，电机必处于制动状态。从能量关系看，当 $S < 0$ 时有：

$$P_1 = m_1 U_1 I_1 \cos\varphi_1 < 0$$

$$P_M = m_1 \cdot I'^2_2 \cdot \frac{r_2'}{S} < 0$$

$$P_\Omega = (1 - S) \cdot P_M < 0$$

$$Q_1 = m_1 \cdot U_1 \cdot I_1 \cdot \sin\varphi_1 > 0$$

此时该机是从轴上输入机械功率转化成电功率返回电网，处于回馈制动再生发电状态；在另一方面，它又从电网输入滞后的无功功率 Q_1，以建立磁场，才能实现机电量转换。

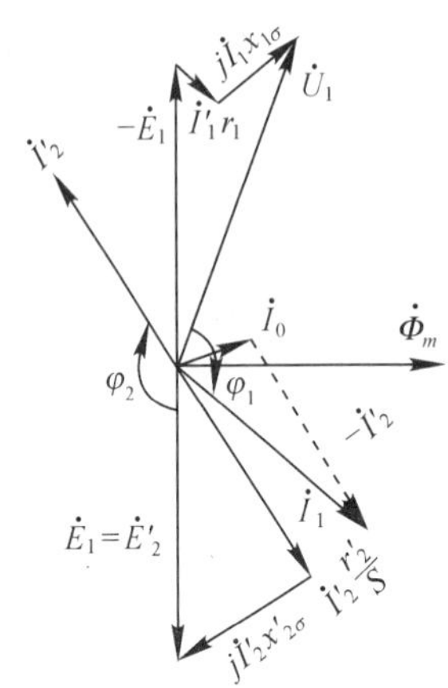

图 5-16　感应电机发电状态相量图

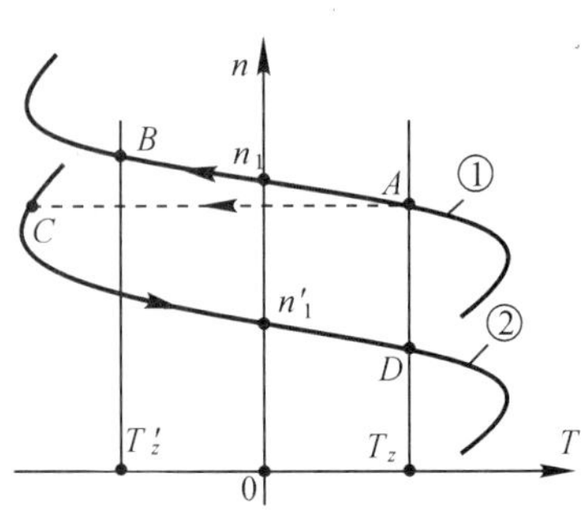

图 5-17　感应电动机转向不变回馈制动机械特性

2. 感应电动机回馈制动的实现

(1) 转向反向的回馈制动

这种回馈制动相当于他励直流电动机的电压反向回馈制动，适用于将重物稳速下放。其方法是将定子任意两相对调，则该位能性负载最后稳定运行于图 5-15 曲线 ② 的 H' 点。由于此时 $n_{H'}$ 与 $n_1{}'$ 方向一致且 $|n_{H'}|>|n_1{}'|$，$S_- < 0$，因而该机处于回馈动状态。

如果定子两相对调且在转子回路串入电阻 R_Ω，则运行于曲线 ③ 的 H 点，下放速度更高，因此通常是将转子回路中的附加电阻切除或者很小。

(2) 转向不变的回馈制动

这种回馈制动发生在电车下坡加速或者变级或变频时降速过程中。

对于电车负载，设原运行于图 5-17 固有特性 ① 上的 A 点，是正向电动状态。下坡时，若电机的接法及各参数均不变，则最后稳定运行于 B 点，显然 $n_B > n_1$，且两者方向一致，所以 $S_B < 0$，系统运行于回馈制动状态。

如果原来稳定运行于 A 点，当突然换接到倍极数运行(或频率突然降低)时，则特性突然变为曲线 ② 而 $n = n_A$ 不能突变，工作点突变为 C 点。在 T 及 T_Z 的制动下系统开始减速直至 D 点。从 C 到 $n_1{}'$ 的降速过程中都是 $S < 0$，是回馈制动过程。

例 5-8　三相绕线式感应电动机额定数据和例 5-7 相同。现采用回馈制动并在转子回路中串入电阻 $R_\Omega = 0.05[\Omega]$，而使位能负载 $T_Z = 0.8T_N$ 稳速下放。试求下放转速。

解　由例 5-7 的计算已得转子每相电阻为 $r_2 = 0.035[\Omega]$，正向电动固有特性的临界转差率为 $S = 0.183$(实用表达式) 或 $S_m = 0.192$(直线表达式)。由于采用回馈制动使重物下放时，定子两相必须对调，所以其转子串 R_Ω 的人为特性为：

$$T = -\frac{2\lambda_M \cdot T_N}{\dfrac{S_-}{S_m{}'} + \dfrac{S_m{}'}{S_-}}$$

且

$$S_m{}'/S_m = (r_2 + R_\Omega)/r_2$$

$$S_m{}' = S_m \cdot (r_2 + R_\Omega)/r_2 = 0.183\,\frac{0.035 + 0.05}{0.035} = 0.444$$

将 $S_m{}'$ 值及 $T_Z = 0.8T_N$ 代入上式：

$$0.8T_N = -\frac{2\times 2.5T_N}{\frac{S_-}{0.444}+\frac{0.444}{S_-}}$$

解得

$$S_- = \begin{cases} -0.073 \\ -2.7(\text{处于不稳定区,弃去}) \end{cases}$$

则

$$n = (1-S_-)\cdot n_1' = (1+0.073)(-600) = -644[\mathrm{r/min}]$$

式中负号代表重物下放时转子反转。

由图 5-15 可知,此时运行点 H 处于特性的直线段,所以可用直线表达式计算:

$$S_m' = S_m \cdot \frac{r_2+R_\Omega}{r_2} = 0.192\,\frac{0.035+0.05}{0.035} = 0.466$$

$$0.8T_N = -\frac{2\times 2.5T_N}{0.466}S_-$$

得

$$S_- = -0.0746$$

则

$$n = (1+0.0746)\cdot(600) = -645[\mathrm{r/min}]$$

3. 单机运行的感应发电机(*)

由上分析可知,要使感应电机发出有功功率,不仅须有外施力矩使转子沿 n_1 方向旋转,且 $|n|>|n_1|$;而且还必须从电网供给感应电机滞后的无功功率以建立磁场。

由于输入滞后的无功功率就等于输出导前的无功功率。因此,要使脱离电网的感应电机单机发电,必须在定子端并联一组三相电容器,如图 5-18 所示。

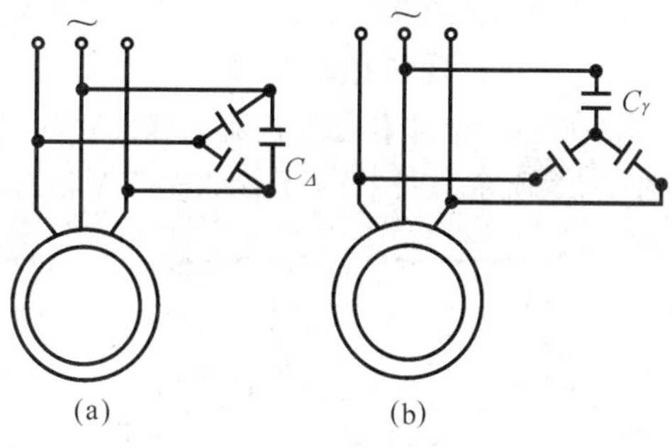

图 5-18 感应发电机定子接电容器自激发电接线图

不难证明,对于 △ 接法的电容器,自励建压至额定电压所需每相的电容为:

$$C_\triangle = \frac{I_0\times 10^6}{\sqrt{3}\cdot 2\pi f_1\cdot U_{1N}}[\mu\mathrm{F}]$$

对于 Y 接法,建立额定电压所需的每相电容量为:

$$C_Y = \frac{\sqrt{3}\cdot I_0\cdot 10^6}{2\pi f_1\cdot U_{1N}}[\mu\mathrm{F}]$$

式中 I_0 为感应电机的励磁电流[A],可由空载试验测得,也可以近似取 $I_0 = 0.3I_{1N}$。由此二式可知,在耐压允许的条件下,三相电容器接成 △ 较经济。

三、感应电动机的能耗制动

1. 感应电动机能耗制动的基本原理

(1) 能耗制动的物理过程

设电动机正向电动状态时 n_1,n,T 及 T_Z 正方向如图 5-19 中实线所示。能耗制动时,将 1C 断开而 2C 闭合,使定子绕组脱离交流电网且通入直流电流 I_C。由 I_C 流过定子绕组在气隙中形成一个恒定磁场,在图中用 N-S 磁极代表之。靠惯性旋转的转子切割此磁场而感应电动势 e_2 与电流 i_2。转子电流 i_2 与恒定磁场相作用而产生电磁力 f 及转矩 T。由图可知,此时 T 与 n 方向相反,起制动作用。

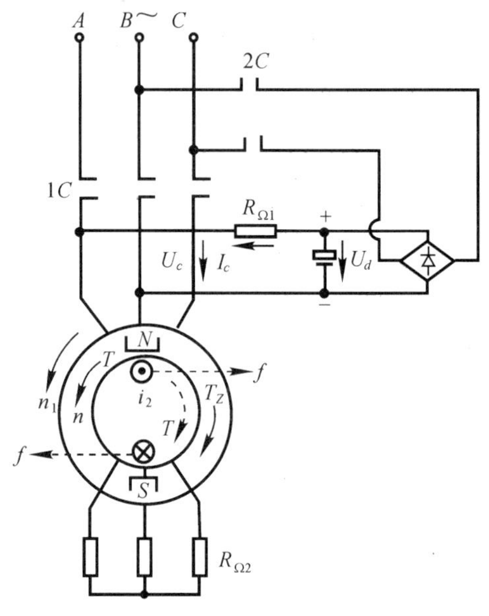

图 5-19 感应电动机能耗制动接线图

在 T 与 T_Z 共同制动下使转子减速直至 $n=0$。随着转速的下降,制动转矩 T 变小,当 $n=0$ 时,转子对恒定磁场的相对切割速度为零,$T=0$,系统完全停机而不会反向起动。所以,能耗制动可使反抗性负载准确停机,当然,也可以使位能负载匀速下放(下述)。

(2) 定子恒定磁场的获得

要在定子绕组中通入直流来建立恒定的磁场,三相绕组应作适当地改接。常用几种接法如图 5-20 所示。以图(a)为例,定子 A 相 C 相各自单独建立的恒定基波磁动势幅值为:

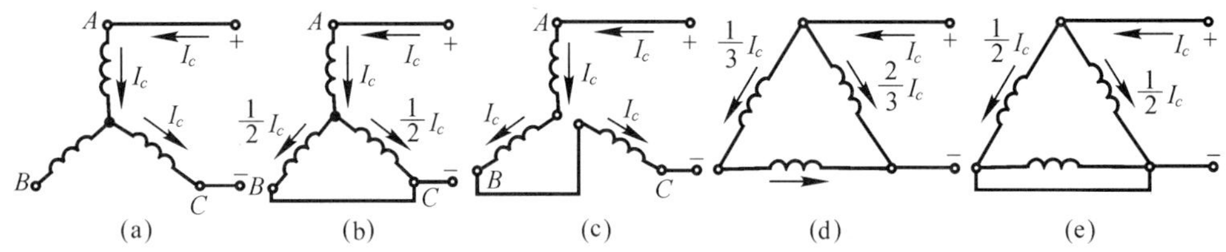

图 5-20 三相感应电动机能耗制动时定子绕组的接法

$$F_{A1}=F_{C1}=\frac{4}{\pi}\cdot\frac{1}{2}\cdot\frac{(N_1K_{W1})}{p}\cdot I_C[\text{安匝}/\text{极}]$$

$\boldsymbol{F}_{A1}$ 和 $\boldsymbol{F}_{C1}$ 的位置及方向如图 5-21 所示。则合成的恒定基波磁动势幅值为:

$$F_{=}=2F_{A1}\cdot\cos30^\circ=2\cdot\left(\frac{2}{\pi}\cdot\frac{N_1K_{W1}}{p}\cdot I_C\right)\cdot\frac{\sqrt{3}}{2}$$

$$=\sqrt{3}\cdot\frac{2}{\pi}\frac{N_1K_{W1}}{p}I_C$$

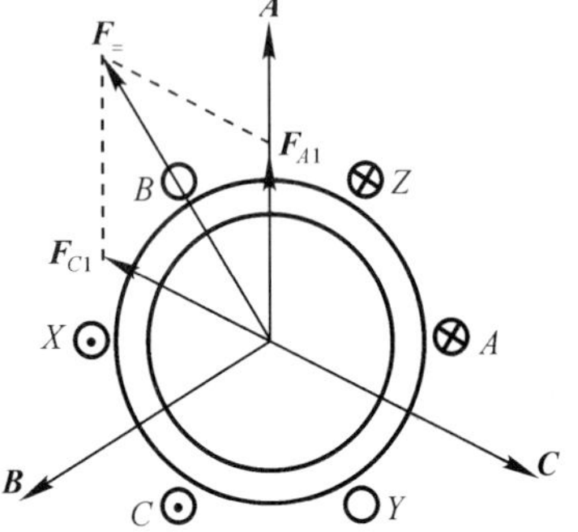

图 5-21 感应电动机定子通直流时的基波磁动势

2. 能耗制动的机械特性(*)

(1) 等效交流电流的概念

由上可知,感应电动机能耗制动时,该机实际上成为一台交流发电机，它是将系统所具有 的动能转换成电能而消耗在转子回路中，只是在制动过程中，随着转速的下降而使转子电流的频率渐渐变低。为了利用正向电动状态时的分析结果，我们引入了等效交流电流的概念。即把上述的能耗制动的物理过程等效成定子通入对称三相交流电流 $\dot{I}_1$ 的三相感应电动机的堵转状态，只要做到由 $\dot{I}_1$ 系统所建立的磁动势 $\boldsymbol{F}_1$ 的大小与 $\boldsymbol{F}_=$ 相等，而 $\boldsymbol{F}_1$ 的转速 n_1' 与能耗制动时转子转速 n 相等且方向相反，那么，此等效三相感应电动机堵转状态所产生的电磁转矩与实际能耗制动时所受的制动电磁转矩是一样的。

设能耗制动时转子转速 n 与原来正向电动时的同步转速 n_1 之比为 v，即：

$$v = n/n_1$$

则

$$n_1' = -n = -vn_1$$

所以此等效交流电所产生的旋转磁场的转速 n_1' 是随能耗制动过程而逐渐变小的。等效交流电流的频率 f 为：

$$f = (p \cdot |n_1'|)/60 = v \cdot pn_1/60 = v \cdot f_1 \tag{5-44}$$

式中 f_1 为原电动状态时电网频率，所以 f 也随能耗制动过程而降低。

等效交流电流 $\dot{I}_1$ 的相序必须使其 n_1' 与 n 转向相反，而 I_1 的大小必须使它所建立的基波磁动势 F_1 的幅值与 $F_=$ 相等，对于图 5-20(a) 的接法有：

$$\frac{3}{2} \cdot \frac{4}{\pi} \cdot \frac{\sqrt{2}}{2} \cdot \frac{N_1 K_{W1}}{p} \cdot I_1 = \sqrt{3} \cdot \frac{2}{\pi} \cdot \frac{N_1 K_{W1}}{p} \cdot I_C$$

得

$$I_1 = \sqrt{\frac{2}{3}} \cdot I_C \tag{5-45}$$

(2) 能耗制动时的机械特性

引入等效交流电流之后，可以利用感应电动机的正向电动时的所有分析结果，只要令转差率为 $S = 1$，同步角速度为 $\Omega_1' = -\Omega = -v\Omega_1$，频率为 $f = vf_1$ 即行。由感应电动机 T 型等值电路可得：

$$-\dot{I}_2' = \frac{Z_{mv}}{Z_{mv} + Z_{2\sigma v}'} \cdot \dot{I}_1$$

$$Z_{mv} = r_{mv} + \mathrm{j}x_{mv} \approx \mathrm{j}x_{mv}$$

$$Z_{2\sigma v}' = r_2' + \mathrm{j}x_{2\sigma v}'$$

式中 Z_{mv} 及 $Z_{2\sigma v}'$ 为能耗制动时即定子频率为 $f = vf_1$ 时的励磁阻抗及转子漏阻抗。

当磁路不饱和时，$x_{mv} \propto f$，$Z_{mv} \approx \mathrm{j}x_{mv} = \mathrm{j}v \cdot x_m$，则

$$-\dot{I}_2' = \frac{\mathrm{j}vx_m\dot{I}_1}{r_2' + \mathrm{j}v(x_m + x_{2\sigma}')}$$

即

$$I_2' = \frac{I_1 \cdot x_m}{\sqrt{(r_2'/v)^2 + (x_m + x_{2\sigma}')^2}}$$

则得能耗制动时机械特性的参数表达式为：

$$T = \frac{m_1}{\Omega_1} \cdot I_2'^2 \cdot \frac{r_2'}{1} = -\frac{m_1}{v\Omega_1} \cdot \frac{(I_1 x_m)^2}{\left(\frac{r_2'}{v}\right)^2 + (x_m + x_{2\sigma}')^2} \cdot r_2'$$

$$= -\frac{m_1}{\Omega_1} \cdot \frac{(I_1 x_m)^2 \cdot r_2'/v}{\left(\frac{r_2'}{v}\right)^2 + (x_m + x_{2\sigma}')^2} \tag{5-46}$$

式中 $\Omega_1 = 2\pi n_1/60 = 2\pi f_1/p$ 为正向电动状态时的同步机械角速度。

由式(5-46)可知，当 I_1（由 I_C 及接法所决定）及电机参数不变时，T 仅随 $v = n/n_1$ 而变。给出不同 n 值由式(5-46)算出对应 T 值，即得能耗制动机械特性 $n = f(T)$，如图5-22曲线②所示。由图可知，当转速比为 v_m 时，制动电磁转矩达最大值 T_{mT}，称 v_m 为临界转速比。令 $\mathrm{d}T/\mathrm{d}v = 0$ 得：

$$v_m = \pm r_2'/(x_m + x_{2\sigma}') \tag{5-47}$$

将式(5-47)代入(5-46)可得：

$$T_{mT} = \mp \frac{m_1}{\Omega_1} \cdot (I_1 x_m)^2 / 2(x_m + x_{2\sigma}') \tag{5-48}$$

在上二式中，当 v_m 取正号时，T_{mT} 取负号，对应于第二象限的特性；当 v_m 为负号时，T_{mT} 为正，对应于第四象限。

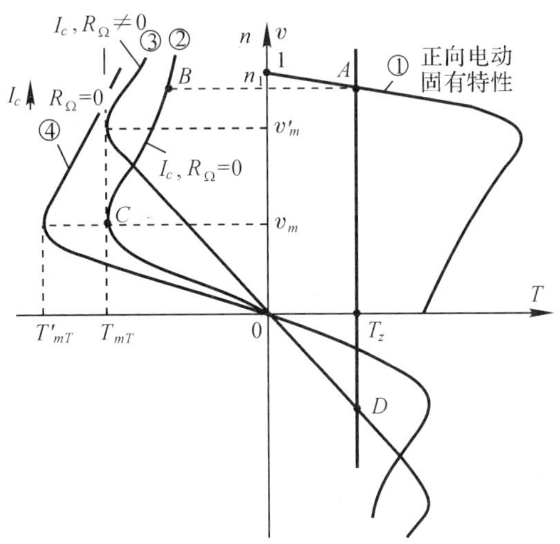

图 5-22 感应电动机能耗制动机械特性

由此二式可知，当 I_1 一定而在转子回路串入电阻 R_Ω 时，T_{mT} 不变而 $v_m \propto r_2'$，即

$$\frac{v_m'}{v_m} = \frac{r_2' + R_\Omega'}{r_2'} = \frac{r_2 + R_\Omega}{r_2} \tag{5-49}$$

得能耗制动且转子串 R_Ω 时的人为特性如曲线③所示；当转子电阻不变而仅改变定子直流励磁电流 I_C（即改变 I_1）时，v_m 不变而 $T_{mT} \propto (I_1 x_m)^2$，得仅增加 I_C 时的机械特性如曲线④所示。

用式(5-48)去除(5-46)式并注意到式(5-47)可得能耗制动机械特性的实用表达式为：

$$T = -\frac{2T_{mT}}{\frac{v}{v_m} + \frac{v_m}{v}} \tag{5-50}$$

当 $0 < v < v_m$ 时，由于 $\frac{v}{v_m} \ll \frac{v_m}{v}$，则可得近似的直线表达式为：

$$T = -\frac{2T_{mT}}{v_m} \cdot v \tag{5-51}$$

例 5-9 三相绕线式感应电动机的额定数据和例5-7相同。已知定子每相电阻 $r_1 = 0.04[\Omega]$，空载电流 $I_0 = 65[\mathrm{A}]$。现采用能耗制动，接线图如图5-19所示。制动时定子绕组用图5-20(a)接法。又知桥式整流后电压与交流电压有效值之比为0.9，而且经电容滤波后电压升高30%。试求：

(1) 为使系统快速停机，要求 $T_{mT} = 1.5T_N$ 时 $v_m' = 0.407$，则直流励磁电路中应串电阻 $R_{\Omega1} = ?$且在转子回路中应串电阻 $R_{\Omega2} = ?$

(2) 保持上题 $R_{\Omega1}$ 及 $R_{\Omega2}$ 不变而使位能负载 $T_Z = 0.8T_N$ 稳速下放，则下放时转速 $n = ?$

解：(1) $T_N = 9550 P_N / n_N = 9550 \cdot \frac{60}{577} = 933[\mathrm{N \cdot m}]$

$$T_{mT} = 1.5 T_N = 1.5 \times 933 = 1489.5[\mathrm{N \cdot m}]$$

考虑到 $m_1 = 3$ 且 $f_1 = 50[\mathrm{Hz}]$ 时有 $m_1 / 2\pi f_1 \approx \frac{1}{210}$，则由式(5-4)可得：

$$\begin{aligned} x_{1\sigma} + x_{2\sigma}' &= \sqrt{\left[\frac{U_1^2 \cdot p}{210 \cdot \lambda_M \cdot T_N} - r_1\right]^2 - r_1^2} \\ &= \sqrt{\left[\frac{(380/\sqrt{3})^2 \times 5}{210 \times 2.5 \times 993} - 0.04\right]^2 - 0.04^2} \\ &= 0.422[\Omega] \end{aligned}$$

$$x_{1\sigma} \approx x_{1\sigma}' = \frac{1}{2}(x_{1\sigma} + x_{2\sigma}') = \frac{0.422}{2} = 0.211[\Omega]$$

又

$$x_{1\sigma} + x_m \approx U_1 / I_C = (380/\sqrt{3})/65 = 3.385[\Omega]$$

则

$$x_m = (x_{1\sigma} + x_m) - x_{1\sigma} = 3.385 - 0.211 = 3.174[\Omega]$$

由于定转子均 Y 接法，$m_1 = m_2 = 3, k_e = k_i = E_{1N}/E_{2N}$，则有：

$$ke \cdot ki = \left(\frac{0.95 U_{1N}}{E_{2N}}\right)^2 = \left(\frac{0.95 \times 380}{253}\right)^2 = 2.04$$

注意到 $x_m + x_{2\sigma}' \approx x_m + x_{1\sigma}$，则得转子不串电阻时的临界转速比为：

$$v_m = \frac{r_2'}{x_m + x_{2\sigma}'} = \frac{2.04 \times 0.035}{3.385} = 0.0211$$

则

$$R_{\Omega 2} = (v_m'/v_m - 1) r_2 = (0.407/0.0211 - 1) 0.035 = 0.64[\Omega]$$

据式(5-48)可得当 $T_{mT} = 1.5 T_N$ 时有：

$$-1.5 T_N = -\frac{m_1}{2\pi f_1} \cdot [p(I_1 \cdot x_m)^2] / 2(x_m + x_{2\sigma}')$$

得

$$I_1 = 205[\mathrm{A}]$$

则

$$I_C = \sqrt{\frac{3}{2}} I_1 = \sqrt{1.5} \times 205 = 251[\mathrm{A}]$$

$$U_C = 2 \times 0.04 \times 251 = 20.08[\mathrm{V}]$$

$$R_{\Omega 1} = (380 \times 0.9 \times 1.3 - 20.08)/251 = 1.69[\Omega]$$

(2) 能耗制动且转子串电阻时的人为特性实用表达式为：

$$T = -\frac{2 T_{mT}}{\frac{v}{v_m'} + \frac{v_m'}{v}} \tag{5-52}$$

当重物 $T_Z = 0.8T_N$ 稳速下放时，运行于图 5-22 的 D 点，由于 $R_{\Omega1}$ 及 $R_{\Omega2}$ 不变，所以 $T_{mT} = 1.5T_N$ 以及 $v_m{}' = 0.407$ 不变，则有：

$$0.8T_N = -\frac{2\times1.5T_N}{\dfrac{v}{0.407}+\dfrac{0.407}{v}}$$

解得

$$v = \begin{cases} = 0.071 \\ -1.45\text{（运行于不稳定区，弃去）} \end{cases}$$

则

$$n = v\cdot n_1 = -0.071\times600 = -42.6[\mathrm{r/min}]$$

式中负号代表重物下放时电机反转。

必须指出，以上的分析计算都是假设电机磁路不饱和，实际上，不同的直流励磁 I_C 以及能耗制动过程中的不同转速时，电机的饱和程度是不同的，即 x_m 并非常数。所以以上的分析计算是有一定误差的。

§5-4　三相感应电动机的调速

从感应电动机的转速公式

$$n = (1-S)n_1 = \frac{60f_1}{p}(1-S)$$

可知，调节感应电动机的转速有两个基本途径，即改变同步转速 n_1 及改变转差率 S。改变 n_1 可以通过改变极对数 p 或改变电源频率 f_1 来实现。改变 S 的方法很多，主要有改变定子电压，绕线式转子回路串电阻，绕线式感应电动机的串级调速及电磁转差离合器调速等。

一、感应电动机的变极调速

1. 变极原理

设图 5-23 所示的定子每相绕组都由两个完全对称的'半相绕组'所组成，如 A 相由'半相绕组'a_1x_1 和 a_2x_2 所组成。当这两个'半相绕组'头尾相串联时（称之为顺串），如图(a) 所示，所形成的是一个 $2p=4$ 极磁场，如图(b) 所示；如果将这两个'半相绕组'头尾相并联（称

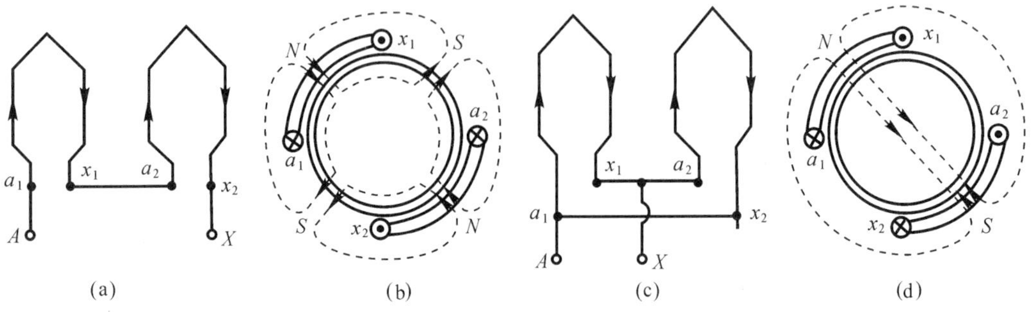

图 5-23　三相感应电动机变极时一相绕组的接法

之为反并)，如图(c) 所示，所形成的是一个 $2p=2$ 极磁场，如图(d) 所示。

比较图(b) 和(d) 可知，只要将两个'半相绕组'中的任何一个'半相绕组'的电流反向，就可以将极对数增加一倍(两个'半相绕组'顺串时)或减少一半(两个'半相绕组'反并时)。这就是常用的单绕组倍极比的变极原理，如 2/4 极，4/8 极等。

2. 两种常用的变极方案(*)

(1) 变极的原理接线

图 5-24 的(a) 和(c) 两种接法，每相的两个'半相绕组'是顺串的，因而是倍极数，设为 $2P=4$ 极。当将(a) 改为图(b) 接法(称为 Y → 双 Y 变极)或将图(c) 改为图(d) 接法(称为 △ → 双 Y 变极)时，都使每相的两个'半相绕组'变成反并联，极数减半，变成 $2p=2$。反之亦然。这两种变极方案的三相绕组只需 6 个引出端点，所以接线最简单，控制最方便。

上述的变极接线必须说明两点。首先，变极时 A、C 相绕组是 a_1x_1 和 c_1z_1 中的电流反向而 B 绕组是 b_2y_2 中电流反向，这是为了使变极前后三相基波磁动势在空间仍然互差 120°，保持对称；其次，为了保证变极前后电机的转向不变，必须在变极的同时调换外施电源的相序。

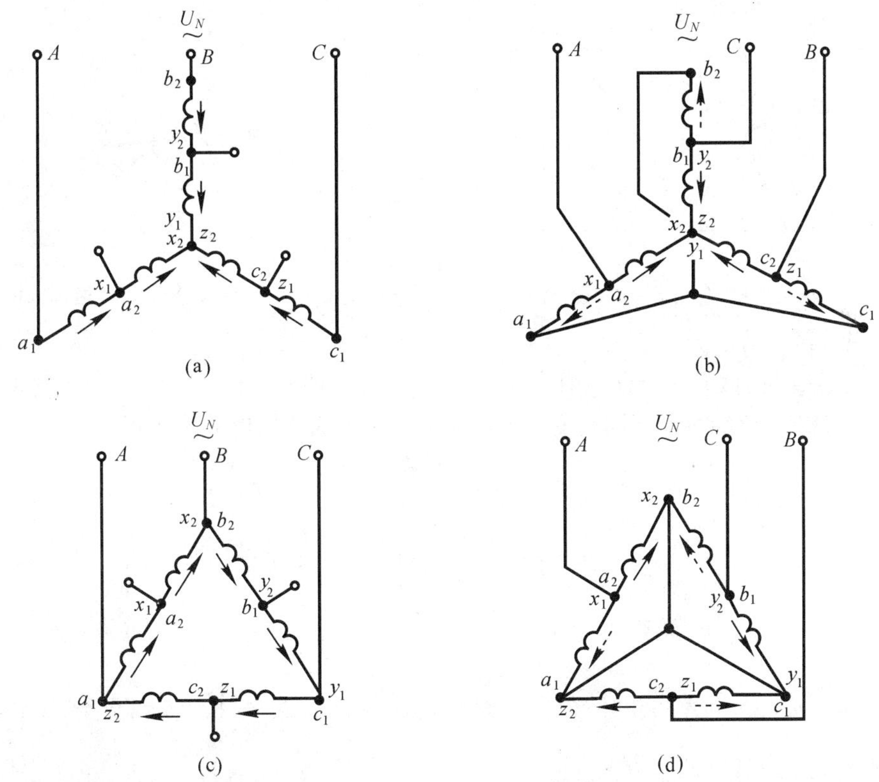

图 5-24　三相感应电动机两种常用的变极方案

(2) 变极调速的机械特性

对于 Y ⟺ 双 Y 变极方案，变极前后相电压 $U_1=\dfrac{U_{1N}}{\sqrt{3}}=U_1{}'$ 不变(有上标的量代表双 Y 的量，下同)；极对数 $p \Longrightarrow p'=\dfrac{p}{2}$，$n_1 \Longrightarrow n_1{}'=2n_1$；假设变极前后每个'半相绕组'的定

转子漏阻抗不变，则有 $r, r_2', x_{1\sigma}, x_{2\sigma} \Longleftrightarrow \frac{r_1}{4}, \frac{r_2}{4}, \frac{x_{1\sigma}}{4}, \frac{x_{2\sigma}}{4}$。将这些关系代入感应电动机 T_m、S_m 及 T_Q 的参数表达式可得：$S_{my} = S_{myy}$，$T_{my} = \frac{1}{2}T_{myy}$，$T_{Qy} = \frac{1}{2}T_{Qyy}$。由此可画出 Y$\Longleftrightarrow$双 Y 变极时的机械特性如图 5-25 所示。

对于 △$\Longleftrightarrow$双 Y 变极方案，变极前后的相电压 $U_1 = U_{1N} \Longleftrightarrow U_1' = \frac{U_{1N}}{\sqrt{3}}$；极对数为 $p \Longleftrightarrow p' = \frac{p}{2}$（使 $n_1 \Longleftrightarrow n_1' = 2n_1$）；$r_1, r_2', x_{2\sigma}' \Longleftrightarrow \frac{r_1}{4}, \frac{r_2'}{4}, \frac{x_{1\sigma}}{4}, \frac{x_{2\sigma}'}{4}$。将这些关系式代入 T_m、S_m 及 T_Q 参数表达式可得：$S_{m\triangle} = S_{myy}$，$T_{m\triangle} = \frac{3}{2}T_{myy}$；$T_{Q\triangle} = \frac{3}{2}T_{Qyy}$。由此可画出△$\Longleftrightarrow$双 Y 变极调速时的机械特性如图 5-26 所示。

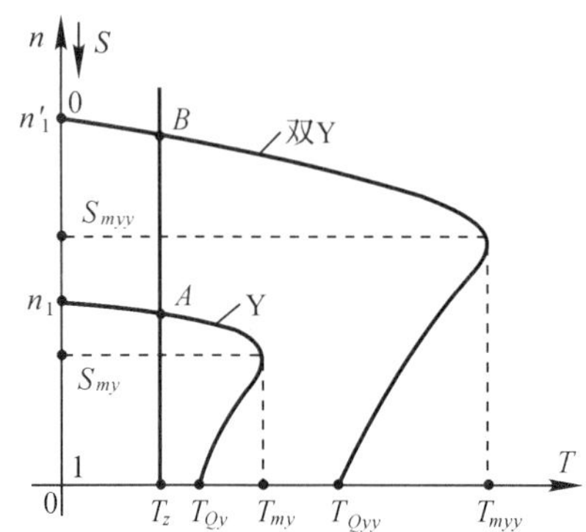

图 5-25　Y$\Longleftrightarrow$双 Y 变极调速机械特性

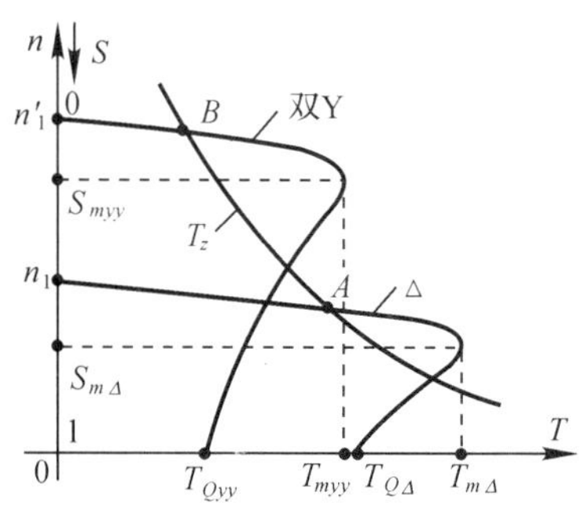

图 5-26　△$\Longleftrightarrow$双 Y 变极调速机械特性

（3）变极调速时的允许输出

为了简化起见，假设变极前后效率与功率因数不变，即 $\eta = \eta'$ 且 $\cos\varphi_1 = \cos\varphi_1'$（式中有上标的量代表双 Y 时的量，下同）。变极前后的输出功率或转矩的关系分别为：

$$\frac{P_2'}{P_2} = \frac{\eta' \cdot m_1 \cdot U_1' \cdot I_1' \cdot \cos\varphi_1'}{\eta \cdot m_1 \cdot U_1 \cdot I_1 \cdot \cos\varphi_1} \approx \frac{U_1' \cdot I_1'}{U_1 \cdot I_1} \tag{5-53}$$

$$\frac{T'}{T_2} = \frac{9550 \cdot P_M'/\Omega_1'}{9550 \cdot P_M/\Omega_1} \approx \frac{U_1' \cdot I_1' \cdot p'}{U_1 \cdot I_1 \cdot p} \tag{5-54}$$

对 Y$\Longleftrightarrow$双 Y 变极方案，由于 $p' = \frac{p}{2}$，$U_1 = U_1' = \frac{U_{1N}}{\sqrt{3}}$，而定子所允许的相电流为 $I_1 = I_{1N}$，$I_1' = 2I_{1N}$，则由式(5-53)及(5-54)式可得 $\frac{P_2'}{P_2} = 2$，$\frac{T'}{T} = 1$；可知 Y$\Longleftrightarrow$双 Y 变极调速是一种近似于恒转矩调速方式。

对于 △$\Longleftrightarrow$双 Y 变极方案，由于 $p' = \frac{p}{2}$，$U_1 = U_{1N}$，而 $U_1' = \frac{U_{1N}}{\sqrt{3}}$，$I_1 = I_{1N}$，而 $I_1' = 2I_{1N}$，则由式(5-53)及(5-54)可得：$\frac{P_2'}{P_2} \approx 1.16$，$\frac{T'}{T} = 0.577$。可知△$\Longleftrightarrow$双 Y 变极调速是一种近似恒功率调速方式。

3. 对变极调速的评价

变极调速简单可靠，成本低，效率高，机械特性硬，而且既可适用于恒转矩调速也可适用于恒功率调速。但是,它是一种有级调速而且只能是有限的几档速度,因而适用于对调速要求不高且不需平滑调速的场合。

二、感应电动机的变频调速

实现变频调速的关键是如何获得一个单独向感应电动机供电的经济可靠的变频电源。目前在变频调速系统中广泛采用的是静止变频装置。它是利用大功率半导体器件,先将50Hz的工频电源整流成直流,然后再经逆变器转换成频率与电压均可调节的变频电压输出给感应电动机,这种系统称为交—直—交变频系统。当然,也可以将三相50Hz的工频电源直接经三相变频器转换成变频电压输出给电动机,这种系统称为交—交变频系统。

1. 变频调速时的频率与端电压的关系

(1) 为使变频时主磁通 Φ_m 保持不变,端电压的变化规律

当电源电压为正弦且忽略定子漏阻抗压降时,有:

$$U_1 \approx E_1 = 4.44 f_1 N_1 K_{W1} \Phi_m$$

由此可知,当频率 f_1 下降而端电压 U_1 不变时,主磁通 Φ_m 增大,使电机主磁路过分饱和,定子电流的励磁分量急剧增加,导致功率因数 $\cos\varphi_1$ 下降,损耗增加,效率降低,从而使电机的负载能力变小。

为使变频时 Φ_m 保持不变,由上式可得:

$$\left.\begin{aligned}\frac{U'}{U_1} &= \frac{4.44 f' N_1 K_{W1} \Phi_m}{4.44 f_1 N_1 K_{W1} \Phi_m} = \frac{f'}{f_1} \\ \frac{U'}{f'} &= \frac{U_1}{f_1} = 常数\end{aligned}\right\} \tag{5-55}$$

即要求变频电源的输出电压的大小与其频率成正比例地调节。上式中带上标的量代表变频以后的量(下同)。

(2) 为使变频时电动机的过载能力保持不变,端电压的变化规律

感应电动机的最大转矩可以写成:

$$T_m = \frac{m_1 p \cdot U_1^2}{4\pi f_1 \left\{ r_1 + \sqrt{r_1^2 + [2\pi f_1 (L_{1\sigma} + L_{2\sigma}{}')]^2} \right\}} \tag{5-56}$$

当频率 f_1 较高时,$2\pi f_1 (L_{2\sigma} + L_{2\sigma}{}' \gg r_1$,上式可简化为:

$$T_m = C \cdot \left(\frac{U_1}{f_1}\right)^2 \propto \left(\frac{U_1}{f_1}\right)^2$$

式中 $C = \dfrac{m_1 p}{8\pi^2 (L_{1\sigma} + L_{2\sigma}{}')^2}$。

为使变频调速时保持过载能力不变,即 $T_m/T_N = T_m{}'/T_N{}'$,则由上式可得:

$$T_N{}'/T_N = T_m{}'/T_m = \frac{(U_1{}'/f')^2}{(U_1/f_1)^2}$$

即

$$\frac{U_1{}'}{U_1} = \frac{f'}{f_1} \cdot \sqrt{\frac{T_N{}'}{T_N}} \tag{5-57}$$

式中 T_N 为 f_N 时的额定转矩而 $T_N{}'$ 为 f' 时的额定转矩(即额定电流时所对应的转矩)。由于定子电流为额定值时的转矩 $T_N{}'$ 的大小跟负载性质有关,因此,上式给出的 U_1 随 f_1 而变化

的规律还与负载性质有关。

对于恒转矩负载，$T_Z=$ 常数，$T_N{}'=T_N$，式(5-57)可写成$\frac{U_1{}'}{f_1{}'}=\frac{U_1}{f_1}=$ 常数。所以，恒转矩负载只要做到$\frac{U_1{}'}{f_1{}'}=\frac{U_1}{f_1}=$ 常数，既可以保证变频调速时电动机过载能力不变又可使主磁通保持不变，因而变频调速最适合于恒转矩负载。

对于恒功率负载，$P_Z=$ 常数，$P_Z=\frac{T_N\cdot n_N}{9550}=\frac{T_N{}'\cdot n'}{9550}$，则$\frac{T_N{}'}{T_N}=\frac{n_N}{n'}\approx\frac{f_1}{f'}$，将此式代入式(5-57)，可得：

$$\left.\begin{aligned}&\frac{U'}{U_1}=\frac{f'}{f_1}\cdot\sqrt{\frac{f_1}{f'}}=\sqrt{\frac{f'}{f_1}}\\&\text{或}\frac{U'}{\sqrt{f'}}=\frac{U_1}{\sqrt{f_1}}\text{常数}\end{aligned}\right\}\tag{5-58}$$

所以恒功率负载采用变频调速时，如果U_1随f_1而变的关系满足式(5-58)时，调速过程中过载能力λ_M不变，但是主磁通Φ_m要变化；如果满足式(5-55)可使Φ_m不变，但是λ_M要变化。

2. 变频调速时的机械特性

当三相感应电动机的f较高时，$2\pi f_1(L_{1\sigma}+L_{2\sigma}{}')\gg r_1$，则其$S_m$可以写成为：

$$S_m\doteq\frac{r_2{}'}{2\pi f_1(L_{1\sigma}+L_{2\sigma}{}')}$$

则最大转矩时的转速降Δn_m为：

$$\Delta n_m=S_m\cdot n_1=\frac{r_2{}'}{2\pi f_1(L_{1\sigma}+L_{2\sigma}{}')}\cdot\frac{60f_1}{p}=\frac{60r_2{}'}{2\pi p(L_{1\sigma}+L_{2\sigma}{}')}$$

由上式可知，当频率f变化时，最大转矩时转速降Δn_m不变；而同步转速$n_1=\frac{60f_1}{p}\propto f$；如果变频时$\frac{U_1{}'}{f_1{}'}=\frac{U_1}{f_1}=$ 常数，最大转矩T_m不变；而变频时的起动转矩为$T_Q\approx\frac{m_1\cdot p\cdot r_2{}'}{8\pi^3f_1(L_{1\sigma}+L_{2\sigma}{}')}\propto\frac{1}{f}$，即频率下降时$T_Q{}'$增加。为此，可以得到$f'<f_N$但$f'$仍然较高时的人为特性如图5-27曲线②所示。

当频率很低时，在式(5-56)中的r_1不能忽略，如果仍$\frac{U_1}{f_1}=\frac{U'}{f_1}=$ 常数，则当f_1下降时，分母比分子下降倍数小，T_m变小，其人为特性如图曲线③所示。为了不使T_m下降太多，通常在低速时适当提高电压$U_1{}'$。

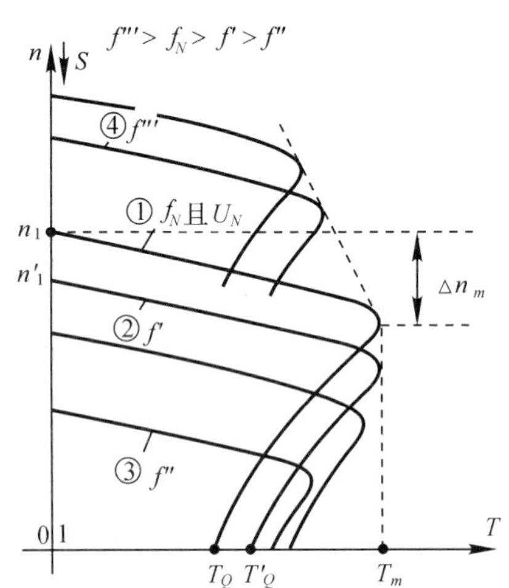

图5-27　感应电动机变频调速机械特性

对于$f_1{}'>f_N$的情况，如果仍然$\frac{U_1{}'}{f_1{}'}=\frac{U_1}{f_1}$，则$U_1{}'>U_1$高于额定电压且随频率比例升高，这是困难的。因此，对于$f_1{}'>f_N$的情况通常是保持$U_1{}'=U_1$为额定值不变。这样，Φ_m将随着f的提高而减小，相当于弱磁调速，属于恒功率调速方式。这时$T_m{}'$及$T_Q{}'$都变小，其人为特性如曲线④所示。

3. 对变频调速的评价

变频调速平滑性好，效率高，机械特性硬，调速范围广，只要控制端电压随频率变化的规律，可以适应不同负载特性的要求。是感应电动机尤为笼型感应电动机调速的发展方向。

例 5-10 某三相四极 50[Hz] 笼型感应电动机额定数据如下：

$U_N = 380[\mathrm{V}]$，$I_N = 30[\mathrm{A}]$，$n_N = 1455[\mathrm{r/min}]$。采用变频调速使 $T_Z = 0.8T_N$ 恒转矩负载转速为 $n = 1000[\mathrm{r/min}]$。已知变频电源输出电压与其频率关系 $\frac{U_1'}{f_1'} = \frac{U_1}{f_1} =$ 常数。试求：这时变频器的输出线电压 $U=?$ 频率 $f'=?$ 以及感应电动机定子线电流 $I=?$（假设励磁电流忽略不计）。

解：设该机额定运行时为图 5-28 固有特性①的 A 点。利用直线表达式可得 $T_Z = 0.8T_N$ 时固有特性上 B 点的转差率 S_B 为：

$$S_B = S_N \cdot \frac{T_B}{T_N} = 0.8 \times \frac{1500-1450}{1500} = 0.8 \times 0.03 = 0.024$$

则 B 点的转速降落为：

$$\Delta n_B = S_B \cdot n_1 = 0.024 \times 1500 = 36[\mathrm{r/min}]$$

变频调速时运行于平行特性②上的 C 点，则得变频后的同步转速为：

$$n_1' = n_C + \Delta n_C = 1000 + 36 = 1036[\mathrm{r/min}]$$

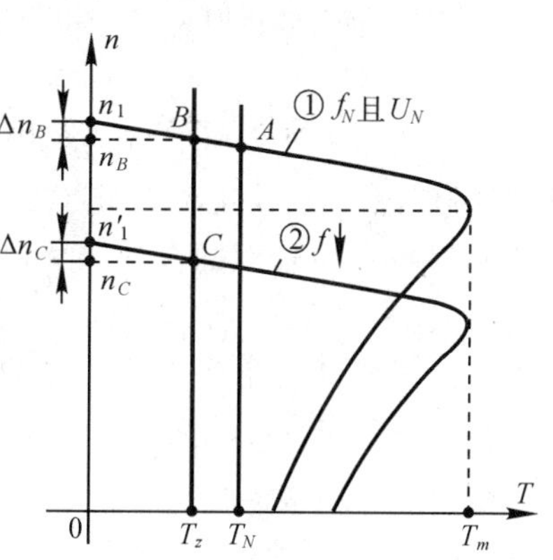

图 5-28 感应电动机变频调速实例

得

$$f' = \frac{pn_1'}{60} = \frac{2 \times 1036}{60} = 34.53[\mathrm{Hz}]; S_C = \frac{1036-1000}{1036} = 0.03475$$

$$U = \frac{U_N}{f_N} \cdot f' = \frac{380}{50} \times 34.53 = 262.4[\mathrm{V}]$$

由于 I_m 不计，$I_2' \approx I_1$，则有

$$\frac{T_C}{T_A} = \frac{\frac{m_1 \cdot p}{2\pi f'} I_{1C}^2 \cdot \frac{r_2'}{S_C}}{\frac{m_1 \cdot p}{2\pi f_N} I_{1A}^2 \cdot \frac{r_2'}{S_N}} = \left(\frac{f_N}{f'}\right)\left(\frac{I}{I_{1N}}\right)^2\left(\frac{S_N}{S_C}\right)$$

则：

$$I = I_{1N}\sqrt{\frac{0.8T_N}{T_N} \cdot \frac{f'}{f_N} \cdot \frac{S_C}{S_N}} = 30\sqrt{0.8 \times \frac{34.53}{50} \times \frac{0.03475}{0.03}} = 24[\mathrm{A}]$$

三、感应电动机的调压调速

1. 开环调压调速系统

由图 5-29 可知，当降低感应电动机端电压时，对于同一个负载 T_Z 可以得到不同转速，从而达到调速目的。

由图可知，调压调速用于通风机负载是很合适的。其原因是：

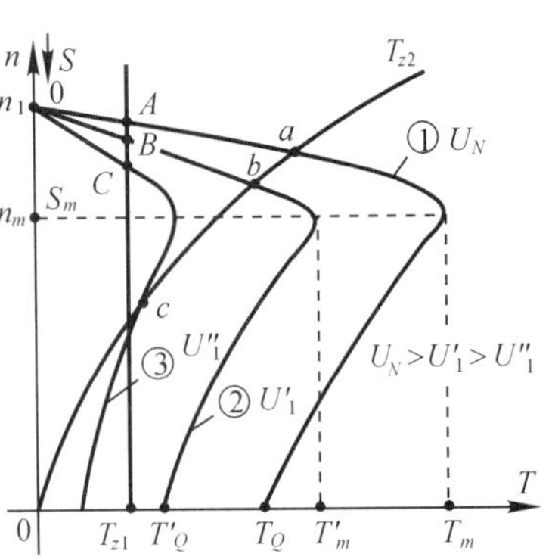

图 5-29 感应电动机开环调压调速机械特性

(1) 通风机负载可以稳定运行于感应电动机机械特性的曲线段，如图中的 C 点，因而可以得到较低的转速，扩大了调速范围；况且通风机负载对调速范围要求不高，一般仅 $D=2$ 左右。

(2) 调压调速的允许输出转矩为 $T_L=\dfrac{m_1}{\Omega_1}\cdot I'^2_{2N}\cdot\dfrac{r_2}{S}\infty\dfrac{1}{S}$，即降压时，$S$ 增加，T_L 减小。这既不适于恒转矩负载，更不适合恒功率负载，而较适于通风机负载 $T_Z\infty n^2$。

(3) 通风机负载所需的起动转矩很小，降压后虽然起动转矩随 U_1^2 而下降，但是仍可以做到 $T_Q'>T_Z$，不会造成起动困难。

为了扩大调压调速的调速范围，增大起动转矩，限制低速时的定转子电流，一般都采用转子电阻较大因而其机械特性较软的高转差率电机或绕线式转子外接电阻，如图 5-30 所示。但是，由于特性太软，其静差度往往不能满足生产工艺的要求。为此，必须采用带转速反馈的闭环控制来提高机械特性的硬度。

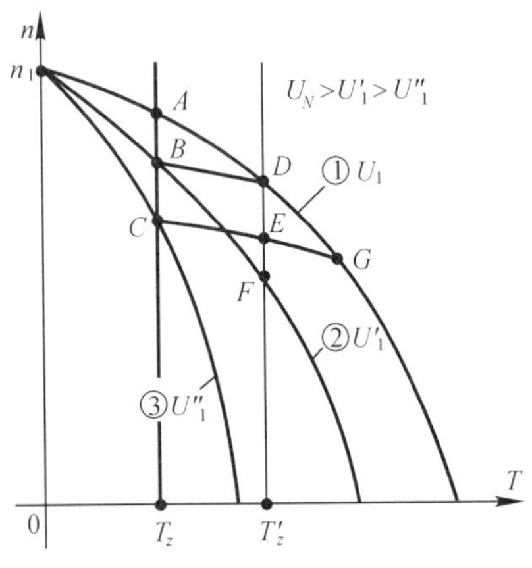

图 5-30 感应电动机闭环调压调速机械特性

2. 闭环控制调压调速系统(*)

设拖动系统原来运行图 5-30 的 B 点，对应调压装置的输出电压即施于电动机定子的电压为 U_1'，当负载增加到 T_Z' 时，如果没有转速反馈信号，则运行点变为 F 点，转速下降很多。但在带转速负反馈的闭环系统中，根据转速反馈信号使调压装置的输出电压增为 U_1，对应特性为曲线 ①，运行点为 D 点。从而得到比开环时硬度大为提高的闭环控制的机械特性，如 $\overset{\frown}{BD}$ 所示。改变转速给定信号，可以得到一组基本平行的硬度很大的特性曲线族，达到平滑调速、提高机械特性硬度、扩大调速范围的目的。

3. 对调压调速的评价

调压调速系统结构简单，控制方便，价格便宜；调压装置可以兼作起动设备；利用转速反馈可以得到较硬的特性；调压调速与变极调速的配合使用可以获得较好的调速性能。因此，调压调速在通风机等负载中得到应用。

但是，调压调速系统必须采用高滑差电动机或在绕线式转子回路中串电阻；低速时转子回路的转差功率 $S\cdot P_M$ 很大，使损耗增加效率降低，电机发热严重。

例 5-11 某三相绕线式感应电动机的额定数据与例 5-7 相同。现采用降压调速使恒转矩负载 $T_Z=0.8T_N$ 时的转速为 540[r/min]。试求：

(1) 定子线电压应降为 $U=$?稳定后定子线电流 $I=$?

(2) 为使降压后定子电流限制为额定值，应同时在转子中串入电阻 $R_\Omega=$?这时定子线电压 $U=$?

以上计算中忽略励磁电流不计。

解:由例5-7已求得 $S_N = 0.0383, S_m = 0.183$(固有特性)或者 $S_m = 0.192$(直线表达式),$r_2 = 0.035[\Omega]$

(1)转子不串电阻时,降压后运行于图5-31特性②的 B 点。其 S_m 不变,$S_B = \frac{600-540}{600} = 0.1 < S_m$。运行点处于直线段,可以采用直线表达式。

$$\frac{2T_m'}{S_m} \cdot S_B = 0.8\frac{2T_m}{S_m} \cdot S_N$$

即

$$\frac{T_m'}{T_m} = \frac{0.8S_N}{S_B} = \frac{0.8 \times 0.0383}{0.1} = 0.3064$$

得

$$U = U_N \cdot \sqrt{\frac{T_m'}{T_m}} = 380\sqrt{0.3064} = 210[\mathrm{V}]$$

又据 $I_m \approx 0$ 时,$T \approx \frac{m_1}{\Omega_1} \cdot I_1^2 \cdot \frac{r_2'}{S_N}$ 有:

$$\frac{m_1}{\Omega_1} \cdot I_1^2 \cdot \frac{r_2'}{S_B} = 0.8 \cdot \frac{m_1}{\Omega_1} \cdot I_{1N}^2 \cdot \frac{r_2'}{S_N}$$

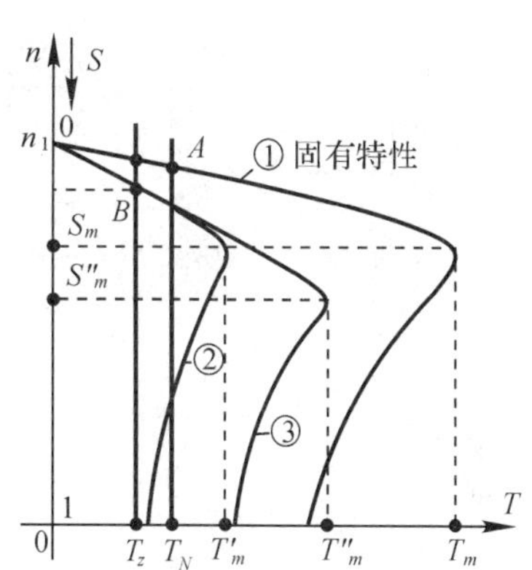

图5-31 降压调速计算实例

则

$$I = I_N \cdot \sqrt{0.8\frac{S_B}{S_N}} = 133\sqrt{0.8 \times \frac{0.1}{0.0383}} = 192.2[\mathrm{A}]$$

(2)降压且转子串电阻后运行于特性③的 B 点。据题意,调压调速后 $I_1 = I_{1N}$ 不变,则

$$\frac{m_1}{\Omega_1} \cdot I_{1N}^2 \cdot \frac{r_2' + R_\Omega'}{S_B} = 0.8 \cdot \frac{m_1}{\Omega_1} \cdot I_{1N}^2 \cdot \frac{r_2'}{S_N}$$

得

$$R_\Omega = \left(0.8\frac{S_B}{S_N} - 1\right)r_2 = \left(0.8 \times \frac{0.1}{0.0383} - 1\right) \times 0.035 = 0.038[\Omega]$$

转子串电阻后的临界转差率 S_m'' 为:

$$S_m'' = S_m\left(\frac{r_2 + R_\Omega}{r_2}\right) = 0.192 \times \frac{0.035 + 0.038}{0.035} = 0.4(\text{直线表达式})$$

据

$$\frac{2T_m''}{S_m''} \cdot S_B = 0.8\frac{2T_m}{S_m} \cdot S_N$$

得

$$\frac{T_m''}{T_m} = 0.8\frac{S_m''}{S_m} \cdot \frac{S_N}{S_B} = 0.8 \cdot \frac{0.4}{0.192} \cdot \frac{0.0383}{0.1} = 0.6383$$

则

$$U = U_N \cdot \sqrt{\frac{T_m''}{T_m}} = 380 \cdot \sqrt{0.6383} = 303.6[\mathrm{V}]$$

由上计算结果可知,降压调速时,如果增大转子回路电阻,不仅可以限制定转子电流,而且可以使定子端电压下降得少一些而使过载能力与起动转矩不会下降太多。

四、绕线式感应电动机转子串电阻调速

1. 调速原理

由图 5-3 可知，感应电动机转子回路串不同电阻时，对于同一个负载 T_Z，可以得到不同转速，而且 R_Ω 越大转速越低。若保持调速前后的电流 $I_2 = I_{2N}$ 不变，则有：

$$\frac{E_2}{\sqrt{\left(\frac{r_2+R_\Omega}{S}\right)^2+x_{2\sigma}^2}}=\frac{E_2}{\sqrt{(r_2/S_N)^2+x_{2\sigma}^2}}$$

得

$$\frac{r_2+R_\Omega}{S}=\frac{r_2}{S_N}$$

则

$$\cos\varphi_2=\frac{\left(\frac{r_2+R_\Omega}{S}\right)}{\sqrt{\left(\frac{r_2+R_\Omega}{S}\right)^2+x_{2\sigma}^2}}=\frac{\left(\frac{r_2}{S_N}\right)^2}{\sqrt{\left(\frac{r_2}{S_N}\right)^2+x_{2\sigma}^2}}$$
$$=\cos\varphi_{2N}$$

$$T=C_{M1}\cdot\Phi_m\cdot I_2{'}\cdot\cos\varphi_2=C_{M1}\cdot I_{2N}{'}\cdot\cos\varphi_{2N}=T_N$$
$$P_M=T\cdot\Omega_1=T_N\cdot\Omega_1=P_{M(N)}$$

由此可知，感应电动机转子回路串电阻调速时，如调速前后电流保持不变，则比值 r_2/S 及 $\cos\varphi_2$，T 与 P_M 均不变，反之也然，但 $P_\Omega=(1-S)P_M$ 是随转速的下降而减小。

2. 对转子回路串电阻调速的评价

由于调速电阻 R_Ω 只能分级调节而且分级数又不宜太多，所以调速的平滑性差；由于人为特性变软，低速时静差度大，因而调速范围不大；低速时转于铜耗 $p_{Cu2}=SP_M$ 很大，效率低而发热严重。

这种调速方法简单方便，初投资少，容易实现，而且其调速电阻 R_Ω 还可以兼作起动与制动电阻使用，因而在起重机械的拖动系统中得到应用。

例 5-12 某三相绕线式感应电动机额定数据与例 5-7 相同。该机带动某通风机负载 $T_Z=k\cdot n^2$ 时正好运行于额定状态，如图 5-32 的 A 点。现在转子回路中串入对称电阻使系统转速降为 540[r/min]。试求：

(1) 应在转子回路串入电阻 $R_\Omega=?$

(2) 稳定后的定子电流 $I_1=?$(励磁电流忽略不计)

解：据题意，在图 5-32 的 A 点有 $T_N=kn_N^2$，则得：

$$k=\frac{T_N}{n_N^2}$$

(1) 转子回路串电阻 R_Ω 之后，系统运行于 B 点。而在 B 点有：

$$S_B=\frac{600-540}{600}=0.1,\ \frac{T_N}{n_N^2}\cdot n_B^2=\frac{2\lambda_M T_N}{S_B/S_m{'}+S_m{'}/S_B}$$

即

$$\left(\frac{540}{577}\right)^2=\frac{2\times2.5}{\frac{0.1}{S_m'}+\frac{S_m'}{0.1}}$$

则

$$S_m'=\begin{cases}0.553\\0.018<S_m=0.183\ \text{不合理,弃去}\end{cases}$$

由例5-7已得 $r_2=0.035[\Omega]$,$S_m=0.183$(实用表达式)或 $S_m=0.192$(直线表达式),则得

$$R_\Omega=\left(\frac{S_m'}{S_m}-1\right)r_2=\left(\frac{0.553}{0.183}-1\right)\times0.035=0.071[\Omega]$$

由图5-32可知,B 点处于人为特性直线段,可用直线表达式计算:

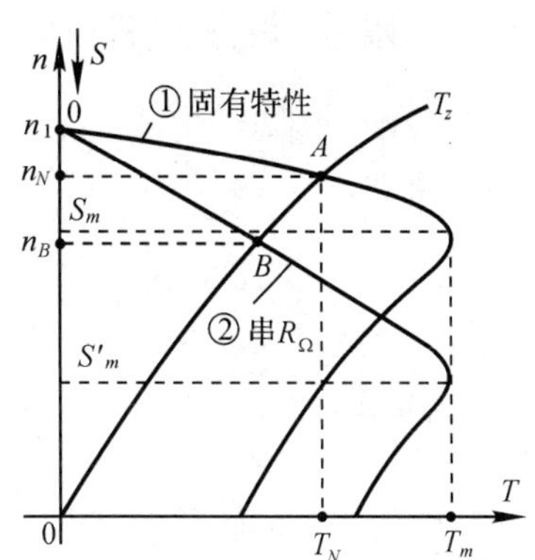

图5-32 绕线式感应电动机转子串电阻调速实例

据 $\frac{T_N}{n_N^2}\cdot n_B^2=\frac{2\lambda_M T_N}{S_m'}\cdot S_B$ 则

$$\left(\frac{540}{577}\right)^2=\frac{2\times2.5}{S_m'}\times0.1$$

得

$$S_m'=0.57$$

则

$$R_\Omega=\left(\frac{0.57}{0.192}-1\right)0.035=0.068[\Omega]$$

(2) 由于 $T\approx\frac{m_1}{\Omega_1}\cdot I_1^2\cdot\frac{r_2'}{S}$,则 A,B 两点可以写出:

$$\frac{k\cdot n_B^2}{k\cdot n_N^2}=\frac{\frac{m_1}{\Omega_1}\cdot I_1^2\cdot\frac{r_2'+R_\Omega'}{S_B}}{\frac{m_1}{\Omega_1}I_{1N}^2\cdot\frac{r_2'}{S_N}}$$

则

$$I=I_N\cdot\frac{n_B}{n_N}\cdot\sqrt{\frac{r_2}{r_2+R_\Omega}\cdot\frac{S_B}{S_N}}=133\times\frac{540}{577}\sqrt{\frac{0.035}{0.035+0.071}\times\frac{0.1}{0.0383}}=115.6[A]$$

五、绕线式感应电动机的串级调速(*)

所谓串级调速,就是借助电子线路或其他电机,在绕线式感应电动机转子回路中串入一个与转子电势 E_{2S} 同频率的附加电势 E_f,改变 E_f 的大小与相位来调节感应电动机的转速与功率因数的调速方法。

1. 串级调速原理

为简单起见,假设电网电压大小与频率不变,调速前后负载转矩不变。

(1) $\dot{E}_{2S}$ 与 $\dot{E}_f$ 反相时

设 $\dot{E}_f$ 未串入之前系统处于平衡状态,其转子电流,转子功率因数及电磁转矩分别为:

$$I_2'=\frac{SE_2'}{\sqrt{r_2'^2+(Sx_{2\sigma}')^2}};\cos\varphi_2=\frac{r_2}{\sqrt{r_2^2+(Sx_{2\sigma})^2}};T=C_{M1}\cdot\Phi_m\cdot I_2'\cdot\cos\varphi_2$$

当 $\dot{E}_f$ 刚引入时，由于机械惯性使 S 与 $\cos\varphi_2$ 来不及变，但是 $\dot{E}_f$ 与 $\dot{E}_{2S}$ 反相，所以转子电流 $I_{2f}{}'$ 为：

$$I_{2f}{}' = \frac{SE_2{}' - E_f{}'}{\sqrt{r'^2_2 + (Sx_{2\sigma}{}')^2}} < I_2{}'$$

由于 Φ_m 不变而 $\cos\varphi_2$ 未变，所以 T 将减小，系统开始减速，SE_2 增加从而使 $I_{2f}{}'$ 开始回升，电磁转矩也随之增加。当减速过程进行到使 $T = T_2$ 时，系统达到新的平衡状态，在较低的转速下稳定运行。

(2)$\dot{E}_f$ 与 $\dot{E}_{2S}$ 同相时

$\dot{E}_f$ 刚引入时的转子电流 $I_{2f}{}'$ 为：

$$I_{2f}{}' = \frac{SE_2{}' + E_f{}'}{\sqrt{r'^2_2 + (Sx_{2\sigma}{}')}} > I_2{}'$$

这将使 T 增加，系统开始加速，SE_2 减小从而使 $I_{2f}{}'$ 降下来，T 随之减小。当加速过程进行到使 $T = T_Z$ 时系统达到新平衡，以较高的转速稳定运行。如果 E_f 足够大，则转速可以达到甚至超过同步转速。

(3)$\dot{E}_f$ 导前 $\dot{E}_{2S}$ 为 90° 时

设 $\dot{E}_f$ 未引入之前的相量图如图 5-33(a) 所示。在 $\dot{E}_f$ 引入之后，由于 $\dot{E}_f$ 与 $\dot{E}_{2S}$ 互差 90°，它对电动机的转速影响很小，所以 $\cos\varphi_2$ 及 $\dot{E}_{2S}$ 均不变。这时转子回路的合成电动势：

$$\dot{E}_{2\Sigma} = \dot{E}_{2S} + \dot{E}_f$$

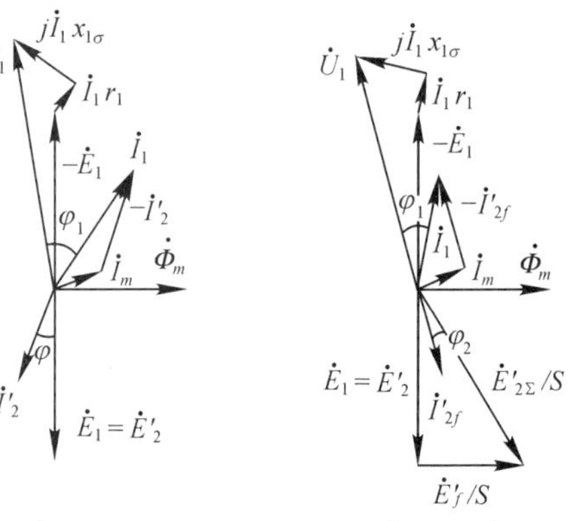

图 5-33　附加电势导前为 90° 时相量图

如图(b) 所示。比较图(a) 与(b) 可知，这时 φ_1 减小，起到了提高定子功率因数的作用。如果 $\dot{E}_f$ 足够大，有可能使定子电流 $\dot{I}_1$ 导前于端电压 $\dot{U}_1$，使功率因数导前。

(4)$\dot{E}_f$ 导前于 $\dot{E}_{2S}$ 为任一角度 a 时

可以将 $\dot{E}_f$ 分解成两个分量，其中 $E_f\cos a$ 分量与 $\dot{E}_{2S}$ 同相(或反相)，用来调高(或降低) 电动机的转速，而 $E_f \cdot \sin a$ 分量导前 $\dot{E}_{2S}$ 为 90°，用来改善功率因数。因此改变 $\dot{E}_f$ 的大小及相位，可以调节感应电动机的转速与功率因数。

2. 串级调速的实现

实现串级调速的关键是在绕线式感应电动机的转子回路引入一个大小相位可以自由调节，其频率能自动地随转速变化而变化，始终等于转子频率的附加电势。要获得这样的一个变频电源，可以先将转子电势 E_{2S} 整流

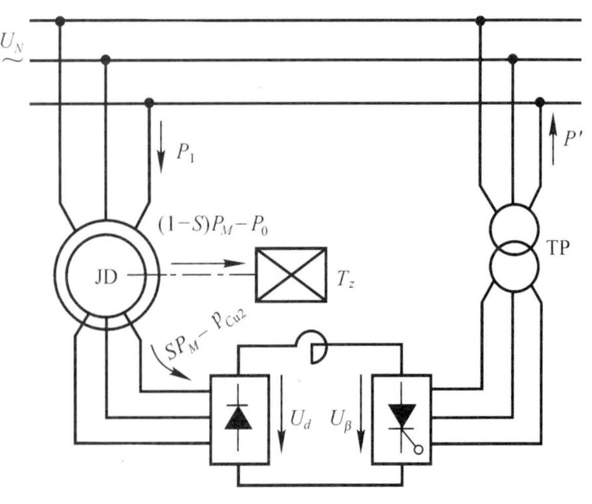

图 5-34　可控硅串级调速系统

成直流，然后由三相可控逆变器将它转换成工频交流并将电能返回电网。为了使逆变后的交流电压与电网电压相匹配，一般须加一台专用的逆变变压器 TP，如图 5-34 所示。这里的逆变电压 U_β 可视为加在转子回路中的附加电势，改变逆变角可以改变 U_β 值，从而达到调速的目的。

3. 对串级调速的评价

串级调速可以实现向低于及高于同步转速的两个方向的速度调节，机械特性硬，调速范围大，平滑性好，效率高，而且可以改善功率因数，因此是绕线式感应电动机很有发展前途的调速方法。

六、感应电动机的电磁转差离合器调速(*)

1. 电磁转差离合器调速系统的结构

电磁转差离合器调速系统由不调速的普通笼型感应电动机 JD，电磁转差离合器以及可控整流电源三部分所组成，如图 5-35(a) 所示。电磁转差离合器由电枢与磁极两部分组成。电枢一般是铸钢成圆筒状，与 JD 刚性联结，由 JD 带动旋转，是主动部分，其转速 n_d 就是 JD 的转速，不可调；磁极包括铁心与励磁绕组，由可控整流装置通过滑环引入直流励磁电流 I_f 以建立磁场，它与生产机械连结，是从动部分。

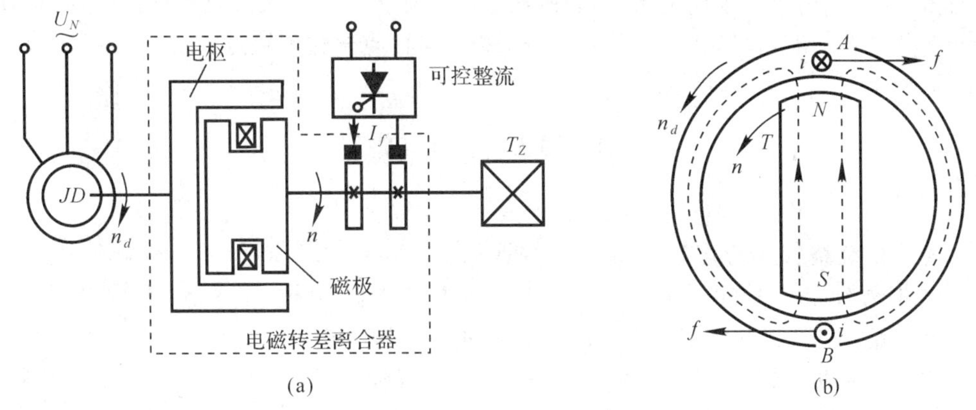

图 5-35　感应电动机电磁转差离合器调速示意图

2. 电磁转差离合器的工作原理

当 JD 带动电磁离合器电枢以 n_d 旋转时，如果 $I_f=0$，则磁极没有受到电磁力的作用而静止不动。当 $I_f\neq 0$ 时，设磁极建立的磁场为二极，如图(b) 所示，电枢旋转切割该磁场在电枢铁中产生感应电动势与电流，它与磁极磁场相作用产生电磁力，在磁极上也受到一个相等相反的电磁转矩，使磁极沿 T 的方向即与 n_d 相同方向旋转起来，从而带动负载以转速 n 旋转。显然，n 不可能达到电枢转速 n_d，两者必有一个转差 $\Delta n=n_d-n$，电磁转差离合器因而得名。它通常与感应电动机装成一个整体，统称为'电磁调速感应电动机'或'滑差电机'。

3. 电磁转差离合器调速系统的机械特性

电磁转差离合器通过电磁感应而传递能量的过程跟普通笼型感应电动机的电磁过程完全相似，离合器的电枢相当于感应电动机的转子。所以电磁调速感应电动机的机械特性与普通笼型感应电动机的机械特性形状相同，只是由于离合器的电枢是铸钢，电阻大，所以其机械特性要软得多，如图 5-36 所示。当励磁电流 I_f 减小时，离合器的气隙磁场减弱，最大转矩也相应变小，这与感应电动机降低定子端电压使 Φ_m 减小从而使 T_m 变小的情况相似。

由图可知，对于同一个负载 T_Z，改变励磁电流转速给定值可以得到不同的转速。由于特性很软，往往不能满足静差度的要求，因而调速范围不大。为此，可用带转速负反馈的闭环控制系统，获得图中 $\overset{\frown}{BE}$ 所示的很硬的机械特性，改变 I_f 可以得到与 $\overset{\frown}{BE}$ 平行的一簇硬特性，如图虚线所示，从而可以使调速范围扩大到 10∶1 左右。

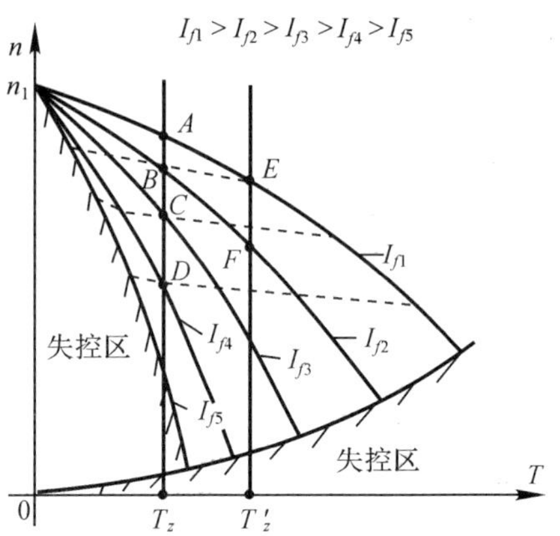

图 5-36　电磁调速感应电动机的机械特性

由图还可知，当转速太低或者励磁电流太小时，会造成失控。

4. 对电磁转差离合器调速系统的评价

电磁调速电动机设备简单，控制方便，运行可靠且可以平滑调速。采用速度负反馈闭环控制可以获得较理想的调速性能。因此被广泛应用于风机泵等调速系统中。

然而，由于离合器电枢的电阻大，因而额定运行时转速损失大且效率低；低速时损耗更大且发热严重。采用低电阻端环及特殊的冷却措施可以克服这些缺点。

习题与思考题

5-1　某三相绕绕式感应电动机的额定数据如下：$P_N=7.5$[kW]，$U_N=380$[V]，$I_N=15.1$[A]，$n_N=1450$[r/min]，$\lambda_M=2.0$。试求：(1) 临界转差率 S_m 和最大转距 T_m；(2) 写出固有机械特性实用表达式；(3) 该机的固有起动转矩倍数 K_M。

5-2　某三相感应电动机的额定数据与题 5-1 相同。现将定子线电压降为 220[V]，试求：

(1) 写出降压后人为特性的实用表达式；

(2) 降压后的起动转矩 $T_Q'=$?这时该机能否满载起动?为什么?

(3) 降压后的过载能力 $\lambda_M'=$?

5-3　某三相感应电动机额定数据与题 5-1 相同。试求：

(1) 当转速为 $n=1200$[r/min] 时的电磁转矩；

(2) 电磁转矩为 $T=0.8T_N$ 时的转速。

5-4　三相笼型感应电动机定子回路串电阻起动与串电抗起动相比，哪一种较好?为什么?

5-5　某三相笼型感应电动机额定数据如下：$P_N=300$[kW]，$U_N=380$[V]，$I_N=527$[A]，$n_N=1450$[r/min]，起动电流倍数 $K_I=6.7$，起动转矩倍数 $K_M=1.5$，过载能力 $\lambda_M=2.5$。定子 △ 接法。试求：

(1) 直接起动时的电流 I_Q 与转矩 T_Q；

(2) 如果供电电源允许的最大电流为 1800[A]，采用定子串对称电抗器起动，求所串的电抗值 x_Q 及起动转矩 T_Q；

(3) 如果采用星 Y—△ 角起动，能带动 1000[N・m] 的恒转矩负载起动吗？为什么？

(4) 为使起动时最大电流不超过1800[A]且起动转矩不小于1000[N・m]而采用自耦变压器降压起动。已知起动用自耦变压器抽头分别为 55%，64%，73% 三档；试问应取哪一挡抽头电压？在所取的这一档抽头电压下起动时的起动转矩及对电网的起动电流各为多少？

5-6 三相绕线式感应电动机转子回路串三相对称电抗器起动时，能否改善起动性能？为什么？

5-7 某三相绕线式感应电动机额定数据如下：$P_N = 44$[kW]，$n_N = 1435$[r/min]，$E_{2N} = 243$[V]，$I_{2N} = 110$[A]，定转子三相绕组均为 Y 接法。现用转子串电阻起动，要求起动时最大转矩 T_1 不小于 $1.8T_N$ 而切换转矩 T_2 不小于 T_N。试求分级起动级数 m 及各级起动电阻值。

5-8 试证明三相绕线式感应电动机转子每相电阻的工程估算公式，并说明其使用条件及近似值。

$$r_2 = \frac{S_N \cdot E_{2N}}{\sqrt{3} I_{2N}} [\Omega] \text{ 或 } r_2 = \frac{S_N \cdot P_N \cdot 1000}{3(1 - S_N) \cdot I_{2N}^2} [\Omega]$$

5-9 试证明三相感应电动机的定子每相电阻及 $f = 50$[Hz] 时的短路电抗的工程估算公式，并说明其使用条件及近似值。

$$r_1 = \frac{0.95 U_{1N} \cdot S_N}{\sqrt{3} \cdot I_{1N}} [\Omega]$$

$$x_k = x_{1\sigma} + x_{2\sigma}' = \sqrt{\left(\frac{U_1^2 \cdot p}{210 \lambda_M \cdot T_N} - r_1\right)^2 - r_1^2} [\Omega]$$

5-10 某三相笼型感应电动机额定数据如下：$P_N = 40$[kW]，$U_N = 380$[V]，$I_N = 75.1$[A]，$n_N = 1470$[r/min]，定子绕组 △ 接法，起动电流倍数 $K_I = 6.9$，起动转矩倍数为 $K_M = 1.2$，过载能力 $\lambda_M = 2$，拖动系统的飞轮矩 $GD^2 = 29.4$[N・m²]。试求：

(1) 空载直接起动到 $S = 0.02$ 时的时间；

(2) 用 Y 接法空载起动到 $S = 0.02$ 时的起动时间。

5-11 某三相绕线式感应电动机额定数据如下：$P_N = 55$[kW]，$U_{1N} = 380$[V]，$I_{1N} = 121.1$[A]，$n_N = 580$[r/min]，$E_{2N} = 212$[V]，$I_{2N} = 159$[A]，$\lambda_M = 2.3$，定转子绕组 Y 接法。试求：

(1) 该机用于起重机拖动系统，已知电动机每转 35.4 转时主构上升 1[m]，电机正好处于额定状态。现拖动该重物以 8[m/min] 的速度上升，应在转子每相串入电阻 $R_\Omega = ?$

(2) 为防止起动时的机械冲击，在转子回路串入预备级电阻，使对应 $S_m' \gg 1$ 且产生 $0.4T_N$ 的起动转矩。该预备电阻 $R_\Omega = ?$

(3) 利用该预备级电阻 R_Ω 作为制动电阻而使 $T_Z = 0.8T_N$ 的位能负载按反接制动方式匀速下放。则下放时电动机转速 $n = ?$

5-12 三相绕线式感应电动机的数据与题 5-11 相同，试求：

(1) 该机在额定运行时突然将定子任意两相对调，求反接瞬间的电磁转矩及定子电流各为多少？

(2) 要求项(1) 反接初瞬的电磁转矩是额定转矩的两倍,且希望制动停机时间尽可能短,应在转子回路串入电阻 R_{Ω} =?这时定子的冲击电流 I_1 =?

(3) 该机在理想空载时采用反接制动停机,要求制动时间最短,应在转子每相串入电阻 R_Z =?制动停机时间 t_{0min} =?(设拖动系统飞轮矩 $GD^2 = 50[N \cdot m^2]$)。

以上各题计算中均忽略励磁电流不计。

5-13　三相绕线式感应电动机的数据与题 5-11 相同。试求:

(1) 该机带动 $T_Z = T_N$ 反抗性恒转矩负载额定运行时,将定子任意两相对调同时在转子每相串入电阻 $R_Z = r_2$,制动停机后不切断电源,则系统能否反向起动?为什么?系统稳定后的转速 n =?稳定后电动机处于什么状态?为什么?

(2) 如果 $T_Z = T_N$ 是位能性负载,则从定子两相对调开始到系统最后稳定为止,电动机经历哪几个运行状态?每个阶段的能量传递关系如何?如果稳定时已将制动电阻 R_Z 切除,则稳定后的转速 n =?如果 $R_Z = r_2$ 不变,则稳定后转速 n =?。

5-14　从图 5-15 看,感应电动机采用定子两相对调反接制动停机时,其制动初瞬的电磁转矩并不大(如图中的 G' 点),那么为什么在定子反接的同时还必须在转子回路串入电阻 R_Z,否则定转子的冲击电流将很大?试从物理意义上说明之。

5-15　感应电动机在回馈制动状态时,它将拖动系统所具有的动能或位能转换成电能送回电网的同时,为什么还必须从电网输入滞后的无功功率?

5-16　某三相笼型感应电动机额定数据如下:$U_N = 380[V]$,$I_N = 20[A]$,$n_N = 1450[r/min]$,定子绕组△接法,$\cos\varphi_{1N} = 0.87$,$\eta_N = 87.5\%$,过载能力 $\lambda_M = 2$。该机用于电车上,下坡时在固有特性上作回馈制动,已知由于重力所生的驱动转矩为 $1.2T_N$。试求下坡时电动机转速 n =?

5-17　三相感应电动机能耗制动时定子绕组的接法如图 5-20 所示。已知定子绕组每相有效匝数为 $N_1 \cdot K_{W1}$,极对数为 p,总的直流励磁电流为 I_C。试求:

(1) 分别导出图 5-20 中(b)(c)(d)(e) 四种接法时的合成基波磁动势的幅值表达式;

(2) 分别导出以上四种接法时的等效交流电的相电流与的 I_C 关系式;

(3) 对于图 5-20 所示的五种接法,在所产生的合成基波磁动势幅值相等的条件下,哪一种接法所需的直流励磁功率最小?为什么?

5-18　某三相绕线式感应电动机额定数据如下:$P_N = 15.4[kW]$,$U_N = 380[V]$,$n_N = 1450[r/min]$,$\lambda_M = 2.5$ 定子空载电流 $I_0 = 17.6[A]$,$E_{2N} = 232[V]$。定转子绕组 Y 接法,$r_1 = 0.6[\Omega]$,$r_2 = 0.2[\Omega]$,$k_e = k_i = 1.5$。电动机在理想空载时切换成能耗制动状态。能耗制动时定子绕组接法如图 5-20(a) 所示,并且通入 $I_C = 3I_0$ 的直流励流电流,假设磁路不饱和,试求:

(1) 要求制动到 $n = 0.02n_1$ 的时间最短,应在转子每相串入电阻 R_Z =?

(2) 设 $T_Z = 0.8T_N$ 为位能性负载,希望重物以 1000[r/min] 的速度下放,应在转子回路中串入 R_{Ω} =?

5-19　某三相 2/4 极双速感应电动机,定子绕组接法为双 Y/Y,该机带动恒转矩负载原来运行于双 Y 接法额定状态。现将之突然改成单 Y 接法运行,试求:

(1) 由双 Y 改为单 Y 接法时,电机经过什么运行状态?

(2) 变极后,该机的定转子电流及输出功率将如何变化?

(3) 变极后，该机的过载能力将如何变化？

5-20 三相感应电动机原来运行于额定状态。如果保持电源电压不变而将频率升高到 $f = 1.5f_N$（设机械强度允许），试问：

(1) 若负载是恒转矩性质，可行吗？为什么？

(2) 若负载为恒功率性质，可以吗？为什么？

5-21 某三相感应电动机带通风机负载，当采用变频调速时，为了保持调速前后电机的过载能力不变，定子端电压应按什么规律变化？这时能同时保持气隙主磁通也不变吗？为什么？

5-22 某三相四极 50[Hz] 笼型感应电动机额定数据如下：$U_N = 380$[V]，$I_N = 30$[A]，$n_N = 1455$[r/min]，该机带恒功率负载原来运行于额定状态。现采用变频调速使该负载的转速降为 1000[r/min]，并且保持调速前后电机的过载能力不变，试求：

(1) 频率 $f = ?$

(2) 定子线电压 $U_l = ?$

(3) 稳定后定子线电流 $I_l = ?$ 假设励磁电流不计。

5-23 某三相四极 50[Hz] 笼型感应电动机定子对称三相绕组 Y 接法。额定数据如下：$U_N = 380$[V]，$I_N = 20$[A]，$n_N = 1455$[r/min]，$\lambda_M = 2$。已知带动某负载 $T_Z = kn^2$ 且施以额定电压时正好运行于额定状态；当降低定子电压时，随着转速的下降，定子电流先增加到最大电流 I_{1max} 后又开始减小。试求：

(1) 降压降速中的最大电流 $I_{1max} = ?$（I_m 忽略不计）

(2) 对应于 I_{1max} 时的转速 $n_m = ?$

(3) 与 I_{1max} 对应的定子线电压 $U_l = ?$

5-24 对于题目 5-23，采用降压调速使系统转速降为 500[r/min]。试求定子线电压降为 $U = ?$ 这时的定子电流 $I_1 = ?$（忽略 I_m 不计）

5-25 绕线式感应电动机转子回路串电阻调速，为什么最适于恒转矩负载？如果在其转子回路中串接三相对称电抗器是否也能达到调速目的？为什么？

5-26 某三相绕线式感应电动机额定数据如下：$P_N = 30$[kW]，$U_N = 380$[V]，$n_N = 720$[r/min]，$r_2' = 0.15$[Ω]，$k_e = k_i = 1.5$。现用转子回路串电阻方法使 $T_Z = T_N$ 时的转速降为 $n = 500$[r/min]。试求：

(1) 应在转子每相串入电阻 $R_\Omega = ?$

(2) 这时定子相电流 $I_1 = ?$（忽略 I_m 不计）

(3) 这时的电磁功率 $P_M = ?$ 以及总机械功率 $P_\Omega = ?$

5-27 电磁调速感应电动机拖动系统在正常运行中，如果电磁转差离合器的励磁回路突然断线，对感应电动机及其负载将有什么影响？

第6章　三相同步电机

同步电机是交流电机的一种，同步电机在运行时，其转速 n 与定子电网频率 f_1 之间有着严格不变的关系，不会像感应电机一样，转速随负载的变化而变化，即

$$n = n_1 = \frac{60f_1}{p} \quad [\text{r/min}] \tag{6-1}$$

式中，p 为电机的极对数，n_1 为气隙旋转磁场的转速。由于同步电机的转子转速 n 与气隙旋转磁场的转速 n_1 相等，故称为同步电机。

同步电机主要用作交流发电机。同步电机作电动机使用时，一般用于拖动转速不变的大功率生产机械设备，如球磨机、鼓风机、水泵等。随着电力电子技术的发展，尤其是变频技术的发展，可以更广泛地代替感应电动机。因为无论是同步发电机还是同步电动机，均可以通过改变励磁电流来调节功率因数。

本章着重分析同步电机的基本工作原理和工作特性。

§6-1　同步电机的基本工作原理和结构

一、同步电机的基本工作原理

图6-1是一台同步电机的工作模型图。当同步电机作发电机运行时，直流电流通过电刷滑环装置流入转子励磁绕组，产生与转子相对静止的恒定磁场，磁力线从转子 N 极出来，经气隙、定子铁心、气隙，进入转子 S 极而形成闭合回路，如图6-1(a)中虚线所示。定子结构与三相感应电机基本相同，铁心槽内嵌放对称的三相绕组 AX、BY 和 CZ（图中未画出）。当转子在原动机驱动下沿逆时针方向恒速旋转时，则定子绕组导体将切割磁力线而感应电动势。设气隙磁通密度沿圆周方向按正弦规律分布，则三相对称感应电动势分别为

$$\left.\begin{aligned} e_A &= \sqrt{2}E_0\sin\omega t \\ e_B &= \sqrt{2}E_0\sin(\omega t - 120^\circ) \\ e_C &= \sqrt{2}E_0\sin(\omega t - 240^\circ) \end{aligned}\right\} \tag{6-2}$$

定子绕组中感应的三相对称感应电动势用相量表示时，如图6-1(b)所示。当转子以 n_1 速度旋转时，感应电动势频率为

$$f_1 = \frac{pn_1}{60} \tag{6-3}$$

当定子三相绕组与外接的三相负载接通时，就有对称的三相电流流通，发电机就将轴上

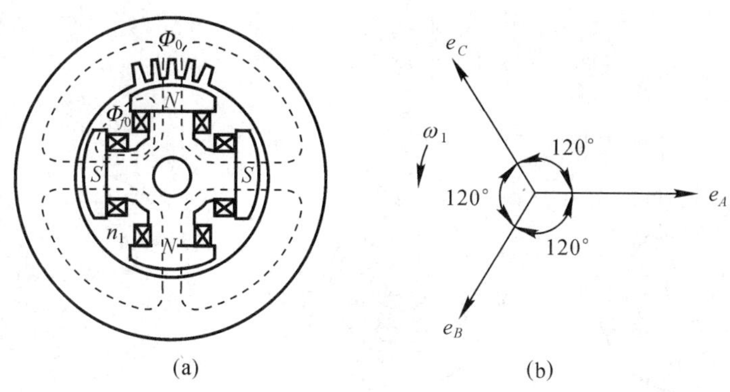

图 6-1　同步发电机的工作模型图

输入的机械能转换成电能向负载输出。同时当对称电流通入对称的三相绕组时，产生圆形的电枢旋转磁动势，转速为 $n_1 = 60f_1/p$，旋转方向与转子旋转方向一致，极对数与转子的相同。因此，由电枢旋转磁动势和转子励磁磁动势合成产生的气隙磁动势也以同转向、同速度同步旋转，但在空间上气隙磁动势滞后于转子励磁磁动势一个相位角 θ_i，如图 6-2(a) 所示，θ_i 称为内功率角。可见，这时转子上将受到制动的电磁转矩 T，原动机必须输入机械转矩 T_1 以克服制动的电磁转矩，才能保持电机恒速运转，才能连续将机械能转换成电能。

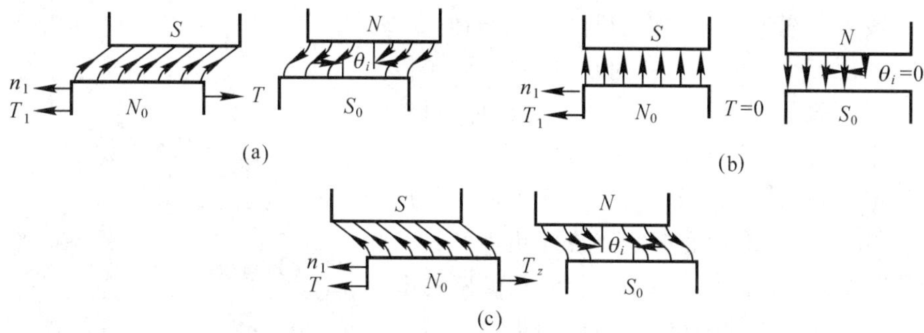

图 6-2　同步发电机过渡到同步电动机的过程

如同步发电机并联运行在电网上，则当向发电机转子输入的机械功率逐渐减少时，转子将会瞬时减速，导致 θ_i 角减小；当内功率角 $\theta_i = 0°$ 时，输入的机械功率只要抵消空载损耗，这时发电机处在空载运行状态，不再向电网输出电功率，如图 6-2(b) 所示。

继续减小输入的机械功率，最后卸掉原动机并在轴上加上机械负载，内功率角将反向增大，即变成气隙合成磁动势在前，转子励磁磁动势在后，如图 6-2(c) 所示。转子受到的电磁转矩起驱动作用，拖动生产机械转动。这时同步电机运行在电动机状态，将从电网吸取的电功率转换成机械功率输出给机械负载。

因此，同步电机与其他旋转电机一样，在工作原理上来看，既可作发电机运行也可作电动机运行。当然，为了电机在运行时，有较好的运行特性，发电机和电动机通常是分别设计，并不通用的。

二、同步电机的基本结构

同步电机同样由定子、气隙和转子三部分组成。一般同步电机均采用旋转磁极式，如图 6-3(a)、(b) 所示，此时，定子结构和绕组形式与感应电机的定子基本一样。转子有隐极式和凸极式两种。在小容量同步电机中,曾采用过旋转电枢式,此时,其定子结构和直流电机类似,三相交流绕组嵌放在转子上,如图 6-3(c) 所示。

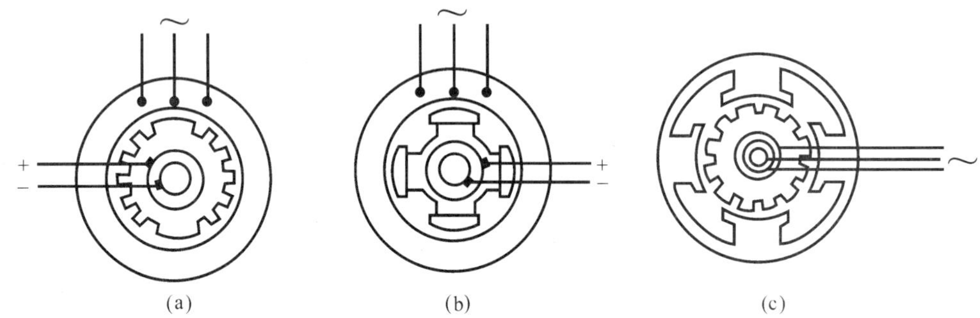

图 6-3　同步电机的主要结构类型

隐极式同步电机用于汽轮发电机。因为为了提高汽轮机的效率,一般均做成高速的,所以汽轮发电机基本上均为二极,这时转子表面的线速度可达 150 ～ 160[m/s]。在这样的高速下,离心力可以在转子的某些部分内产生极大的应力,因此隐极电机的转子一般都采用整块的高机械强度和良好导磁性能的合金钢锻制而成,并与转轴连成一体。转子圆柱体表面,在一个极距下的 2/3 部分铣出槽形,用以嵌放励磁绕组,如图 6-3(a) 所示。为把励磁绕组可靠地固定在转子上,槽口用金属槽楔压紧槽内导体,端部则用高强度材料锻制成的护环保护。

凸极式用于水轮发电机和同步电动机。转子由主磁极、磁轭、励磁绕组、滑环和转轴等部件组成,图 6-4 是一台已经装配好的凸极式同步电机转子。主磁极一般采用 1 ～ 1.5[mm] 厚的钢板冲片叠压而成。励磁绕组由带绝缘的铜线扁绕成集中形式的绕组,经绝缘处理后套装在主磁极上,直流励磁电流经电刷和滑环引入励磁绕组。凸极同步电机转子极靴槽内还嵌放了阻尼绕组,阻尼绕组由槽内的铜条和端接的短路铜环焊接而成,相当于鼠笼式感应电动机的鼠笼绕组。阻尼绕组可以减少并联运行时转子振荡的幅值,对同步电动机来说,还可以作起动绕组使用。凸极式同步电机整机装配后,极弧下的气隙较小而极间的气隙较大,磁极明显显露,如图 6-3(b) 所示。

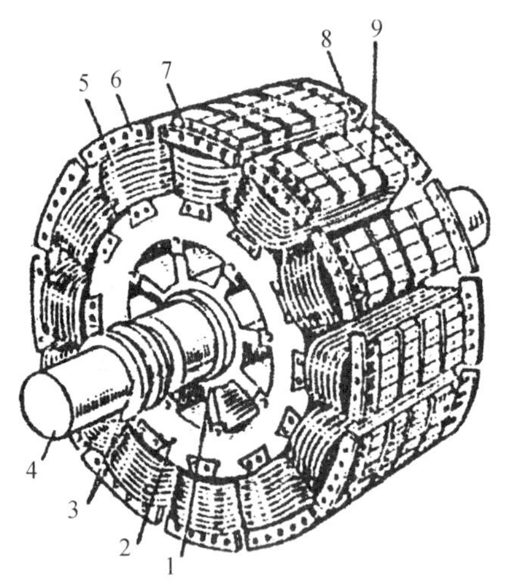

1 — 转子支架　2 — 转子磁轭　3 — 滑环
4 — 轴　5 — 励磁线圈　6 — 阻尼绕组端环片
7 — 阻尼绕组铜条　8 — 磁极铁心
9 — 磁极通风沟

图 6-4　凸极式同步电机的转子结构

三、同步电机的额定值

同步电机的额定值有:

(1) 额定容量 S_N 和额定功率 P_N　S_N 是指同步发电机输出的额定视在功率,单位[kVA] 或[MVA];P_N 是指输出的额定有功功率,对发电机而言是输出的额定有效电功率,对电动机而言是轴上输出的有效机械功率,单位[kW] 或[MW]。

(2) 额定电压 U_N　是指在额定运行时,加在定子绕组上的三相线电压,单位[V] 或[kV]。

(3) 额定电流 I_N　是指在额定运行时，流过三相定子绕组的线电流，单位[A]。

(4) 额定频率 f_N　是指在额定运行时的频率，我国标准工频为 50[Hz]。

(5) 额定转速 n_N　是指同步电机的同步转速，单位[r/min]。

(6) 额定效率 η_N　是指在额定运行时同步电机的效率。

(7) 额定功率因数 $\cos\varphi_N$　是指在额定运行时同步电机的功率因数。

额定值之间的相互关系，对三相同步发电机而言

$$P_N = S_N\cos\varphi_N = \sqrt{3}U_N I_N\cos\varphi_N \tag{6-4}$$

对电动机而言

$$P_N = \sqrt{3}U_N I_N\cos\varphi_N\eta_N \tag{6-5}$$

此外，还有，额定励磁电流 I_{fN}，单位[A]；额定励磁电压 U_{fN}，单位[V] 等。

§ 6-2　同步电机的电枢反应

同步电机运行时，若电枢绕组中没有电流流通，则电机气隙中只有一个以同步转速 n_1 旋转的转子励磁磁动势 $\vec{F}_f$。当电枢对称的三相绕组中流过对称的三相电流时，气隙中便会产生一个与转子同步、同方向旋转的圆形旋转电枢磁动势 $\vec{F}_a$。显然，电枢磁动势 $\vec{F}_a$ 将改变原有励磁磁场的分布情况。同转速、同方向旋转的励磁磁动势 $\vec{F}_f$ 和电枢磁动势 $\vec{F}_a$ 合成，构成了负载时的气隙中的合成磁动势 $\vec{F}_\delta$，并建立了相应的气隙合成磁场 $\vec{B}_\delta$。

同步电机的电枢磁动势对同步电机运行性能有很大的影响，负载时电枢磁动势的基波对主磁极基波磁场的影响称为电枢反应。电枢反应与主磁路饱和程度有关；与电枢磁动势 $\vec{F}_a$ 和 $\vec{F}_f$ 之间的空间相对位置有关；还与转子的结构形式有关。

为便于分析，设磁路不饱和，隐极式转子(δ相同)，则电枢磁动势基波 $\vec{F}_a$ 和转子励磁磁动势基波 $\vec{F}_{f1}$ 之间的空间相对位置，决定于电枢电流 $\dot{I}$ 和励磁电动势 $\dot{E}_0$ 之间的相角差 ψ。

假设由转子励磁磁动势基波 $\vec{F}_{f1}$ 产生的励磁磁通 $\dot{\Phi}_0$ 所感应的电动势 $\dot{E}_0$，由电枢磁动势基波 $\vec{F}_a$ 产生的电枢反应磁通 $\dot{\Phi}_a$ 所感应的电动势 $\dot{E}_a$，由合成磁动势 $\vec{F}_\delta$ 产生的磁通 $\dot{\Phi}_\delta$ 所感应的电动势 $\dot{E}_\delta$，由电枢电流 $\dot{I}$ 产生的漏磁通 $\dot{\Phi}_\sigma$ 所感应的电动势 $\dot{E}_\sigma$ 的正方向如图 6-5(c) 所示，由于这些电动势的正方向和电流 $\dot{I}$ 的方向相反，所以均是反电动势，而电流的正方向与磁通正方向仍符合右螺旋关系，则

$$\left.\begin{aligned}\dot{E}_0 &= \mathrm{j}4.44 f_1 N k_{w1}\dot{\Phi}_0\\ \dot{E}_a &= \mathrm{j}4.44 f_1 N k_{w1}\dot{\Phi}_a\\ \dot{E}_\delta &= \mathrm{j}4.44 f_1 N k_{w1}\dot{\Phi}_\delta\end{aligned}\right\} \tag{6-6}$$

一、电枢电流和励磁电动势同相位时的电枢反应

图 6-5(a) 表示一台同步电动机 $\dot{I}$ 和 $\dot{E}_0$ 同相位时的电枢反应空间相量图。AX 表示 A 相的等效集中整距绕组，在图示瞬间，A 相绕组的感应电动势 $\dot{E}_0$ 达到最大值，电流 $\dot{I}$ 也达到最大值，其方向如图 6-5(a) 所示。显然，此时电枢磁动势基波 $\vec{F}_a$ 的幅值与 A 相绕组轴线 $\vec{A}$ 重

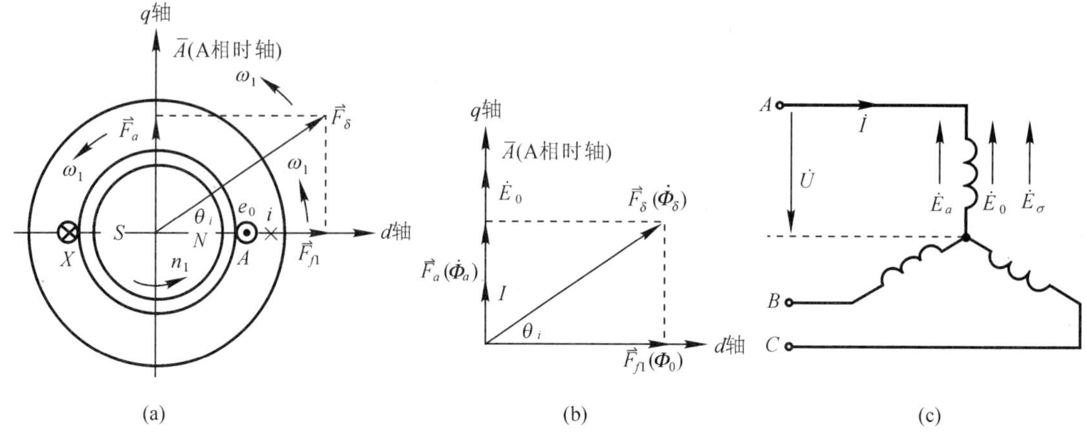

图 6-5　和同相位时的电枢反应

合,处在超前于转子主磁极轴(d 轴)90° 电角度的 q 轴上,与转子励磁磁动势基波 $\vec{F}_{f1}$ 相差 90° 电角度(正交)。因此称这样的电枢反应为交轴电枢反应。作相量图,就可获得负载时的气隙合成磁动势 $\vec{F}_\delta$,如图 6-5(b) 所示。从相量图中可见:同步电动机交轴电枢反应使气隙合成磁动势的轴线从主磁极轴线(轴)顺转向前移了一个电角度,而合成磁场的幅值较转子励磁磁场有所增加。

二、电枢电流滞后于励磁电动势一个锐角时的电枢反应

图 6-6(a) 表示 $\dot{I}$ 滞后于 $\dot{E}_0$ 一个锐角 ψ 时的电枢反应空间相量图。在图示瞬间,A 相绕组的感应电动势 $\dot{E}_0$ 达到最大值,而电流 $\dot{I}$ 在时间上必须经过 ψ 电角度才达到最大值,由于空间相量电枢磁动势 $\vec{F}_a$ 和时间相量电枢电流 $\dot{I}$ 在时空相量图中同相位,旋转角速度相同,所以 $\vec{F}_a$ 也应经过 ψ 电角度才能与 q 轴相重合。

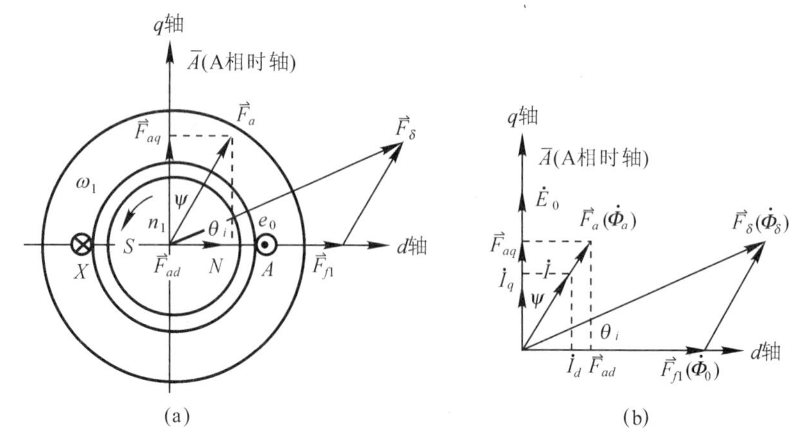

图 6-6　$\dot{I}$ 滞后于 $\dot{E}_0$ 一个锐角 ψ 时的电枢反应

把 $\vec{F}_a$ 和 $\vec{F}_{f1}$ 合成,就可获气隙合成磁动势 $\vec{F}_\delta$,如图 6-6(b) 所示。可见,$\vec{F}_\delta$ 在空间上仍然超前于 $\vec{F}_{f1}$ 一个 θ_i 电角度。将 $\vec{F}_a$ 分解成交轴和直轴两个分量,即

$$\left.\begin{aligned}\vec{F}_a &= \vec{F}_{ad} + \vec{F}_{aq}\\ F_{ad} &= F_a\sin\psi\\ F_{aq} &= F_a\cos\psi\end{aligned}\right\}\tag{6-7}$$

式中,ψ 为 $\dot{I}$ 滞后于 $\dot{E}$ 的相位角。

由第四章分析可知,电枢磁动势 $\vec{F}_a$ 的大小为

$$F_a = 1.35\,\frac{N_1 k_{w1}}{p}I\tag{6-8}$$

将电枢电流 $\dot{I}$ 分解成交轴和直轴两个分量,即

$$\left.\begin{aligned}\dot{I} &= \dot{I}_d + \dot{I}_q\\ I_d &= I\sin\psi\\ I_q &= I\cos\psi\end{aligned}\right\}\tag{6-9}$$

直轴电枢电流分量 $\dot{I}_d$ 产生直轴电枢磁动势 $\vec{F}_{ad}$,交轴电枢电流 $\dot{I}_q$ 产生交轴电枢磁动势 $\vec{F}_{aq}$,则直轴和交轴电枢磁动势 $\vec{F}_{ad}$ 和 $\vec{F}_{aq}$ 的大小应分别为

$$F_{ad} = 1.35\,\frac{N_1 k_{w1}}{p}I_d\tag{6-10}$$

$$F_{aq} = 1.35\,\frac{N_1 k_{w1}}{p}I_q\tag{6-11}$$

从图 6-6(b) 可见,交轴电枢电流分量 $\dot{I}_q$ 产生的 $\vec{F}_{aq}$ 仍然起交轴电枢反应作用;而直轴电枢电流分量 $\dot{I}_d$ 产生的 $\vec{F}_{ad}$ 起直轴电枢反应作用,对气隙磁场起助磁作用。

三、电枢电流 $\dot{I}$ 超前于反电势 $\dot{E}_0$ 一个锐角 ψ 时的电枢反应

图 6-7(a) 表示 $\dot{I}$ 超前于 $\dot{E}_0$ 一个锐角 ψ 时的电枢反应空间相量图。由于 $\dot{I}$ 超前于 $\dot{E}_0$ 一个锐角 ψ,故电枢磁动势 $\vec{F}_a$ 亦导前于 q 轴 ψ 角,而气隙合成磁动势 $\vec{F}_\delta$ 也导前于 $\vec{F}_{f1}$ 一个 θ_i 电角度。由此可见,无论 $\dot{I}$ 滞后或超前于 $\dot{E}_0$,$\vec{F}_\delta$ 总是导前于 $\vec{F}_{f1}$ 一个 θ_i 电角度,这样才能使电动机转子上受到的电磁转矩为驱动转矩。同样,将 $\vec{F}_a$ 分解成交轴和直轴两个分量:交轴分量 $\vec{F}_{aq}$ 使气隙合成磁动势顺转向前移一个角度,故只有交轴电枢反应才能使转子产生电磁转矩,实现机电能量转换;直轴分量 $\vec{F}_{ad}$ 产生的直轴电枢反应对气隙磁场起去磁作用。如图 6-7(b) 所示。

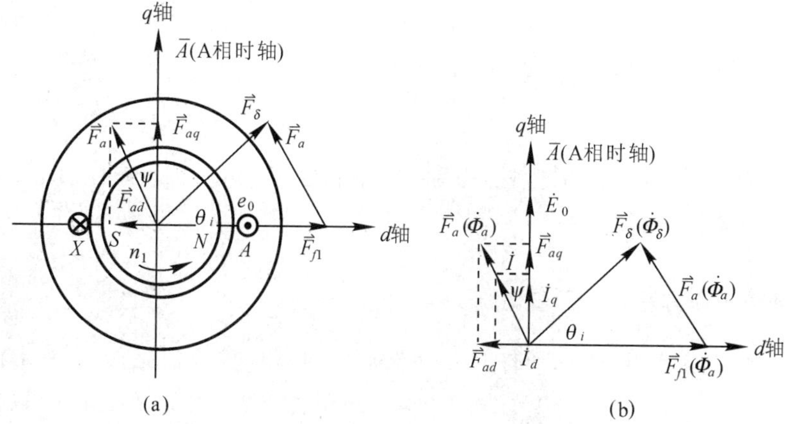

图 6-7　$\dot{I}$ 超前于 $\dot{E}_0$ 一个锐角 ψ 时的电枢反应

由于ψ角随电机运行情况改变而改变，故电枢反应的性质亦随负载的变化而变化。

四、双反应理论

凸极同步电机的气隙极是不均匀的，在主磁极极弧下（即d轴方向）的气隙较小，而极间（即q轴方向）的气隙较大，所以沿电枢圆周方向各点的磁阻是变化的，因此同一大小的电枢磁动势$\vec{F}_a$作用在空间不同位置时，所产生的电枢反应磁密波形和每极磁通量均将不同，从而使问题大为复杂。图6-8(b)和(c)表示同样大小的基波电枢磁动势分别作用在直轴和交轴位置时所得电枢磁场的分布图。由图可见，直轴电枢磁动势$\vec{F}_{ad}$所产生的磁密波B_{ad}是笠帽形的；而交轴电枢磁动势$\vec{F}_{aq}$所产生的磁密波B_{aq}则是马鞍形的。因此同样大小的电枢磁动势所产生的基波直轴磁密幅值B_{ad1}将比交轴基波磁密幅值B_{aq1}大得多。而在隐极同步电机中由于气隙是均匀的，当磁路不饱和时，铁芯中的磁压降可以忽略不计，在电枢磁动势$\vec{F}_a$作用下，无论$\vec{F}_a$对准d轴还是q轴，均产生同样大小的磁密波$\vec{B}=\vec{B}_{ad}=\vec{B}_{aq}$，每极磁通与$\vec{F}_a$处在转子什么位置无关。不过在凸极同步电机中，无论$\vec{F}_a$对准$d$轴还是$q$轴，所产生的电枢磁场波形都是对称的，较易分析。但电机实际运行时，ψ为一任意角度，这时$\vec{F}_a$的既不在d轴，也不在q轴，磁场分布是不对称的，其具体形状取决于$\vec{F}_a$和ψ两个因素，无法用解析式来表达和求解。

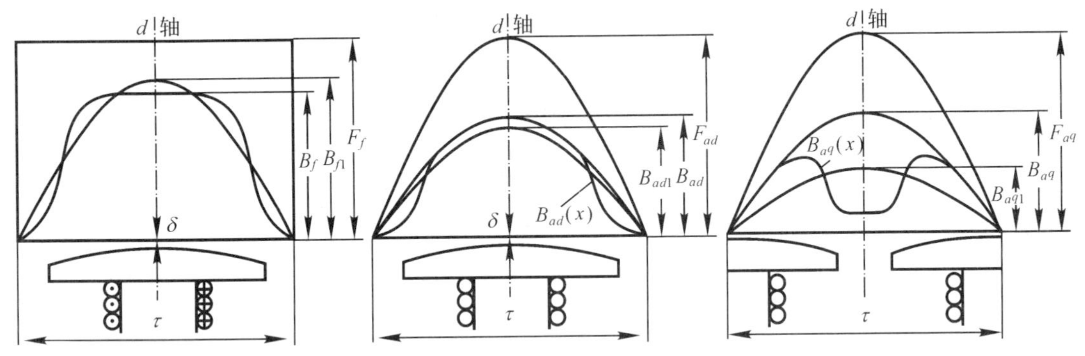

图6-8 凸极同步电机中的磁动势和磁场

法国学者勃朗德(Blondel)首先提出了双反应理论：对于在空间任意位置的电枢磁动势$\vec{F}_a$，应将其分解成交轴分量$\vec{F}_{aq}$和直轴分量$\vec{F}_{ad}$，分别计算直轴和交轴电枢反应，最后再把它们的效果叠加起来。实践证明，在不计饱和时，用这种方法分析所得的效果是令人满意的。

§6-3 同步电动机的电动势平衡方程式、同步电抗和相量图

一、电动势平衡方程式和同步电抗

隐极同步电动机负载运行时，若不计磁路饱和，则可应用叠加原理，分别求出基波励磁磁动势$\vec{F}_{f1}$和电枢磁动势$\vec{F}_a$产生的与电枢每相绕组相交链的磁通$\dot{\Phi}_0$和$\dot{\Phi}_a$，以及相应的电动势$\dot{E}_0$和$\dot{E}_a$，同时电枢三相电流还会产生漏磁通$\dot{\Phi}_\sigma$和相应的漏感电动势$\dot{E}_\sigma$。上述关系可用

图 6-9 表示。把 $\dot{E}_0$ 和 $\dot{E}_a$ 相加，便得到电枢绕组每相的合成气隙电动势 $\dot{E}_\delta$。在磁路饱和时，应先将 $\vec{F}_{f1}$ 和 $\vec{F}_a$ 相加，得到合成气隙磁动势 $\vec{F}_\delta$，求得相应的气隙合成磁通 $\dot{\Phi}_\delta$ 和相应的 $\dot{E}_\delta$（如图 6-9 中虚线所示）。

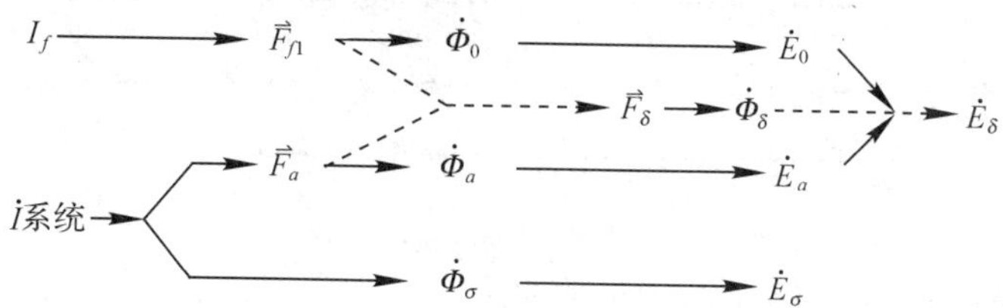

图 6-9　隐极同步电动机的电磁关系图

按图 6-5 规定的参考正方向，根据电路定律，可得电枢绕组一相的电动势平衡方程式

$$\dot{U} = \dot{E}_0 + \dot{E}_a + \dot{E}_\sigma + \dot{I}R_a = \dot{E}_\delta + \dot{E}_\sigma + \dot{I}R_a \tag{6-12}$$

式中 $\dot{U}$ 为电枢一相绕组的端电压；$\dot{I}R_a$ 为电阻压降。

仿照感应电动机中的分析方法，漏感电动势可写成漏抗压降形式，由于 $\dot{E}_\sigma$ 与 $\dot{I}$ 反方向，所以

$$\dot{E}_\sigma = \mathrm{j}\dot{I}X_\sigma \tag{6-13}$$

式中 X_σ 为定子绕组漏电抗。

将式(6-13) 代入式(6-12)，得到

$$\dot{U} = \dot{E}_\delta + \mathrm{j}\dot{I}X_\sigma + \dot{I}R_a \tag{6-14}$$

与式(6-12) 相对应的隐极同步电动机的等效电路如图 6-10(a) 所示。

式(6-12) 中 $\dot{E}_a$ 为电枢反应电动势，不计铁耗和主磁路饱和的情况下，$\dot{E}_a \propto \dot{\Phi}_a \propto \vec{F}_a \propto \dot{I}$，由第四章可知，$\dot{\Phi}_a$ 与 $\vec{F}_a$ 同相位，$\vec{F}_a$ 与 $\dot{I}$ 同相位，而由于 $\dot{E}_a$ 与 $\dot{\Phi}_a$ 成左螺旋关系，故 $\dot{E}_a$ 导前于 $\dot{\Phi}_a$ 为 90° 电角度，于是当电枢反应电动势 $\dot{E}_a$ 用电抗压降形式表示时

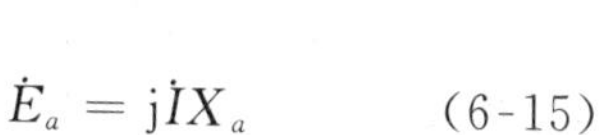

$$\dot{E}_a = \mathrm{j}\dot{I}X_a \tag{6-15}$$

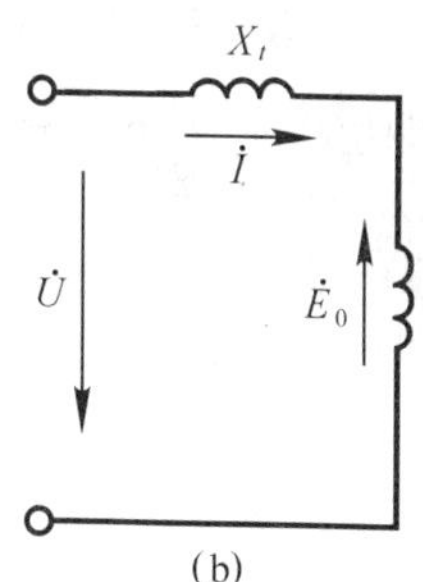

图 6-10　隐极同步电动机的等效电路图

式中 X_a 称为电枢反应电抗，相当于感应电动机的激磁电抗 X_m。当磁路不饱和时，X_a 为常数。

将式(6-15) 代入式(6-12)，并考虑式(6-13)，得

$$\begin{aligned}\dot{U} &= \dot{E}_0 + \dot{I}R_a + \mathrm{j}\dot{I}X_\sigma + \mathrm{j}\dot{I}X_a \\ &= \dot{E}_0 + \dot{I}R_a + \mathrm{j}\dot{I}X_t\end{aligned} \tag{6-16}$$

式中，X_t 称为隐极同步电机的同步电抗，是稳态运行时的一个综合参数，磁路不饱和时为常数。

$$X_t = X_a + X_\sigma \tag{6-17}$$

大容量同步电机中，电枢绕组电阻 R_a 很小，一般可以忽略不计，则式(6-16) 可简化为

$$\dot{U} = \dot{E}_0 + \mathrm{j}\dot{I}X_t \tag{6-18}$$

与式(6-18) 相对应的隐极同步电动机的简化等效电路如图 6-10(b) 所示。

对于凸极同步电动机，当磁路不饱和时，根据双反应理论，可分别求出励磁磁动势、直轴

和交轴电枢磁动势所产生的基波磁通和相应的感应电动势，可用图 6-11 表示。

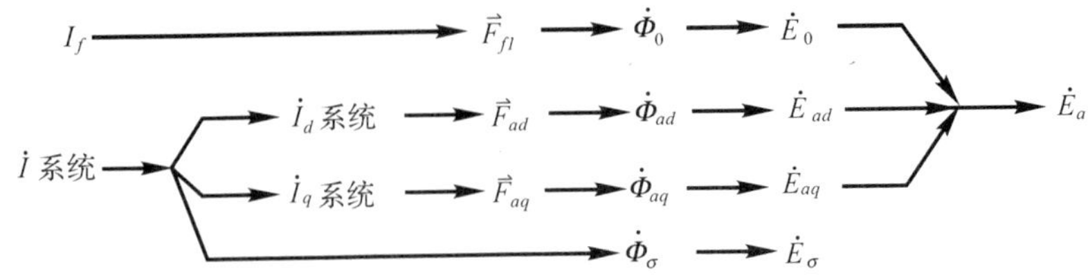

图 6-11 凸极同步电机的电磁关系图

当各物理量参考正方向如图 6-12 所示时，电枢绕组一相的电动势平衡方程为

$$\dot{U} = \dot{E}_0 + \dot{E}_{ad} + \dot{E}_{aq} + \dot{E}_\sigma + \dot{I}R_a \tag{6-19}$$

不计饱和时

$$\left.\begin{aligned} E_{ad} \propto \Phi_{ad} \propto F_{ad} \propto I_d \\ E_{aq} \propto \Phi_{aq} \propto F_{aq} \propto I_q \end{aligned}\right\} \tag{6-20}$$

同理，当不计铁耗时，$\dot{E}_{ad}$ 和 $\dot{E}_{aq}$ 分别导前于 $\dot{I}_d$ 和 $\dot{I}_q$ 为 90° 电角度，故 $\dot{E}_{ad}$ 和 $\dot{E}_{aq}$ 同样可用相应的电抗压降来表示，即

$$\left.\begin{aligned} \dot{E}_{ad} = \mathrm{j}\dot{I}_d X_{ad} \\ \dot{E}_{aq} = \mathrm{j}\dot{I}_q X_{aq} \end{aligned}\right\} \tag{6-21}$$

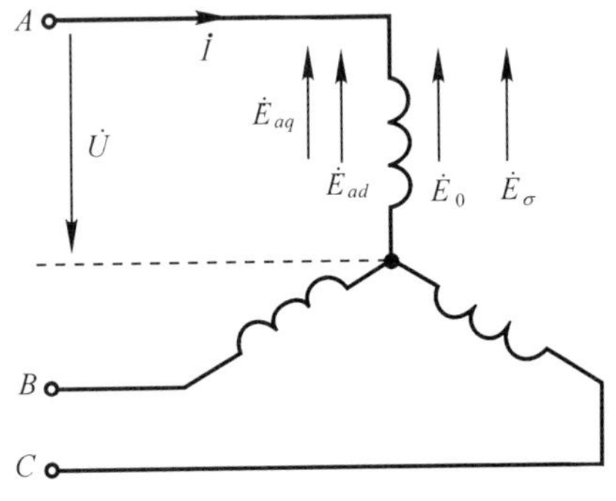

图 6-12 凸极同步电机各物理量的参考正方向

式中，X_{ad} 称为直轴电枢反应电抗，X_{aq} 称为交轴电枢反应电抗。当磁路不饱和时，直轴磁路的磁阻小于交轴磁路的磁阻，故 $X_{ad} > X_{aq}$。

将式(6-21)代入式(6-19)，并考虑到 $\dot{E}_\sigma = \mathrm{j}\dot{I}X_\sigma$，则电动势平衡方程式可改写为

$$\begin{aligned} \dot{U} &= \dot{E}_0 + \mathrm{j}\dot{I}_d X_{ad} + \mathrm{j}\dot{I}_q X_{aq} + \mathrm{j}\dot{I}X_\sigma + \dot{I}R_a \\ &= \dot{E}_0 + \mathrm{j}\dot{I}_d X_{ad} + \mathrm{j}\dot{I}_q X_{aq} + \mathrm{j}(\dot{I}_d + \dot{I}_q)X_\sigma + \dot{I}R_a \\ &= \dot{E}_0 + \mathrm{j}\dot{I}_d X_d + \mathrm{j}\dot{I}_q X_q + \dot{I}R_a \end{aligned} \tag{6-22}$$

式中，$X_d = X_{ad} + X_\sigma$ 称为凸极同步电机的直轴同步电抗，$X_q = X_{aq} + X_\sigma$ 称为凸极同步电机的交轴同步电抗。它们分别表示对称稳态运行时，电枢漏磁通和直轴或交轴电枢反应磁通的综合参数。

综上所述，凸极同步电机由于气隙不均匀，电枢电流应分解成 $\dot{I}_d$ 和 $\dot{I}_q$ 两个分量，每个分量有其对应的同步电抗 X_d 和 X_q，由于 $X_{ad} > X_{aq}$，故 $X_d > X_q$。隐极同步电机由于气隙均匀，电枢电流无需分解为两个分量，且 $X_d = X_q = X_t$。

二、同步电动机的相量图

忽略电枢绕组电阻 R_a，且当电枢电流 $\dot{I}$ 导前于电网电压 $\dot{U}$ 为角 φ 时，根据式(6-16)可画出隐极同步电动机的相量图，如图 6-13 所示；式(6-19)和式(6-22)可画出凸极同步电机的相量图，如图 6-14(a)和(b)所示。图中 $\vec{F}_{f1}$ 为励磁磁动势基波，$\vec{B}_\delta$ 为气隙合成磁密波。

而在实际作图时，一般只知道 $\dot{U}$、$\dot{I}$、$\cos\varphi$、R_a、X_σ、X_t(或 X_d、X_q)，这在画隐极同步电机相量图时是没有问题的，但在画凸极同步电机相量图时，为了将 $\dot{I}$ 分解为 $\dot{I}_d$ 和 $\dot{I}_q$，还必须知道 $\dot{I}$ 与 $\dot{E}_0$ 之间的夹角 ψ，而 ψ 角是无法测试的。但我们可以从图 6-14(b)中各相量之间的关

系确定ψ角。从$\dot{U}$的顶点作垂直于$\dot{I}$的直线，与$\dot{E}_0$相量相交于Q点，显然线段$\overline{RQ}$与相量$-\mathrm{j}\dot{I}_qX_q$的夹角为ψ，则

$$\overline{RQ}=\frac{I_qX_q}{\cos\psi}=IX_q \tag{6-23}$$

从而可以得到

$$\psi=\arctan\frac{IX_q+U\sin\varphi}{IR_a+U\cos\varphi} \tag{6-24}$$

当已知凸极同步电动机的$\dot{U}$,$\dot{I}$,$\cos\varphi$,R_a,X_σ,X_d和X_q时，相量图的实际作法为：

(1) 从原点O作$\dot{U}$，根据$\cos\varphi$作$\dot{I}$；

(2) 画出相量$\dot{E}_Q=\dot{U}+(-\mathrm{j}\dot{I}X_q)$，定出$Q$点，则$\overline{OQ}$线段与$\dot{I}$的夹角为$\psi$角；

(3) 根据求得的ψ角把$\dot{I}$分解为$\dot{I}_d$和$\dot{I}_q$；

(4) 从点R依次画出$-\mathrm{j}\dot{I}_qX_q$和$-\mathrm{j}\dot{I}_dX_d$得到末端T，联接线段$\overline{OT}$即为$\dot{E}_0$。

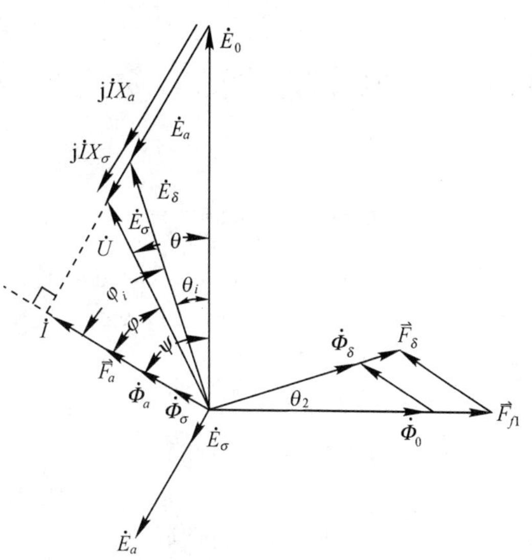

图 6-13 隐极同步电动机在忽略R_a时的时-空相量图

由图6-14(b)还可以看出：如果从T点作$\overline{OT}$的垂直线与$\overline{RQ}$的延长线相交于X点，显然$\overline{RX}\sin\psi=\overline{ST}=I_dX_d$，则$\overline{RX}=\dfrac{\overline{ST}}{\sin\psi}=\dfrac{I_dX_d}{\sin\psi}=IX_d$；$\overline{SQ}=\overline{RQ}\cdot\sin\psi=IX_q\cdot\sin\psi=I_dX_q$。

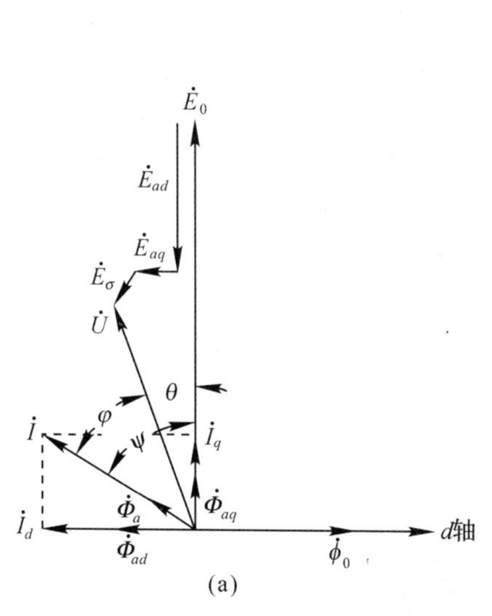

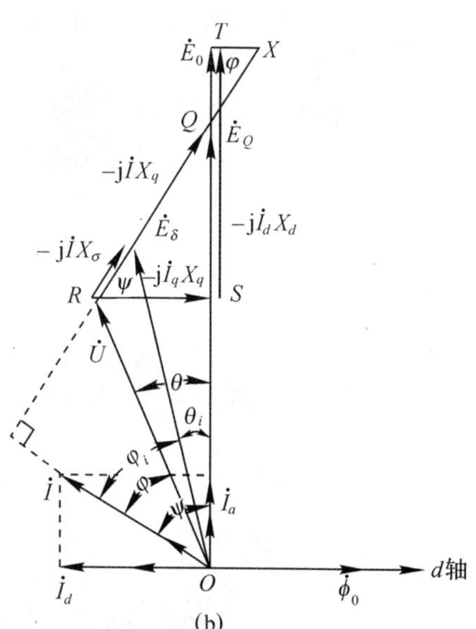

图 6-14 不饱和时凸极同步电机的相量图

§6-4 同步电动机的功角特性、矩角特性和有功功率的调节

一、功角特性与矩角特性

同步电动机励磁电动势 $\dot{E}_0$ 和端电压 $\dot{U}$ 之间的相角差 θ 称为功率角，电磁功率 P_M 与功率角 θ 之间的关系 $P_M = f(\theta)$ 就称为功角特性，电磁转矩 T 与功率角 θ 之间的关系 $T = f(\theta)$ 就称为矩角特性。

同步电动机在负载运行时，由电网输入的有功功率 P_1，一小部分消耗在电枢绕组铜耗 p_{Cu1} 上，绝大部分功率通过电磁感应作用传递到转子上，这部分电功率就是电磁功率 P_M，从 P_M 中需扣除定子铁耗 p_{Fe}、机械损耗 p_Ω 和附加损耗 p_Δ，如有同轴励磁机，还需扣除励磁机的输入功率 p_f，才是同步电动机轴上输出的有效机械功率 P_2，故同步电动机的功率平衡方程式为

$$P_1 = P_M + p_{Cu1} \tag{6-25}$$

$$P_M = p_{Fe} + p_\Omega + p_\Delta + P_2 = p_0 + P_2 \tag{6-26}$$

或

$$P_M = p_{Fe} + p_\Omega + p_\Delta + p_f + P_2 = p_0 + P_2 \tag{6-27}$$

式中 $P_1 = mUI\cos\varphi$，其中为定子电枢绕组相数，U 为相电压有效值，I 为相电流有效值；$p_0 = p_{Fe} + p_\Omega + p_\Delta$ 或 $p_0 = p_{Fe} + p_\Omega + p_\Delta + p_f$ 称为空载损耗。

和感应电动机相似，同步电动机的电磁功率 P_M 亦可写成

$$P_M = mE_\delta I\cos\varphi_i \tag{6-28}$$

式中 φ_i 为合成感应电动势 $\dot{E}_\delta$ 与电流 $\dot{I}$ 之间的相角差，称为内功率因数角。

对于磁路不饱和的凸极同步电动机，从图 6-14(b) 可见

$$E_\delta\cos\varphi_i = E_Q\cos\psi, E_Q = E_0 - I_d(X_d - X_q)$$

则

$$\begin{aligned} P_M &= mE_Q I\cos\psi = m[E_0 - I_d(X_d - X_q)]I\cos\psi \\ &= mE_0 I\cos\psi - mI_d I_q(X_d - X_q) \end{aligned} \tag{6-29}$$

对于磁路不饱和的隐极同步电动机，从图 6-13 可见，$E_\delta\cos\varphi_i = E_0\cos\psi$；或从上式中将 $X_d = X_q = X_t$ 代入，可得

$$P_M = mE_0 I\cos\psi \tag{6-30}$$

当忽略电枢绕组损耗时

$$\begin{aligned} P_M \approx P_1 &= mUI\cos\varphi = mUI\cos(\psi - \theta) = mUI(\cos\psi\cos\theta + \sin\psi\sin\theta) \\ &= mUI_q\cos\theta + mUI_d\sin\theta \end{aligned} \tag{6-31}$$

从图 6-15 凸极同步电动机的时 - 空相量图可见

$$\left.\begin{aligned} I_d &= \frac{E_0 - U\cos\theta}{X_d} \\ I_q &= \frac{U\sin\theta}{X_q} \end{aligned}\right\} \tag{6-32}$$

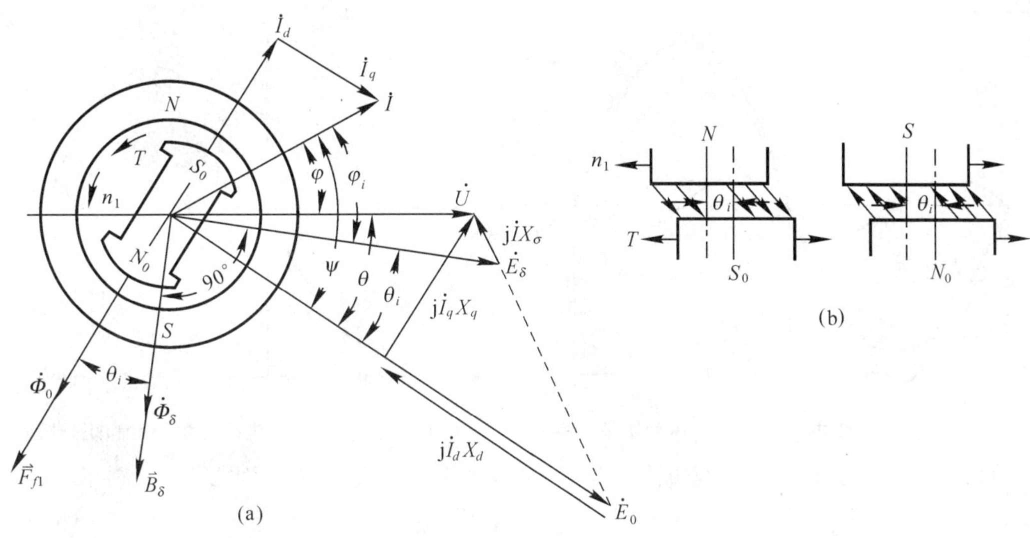

图 6-15　凸极同步电动机的功率角和电磁转矩

将式(6-32) 代入式(6-31),可得

$$P_M = m\frac{E_0U}{X_d}\sin\theta + m\frac{U^2}{2}\left(\frac{1}{X_q}-\frac{1}{X_d}\right)\sin2\theta \tag{6-33}$$

式中 $m\frac{E_0U}{X_d}\sin\theta = P_M'$ 称为基本电磁功率;$m\frac{U^2}{2}\left(\frac{1}{X_q}-\frac{1}{X_d}\right)\sin2\theta = P_M''$ 称为附加电磁功率。

对于隐极同步电动机,由于 $X_d = X_q = X_t$,所以只有基本电磁功率为

$$P_M = m\frac{E_0U}{X_t}\sin\theta \tag{6-34}$$

将式(6-33) 和式(6-34) 两边都除以同步角速度 Ω_1[rad/s],即得相应的电磁转矩。对于凸极同步电动机为

$$T = m\frac{E_0U}{\Omega_1X_d}\sin\theta + m\frac{U^2}{2\Omega_1}\left(\frac{1}{X_q}-\frac{1}{X_d}\right)\sin2\theta \tag{6-35}$$

式中 $m\frac{E_0U}{\Omega_1X_d}\sin\theta = T'$ 称为基本电磁转矩;$m\frac{U^2}{2\Omega_1}\left(\frac{1}{X_q}-\frac{1}{X_d}\right)\sin2\theta = T''$ 称为附加电磁转矩,或称为磁阻转矩,又称为反应转矩。

对于隐极同步电动机为

$$T = m\frac{E_0U}{\Omega_1X_t}\sin\theta \tag{6-36}$$

从式(6-33)、式(6-34)、式(6-35) 和式(6-36) 可见,当电网电压 U 和频率恒定,参数 X_t、X_d 和 X_q 为常值,并保持励磁电流和相应的 E_0 不变时,电磁功率和电磁转矩的大小仅取决于功率角的大小。将 $P_M = f(\theta)$ 和 $T = f(\theta)$ 分别称为同步电动机的功角特性和矩角特性,如图 6-16 和图 6-17 所示。功率角 θ 是同步电动机运行时的一个重要参数。当 θ 角为正时,表示电机运行在电动机状态,此时气隙合成磁场超前于转子励磁磁场。当 θ 角为负时,表示电机运行在发电机状态,这时气隙合成磁场滞后于转子励磁磁场。由图 6-15(a) 可见,转子励磁磁动势 $\vec{F}_{f1}$ 与气隙合成磁密波 $\vec{B}_\delta$ 的相位差为 θ_i,也就是励磁感应电动势 $\dot{E}_0$ 与合成感应电动势 $\dot{E}_\delta$ 的相位差,由于电动机的漏阻抗远小于同步电抗,所以 θ_i 角与功率角 θ 相差无几,即 $\theta_i \approx \theta$。

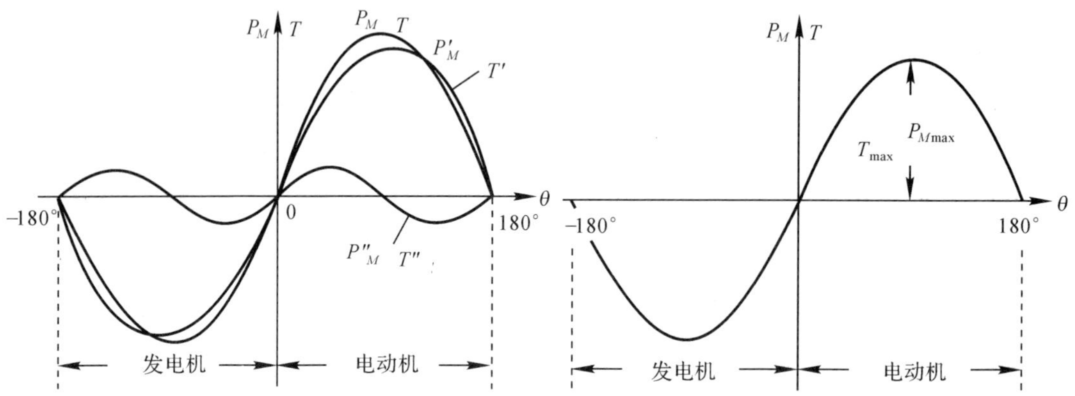

图 6-16　凸极同步电机的功角特性和矩角特性　　图 6-17　隐极同步电机的功角特性和矩角特性

将式(6-26) 和式(6-27) 两边同时除以 Ω_1，即可得到转矩平衡方程式为

$$T = T_0 + T_2 = T_Z \tag{6-37}$$

式中　$T_0 = (p_{Fe} + p_\Omega + p_\Delta)/\Omega_1$ 或 $T_0 = (p_{Fe} + p_\Omega + p_\Delta + p_f)/\Omega_1$ 称为空载转矩；$T_2 = P_2/\Omega_1$ 称为负载转矩；$T_Z = T_0 + T_2$ 称为总负载转矩。

由式(6-33) 和式(6-35) 可见，凸极同步电动机在励磁电流 I_f 为零时，即 $E_0 = 0$ 时，因直轴和交轴的磁阻不同，$X_d \neq X_q$，所以仍有附加电磁功率和转矩存在。很小功率的同步电动机为简化结构和运行方便，转子上没有励磁绕组，利用凸极结构产生的附加转矩，即磁阻转矩进行工作，故就称为磁阻同步电动机或反应式同步电动机。

二、有功功率的调节和静态稳定

在不计电动机内部损耗时，$T_Z \approx T_2$，当同步电动机空载运行时，$\theta \approx 0$，$P_M \approx 0$，$T \approx 0$，如图 6-18(a) 所示。若此时 $E_0 \neq U$，则有无功电流流通。当负载转矩增加时，$T - T_Z < 0$，使转子瞬时降速，由于气隙磁密 $\vec{B}_\delta$ 受电网频率限制，角速度 ω_1 保持不变，故转子(即励磁磁动势 $\vec{F}_{f1}$) 滞后于 $\vec{B}_\delta$ 一个 θ_i 角，相应使 $\dot{E}_0$ 滞后于 $\dot{U}$ 一个 θ 角，如图 6-18(b) 所示。根据功角特性和矩角特性，电动机就会输出一定的有功功率 P_2 和转矩 T_2。当 θ 增加到某一数值 θ_a 时，转矩处于平衡状态 $T = T_Z$，电动机转子就不再减速，稳定地同步运行在 θ_a 处，如图 6-18(b)(c) 所示。反之，当同步电动机的负载转矩 T_Z 减小时，转子会瞬时加速，使 θ 角减小，达到新的平衡状态。因此，同步电动机的有功功率调节，取决于总负载转矩的变化，电动机会自动改变 θ 角，调整从电网吸收的有功功率，以达到新的功率和转矩平衡。

从图 6-18(c) 可见，当时 $\theta = 90°$，电磁功率和电磁转矩均达到最大值 $P_{M\max}$ 和 $T_{\max}$，它们分别称为隐极同步电动机的极限功率和极限转矩，其值分别为

$$P_{M\max} = m\frac{E_0 U}{X_t} \tag{6-38}$$

$$T_{\max} = m\frac{E_0 U}{\Omega_1 X_t} \tag{6-39}$$

与其他电机一样，同步电动机在负载转矩或电网发生微小扰动时，当扰动消失后能否回复到原来的稳定运行状态，或在负载发生变化时能否处于新的稳定运行状态，如能回复或达到，就是静态稳定，否则就是不稳定。静态稳定运行的条件为

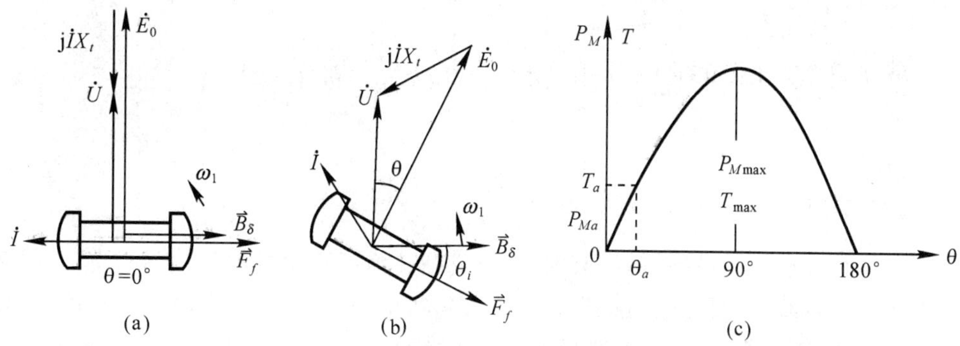

图 6-18　同步电动机的有功功率调节

$$\frac{\mathrm{d}T}{\mathrm{d}\theta} > 0(\text{或}\frac{\mathrm{d}P_M}{\mathrm{d}\theta} > 0)$$

当$\frac{\mathrm{d}T}{\mathrm{d}\theta} = 0$(或$\frac{\mathrm{d}P_M}{\mathrm{d}\theta}$) $= 0$ 时，称为静态稳定极限。因此，$\frac{\mathrm{d}T}{\mathrm{d}\theta}$ 或 $\frac{\mathrm{d}P_M}{\mathrm{d}\theta}$ 数值的大小，表示了同步电动机抗干扰而能保持稳定运行能力的强弱。分别称为比整步转矩 T_{syn} 或比整步功率 P_{syn}，对于隐极同步电动机

$$T_{syn} = \frac{\mathrm{d}T}{\mathrm{d}\theta} = m\frac{E_0 U}{\Omega_1 X_t}\cos\theta \tag{6-41}$$

$$P_{syn} = \frac{\mathrm{d}P_M}{\mathrm{d}\theta} = m\frac{E_0 U}{X_t}\cos\theta \tag{6-42}$$

对于凸极同步电动机

$$T_{syn} = \frac{\mathrm{d}T}{\mathrm{d}\theta} = m\frac{E_0 U}{\Omega_1 X_d}\cos\theta + m\frac{U^2}{\Omega_1}\left(\frac{1}{X_q} - \frac{1}{X_d}\right)\cos 2\theta \tag{6-43}$$

$$P_{syn} = \frac{\mathrm{d}P_M}{\mathrm{d}\theta} = m\frac{E_0 U}{X_d}\cos\theta + mU^2\left(\frac{1}{X_q} - \frac{1}{X_d}\right)\cos 2\theta \tag{6-44}$$

一般同步电动机在正常运行时，需要有足够的能力保持电动机不失步地稳定运行，也就是需要有足够的过载能力。过载能力

$$\lambda_M = \frac{T_{\max}}{T_N} = \frac{P_{M\max}}{P_N} = \frac{m\dfrac{E_0 U}{X_t}}{m\dfrac{E_0 U}{X_t}\sin\theta_N} = \frac{1}{\sin\theta_N} \tag{6-45}$$

式中 θ_N 为额定运行时的功率角。

一般要求 $\lambda_M > 1.7$，即 $\theta_N < 36°$，通常设计在 $25° \sim 35°$ 之间。

对于凸极同步电动机，由于附加转矩的存在，最大电磁功率 $P_{M\max}$ 和最大电磁转矩 $T_{\max}$ 均有所增加，处在 $\theta < 90°$ 处，使特性曲线的稳定工作部分变陡，过载能力和比整步转矩均比隐极同步电动机大，故一般同步电动机大都做成凸极式。

增大同步电机气隙，减小同步电抗 X_t，或增大励磁，使电动势增大均可以提高电动机的极限转矩，增大过载能力和比整步转矩，进而使电动机的静态稳定性增加，但将使电机的造价提高。

§6-5 同步电动机的无功功率调节和V形曲线

一、无功功率的调节

无论是工矿企业用电设备，还是家用电器，或是其他部门用电，最主要的是感应电动机和变压器等感性负载，均要向电网吸收滞后的无功功率，从而使电网的功率因数降低，使发电、供电设备容量不能充分利用，线路损耗和电压降增大。而调节同步电机的励磁电流，就可以调节它的功率因数，让同步发电机发出滞后的无功功率，让同步电动机吸收超前的无功功率，从而提高电网的功率因数。

以隐极同步电动机为例，当它在恒转矩负载运行时，若不计电枢绕组损耗，则

$$T = m\frac{E_0 U}{X_t}\sin\theta = \text{常数}$$

或

$$P_M \approx P_1 = mUI\cos\varphi = \text{常数}$$

当磁路不饱和时，$E_0 \propto F \propto I_f$，而电网电压 U 和同步电抗 X_t 又是不变的，则

$$E_0\sin\theta = \text{常数}, I\cos\varphi = \text{常数}$$

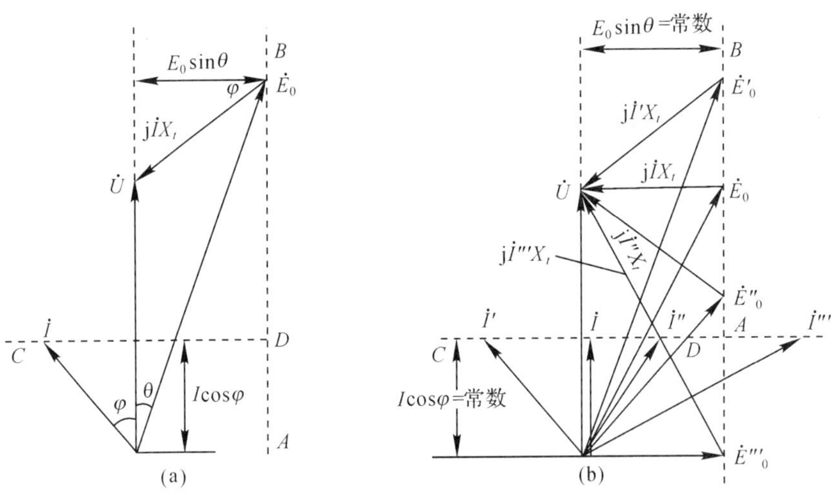

图 6-19 当 T_Z 和 U 为常数，励磁电流变化时隐极同步电动机的相量图

图 6-19(b) 表示 $E_0\sin\theta = $ 常数，$I\cos\varphi = $ 常数，调节励磁电流 I_f，改变励磁电动势 E_0 时的相量图。可见，当调节励磁电流 I_f，改变励磁电动势 E_0 时，定子电流 I 的端点将在水平线 $\overline{CD}$ 上移动，而励磁电动势 E_0 的端点将在垂直线 $\overline{AB}$ 上移动。

图 6-19(b) 中，当电流 $\dot{I}$ 与电压 $\dot{U}$ 同相位时，$\varphi = 0$，$\cos\varphi = 1$，这时电动机只向电网吸收有功功率，定子电流因无无功分量而数值最小，此时的励磁状态称为“正常励磁”，对应的励磁电流称为“正常励磁电流”。当 I_f 增大，E_0 增大为 $\dot{E}_0'$ 时，I 增大，并超前于电压 $\dot{U}$，为 $\dot{I}'$，这时电动机向电网吸收超前的无功功率，即发出滞后的无功功率可供其他感性负载，相应的励磁状态称为“过励”。当励磁电流小于正常励磁电流，E_0 减小为 $\dot{E}_0''$ 时，I 亦增大，但滞后于电

压 $\dot{U}$,为 $\dot{I}''$,这时电动机向电网吸收滞后的无功功率,成为感性负载,电动机处于"欠励"状态。当励磁电流再减小,$\dot{E}_0$ 与 $\dot{U}$ 垂直,即 $\theta=90°$ 时,已达到静态稳定极限,若还要减小励磁电流,电动机将无法供给所需的有功功率而失去同步,就不能再正常运行了。

二、V 形曲线

通过实验测试,在保持 T_Z 和 U 为常数不变的条件下,改变励磁电流 I_f,测出对应的电流 I。将 $I=f(I_f)$ 曲线画出,其形状如字母"V",故称为同步电动机的 V 形曲线。对应每一个恒定的负载转矩,都可以作出一条 V 形曲线,负载愈大,曲线愈向上移动,如图 6-20 所示。

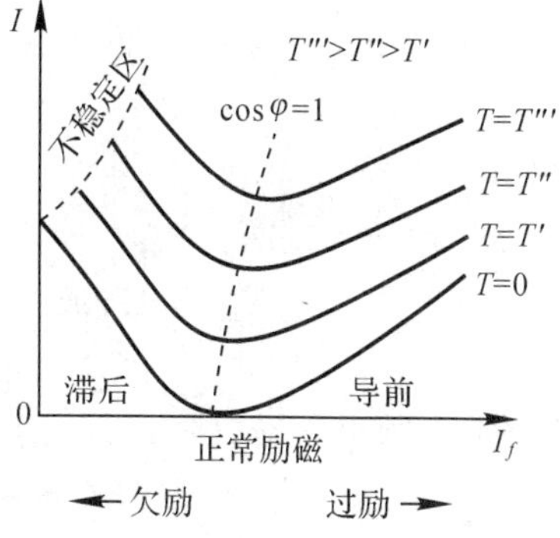

图 6-20　同步电动机的 V 形曲线

每一条 V 形曲线的最低点,表示 $\cos\varphi=1$,各曲线最低点连接所得到虚线都对应于 $\cos\varphi=1$,相应的励磁状态为正常励磁,虚线右侧为过励区,$\cos\varphi$ 为导前,虚线左侧为欠励区,$\cos\varphi$ 为滞后,而在滞后区中,$\theta=90°$ 所画的虚线对应于静态稳定极限。

当励磁电流不变,仅改变其负载转矩,这时有功功率和无功功率都将随之改变。

为了改善电网的功率因数,提高电机的过载能力和运行的稳定性,同步电动机都运行在过励状态,额定功率因数多设计为 0.8(导前) 或 1。

不带机械负载运行于空载状态,专门用来改善电网功率因数的同步电动机,称为同步调相机或同步补偿机。

例 6-1　一台凸极同步电动机,同步电抗 $X_d^*=0.8$,$X_q^*=0.5$,$R_a\approx 0$,磁路不饱和。试求:

(1) 该机在额定电压,额定电流,额定功率因数为 0.9(导前) 运行时的 θ、E_0^* 和 λ_M。

(2) 若保持额定运行时的有功功率不变,把励磁电流增加 20%,此时的 I^*、$\cos\varphi$ 和 λ_M。

(3) 若保持额定运行时的励磁电流不变,有功功率减半,此时的 I^*、$\cos\varphi$ 和 λ_M。

解:用标么值计算时,功率的基值为 $P_b=mU_{N\varphi}I_{N\varphi}=S_N$,转矩的基值为 $T_b=P_b/\Omega_1$。

(1) 同步电动机在额定运行时

设 $\dot{U}^*=1\angle 0°$,则 $\dot{I}^*=\angle 25.84°=0.9+\mathrm{j}0.4359$

则得

$$\begin{aligned}\dot{E}_Q^* &= \dot{U}^*-\mathrm{j}\dot{I}^*X_q^*=1\angle 0°-\mathrm{j}(0.9+\mathrm{j}0.4359)\times 0.5\\ &=1.2179-\mathrm{j}0.45=1.2984\angle -20.28°\end{aligned}$$

所以

$$\theta=20.28°$$

由图 6-21(a) 所示的相量图可得

$$\psi=\theta+\varphi=20.28°+25.84°=46.12°$$

$$I_d^*=I^*\sin\psi=1\times\sin 46.12°=0.7208$$

$$I_q^*=I^*\cos\psi=1\times\cos 46.12°=0.6932$$

$$E_0^*=U^*\cos\theta+I_d^*X_d^*=1\times\cos 20.28°+0.7208\times 0.8=1.5146$$

$$T^* = P_M^* = \frac{E_0^* U^*}{X_d^*}\sin\theta + \frac{U^{*2}}{2}\left(\frac{1}{X_q^*} - \frac{1}{X_d}\right)\sin 2\theta$$
$$= \frac{1.5146 \times 1}{0.8}\sin\theta + \frac{1^2}{2}\left(\frac{1}{0.5} - \frac{1}{0.8}\right)\sin 2\theta$$
$$= 1.8933\sin\theta + 0.375\sin 2\theta$$

或

$$T^* = 1.8933\sin 20.28^\circ + 0.375\sin(2 \times 20.28^\circ) = 0.9$$
$$\mathrm{d}T^*/\mathrm{d}\theta = 1.8933\cos\theta + 0.75\cos 2\theta = 1.8933\cos\theta + 0.75(2\cos^2\theta - 1)$$
$$= 1.5\cos^2\theta + 1.8933\cos\theta - 0.75 = 0$$

解得

$$\theta_m = 71.54^\circ$$
$$T_m^* = 1.8933\sin 71.54^\circ + 0.375\sin(2 \times 71.54^\circ) = 2.021$$
$$\lambda_m = T_m^*/T^* = 2.021/0.9 = 2.246$$

(2) 励磁电流增加 20%，则

$$E_{02}^* = 1.2E_0^* = 1.2 \times 1.5146 = 1.8175$$
$$T^* = \frac{E_{02}^* U^*}{X_d^*}\sin\theta + 0.375\sin 2\theta = \frac{1.8175 \times 1}{0.8}\sin\theta + 0.375\sin 2\theta$$
$$= 2.2719\sin\theta + 0.375\sin 2\theta = 0.9$$

用试探法求解 θ 得

$$\theta = 17.54^\circ$$
$$\sin\theta = \sin 17.54^\circ = 0.30137 \qquad \cos\theta = \cos 17.54^\circ = 0.95351$$

由图 6-21(b) 所示的相量图，可得

$$I_d^* = \frac{E_{02}^* - \overset{*}{U}\cos\theta}{X_d^*} = \frac{1.8175 - 1 \times 0.95351}{0.8} = 1.08$$
$$I_q^* = \frac{U^* \sin\theta}{X_q^*} = \frac{1 \times 0.30137}{0.5} = 0.6027$$
$$I^* = \sqrt{I_d^{*2} + I_q^{*2}} = \sqrt{1.08^2 + 0.6027^2} = 1.2368$$
$$\psi = \arctan(I_d^*/I_q^*) = \arctan(1.08/0.6027) = 60.83^\circ$$
$$\varphi = \psi - \theta = 60.83^\circ - 17.54^\circ = 43.29^\circ$$
$$\cos\varphi = \cos 43.29^\circ = 0.7278$$
$$\mathrm{d}T^*/\mathrm{d}\theta = 2.2179\cos\theta + 0.75\cos 2\theta = 1.5\cos^2\theta + 2.2179\cos\theta - 0.75 = 0$$

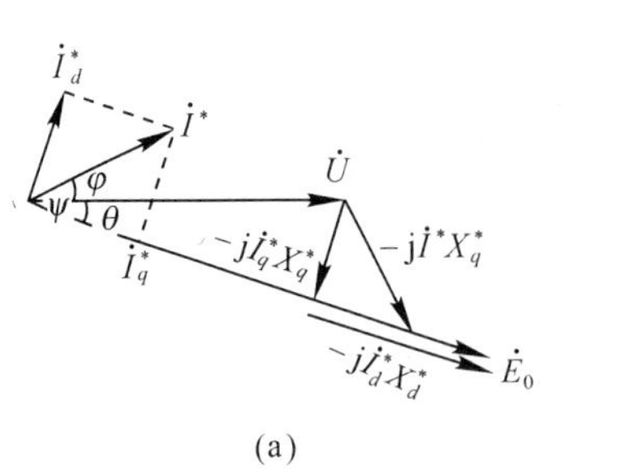

(a)

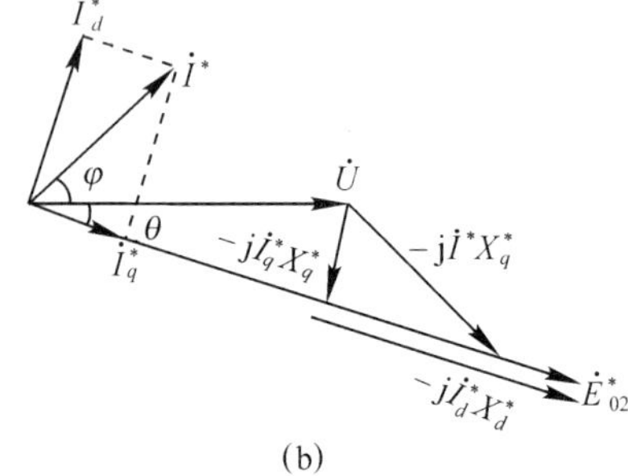

(b)

图 6-21 例题 6-1 的附图

解得

$$\theta_{m2} = 73.52^\circ$$

$$T_m^* = 2.2179\sin 73.52^\circ + 0.375\sin(2\times 73.52^\circ) = 2.3308$$

$$\lambda_m = 2.3308/0.9 = 2.59$$

(3) 若保持额定运行时的励磁电流不变,有功功率减半时

$$E_{03}^* = E_0^* = 1.5146$$

$$T^* = 1.8933\sin\theta + 0.375\sin 2\theta = 0.45$$

用试探法解 θ 得

$$\theta = 9.844^\circ$$

$$\sin\theta = \sin 9.844^\circ = 0.17097 \qquad \cos\theta = \cos 9.844^\circ = 0.98528$$

$$I_d^* = \frac{E_{03}^* - U^*\cos\theta}{X_d^*} = \frac{1.5146 - 1\times 0.98528}{0.8} = 0.66165$$

$$I_q^* = \frac{U^*\sin\theta}{X_q^*} = \frac{1\times 0.17097}{0.5} = 0.34194$$

$$I^* = \sqrt{I_d^{*2} + I_q^{*2}} = \sqrt{0.66165^2 + 0.34194^2} = 0.74478$$

$$\psi = \arctan(I_d^*/I_q^*) = \arctan(0.66165/0.34194) = 62.67^\circ$$

$$\varphi = \psi - \theta = 62.67^\circ - 9.844^\circ = 52.826^\circ$$

$$\cos\varphi = \cos 52.826^\circ = 0.6042$$

$$\lambda_m = 2.021/0.45 = 4.491$$

从这个例题的解答可以进一步明确:同步电动机在负载转矩不变的情况下,调节励磁电流就可以改变功率因数;在励磁电流不变的情况下,改变负载转矩,不仅有功功率发生改变,而且还会使功率因数,即无功功率发生改变。

§6-6 同步电动机的起动

同步电动机只能在同步转速下才能产生恒定的同步电磁转矩。当转子转速即转子磁场转速与定子磁场转速 n_1 不相等时,功率角将随着时间变化而变化,即

$$\theta = (\Omega_1 - \Omega)t + \theta_0 \tag{6-46}$$

式中,$\Omega_1 = 2\pi n_1/60$ 为定子磁场的同步角速度,$\Omega = 2\pi n/60$ 为转子磁场的角速度,θ_0 为 $t = 0$ 时的功率角。

将式(6-46)代入式(6-35),得

$$T = m\frac{E_0 U}{\Omega_1 X_d}\sin[(\Omega_1 - \Omega)t + \theta_0] + m\frac{U^2}{2\Omega_1}\left(\frac{1}{X_q} - \frac{1}{X_d}\right)\sin[(\Omega_1 - \Omega)t + \theta_0] \tag{6-47}$$

可见,当 $n \neq n_1$ 时,所产生的同步电磁转矩是随时间交变的脉振转矩,其平均值为零,因此,同步电动机不可能依靠同步电磁转矩自行起动,必须借助其他方法。

一、起动方法

通常采用辅助电动机起动、变频起动和异步起动。

辅助电动机起动　常选用和同步电动机极数相同的感应电动机作辅助电动机，其功率约为主机功率的10%～15%。当辅助电动机把主机拖动到接近同步转速时，用自同步法将其投入电网，再切断辅助电动机电源。此法只适用于同步电动机空载起动。

变频起动　此法依靠连续升高变频电源的频率。起动时频率很低，利用同步电磁转矩将电动机起动起来，然后逐渐升高频率，转子转速将随着定子旋转磁场转速的升高而同步地上升，直到额定转速。采用此法起动必须有变频电源，而且励磁机必须是非同轴的，否则在起动初因转速低而无法建立所需的励磁电压。

异步起动　利用同步电动机主极极靴上装置的阻尼绕组作起动绕组。利用起动绕组中产生的异步电磁转矩将电动机起动，等电动机的转速升高到接近同步速度时再接入励磁，利用同步转矩将转子牵入同步。

二、异步起动过程(*)

异步起动的线路图如图6-22所示。起动时，先把励磁绕组串入约为励磁绕组电阻值10倍的附加电阻 R_M，然后把定子绕组直接或经自耦变压器投入电网。这时电机就像感应电动机那样依靠异步电磁转矩起动起来，待转速上升到接近同步转速时再通入励磁电流，依靠定、转子磁场相互作用所产生的同步电磁转矩以及凸极效应引起的磁阻转矩，将转子牵入同步。

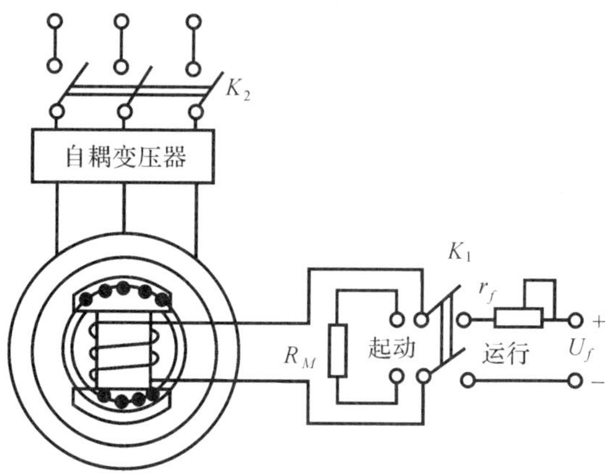

图6-22　同步电动机异步起动时的线路图

异步起动时，励磁绕组切忌开路，否则因转差率很大，励磁绕组匝数又多，将在其中感应出危险的高电压，使励磁绕组击穿或引起人身事故。但它也不能直接短路，否则励磁绕组（相当于集中的单相绕组）中感应电流较大，与气隙磁场相作用，将会产生较大的单轴转矩，使合成转矩在 $0.5n_1$ 附近产生明显的凹陷，如图6-23所示，而使电动机在异步起动过程中卡在附近而不能继续升速。

同步电动机异步起动阶段，要求起动转矩 T_{st} 和名义牵入转矩 T_{pi} 都要大。名义牵入转矩是指 $n=0.95n_1$ 时的异步转矩，见图6-24，其数值愈大，愈容易牵入同步。T_{st} 与 T_{pi} 与起动绕组的电阻有关，电阻愈大，起动转矩 T_{st} 就愈大，但名义牵入转矩 T_{pi} 却愈小，两者之间的矛盾应根据电动机所拖动的负载对起动的不同要求予以统筹解决。

异步起动过程中的单轴转矩的产生，可按三相定子、单相转子的感应电动机特殊运行情况加以分析。

起动时，若励磁绕组直接短路，则在其中感应出很大的交流电流，其频率为

$$f_2=\frac{p(n_1-n)}{60}=Sf_1 \tag{6-48}$$

由这一单相电流产生的脉振磁动势可分解为相对于转子正、反转的两个旋转磁动势。其中正转磁动势产生的磁场 $\vec{B}_{a2+}$ 与定子产生的旋转磁场 $\vec{B}_{a1}$ 同步旋转，两者相互作用所产生的电磁转矩，即一般异步电磁转矩，如图6-25(a)中曲线1所示。对转子反转的磁场 $\vec{B}_{a2-}$ 相对于

定子的转速为

$$n - Sn_1 = n - \frac{n_1 - n}{n_1}n_1 = 2n - n_1 \tag{6-49}$$

可见，$\vec{B}_{a2-}$ 相对于定子的转向和大小，决定于转子转速的大小。当 $0 < n < 0.5n_1$ 时，$2n - n_1 < 0$，表示 $\vec{B}_{a2-}$ 相对于定子的转向与 $\vec{B}_{a1}$ 相反，与转子的转向也相反。当 $n = 0.5n_1$ 时，则 $2n - n_1 = 0$，表示 $\vec{B}_{a2-}$ 对定子是静止不动。当 $0.5n_1 < n < n_1$ 时，$2n - n_1 > 0$，表示与 $\vec{B}_{a1}$ 转向相同，也与转子的转向相同。

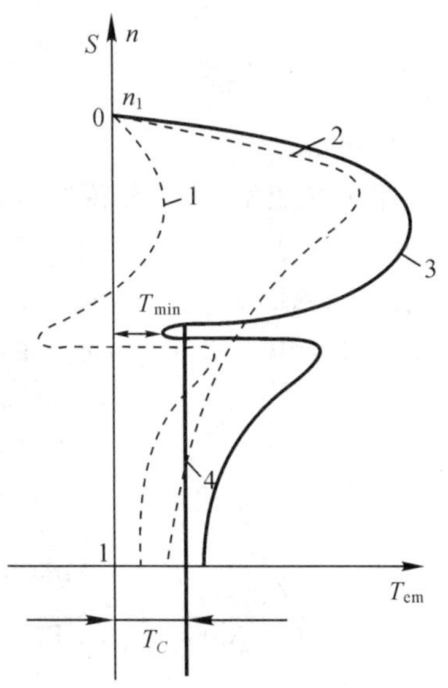

图 6-23　单轴转矩对同步电动机异步起动的影响

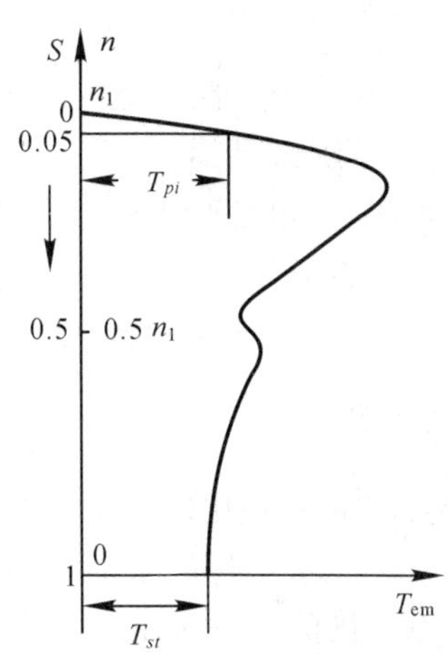

图 6-24　同步电动机异步起动过程中的异步转矩

当 $\vec{B}_{a2-}$ 和定子绕组有相对运动时，在定子绕组中感应出频率为 $f = p(2n - n_1)/60$ 的对称三相电动势和电流，此三相电流所产生的旋转磁场和 $\vec{B}_{a2-}$ 也是同步旋转的，根据感应电动机原理，上述两个磁场相互作用，定子上所受到的电磁转矩方向与 $\vec{B}_{a2-}$ 的转向相同，由于定子是静止不动的，根据作用与反作用原理，转子上受到大小相同方向相反的电磁转矩。因此当 $0 < n < 0.5n_1$ 时，$\vec{B}_{a2-}$ 产生的电磁转矩方向和 $\vec{B}_{a2+}$ 产生的电磁转矩方向相同，都是驱动转矩。当 $n = 0.5n_1$ 时，$\vec{B}_{a2-}$ 产生的电磁转矩为零。同理，当 $0.5 < n < n_1$ 时，$\vec{B}_{a2-}$ 产生的电磁转矩方向与 $\vec{B}_{a2+}$ 产生的电磁转矩方向相反，是制动转矩。转矩特性曲线如图 6-25(a) 中曲线 2 所示。

将图 6-25(a) 中的曲线 1 和曲线 2 相加，得曲线 3 即为励磁绕组产生的单轴转矩曲线。

同步电动机异步起动时，实际的起动转矩如图 6-23 中曲线所示，是由起动绕组产生的异步转矩（图中曲线 2 所示）和单轴转矩（图中曲线 1 所示）合成的。图中可见，由于单轴转矩的影响，使合成转矩在 $n = 0.5n_1$ 附近处出现凹陷，即出现最小起动转矩 T_{min}。若起动时总负载转矩 T_Z（图中曲线 4）大于 T_{min}，则当转速 $n = 0.5n_1$ 附近，就无法再加速。

因此，为了消除合成曲线出现凹陷，必须削弱 $\vec{B}_{a2-}$ 所产生的电磁转矩。故通常采用励磁绕组串接励磁绕组电阻值 10 倍的附加电阻后再短接。串接附加电阻后，对 $\vec{B}_{a2+}$ 所产生的电

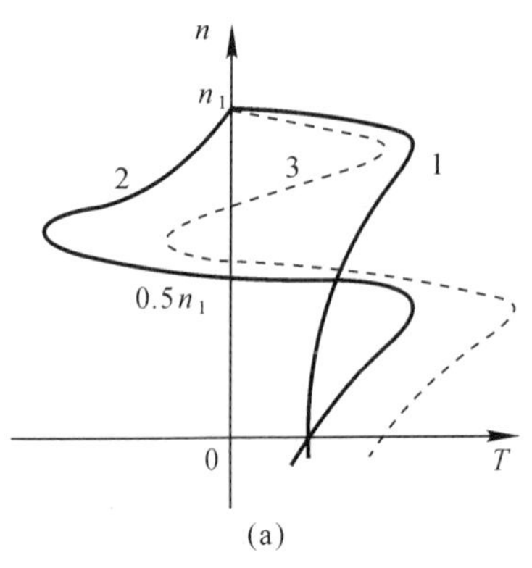

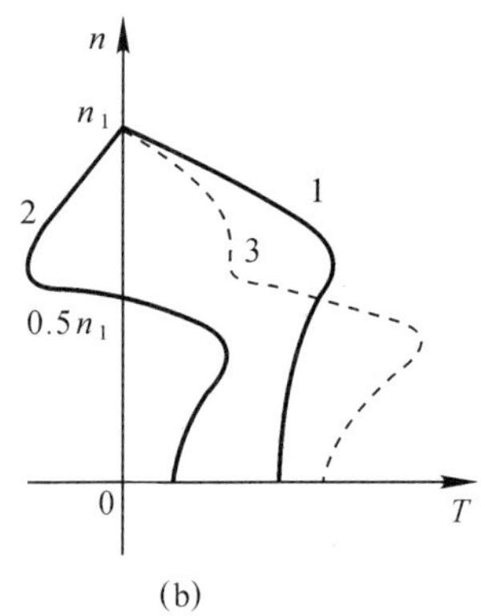

图 6-25 单轴转矩的产生极其削弱

磁转矩来说，相当于一台普通感应电动机转子电阻增加，最大转矩不变，临界转差率增大，如图6-25(b) 中曲线 1 所示；对 $\dot{B}_{a2-}$ 所产生的电磁转矩来说，相当于一台普通感应电动机定子回路串接电阻，即相当于降压，使最大转矩大为削弱，如图 6-25(b) 中曲线 2 所示，使合成转矩中的凹陷基本消除，如图 6-25(b) 中曲线 3 所示，进而使同步电动机异步起动时的总合成转矩不再出现 T_{min}，如图 6-24 所示。

三、牵入同步(*)

牵入同步的过程比较复杂。当异步起动的转速达到 $n=0.95n_1$ 左右时，由于转差率很小，凸极同步电动机的磁阻转矩已产生作用。这时转子尚未励磁，转子极性由定子磁场磁化决定。由于 θ 角连续变化，故磁阻转矩是交变的，转子转速发生周期性振荡，如图 6-26 所示。当电动机负载较重时，只靠磁阻转矩难以牵入同步。当励磁绕组通入直流励磁电流后，转子磁极呈现固定的极性，产生的基本电磁转矩也是交变的，但与其相应的转速振荡周期增大一倍。由于基本电磁转矩较磁阻转矩大得多，故电动机转速的变化也大得多，其瞬时值有可能超过同步转速，如图 6-26 所示，当转速下降时，由于整步转矩的作用，使振荡逐渐减弱，最后将转子牵入同步。

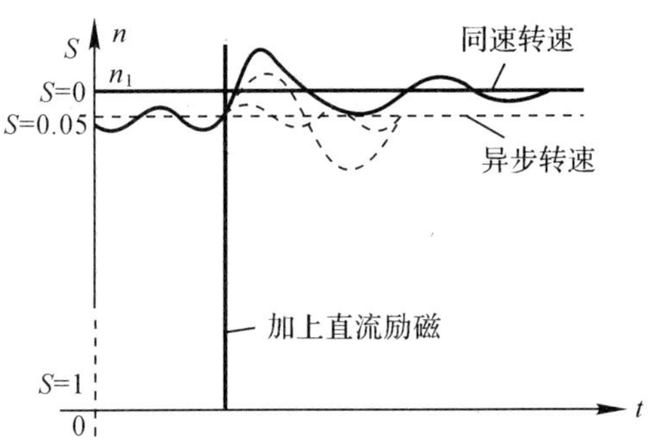

图 6-26 由同步转矩引起的转速振荡及牵入同步过程

一般说来，电动机的负载愈轻，拖动系统转动部分的转动惯量愈小，愈容易牵入同步。

§ 6-7 同步发电机(*)

一、同步发电机与同步电动机分析时的异同

三相同步发电机的转子主磁极励磁绕组通入直流励磁电流后，产生相对于转子静止的

恒定磁场，当转子在外转矩驱动下以同步速度旋转时，气隙中就形成了一个旋转磁场 $\dot{B}_0$，在定子电枢绕组中就会产生对称的三相感应电动势 $\dot{E}_0$。当定子绕组和外界对称的三相负载接通时，定子绕组中就有对称的三相电流 $\dot{I}$ 流通，同时产生旋转的电枢磁动势和旋转的电枢磁场，定子绕组中会产生相应的感应电动势。定子电流同样产生漏磁，同样会感应电动势 $\dot{E}_\sigma$。在分析同步发电机时，与同步电动机最大的不同之处在于：定子绕组的假定电流正方向相反，即假定发电机向电网输出的电流为正。同步发电机各物理量的假定正方向如图 6-27 所示。

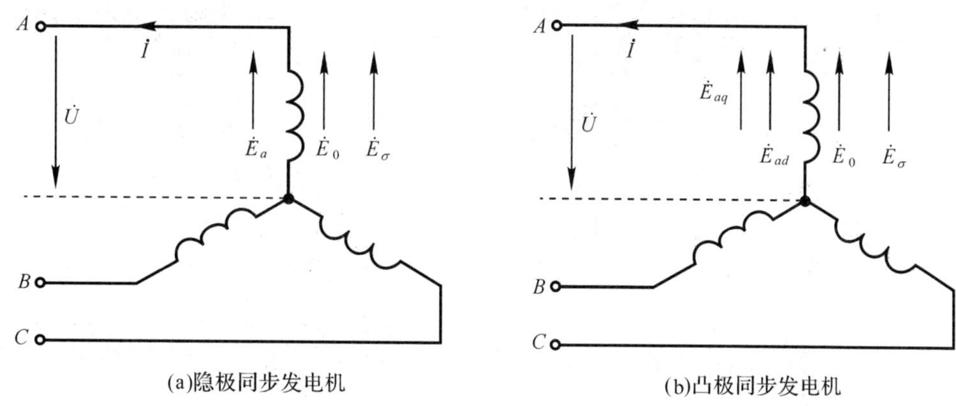

图 6-27　同步发电机各物理量的正方向

根据图 6-27 所示各物理量的正方向，很容易得到隐极同步发电机的电动势平衡方程式为

$$\dot{E}_0 + \dot{E}_a + \dot{E}_\sigma = \dot{U} + \dot{I}R_a \tag{6-50}$$

由于感应电动势 $\dot{E}_a$ 和 $\dot{E}_\sigma$ 的假定正方向与电流的假定正方向相同，故 $\dot{E}_a = -\mathrm{j}\dot{I}X_a$，$\dot{E}_\sigma = -\mathrm{j}\dot{I}X_\sigma$。则将此结果代入上式，经整理后得

$$\dot{E}_0 = \dot{U} + \mathrm{j}\dot{I}X_a + \mathrm{j}\dot{I}X_\sigma + \dot{I}R_a = \dot{U} + \mathrm{j}\dot{I}X_t + \dot{I}R_a \tag{6-51}$$

凸极同步发电机的电动势平衡方程式为

$$\dot{E}_0 + \dot{E}_{ad} + \dot{E}_{aq} + \dot{E}_\sigma = \dot{U} + \dot{I}R_a \tag{6-52}$$

同样，由于 $\dot{E}_{ad}$ 和 $\dot{I}_d$ 的假定正方向相同，$\dot{E}_{aq}$ 和 $\dot{I}_q$ 的假定正方向相同，故 $\dot{E}_{ad} = -\mathrm{j}\dot{I}_dX_{ad}$，$\dot{E}_{aq} = -\mathrm{j}\dot{I}_qX_{aq}$。代入上式，经整理后得

$$\dot{E}_0 = \dot{U} + \mathrm{j}\dot{I}_dX_{ad} + \mathrm{j}\dot{I}_qX_{aq} + \mathrm{j}\dot{I}X_\sigma + \dot{I}R_a = \dot{U} + \mathrm{j}\dot{I}_dX_d + \mathrm{j}\dot{I}_qX_q + \dot{I}R_a \tag{6-53}$$

根据式(6-51)可以画出隐极同步发电机的等效电路图和相量图，如图 6-28 所示；根据式(6-53)可以画出凸极同步发电机的相量图，如图 6-29 所示。

同步发电机原动机输入的机械功率为 P_1，扣除发电机的机械损耗 p_Ω、铁耗 p_{Fe} 和附加损耗 p_Δ 后，其余的转化为电功率 P_M，即电磁功率，即

$$P_M = P_1 - p_\Omega - p_{\mathrm{Fe}} - p_\Delta = P_1 - p_0 \tag{6-54}$$

采用同轴励磁机的，P_1 中还应扣除励磁损耗 p_f 后才是电磁功率 P_M。

电磁功率 P_M 中扣除定子电枢绕组的铜耗 $p_{\mathrm{Cu1}} = 3I^2R_a$，才是发电机输出的电功率 P_2，即

$$P_2 = P_M - p_{\mathrm{Cu1}} \tag{6-55}$$

同步发电机的功率平衡方程式为

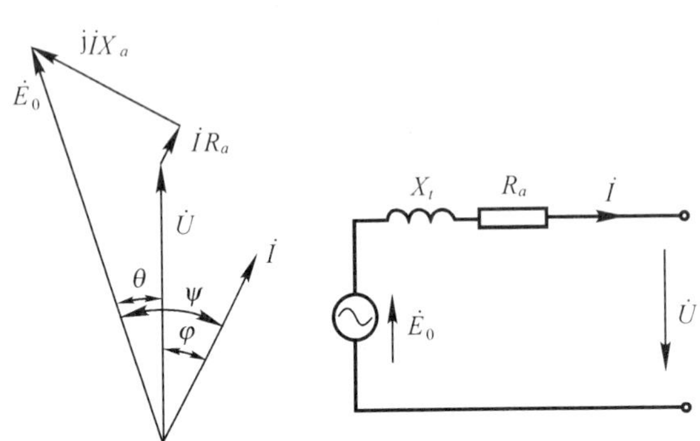

图 6-28　隐极同步发电机的相量图和等效电路

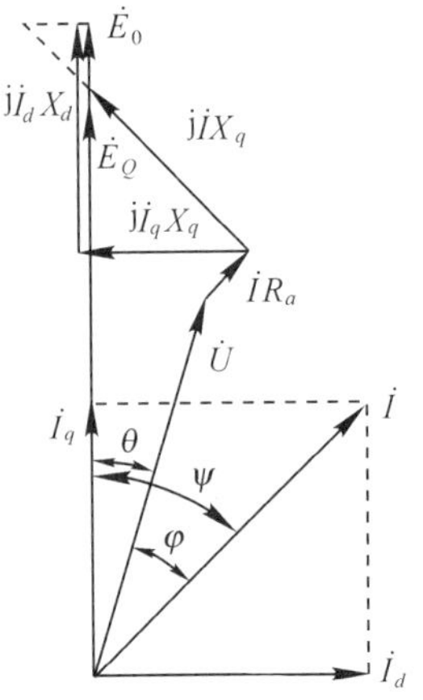

图 6-29　凸极同步发电机的相量图

$$P_2 = P_1 - p_\Omega - p_{\mathrm{Fe}} - p_\Delta - p_{\mathrm{Cu1}} \tag{6-56}$$

根据式(6-54)就可以方便地得到同步发电机的转矩平衡方程式为

$$T = T_1 - T_0 \tag{6-57}$$

由于同步发电机的电枢绕组电阻 R_a 远小于同步电抗，计算时可忽略不计，则电磁功率近似等于输出功率，即

$$\begin{aligned} P_M \approx P_2 &= mUI\cos\varphi = mUI\cos(\psi-\theta) = mUI(\cos\psi\cos\theta+\sin\psi\sin\theta) \\ &= mUI_q\cos\theta + mUI_d\sin\theta \end{aligned} \tag{6-58}$$

根据图 6-29，并考虑到 $\dot{I}R_a \approx 0$，得

$$\left.\begin{aligned} I_d &= \frac{E_0 - U\cos\theta}{X_d} \\ I_q &= \frac{U\sin\theta}{X_q} \end{aligned}\right\} \tag{6-59}$$

将式(6-59)代入式(6-58)，经整理后得

$$P_M = \frac{mE_0U}{X_d}\sin\theta + \frac{mU^2}{2}\left(\frac{1}{X_q}-\frac{1}{X_d}\right)\sin 2\theta \tag{6-60}$$

对于隐极同步发电机 $X_d = X_q = X_t$，所以

$$P_M = \frac{mE_0U}{X_t}\sin\theta \tag{6-61}$$

将式(6-60)和式(6-61)两边同时除以转子同步角速度分别得到凸极和隐极同步发电机的电磁转矩表达式为

凸极发电机：$$T = \frac{mE_0U}{\Omega_1X_d}\sin\theta + \frac{mU^2}{2\Omega_1}\left(\frac{1}{X_q}-\frac{1}{X_d}\right)\sin 2\theta \tag{6-62}$$

隐机发动机：$$T = \frac{mE_0U}{\Omega_1X_t}\sin\theta \tag{6-63}$$

不难发现，尽管同步发电机的电动势平衡方程式、相量图、功率平衡方程式和转矩平衡方程式和电动机的形式不一样，电磁功率和电磁转矩的表达式完全一样，式(6-58)至式(6-63)与式(6-31)至式(6-36)的形式完全一致，即功角特性和矩角特性完全一样。值得注意的是：在分析同步发电机时，将电压 $\dot{U}$ 滞后于励磁感应电动势 $\dot{E}_0$ 时，视 θ 角为正，即合成

磁场 $\vec{B}_\delta$ 滞后于励磁磁动势 $\vec{F}_{f1}$ 时，θ_i 角为正；而分析电动机时，$\dot{U}$ 超前于励磁感应电动势 $\dot{E}_0$ 时，视 θ 角为正。

当发电机在大电网上并联运行时，输出有功功率的调节依靠原动机输入的机械功率调节。当输出功率不变时，调节励磁电流也一样可以调节功率因数，即调节无功功率输出，可以得到一样的 V 形曲线，一般同样运行在过励状态，输出滞后的无功功率。在保持励磁电流不变，改变输入的机械功率，即有功功率时，不仅使输出的有功功率改变，同样会使输出的无功功率改变。

二、同步发电机并联运行

现代电力供应总是由多家发电厂构成大的电网，而每家发电厂也有多台发电机在一起运行。这样可以经济合理地利用能源、发电设备和供电设备，提高供电的可靠性和电力系统的经济效益。

为了避免发电机并联到电网时，在发电机和电网中产生冲击电流，发电机应满足下列条件：

(1) 发电机的相序应和电网的相序相同；

(2) 发电机的频率应和电网的频率相同；

(3) 发电机的电压波形应和电网的电压波形相同；

(4) 发电机和电网电压的大小和相位应相同。

上述条件中，第(1) 条必须满足，否则会引起巨大的环流。其他几条允许稍有差别，但不能相差太大，否则亦可产生数倍于额定电流的环流。

三、投入并联的方法

为了满足投入并联条件所进行的调节和操作过程称为同步(或整步) 过程，实用的同步方法有两种：准同步法和自同步法。

1. 准同步法

把发电机调整到完全符合投入并联运行条件，再进行并联合闸操作，叫准同步。判断这些条件是否满足，常采用同步指示器。最简单的同步指示器由三组同步指示灯(相灯) 组成，每组跨接在发电机和电网的一相之间，具体接法有交叉接法和直接接法两种。图 6-30 表示交叉接法的接线图。图中第 Ⅰ 组灯接在电网 A_1 相和发电机 A_2 相之间，第 Ⅱ 组灯接在电网 B_1 相和发电机 C_2 相之间，第 Ⅲ 组灯接在电网 C_1 相和发电机 B_2 相之间。由于流过相灯的电流远远小于发电机的额定电流，可以忽略不计，并由于电路对称，电网和发电机的中点为等电位点，所以加在每一组相灯上的电压就等于该相电网电压和发电机电压之差，即 $\Delta\dot{U}=\dot{U}_2-\dot{U}_1$。

设发电机的频率 f_2 大于电网频率 f_1，而电压值已调整相等，即 $E_{02}=U_2=U_1$，则加在每一组相灯上的电压差 $\Delta u=u_2-u_1$，选取 u_2 和 u_1 初相角均为零时作为时间 $t=0$，可得

$$\begin{aligned}\Delta u&=u_2-u_1=\sqrt{2}U_1(\sin\omega_2 t-\sin\omega_1 t)=2\sqrt{2}U_1\sin\frac{1}{2}(\omega_2-\omega_1)t\cos\frac{1}{2}(\omega_2+\omega_1)t\\&=2\sqrt{2}U_1\sin 2\pi\left[\frac{1}{2}(f_2-f_1)\right]t\cos 2\pi\left[\frac{1}{2}(f_2+f_1)\right]t\end{aligned}\tag{6-64}$$

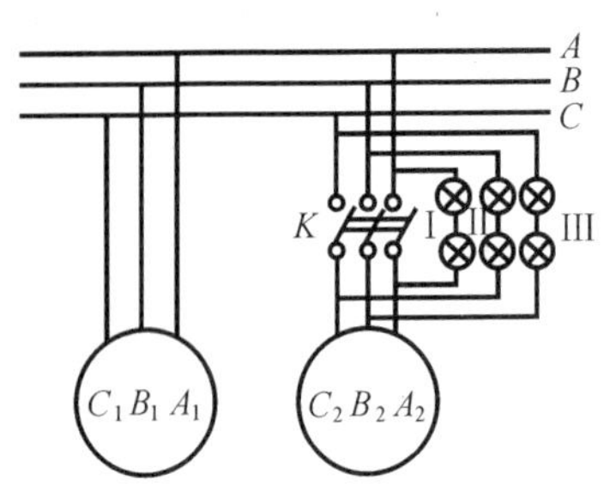

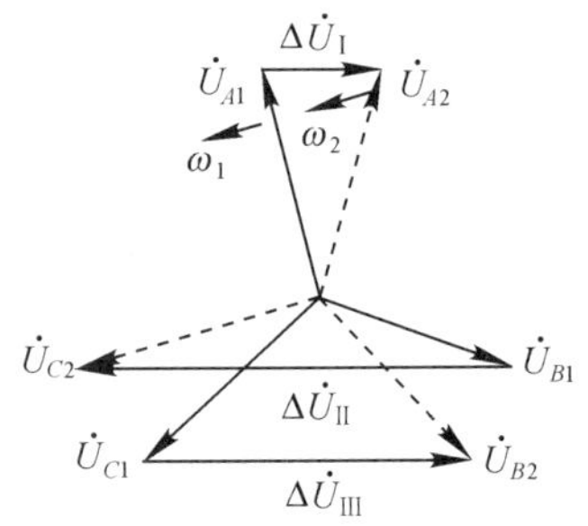

图 6-30 交叉接法的接线图和各组同步指示灯的电压

由式(6-64)和图 6-31 可见，Δu 的瞬时值的幅值以$\frac{1}{2}(f_2-f_1)$频率（称为拍频）在$\pm 2\sqrt{2}U_1$之间往复变化，而它本身是一个频率为$\frac{1}{2}(f_2+f_1)$的交流电动势。

由图 6-30 可见，加在三组相灯上的电压$\Delta U_{\rm I}$、$\Delta U_{\rm II}$和$\Delta U_{\rm III}$各不相等，当$\dot{U}_{A2}$与$\dot{U}_{A1}$同相时，第Ⅰ组相灯熄灭，因$f_2>f_1$，当发电机电压相量相对于电网电压相量移过120°时，$\dot{U}_{C2}$与$\dot{U}_{B1}$同相位，第Ⅱ组相灯熄灭，再移过120°，$\dot{U}_{B2}$与$\dot{U}_{C1}$同相，第Ⅲ组相灯熄灭。由此可见，若将三组相灯沿圆周方向均匀分布，并按逆时针方向顺序布置第Ⅰ、Ⅱ、Ⅲ组相灯，则灯光的熄灭顺序也是沿逆时针方向旋转。灯光旋转转速与(f_2-f_1)成正比。当调节发电机的电压，使$U_2=U_1$，并同时调节发电机的转速，使尽可能接近，则灯光旋转的速度就逐渐变慢。当灯光旋转速度已十分缓慢时，应在第Ⅰ组相灯完全熄灭的瞬间合闸，将发电机并入电网。这时发电机依靠自整步作用，可迅速自动地使发电机牵入同步运行。

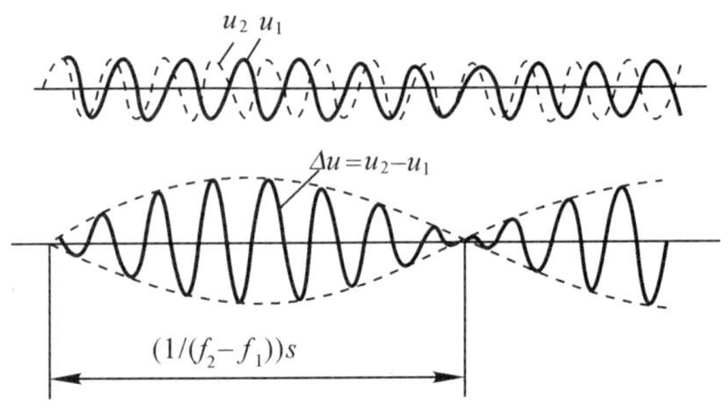

图 6-31 $U_2=U_1$，$f_2>f_1$ 时 Δu 的变化

2. 自同步法

准同步法投入并联的优点是合闸时没有冲击电流，但操作复杂、费时。当电网发生故障时，由于电网电压和频率都很不稳定，采用准同步法就会相当困难。这时往往采用自同步法，其操作步骤如下：首先应确定发电机与电网的相序相同，并将发电机励磁绕组经限流电阻短路，然后驱动发电机，待其转速接近同步转速时，先合闸并联开关，而后立即通入励磁，依靠定、转子之间的电磁转矩自动将发电机牵入同步。

自同步法的优点是操作简便、迅速，不需要复杂的设备。缺点是合闸和通入励磁电流时都会产生冲击电流。

习题与思考题

6-1 什么叫同步电机？怎样由其极数决定它的转速？试问一台 100[r/min]、50[Hz] 的同步电机，极数为多少？

6-2 为什么现代大、中型的同步电机都做成旋转磁极式?为什么同步电动机多做成凸极式结构?

6-3 一台转枢式三相同步电动机以转速 n 沿逆时针方向旋转,问电枢反应磁场和定子主极磁场相对于电枢的转速和转向怎样?相对于空间的转速和转向怎样?

6-4 三相同步电机的电枢反应的性质主要由哪些因素决定?在哪些情况下电枢反应是去磁的?哪些情况下是助磁的?

6-5 在直流电机中不考虑饱和时,交轴电枢反应不影响总的有效磁通量,也不影响绕组感应电动势大小,这在同步电机中还对吗?为什么?

6-6 为什么三相同步电机与其他电机一样,只有交轴电枢反应才能产生电磁转矩,实现机电能量的转换?

6-7 简述凸极同步电机交轴和直轴电枢反应电抗的物理意义。当电枢绕组匝数增加或气隙加大,电枢反应电抗将如何变化?为什么凸极同步电机的交轴和直轴同步电抗不相等?

6-8 为什么要把凸极同步电机的电枢电流分解为直轴和交轴分量?如何分解?在什么情况下电枢电流只有直轴分量?在什么情况下只有交轴分量?

6-9 画出 $\dot{I}$ 超前 $\dot{U}$ 时凸极同步电动机的相量图,同时证明

$$\tan\psi = \frac{U\sin\varphi + IX_q}{U\cos\varphi - IR_d}$$

6-10 试画出凸极同步电动机失去励磁($E_0 = 0$)时的电动势相量图,此时矩角特性是怎样的?θ 角代表什么意义?

6-11 在直流电机中,电刷位置决定电枢反应磁动势 $\vec{F}_a$ 对 d、q 轴的相对位置,在同步电机中,由什么因素来决定电枢反应磁动势 $\vec{F}_a$ 对 d、q 轴的相对位置?

6-12 在直流电机中,$E > U$ 还是 $E < U$ 是判断电机运行在电动机状态还是发电机状态的主要依据之一,在同步电机中,判断电机运行在电动机状态还是发电机状态的主要依据是什么?

6-13 一台三相 Y 接法的凸极同步电动机,$U_N = 6000$[V],$f = 50$[Hz],$n_N = 750$[r/min],$I_N = 72.2$[A],$\cos\varphi_N = 0.8$(导前),$X_d = 50.4[\Omega]$,$X_q = 31.5[\Omega]$,$R_a \approx 0$。试求额定负载下的励磁电动势 E_0、功率角 θ 和电磁功率 P_M 和电磁转矩 T?

6-14 一台三相 Y 接法的凸极同步电动机,$U_N = 10$[kV],$I_N = 168$[A],$\cos\varphi_N = 0.9$(导前),$\psi = 60°$,$R_a \approx 0$,$E_0 = 12$[kV]。试画出电动势相量图并求出 I_d、I_q、X_d 和 X_q?

6-15 一台三相 Y 接法的凸极同步电动机,$U_N = 10$[kV],$I_N = 168$[A],$\cos\varphi_N = 0.9$(导前),$R_a \approx 0$,$X_d = 50[\Omega]$,$X_q = 38[\Omega]$。试求 I_d、I_q 和 E_0?

6-16 一台三相 Y 接法的凸极同步电动机,$P_N = 400$[kW],$U_N = 6000$[V],$f = 50$[Hz],$n_N = 600$[r/min],$\cos\varphi_N = 0.8$(导前),$X_d = 90[\Omega]$,$X_q = 50[\Omega]$,$R_a \approx 0$,$\eta_N = 85\%$。试求额定负载下的励磁电动势 E_0、功率角 θ、电磁功率 P_M 和电磁转矩 T?

6-17 一台同步电动机负载运行时,它的功率因数 $\cos\varphi$ 由什么决定?当 I_f 不变时,增大或减小负载转矩,功率因数 $\cos\varphi$ 将如何变化?

6-18 同步电动机失去励磁后,为何在隐极同步电动机中不能产生电磁转矩,但是在凸极同步电动机中却仍可以产生电磁转矩?此时的电磁转矩是同步转矩还是异步转矩?

为什么?

6-19 试比较在下列情况下同步电动机的稳定性:

(1) 气隙大或气隙小;

(2) 在过励状态下运行或在欠励状态下运行;

(3) 在轻载下运行或在满载下运行;

(4) 凸极结构或隐极结构。

6-20 一台隐极同步电动机,额定负载时功率角 $\theta = 20^\circ$,现因电网电压降为 $80\%U_N$,试问为使 θ 角保持在小于 22° 范围内,应加大励磁使 E_0 上升为原来的多少倍?

6-21 从同步电动机过渡到发电机时,θ 角、I 和 T 的大小和方向如何变化?

6-22 一水电站供应一远距离用户,为了改善功率因数添置一台调相机,此调相机应装在水电站内还是装在用户附近?为什么?

6-23 某工厂变电所,变压器的容量为 2000[kVA],$U_N = 380$[V],该厂电力设备的平均负载 1200[kW],$\cos\varphi_N = 0.65$(滞后),今欲新添一台 500[kW],$\cos\varphi_N = 0.8$(导前),$\eta_N = 95\%$ 的同步电动机,试问当电动机满载时,全厂的功率因数为多少?变压器过载否?

6-24 某工厂所需的总功率为 200[kW],总功率因数 $\cos\varphi = 0.7$(滞后);其中有两台感应电动机,功率、效率和功率因数分别为 $P_A = 37$[kW],$\eta_A = 91.8\%$,$\cos\varphi_A = 0.87$;$P_B = 18.5$[kW],$\eta_B = 91\%$,$\cos\varphi_B = 0.86$;现欲改用一台同步电动机替代这两台感应电动机,并把总功率因数提高到 0.9(滞后)。求同步电动机的容量和功率。

6-25 一台三相凸极同步电动机运行在无穷大电网上,电动机的端电压为额定电压,电动机的参数为 $x_d^* = 0.8$,$x_q^* = 0.5$,$R_a \approx 0$,额定负载时的功率角 $\theta_N = 25^\circ$。求:

(1) 额定负载时的励磁电动势标么值 E_0^*;

(2) 在额定励磁电动势下电动机的过载能力 λ_M;

(3) 转子失去励磁时,电动机的最大输出功率标么值(所有损耗忽略不计)。

6-26 某工厂电力设备所消耗的总有功功率为 3000[kW],$\cos\varphi = 0.7$(滞后)。今欲添置 400[kW] 的电动机。现有一台 400[kW],$\cos\varphi = 0.8$(滞后) 的感应电动机和一台 400[kW],$\cos\varphi = 0.8$(导前) 的同步电动机可供选用。试问分别选用上述两台电动机时,工厂总的视在功率和功率因数各为多少(计算时忽略电动机的损耗)?

6-27 试分析同步电动机从开始起动到牵入同步的全过程中,有哪些转矩作用在转子上,以及它们所起的作用。

6-28 一台同步发电机单独供给一个对称负载且转速保持不变,定子电流的功率因数 $\cos\varphi$ 由什么决定?当此发电机并联于无穷大电网时,定子电流的功率因数 $\cos\varphi$ 又由什么决定?还与负载的性质有关吗?为什么?

第7章　驱动和控制微电机

随着科学技术的发展，微电机已经成为现代工业自动化、办公自动化、家用电器和现代军事装备中不可缺少的重要元件。

微电机是在普通旋转电机的基础上发展起来具有特殊性能的小功率电机，按其作用可分为两大类：驱动微电机和控制微电机。驱动微电机用于驱动小功率负载，常用的有无刷直流电机、步进电机、单向感应电动机、交直流伺服电动机和低速同步电动机。控制微电机主要用作信号的变换和传递，常用的有交直流测速发电机、旋转变压器和自整角机等。

本章主要分析单向感应电动机、测速发电机、伺服电动机、无刷直流电动机和步进电动机的基本原理和运行特性。

§7-1　单相感应电动机

一、概述

单相感应电动机又称单相异步电动机。由于单相电动机具有结构简单、价格低廉、运行可靠及维护使用方便等一系列优点，只需单相交流电源供电，因而被广泛的应用于小型机床、轻工设备、商业机械、食品加工机械、医疗卫生器械、家用电器、日用机电用具等，例如电风扇、洗衣机、电冰箱、空调、吸尘器、电动工具、仪器仪表、农用水泵等。

单相感应电动机的定子绕组并非只有一相绕组，因为这样的电动机并不能产生起动转矩。为了产生起动转矩，单相感应电动机定子上必须安放两个绕组，一个为工作绕组(也称主绕组)，另一个为起动绕组(也称副绕组)，转子与其他电机完全一样。当定子绕组接到单相交流电源上时，在气隙中便产生旋转磁场，依靠电磁感应作用，使转子绕组产生感应电势和电流，从而产生电磁转矩，以实现电能到机械能的转换。

二、单相感应电动机的工作原理

通常单相感应电动机起动绕组只是在起动时接入电源，当转速达到75%～80%同步转速时，将它从电源上脱开，故运行时只有一个绕组接在电源上。下面分析只有一个工作绕组接在电源上的单相感应电动机的工作原理。

当工作绕组通以单相交流电流 $i=\sqrt{2}I\cos\omega t$ 时将产生磁势，这是一个单相脉振磁动势：

$$f(x,t)=F\cos x\cos\omega t \tag{7-1}$$

利用三角公式将式(7-1)改写成：

$$f(x,t)=\frac{F}{2}\cos(x-\omega t)+\frac{F}{2}\cos(x+\omega t) \tag{7-2}$$

式(7-1)表示 $f(x,t)$ 为一个脉振磁动势，其特征是磁动势的轴线在空间固定不变，但各点磁动势的大小随时间而变化，式(7-2)表示 $f(x,t)$ 由两个旋转磁动势组成，其中一个为正向旋转磁动势：

$$f_{+}(x,t)=\frac{F}{2}\cos(x-\omega t) \tag{7-3}$$

另一个为反向旋转磁动势：

$$f_{-}(x,t)=\frac{F}{2}\cos(x+\omega t) \tag{7-4}$$

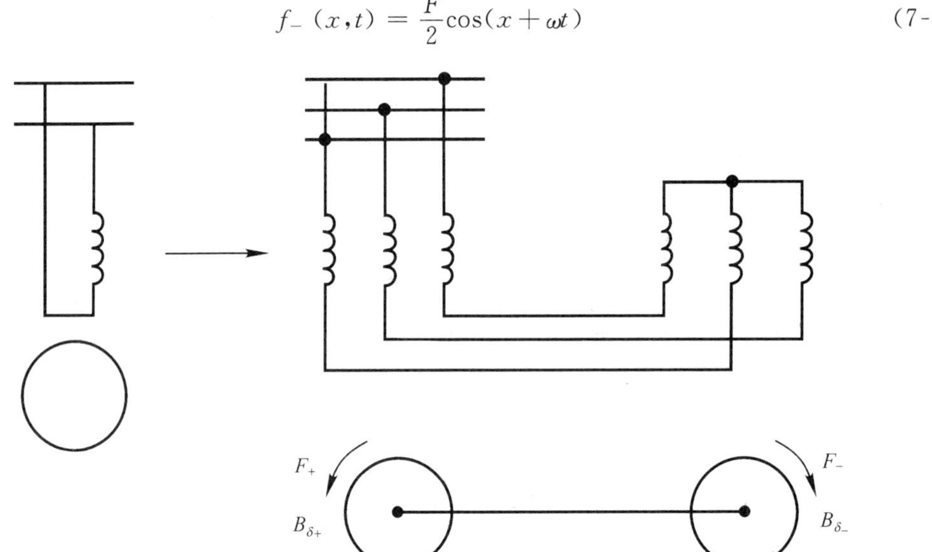

图 7-1 单相感应电动机等效成二台三相感应电动机

由此可以得到一个重要结论：一个空间按正弦分布，振幅随时间作正弦变化的脉振磁动势，可以分解成两个转速和幅值相等，转向相反的圆形旋转磁动势，每一个圆形旋转磁动势的幅值为原有的脉振磁势幅值的一半。

根据这一结论，我们可以把单相感应电动机看成两台同轴连接的三相感应电动机，如图 7-1 所示，两台三相感应电动机通入相同的电流，但相序相反，因而两套三相定子绕组产生的旋转磁动势幅值相等，转向相反。由三相感应电动机基本原理可知，正转磁动势最终产生正的电磁转矩 T_{+}，反转磁动势最终产生负的电磁转矩 T_{-}。

若转子借助某一外力向任一方向旋转，例如沿 T_{+} 方向旋转，设转速为 n，则对正转磁场而言，转子的转差率为：

$$S_{+}=\frac{n_1-n}{n_1}=S \tag{7-5}$$

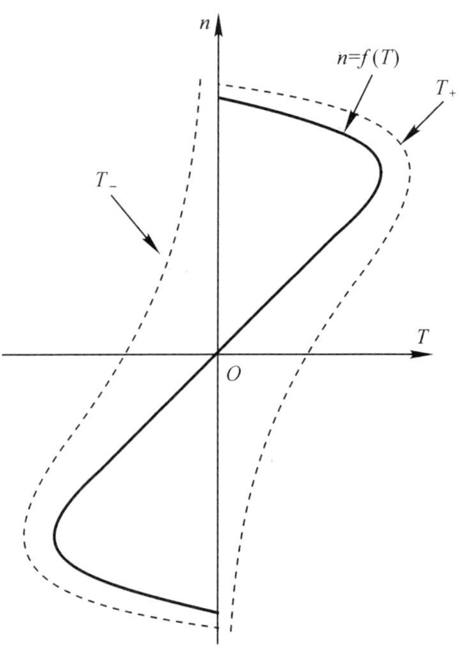

图 7-2 工作绕组一相接电源时单相感应电动机的机械特性

而对反转磁场，则有：

$$S_{-}=\frac{-n_1-n}{-n_1}=2-S \tag{7-6}$$

跟普通的三相感应电动机一样，T_+ 和 T_- 与转差率的关系曲线如图 7-2 所示，单相感应电动机的电磁转矩是两台三相感应电动机转矩之和，即 $T=T_+ + T_-$。图 7-2 给出了单相感应电动机的 $n=f(T)$ 曲线。

由图 7-2 所示的 $n=f(T)$ 曲线可以得到单相感应电动机的几个重要结论：

(1) 当转速 $n=0$ 时，T_+ 与 T_- 大小相等方向相反，合成电磁转矩为零。所以单相感应电动机是没有起动转矩的，如果不采用其他措施，它是不能自行起动的。

(2) 在 $n=0$，$S=1$ 的两边，合成转矩是对称的，因此单相感应电动机没有固定转向，究竟朝那个方向旋转由起动转矩方向决定。

(3) 负序转矩的存在，使电机的总转矩减小，最大转矩也随之减小，因而输出功率减小，效率较低。

(4) 在体积相同的情况下，单相感应电动机的容量约为三相感应电动机的 $\frac{1}{3}\sim\frac{2}{3}$。

综上所述，单相感应电动机的各种技术经济效能都低于三相感应电动机，其主要原因是单相感应电动机存在负序磁场。

三、单相感应电动机的起动和基本类型

1. 单相感应电动机的起动原理

上述分析结果表明，只有一个工作绕组的单相感应电动机在接上单相交流电源后产生脉振磁势，没有起动转矩，且旋转方向不确定。显然，只有一个工作绕组的单相感应电动机是没有实用价值的。首先必须解决起动问题。

我们知道两相交流电机具有两个空间相差 90° 电角度的绕组，当通以两相对称交流电流时，将在气隙中产生圆形旋转磁场，从而带动负载旋转。

为了解决单相感应电动机的起动问题，单相感应电动机也有两套在空间相差 90° 电角度的绕组：一个为工作绕组，另一个为起动绕组。两个绕组回路的参数不同，因此，将这两个绕组并联后接到单相电源上。将在两个绕组中流过不同相位的电流。这时相当于两相交流电动机的不对称运行情况。将在气隙中产生椭圆形旋转磁场，将这一磁场分解为二个旋转方向相反的圆形旋转磁场 F_+ 和 F_-，由于其幅值不等，且 $F_+ > F_-$；故而产生的转矩也不等，且 $T_+ > T_-$，所以电机能正常起动。

2. 单相感应电动机的基本类型

根据起动方法和运行方式的不同，单相感应电动机可分为以下几种类型：

(1) 单相电阻起动感应电动机

单相电阻起动感应电动机的定子上有两套绕组，一套是主绕组(W_z)，又叫工作绕组；另一套是副绕组(W_a)，又叫起动绕组。它们的轴线在空间相隔 90° 电角度。起动绕组与起动开关串联后和工作绕组并接到同一单相电源上，如图 7-3(a) 所示。当电机转速上升到 75% ～ 80% 同步转速时，通过开关 K 断开起动绕组，使电机只有一个工作绕组工作。

由于起动绕组回路的电阻对电抗的比值比较大，所以起动绕组电流 $\dot{I}_a$ 滞后电压 $\dot{U}$ 的相

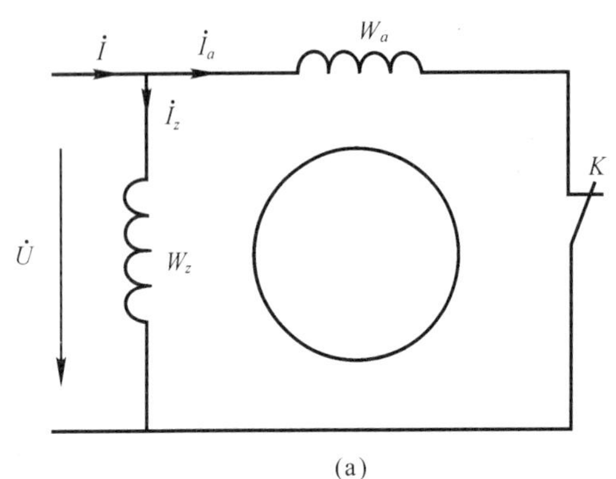

(a)

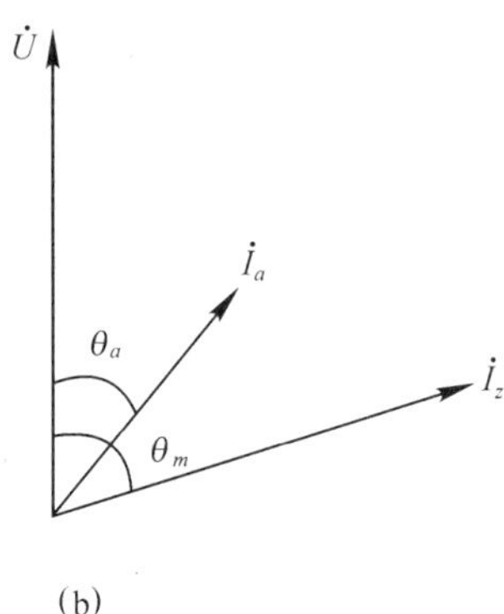

(b)

图 7-3 单相电阻起动感应电机

角 θ_a 较小。这样，在 $\dot{I}_a$ 和 $\dot{I}_z$ 之间出现了一定的相位差，形成了两相电流，如图 7-3(b) 所示。由于两个绕组支路都是感应负载，所以，这两个电流之间的相位差($\theta_m - \theta_a$) 总是小于 90°，因此有较大的反向旋转磁势，使得电阻起动感应电动机的起动转矩较小，而起动电流较大，电机的起动性能不好。

为了使起动绕组得到较高的电阻对电抗的比值，通常起动绕组采用较细的铜线，或采用电阻率较大的导线。

单相电阻起动感应电动机适用于驱动低惯量负载，不经常起动，负载可变而要求转速基本不变的场合，如小型家用电器等。

(2) 单相电容起动感应电动机

单相电容起动感应电动机的接线如图 7-4(a) 所示。当电机转速上升到 75% ~ 80% 同步转速时，通过开关 K 断开起动绕组 W_a 和电容器 C_{st}。

电容器 C_{st} 的作用是使起动绕组支路呈容性负载，从而使电流 $\dot{I}_a$ 超前电压 $\dot{U}$ 一个相角 θ_a，如图 7-4(b) 所示，如果 C_{st} 选择适合，可以使 $\theta_a + \theta_m = 90°$。因此，单相电容起动感应电动机可以得到较大的转动转矩，较小的起动电流，因而电机的起动性能好。

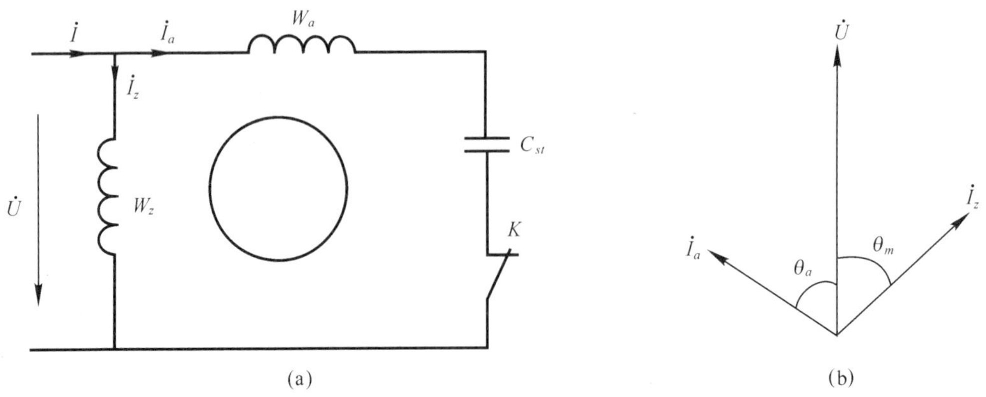

图 7-4 单相电容起动感应电动机

(3) 单相电容运转感应电动机

如果起动绕组和起动电容在完成电机起动后不断开而是和工作绕组一起长期运行，则称之为单相电容运转感应电机。

单相电容运转感应电动机实质上是一种两相电机。选择合适的电容器和副绕组参数，可以改善电机的运行性能、使电机具有较大的出力、较高的效率和功率因数等优点。由于最佳起动电容值和最佳运行电容值是不同的，通常是保证最佳运行效率来选择电容量，故而这种电机的起动转矩较小，适用于起动转矩要求不高的场合。

为了使电动机既具有较好的起动性能，又具有较好的运行性能，一般在副绕组支路中连接两个电容，如图 7-5 所示，电容器 C_{st} 只是在起动时工作，当电机转速达到 75％ ～ 80％ 额定转速时就用开关 K 断开，电容 C 为长期工作电容。

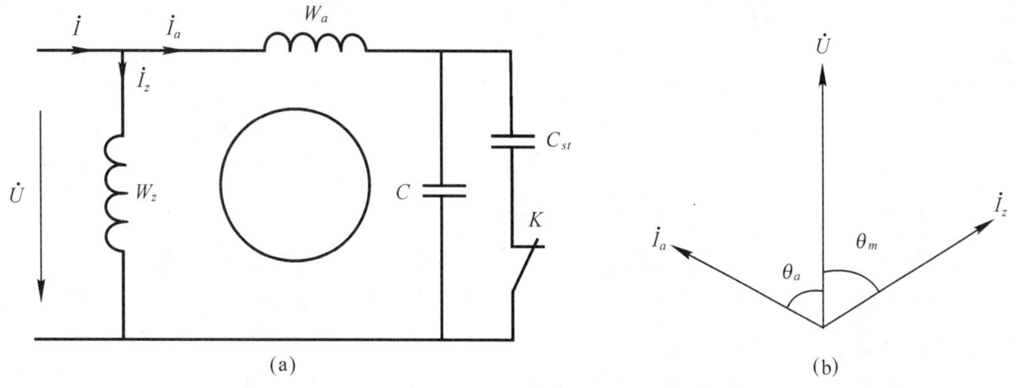

图 7-5　单相电容起动和运转感应电动机

单相电容起动和运转感应电动机具有较好的起动性能，较高的过载能力、效率和功率因数，噪声低等特点，适合于带负载起动场合。

(4) 单相罩极感应电动机

罩极感应电动机的定子由冲成凸极状(少数也做成隐极式)的硅钢片迭压而成，每个磁极上装有工作绕组 Z，各工作绕组串联后接到单相电源上，在每个磁极的极靴约 $\frac{1}{3}$ 宽度处开一小槽，套入一个短路铜环 K，转子为笼型结构，如图 7-6(a) 所示。

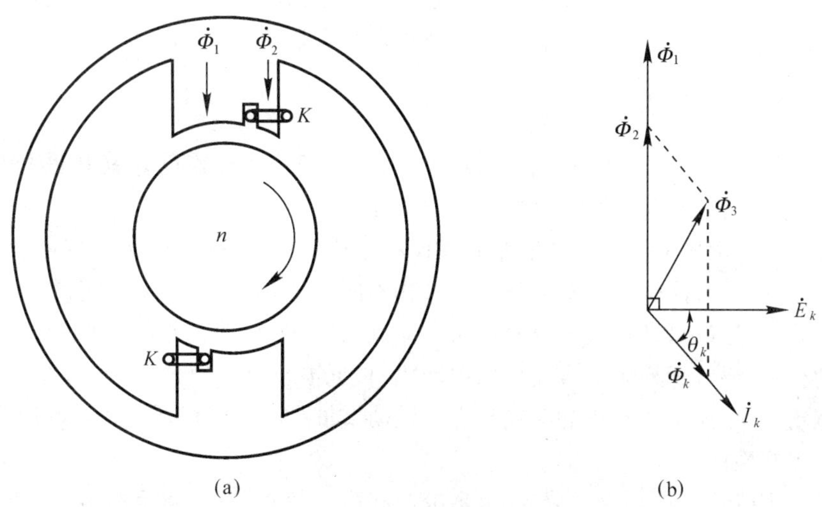

图 7-6　凸极式单相罩级电动机

当工作绕组流过电流时，产生脉振磁通，其中一部分磁通 $\dot{\Phi}_1$ 通过未被短路环罩住的磁极，另一部分磁通 $\dot{\Phi}_2$ 通过短路环罩住的磁极，如图 7-6(a) 所示。由于 $\dot{\Phi}_2$ 随时间交变，在短路环中产生电势 $\dot{E}_k$ 和 $\dot{I}_k$，忽略铁耗时，产生与 $\dot{I}_k$ 同相位的磁通 $\dot{\Phi}_k$，于是穿过短路环的合成磁通为 $\dot{\Phi}_3 = \dot{\Phi}_2 + \dot{\Phi}_k$，如图 7-6(b) 所示，$\theta_k$ 为短路环阻抗角。

从图可知，由于磁通 $\dot{\Phi}_1$ 和 $\dot{\Phi}_3$ 在空间和时间上均有一定的相位差，故 $\dot{\Phi}_1$ 和 $\dot{\Phi}_3$ 的合成磁场将是一个类似于旋转磁场而沿一定方向移动的磁场，因而产生一定的起动转矩。由于 $\dot{\Phi}_1$ 磁通超前 $\dot{\Phi}_3$，故在图示情况下转子将顺时针旋转(先通过 $\dot{\Phi}_1$，再通过 $\dot{\Phi}_2$)。罩极电动机的起动转矩，效率和功率因素均较低，但结构简单，制造方便，价格低廉，仍广泛使用，如作为小风扇电机。

§7-2 伺服电动机

伺服电动机又称执行电动机，在自动控制系统中作为执行元件，把输入的电压信号变换成转轴的角位移或角速度输出。输入的电压信号又称为控制信号或控制电压，改变控制电压可以改变伺服电动机的转速及转向。

伺服电动机按其使用的电源性质不同，可分为直流伺服电动机和交流伺服电动机两大类。自动控制系统对伺服电动机的基本要求可归为以下几点：

(1) 宽广的调速范围：即要求伺服电动机的转速随着控制电压的改变能在宽广的范围内连续调节。

(2) 机械特性和调节特性均为线性。

(3) 无“自转”现象：即要求伺服电动机在控制电压降为零时能自行停转。

(4) 快速响应：即电机的控制时间常数要小，相应的要求伺服电动机具有较大的堵转转矩和较小的转动惯量。

另外还有一些其他要求，如希望伺服电动机的控制功率要小，这样可使放大器的尺寸相应减小，在航空航天上使用的伺服电动机还要求其重量轻、体积小。

一、直流伺服电动机

直流伺服电动机的工作原理、基本结构、内部电磁关系和普通直流电动机相同，只是由于用途不同，它又具有与普通电动机不同的特性及性能。

直流伺服电动机分为永磁式和电磁式两种结构类型。永磁式直流伺服电动机的产量占绝对优势，电磁式直流伺服电动机按激磁方式不同可分为他激、串激、并激和复激四种。

近年来，为适应自动控制系统对伺服电动机的要求，出现了一批高性能、多类型的直流伺服电动机、主要有无槽电枢直流伺服电动机、杯形电枢绕组直流伺服电动机，印刷绕组直流伺服电动机等，这些电动机的共同特点是转动惯量小、动态特性好、机电时间常数小，因而有优异的控制性能。

直流伺服电动机控制方式分为：电枢控制和磁极控制两种。电枢控制时，控制信号施加于电枢绕组回路，励磁绕组接到恒定的直流电源上。磁极控制时，控制信号施加于励磁绕组回路，电枢绕组接到恒定电压的直流电源上。直流伺服电动机一般采用电枢控制，这种控制方法调速范围广且平滑，故这里仅讨论电枢控制时的特性。

为方便分析，这里假设：(1) 电机磁路不饱和；(2) 忽略电枢反应去磁的影响。

1. 电枢控制时直流伺服电动机的机械特性

图 7-7 为电枢控制直流伺服电动机示意图，U_C 为加在电枢上的控制电压，U_f = 恒值，为励磁电压。机械特性为 U_C = 常数，U_f = 常数时，$n = f(T)$。直流电动机转速表达式为：

$$n = \frac{U_C}{C_e\Phi} - \frac{TR_a}{C_eC_M\Phi^2} \tag{7-7}$$

式(7-7) 中在电枢电压 U_C 和 Φ 不变时，等式右边除转矩 T 外，其余各量都是常数，转速 n 是电磁转矩 T 的线性函数，故公式可改写为：

$$n = \frac{U_C}{C_e\Phi} - \frac{TR_a}{C_eC_M\Phi^2} = n_0 - KT \tag{7-8}$$

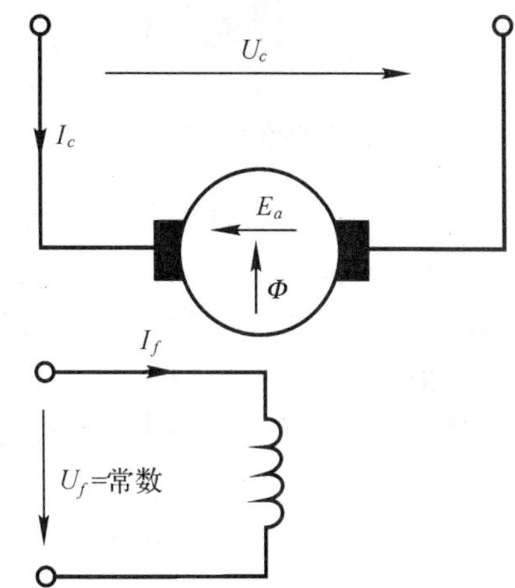

图 7-7　直流伺服电动机的电压控制

显然这是一个直线方程。n_0 为该直线在纵坐标上的截距，对应于理想空载转速，$K = \dfrac{R_a}{C_eC_M\Phi^2}$ 为该直线方程的斜率，K 前面的负号表示直线是下斜的。斜率 K 与电枢电阻 R_a 成正比，电枢电阻 R_a 越大，K 越大，机械特性越软。反之，R_a 越小，K 也越小，机械特性越硬。和普通直流电动机相比，直流伺服电动机的 K 通常较大，机械特性较软，利于调速。由式(7-8) 可知不同电压 U_C 的机械特性是一簇平行直线，如图 7-8 所示。

2. 直流伺服电动机的调节特性

直流伺服电动机在负载转矩(电磁转矩) 恒定时，转速与控制电压的关系称为调节特性。由式(7-7) 可知，对应不同的负载转矩，调节特性也是一簇平行直线，如图7-9 所示。

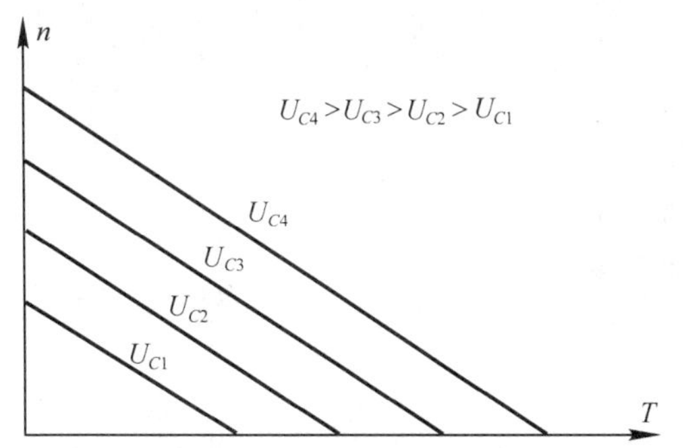

图 7-8　不同控制电压时的机械特性

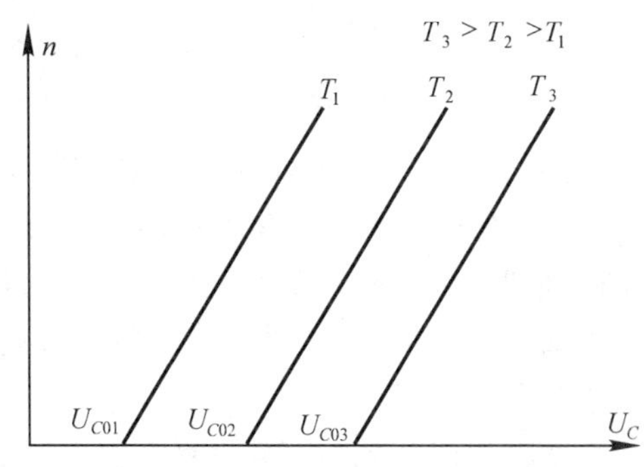

图 7-9　不同负载时的调节特性

表征调节特性的量有两个：始动电压和调节特性的斜率。

始动电压 U_{C0} 是调节特性曲线与 U_C 轴的交点电压，是伺服电动机处于待动而未动这种临界状态时的控制电压。当 $U_C < U_{C0}$ 时，电动机产生的转矩还不足以克服电动机轴上的总制动转矩，因此电动机不能转动，称 $0 \sim U_{C0}$ 这个区域为电动机的死区。当 $U_C > U_{C0}$ 时，电动机开始转动，且随着 U_C 的增加转速 n 也随之升高。将 $n = 0$ 代入式(7-7) 得始动电压：

$$U_C = U_{C0} = \frac{TR}{C_M\Phi} \tag{7-9}$$

当电动机的负载不同时，始动电压 U_{C0} 的大小也不同，如图 7-9 中，对应于负载 T_1，T_2，T_3 的始动电压为 U_{C01}，U_{C02}，U_{C03}。

$\frac{1}{C_e\Phi}$ 是调节特性的斜率，其大小和控制电压、负载转矩无关，仅与电机参数有关。

二、交流伺服电动机

伺服交流电动机为两相感应电动机，其定子两相绕组在空间相距 90° 电角度。定子绕组中的一相为激磁绕组，运行时接到电压为 U_f 的交流电源上；另一相则作为控制绕组，输入控制电压 U_C，电压 U_C 和 U_f 的频率相同，通常为 50[Hz] 或 400[Hz]。

1. 交流伺服电动机自转的原因和消除的方法

如果交流伺服电动机的机械特性与普通单相感应电机的机械特性一样，则在某一转速 ($0 < n < n_1$) 下，控制电压突然降为零，电机仍然产生一个正的电磁转矩而继续旋转(参看图 7-2)，这就是伺服电动机的“自转”现象。

理论研究和实验结果表明：增加转子电阻可以解决“自转”问题。我们知道转子电阻的大小不影响最大电磁转矩，但影响临界转差率 S_m，如果增加转子电阻，使 $S_m > 1$，结果又会是什么呢？图 7-10 给出了 $S_m > 1$ 时单相交流电机的机械特性曲线。当电机以某一转速 n 运转时，U_C 突然降为零时，由图 7-10 可知，这时电机有一个负的电磁转矩，从而使电机立即停转。

上述分析可知，交流伺服电动机为消除自转现象，在设计电机时，将转子电阻适当增大，使得单相供电时的电动机具有如图 7-10 所示的特性。最理想的情况是使 $S_m > 1$，可以完全消除自转现象，但 S_m 越大(转子的电阻越大)，转子的损耗就增加，电机效率将降低。

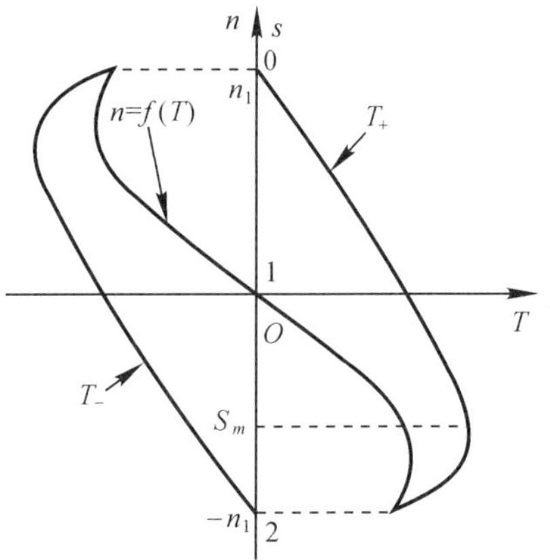

图 7-10 $S_m > 1$ 时单相感应电机的机械特性

除了转子电阻不够大会引起自转外，还会产生工艺性的自转，比如定子绕组有匝间短路，铁芯间存在片间短路，及各向磁阻不均。因此当控制电压 $U_C = 0$ 时，本应是单相脉振磁势在起作用，但是这时却成了微弱的椭圆形旋转磁场在起作用，由于电机转动惯量和机械制动力矩很小，在很小的椭圆形磁场作用下电机转子就会转起来。

交流伺服电动机为了满足自动控制系统的要求，其转子通常有以下两种形式：

(1) 高电阻率导条的鼠笼转子

这种转子结构如同普通的鼠笼式感应电动机一样，但是为了减小转子的转动惯量，需做成细而长的结构。鼠笼导条和端环可以采用高电阻率的导电材料(如黄铜，青铜等)，也可以采用铸铝转子。

(2) 空心杯转子

空心杯转子交流伺服电动机由外定子、空心杯转子和内定子三部分构成。它的外定子和鼠笼转子交流伺服电动机的结构完全一样，有两个空间相差 90° 电角度的绕组。空心杯转子一般用非导磁的铝合金材料制成，杯子底部固定在转轴上，空心杯转子的壁很薄，都在0.5mm以下，所以它和鼠笼转子比较，转子很轻，转动惯量很小，内定子由硅钢片冲片迭压在一个端盖上，内定子上没有绕组，它构成定子磁路的一部分，目的是减小磁路磁阻。电动机旋转时内外定子是不动的，只有空心杯转子在内外定子之间转动。

空心杯转子上没有槽，故运行平稳、噪声低。但这种结构的电机空气隙较大，激磁电流也较大，约占额定电流的80%～90%，致使电机的功率因素和效率较低。它的体积和重量都要比同容量的鼠笼式交流伺服电动机大得多，因此，虽然空心杯转子的转动惯量很小，但它的快速响应性能不一定优于鼠笼型交流伺服电动机。由于鼠笼型交流伺服电动机在低速运行时有抖动现象，所以空心杯转子交流伺服电动机主要用于要求较低噪声及平稳运行的某些系统中。

2. 交流伺服电动机的控制方式

对于两相感应电动机，若在两相对称绕组中施加两相对称电压，便可得到圆形旋转磁场。反之，两相电压因幅值不等，或相位差不是90°电角度，则定子绕组产生的是椭圆形旋转磁场。椭圆形旋转磁场可以分解为两个转速相同，转向相反而幅值不等的圆形旋转磁场，其中一个与转子转动方向相同的正向旋转磁场，一个与转子转动方向相反的负向旋转磁场，一般的椭圆形旋转磁场，正向磁场大于负向磁场。根据圆形旋转磁场作用下得到机械特性曲线的原理，我们可以作出椭圆形旋转磁场作用下的机械特性曲线，如图7-11所示。

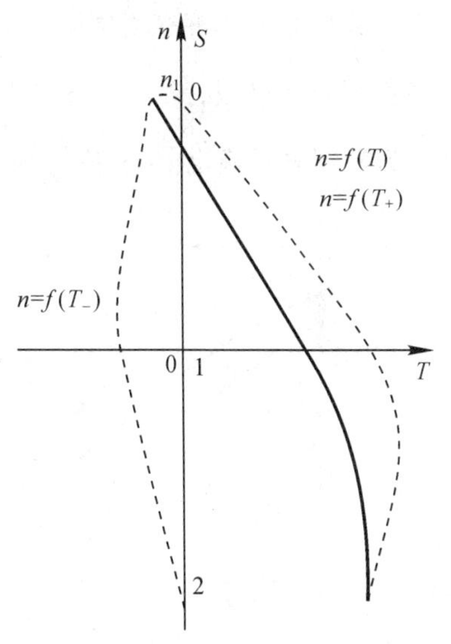

图7-11　椭圆形磁场下交流伺服电动机机械特性

交流伺服电动机运行时，因控制绕组所加的控制电压U_C是变化的，一般说来得到的是椭圆形旋转磁场，并由此产生电磁转矩而使电机旋转。改变控制电压的大小或改变它与激磁电压U_f之间的相位角，都能使电机气隙中旋转磁场的椭圆度发生变化，从而改变电磁转矩，达到改变电机转速的目的。因此，交流伺服电机的控制方式有以下三种：

(1) 幅值控制

幅值控制是通过调节控制电压的大小来改变电机的转速，而控制电压$\dot{U}_f$与激磁电压$\dot{U}_c$之间的相位角始终保持90°电角度，当$U_C=0$时，电机停转，其接线图如图7-12(a)所示。

(2) 相位控制

相位控制是通过调节控制电压的相位(即调节$\dot{U}_C$和$\dot{U}_f$之间的相位角α)来改变电机的转速，而U_C幅值不变，当$\alpha=0$时电机停转，其接线如图7-12(b)所示。这种方式用得较少。

(3) 幅值-相位控制

幅值-相位控制是将激磁绕组串联电容C以后，接到稳压电源$\dot{U}_1$上，接线图如图7-12(c)所示。这时激磁绕组电压$\dot{U}_f=\dot{U}_1-\dot{U}_{Cf}$。而控制绕组上的外施控制电压为$\dot{U}_C$，$\dot{U}_C$的相位始终与$\dot{U}_f$同相。当调节电压$\dot{U}_C$幅值来改变电机的转速时，由于转子绕组的耦合作用，激磁绕组电流$\dot{I}_f$亦发生变化，致使控制绕组上的电压$\dot{U}_f$也随之变化，从而导致$\dot{U}_C$和$\dot{U}_f$的

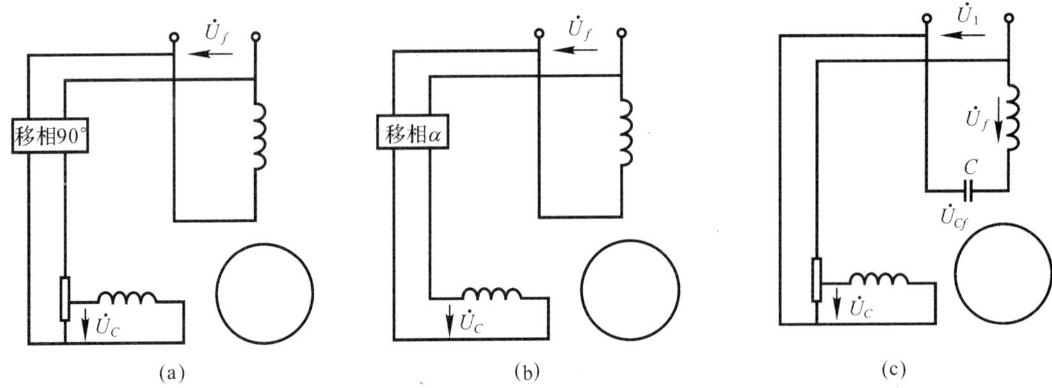

图 7-12 交流伺服电动机的控制方式接线图

大小和它们之间的相位差又发生变化。所以，这是一种幅值和相位的复合控制方式。控制电压 $\dot{U}_C = 0$ 时，电机停转。这种控制方式是利用串联电容来改变相位的，它不需复杂的移相装置，所用设备简单，成本低，是最常用的一种控制方法。

3. 交流伺服电动机的工作特性

三种控制方式下交流伺服电动机的工作特性虽然有一定的差异，但不大，图 7-13(a) 为幅值控制时的机械特性，图 7-13(b) 为幅值控制时的调节特性。图中 α 为信号系数 $\alpha = \dfrac{U_C}{U_{CN}}$，$U_{CN}$ 为控制电压额定值。电磁转矩以 $\alpha = 1$ 的堵转矩为基值。

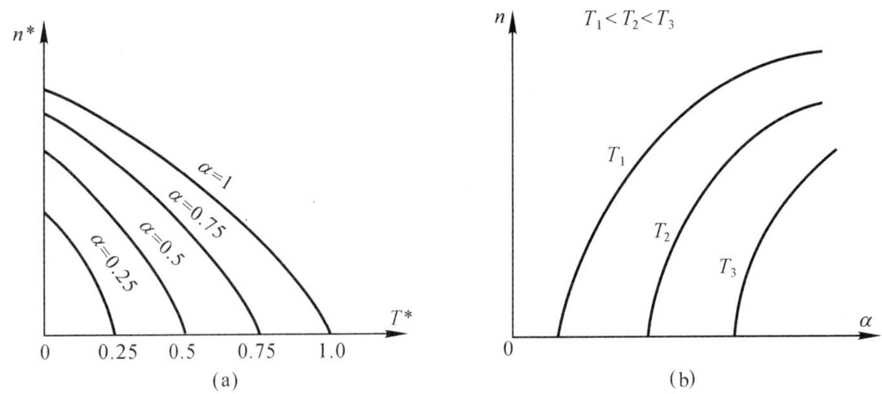

图 7-13 幅值控制时的工作特性

§7-3 测速发电机(*)

一、概述

测速发电机是一种测量转速的信号元件，它将输入的机械转速变换成电压信号输出，这就要求电机的输出电压与转速成正比关系，如图 7-14 中的直线 1 所示，其输出电压 U 表示：

$$U = kn \tag{7-10}$$

或

$$U = k' \frac{d\theta}{dt} \tag{7-11}$$

式中：θ—— 测速发电机的转子角位移；

k, k'—— 比例系数。

由式 7-11 可知，测速发电机的输出电压将正比于转子转角对时间的微分。因此在解算装置中也可以把它作为微分或者积分元件。所以测速发电机在自动控制系统和计算装置中通常作为测速元件、校正元件、解算元件和角加速度信号元件。

自动控制系统对测速发电机的主要要求：

(1) 输出电压与转速应保持严格的线性关系；

(2) 电机的转动惯量要小，以保证反应迅速；

(3) 单位转速输出电压要大，即测速发电机的输出特性 $U = f(n)$ 的斜率要大，这样可以提高对转速变化的灵敏度；

(4) 工作稳定，运行可靠，电磁干扰小，噪声低，体积小和重量轻等。

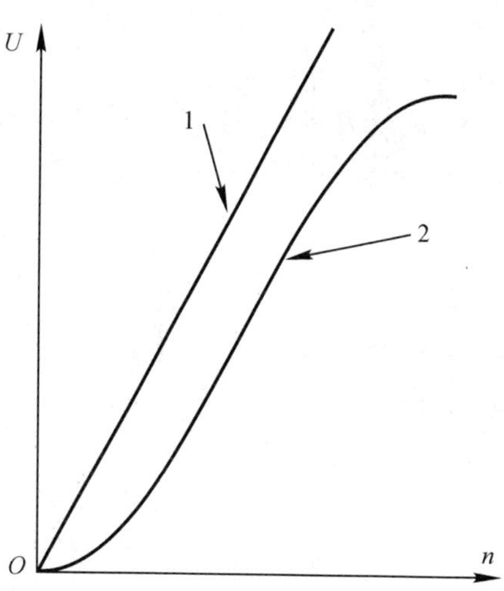

图 7-14　测速发电机输出电压与转速的关系

二、直流测速发电机

直流测速发电机是一种微型直流发电机，它的定转子结构均和直流伺服电动机基本相同。若按定子磁极的励磁方式来分，可以分为电磁式和永磁式两大类；如以电枢的不同结构形式来分，有无槽电枢、有槽电枢、空心杯电枢和圆盘印制绕组等几种。

1. 输出特性

直流测速发电机的原理与一般直流电机相同，如图 7-15 所示。在恒定磁场 Φ_f 的作用下，电刷两端引出的电枢电动势为 $E_a = k_e n$。在空载时，如图 7-15 中的 $R_L = \infty$，电枢电流 $I_a = 0$，直流测速发电机输出电压 $U = E_a$，故而 U 与转速 n 成正比。

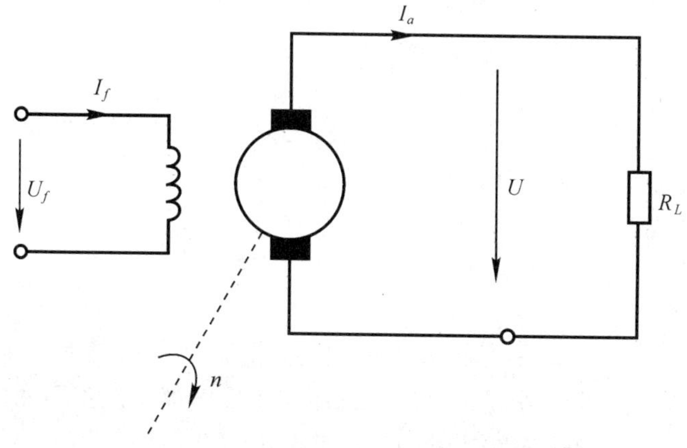

图 7-15　直流测速发电机的原理图

负载时，因 $I_a \neq 0$，则直流测速发电机输出电压为：

$$U = E_a - I_a r_a \tag{7-12}$$

式中：r_a——电枢回路总电阻。

显然，接有负载后，测速发电机的输出电压应比空载时小，这是 r_a 的压降造成的。由于负载时的电枢电流为 $I_a = U/R_L$，代入式(7-12)得到：

$$U = \frac{K_e n}{1 + \frac{r_a}{R_L}} = Cn \tag{7-13}$$

在理想情况下，K_e，r_a 和 R_L 均为常数，故而 C 也为常数，由式(7-13)可知，测速发电机负载时的输出特性仍然是直线，但对于不同的负载，直线的斜率有所不同，负载电阻 R_L 越小，斜率也越小。

2. 直流测速发电机产生误差的原因和改进的方法

图 7-14 中的直线 1 只是测速发电机理想的输出特性，实际上，直流测速发电机的输出电压与转速并不能保持正比关系。通常其输出特性如图 7-14 中的曲线 2 所示。产生这种误差的原因有：

(1) 电枢反应

R_L 越小，n 越大，I_a 越大，电枢反应的去磁也就越明显，输出特性愈偏离直线而趋于曲线，如图 7-14 所示曲线 2 的高速段。为了改善输出特性，就必须削弱电枢反应的去磁影响，使电机的气隙磁通保持不变，相应的可以采取如下一些措施：

a. 对于电磁式直流测速发电机，可以在定子磁极上安装补偿绕组；

b. 在设计时，选取较小的线负荷，并适当加大电机气隙；

c. 在使用时，负载电阻不应小于规定值。

(2) 电刷接触压降

由于电刷接触电阻的非线性，当电机转速较低，相应的电枢电流较小时，接触电阻较大。只有当转速较高，电枢电流较大时，电刷压降才可以认为是常数。电刷压降对输出特性的影响，对应于图 7-14 中曲线 2 的低速区，这一段是不灵敏区。

为了减小电刷压降的影响，即缩小不灵敏区，在直流测速发电机中应采用接触压降较小的铜 - 石墨电刷。在高精度的直流测速发电机中还有采用铜电刷，并在它与换相器的表面镀上银层。

(3) 温度影响

在电磁式直流测速发电机中，因励磁绕组长期通过电流而发热，它的阻值增加使励磁电流减小。由此引起电机气隙磁通的下降，使输出电压减小。为了减小温度对励磁电流的影响，实际使用时，可在直流测速发电机的励磁回路中串联一个阻值较大，温度系数较小的附加电阻，用以稳定激磁电流。这种方法的缺点是励磁功率增加。

(4) 纹波的影响

直流测速发电机的输出电压中存在纹波电压，而它的幅值和频率与转速及换相片数有关，纹波电压的存在，对控制系统的速度反馈或加速度反馈都将产生不利的影响。故一般选用较多换相片数和转子采用斜槽的方法减小纹波电压。

三、交流测速发电机

1. 结构和分类

交流测速发电机可以分为同步测速发电机和异步测速发电机两大类。

同步测速发电机又可以分为永磁式、感应子式和脉冲式三种。永磁式交流测速发电机实质上就是一台单相永磁转子同步发电机，定子绕组感应的交变电动势的大小和频率都随输入信号(转速)而变化。

感应子式测速发电机和脉冲式测速发电机的工作原理基本相同，都是利用定转子齿槽相互位置的变化使输出绕组中的磁通脉动，从而产生感应电动势。这种工作原理就称为感应子式发电机原理。图 7-16 为一台感应子式测速发电机原理结构示意图。定转子都用硅钢片迭成，定子内圆周和转子外圆周上都有均布的齿槽。在定子槽中放置节距为一个齿距的输出绕组，通常组成三相绕组。定转子的齿数应符合一定的配合关系。当转子不转时，由于永久磁铁产生的气隙磁通不变，所以定子输出绕组中没有感应电动势。当转子以一定的转速旋转时，由于定转子齿之间的相对位置发生周期性变化，使得定子齿对应的磁导发生变化，从而在输出绕组中产生交变电动势。显然，转子每转过一个齿距，输出绕组的感应电动势也就变化一个周期。因此，如果转子齿数为 Z_r，电机的转速为 n 转 / 分，则输出电动势频率为：

$$f = \frac{Z_r n}{60}[\text{Hz}] \tag{7-14}$$

由于感应电动势频率和转速之间有严格的对应关系。所以属于同步电动机。相应地感应电动势大小也和转速成正比，故可以作为测速发电机用。

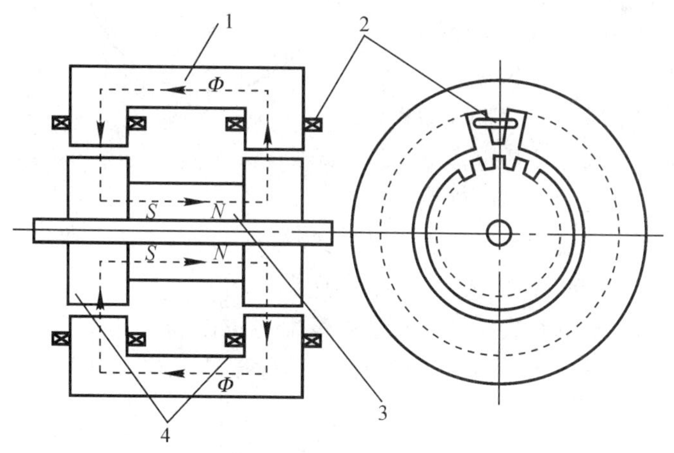

图 7-16　感应子式测速发电机的原理性结构图

1— 定子　2— 输出绕组　3— 永久磁铁　4— 铁心

感应子式测速发电机和永磁式同步发电机产生的电动势频率随转速变化，致使负载阻抗和电机本身的内阻抗大小也随转速变化，所以，不宜用于自动控制系统中。但是，将输出的交流电动势经过整流后，可取其直流输出电压作为速度信号用于自动控制系统中。实践证明，这种设想完全可以满足系统要求。

脉冲式测速发电机是以脉冲频率作为输出信号的。由于输出电压的脉冲频率和转速保持严格的正比关系，所以也属于同步发电机类型。

异步测速发电机可分为：鼠笼转子和空心杯转子两种，其结构与两相交流伺服电动机类似。鼠笼转子测速发电机的主要特性是输出斜率大、线性度好、相位差大、剩余电压高，一般用在精度要求不高的控制系统中。目前在自动控制系统中广泛应用的是空心杯转子异步测速发电机。采用这种结构形式可以使测速发电机输出特性的精度较高，且因为测速发电机在使用时经常与伺服电动机同轴相连，它的转动惯量将影响系统的快速性。而这种空心杯转子异步测速发电机的转子转动惯性较小完全能适应系统的要求。另外，为了减小误差，使输出特性的线性度较好，性能稳定，其转子电阻要大于伺服电动机的转子电阻。因此，空心杯转子通常采用电阻率较大和温度系数较低的材料制成，如磷青铜、硅锰青铜等。

2. 空心杯转子异步测速发电机的工作原理

空心杯转子异步测速发电机的工作原理如图 7-17 所示。定子的两相绕组应在空间位置上严格保持 90° 电角度。其中一相作为激磁绕组，外施恒频稳压的交流电源；另一相作为输出绕组，其两端的电压即为测速发电机的输出电压 U_C。

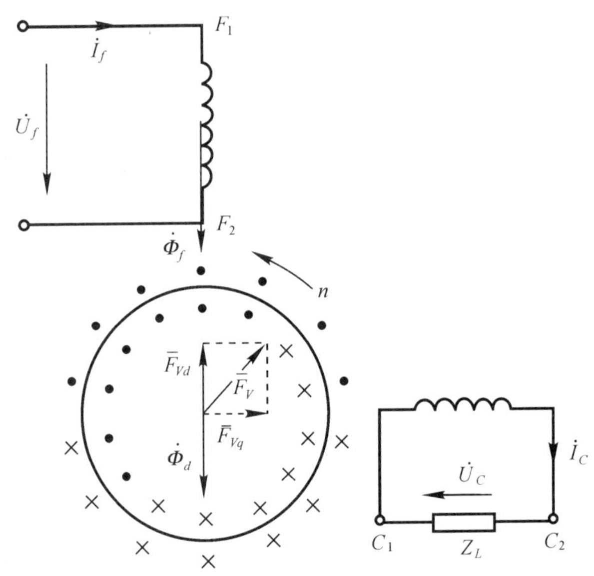

图 7-17　杯形转子两相应测速发电机原理图

当激磁绕组接到恒频恒压的交流电源 $\dot{U}_f$ 上时，便有电流 $\dot{I}_f$ 流过激磁绕组，并产生沿激磁绕组轴线，以电源频率 f 脉振的脉振磁动势 F_f 和相应的脉振磁通 $\dot{\Phi}_f$。转子不动时 $\dot{\Phi}_f$ 只能在空心杯转子(空心杯转子可以看成相数无穷多的笼型转子）中感应出变压器电动势，显然转子电流产生的磁动势也是沿着激磁绕组轴线(直轴或 d 轴）的脉振磁动势。故而在气隙中合成一个脉振磁通，称为 d 轴磁通。由于输出绕组的轴线(q 轴）与激磁绕组轴线空间位置差 90° 电角度，故它与直轴磁通 $\dot{\Phi}_d$ 没有交链，故而 $U_C = 0$。

转子转动后，即 $n \neq 0$ 时，转子切割直轴磁通 Φ_d，在杯形转子中产生切割电动势 $\dot{E}_v$，其方向如图 7-17 中外圈符号所示。由于直轴磁通 Φ_d 为脉振磁通，所以电动势 $\dot{E}_v$ 为交变电动势，由切割电动势计算公式 $e = Blv$ 不难得到：

$$E_V = C_V n \Phi_d \tag{7-15}$$

式中：C_V— 常数；Φ_d—d 轴每极磁通幅值。

若磁通幅值 Φ_d 恒定，则电动势 E_V 就与转子的转速 n 成正比。

由于杯形转子实为短路绕组，电动势 $\dot{E}_V$ 就在转子中产生短路电流 $\dot{I}_V$，同样 $\dot{I}_V$ 也是交变电流，其大小正比于电动势 $\dot{E}_V$。若考虑到转子漏抗的影响，电流 $\dot{I}_V$ 将在时间相位上滞后电动势 $\dot{E}_V$ 一个电角度。在同一瞬间，转子杯中的电流方向如图 7-17 的内圈所示。

转子杯中的电流 $\dot{I}_V$ 产生脉振磁动势 $\dot{F}_V$，其大小正比于 $\dot{E}_V$，磁动势 $\bar{F}_V$ 在此瞬间的空间方向如图 7-17 所示。$\bar{F}_V$ 可以分解为两个空间分量，即直轴分量 $\bar{F}_{Vd}$ 和交轴分量 F_{Vq}，其中 $\bar{F}_{Vd}$ 将使激励磁动势 $\bar{F}_f$ 发生变化，而交轴磁动势就产生交变的交轴磁通 Φ_{Vq}，又

$$\Phi_{Vq} \propto F_{Vq} \propto F_V \propto E_V \propto n \tag{7-16}$$

因交轴脉振磁通 Φ_{Vq} 的空间位置和输出绕组的轴线方向一致，故它将在输出绕组中感应出变压器电动势 E_C，当不计磁路饱和及定子绕组漏阻抗的影响时，有输出电压：

$$U_C \approx E_C \propto \Phi_{Vq} \propto n \tag{7-17}$$

由式(7-17)可见，输出绕组的输出电压 U_C 正比于电机转速 n。

到目前为止，我们还没有讨论 U_C 的交变频率，下面讨论这一问题。如果 U_f 为直流电压，转子旋转时，和直流电机一样产生切割电动势，设 $\dot{\Phi}_d$，F_V，F_{Vq}，F_{Vd} 的方向如图7-17所示，则无论电机转速为多少，F_V，F_{Vq} 和 $\dot{\Phi}_{Vq}$ 的方向是不变的，只是 F_V，F_{Vq} 的大小随转速而变，只要转速恒定，就不会在输出绕组中产生感应电动势。如果 U_f 仍为直流电压，但接到激磁绕组的极性改变(对调)则不难理解，这时 $\dot{\Phi}_{Vq}$，F_V，F_{Vq} 的方向都将改变 $180°$，图7-17中的 F_{Vq} 将指向左边。由于 U_f 是直流电压，无论转速是多少也不会在输出绕组中感应电动势。如果直流电压 U_f 接到激磁绕组的极性频繁对调，则 F_{Vq} 也将频繁的改变方向。如果 U_f 是频率为 f 的交流电压，则 F_{Vq} 也将以频率 f 改变方向，故而在输出绕组中感应出频率为 f 的电动势。

综上所述，两相交流感应测速发电机的输出电压 U_C 的频率等于激磁电源频率 f，电压大小与转速 n 成正比。

若将激磁绕组接在直流电源上，产生 d 轴恒定磁场，当转子恒速时，切割电动势和交轴磁通将恒定不变，$E_C = 0$。但当转速发生变化时，切割电动势和相应的交轴磁通将随转速变化而变化，输出绕组中感应电动势。由此可见，感应测速发电机采用直流激磁时，输出电压大小与转速大小无关，而与加速度成正比，故感应测速发电机可以作为测定角加速度信号元件。

§7-4 步进电动机

步进电动机是一种用电脉冲信号进行控制，并将电脉冲信号转换成相应的角位移或线位移的控制电机。每输入一个脉冲，步进电动机就转动一个角度或前进一步。所以，控制输入的脉冲数就可以控制步进电动机的位移量，控制脉冲频率就可以控制步进电动机的转速或线速度，在负载能力范围内，这些关系不受温度、压力、冲击、振动及电压波动等因素的限制。

步进电动机特别适用于开环的数字控制系统，随着单片机、计算机和电力电子技术的发展，步进电动机的应用范围日益增大。目前，步进电动机广泛应用于数控机床，绘图机，计算机外设，医疗设备，绕线机，包装机械，机器人等驱动控制系统中。

步进电动机需要配上专用的驱动电源才能工作，步进电动机和驱动电源构成了步进电动机系统，如图7-18所示。从控制器输入速度信号(通常为CP脉冲)和方向信号，环形分配器实现电机通电逻辑的控制。每来一个CP脉冲，环形分配器输出通电状态转换一次。因此，步进电动机转速的高低、升降速、起动或停止都完全取决于CP脉冲的频率。方向信号决定了环形分配器输出正向通电逻辑还是反向通电逻辑。由于环形分配器输出弱电信号，不能直接用于驱动步进电动机，故需要通过驱动电路来提高驱动能力。

步进电动机的特点：

(1) 可以用数字信号直接进行控制，无需反馈，整个系统简单价廉；

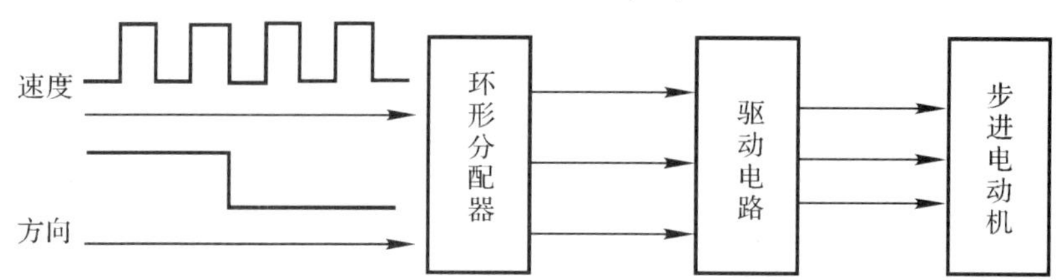

图 7-18　步进电动机系统构成

(2) 步距误差不会长期积累；

(3) 无刷，可靠性高；

(4) 易于起动、停止、正反转及调速控制，快速响应性好；

(5) 停止时有自锁能力；

(6) 可在相当宽范围内平滑调速，同时易于实现多台步进电动机的同步运行控制；

(7) 步距角选择范围大，可以根据不同需要选择步进电动机；

(8) 步进电动机带惯性负载能力差；

(9) 存在失步和共振现象；

(10) 需要使用步进电动机驱动电源。

步进电动机的种类繁多，按激磁方式可以分为反应式(磁阻式)步进电动机、永磁式步进电动机和混合式(感应子式)步进电动机。

本节以三相反应式步进电动机为例，讨论其结构、工作原理和驱动线路，然后讨论步进电动机的运行特性。

一、三相反应式步进电动机的结构和工作原理

1. 结构

一般来说三相反应式步进电动机具有如图 7-19 所示结构。它的定子和转子用 0.35[mm] 或 0.5[mm] 厚的硅钢片迭压而成，定子上有六个磁极，每个磁极上都有许多小齿。在径向相对两个磁极的线圈串联组成一相绕组，通常将三相绕组接成星形，引出 4 根线(一根为中点线)，有时也将三相绕组的六根线直接引出，这取决于驱动方式。转子上没有绕组，沿圆周有许多均布的小齿。定转子上的小齿齿距相等。

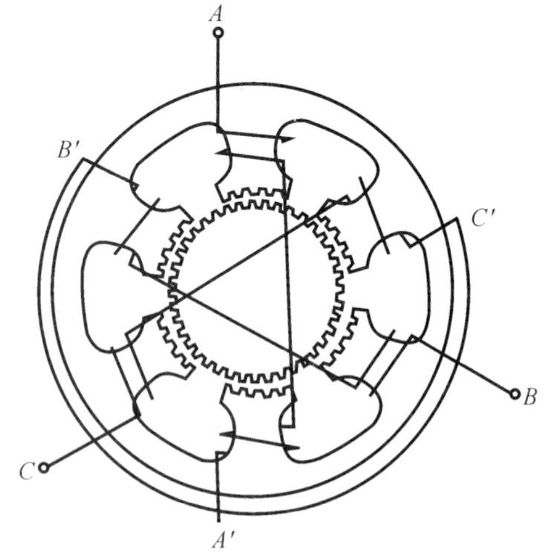

图 7-19　三相反应式步进电动机结构

2. 工作原理

三相反应式步进电动机转子齿数可以做得很多，也可以很少，其工作原理是相同的。为讨论方便起见，我们用转子只有 4 个齿的三相反应式步进电动机为例来说明其工作原理，如图 7-20 所示(未画出定子绕组)，这时定子极上没有小齿了。

当 A 相绕组通电，B 和 C 相绕组不通电时，A 相绕组产生的磁通将通过定子极、气隙和

转子构成回路，由于转子受气隙磁拉力的作用，使转子取向于磁力线沿磁阻最小路径而闭合的位置上，故转子齿1-3的轴线与定子磁极 $A-A'$ 的轴线重合，如图7-20(a)所示，这时转子齿只受径向磁拉力，所以电机转矩为零，此位置为稳定平衡点，任何外力使转子偏离此位置，待去掉外力时，转子将回到原来位置上。若 A 相绕组断电，仅有 B 相绕组通电时，转子将转过30°，使转子齿2、4与 B 相磁极轴线对齐，如图7-20(b)所示。同理，当 B 相绕组断电，C 相绕组通电时，转子就按逆时针方向转过30°，使转子齿1、3与 C 相磁极轴线对齐，如图7-20(c)所示。按 $A-B-C-A$ 顺序不断使各相绕组轮流通电和断电，转子就按逆时针方向一步一步地转下去。同理，如果绕组按 $A-C-B-A$ 顺序通电和断电，转子就按顺时针方向转动。

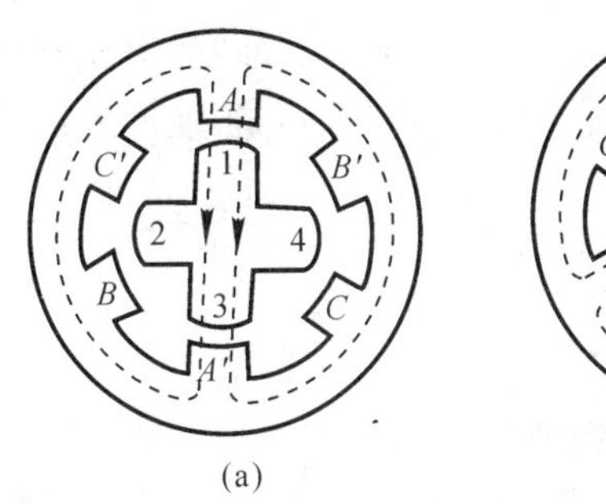

(a)

(b)

(c)

图7-20　三相单三拍运行

步进电动机的通电状态改变一次，称为“一拍”，上述分析的三相反应式步进电动机每次只有一相通电，3拍为一循环，转子转过一个齿距，故称为三相单三拍运行方式。三相反应式步进电动机还有三相双三拍和三相六拍通电方式。下面对这二种运行方式作一简单的介绍。

当 AB 同时通电，C 相断电时，AB 绕组产生磁通，转子齿不会单独与 A 相或 B 相磁极对齐，而是要处于总磁通所经过的路径的磁阻最小的位置上，如图7-21(a)所示，同理，当 BC 相通电和 CA 相通电时，其转子位置如图7-21(b)，7-21(c)所示。所以当绕组按 $AB-BC-CA-AB$ 顺序通电时，转子将按逆时针方向转动。当绕组按 $AB-AC-CB-AB$ 顺序通电时，转子将沿顺时针方向转动，也是三拍一循环。所以称三相双三拍运行方式，把上述两种方式结合起来，有 $A-AB-B-BC-C-CA-A$ 或 $A-AC-C-CB-B-BA-A$ 的通电逻辑，即一相与两相间隔地轮流通电，完成一个循环有六个通电状态。当 A 相绕组单独通电时，转子处于图7-20(a)所示位置，由 A 相单独通电变成 AB 二相同时通电时，转子逆时针方向转过15°，转到如图7-21(a)所示的位置，经过六个通电状态完成一个循环，转子转过一个齿距。

(a)

(b)

(c)

图7-21　三相双三拍运行

反应式步进电动机有不同的相数，如三相，四相，五相，八相等，也可以有不同的拍数，但其工作原理是相同的。

由步进电动机的工作原理可知，步进电动机每来一个脉冲，转子转过一个步距角，用 θ_b 表示，步距角的大小与转子齿数 Z_r 和拍数 N 的关系为：

$$\theta_b = \frac{360^\circ}{Z_r N} \tag{7-18}$$

在上述例子中，转子齿数 $Z_r = 4$，单三拍和双三拍运行方式时，$N = 3$，故其步距角 $\theta_b = \frac{360^\circ}{4 \times 3} = 30^\circ$。三相六拍运行方式时，$N = 6$，故 $\theta_b = 15^\circ$，故而同一台步进电动机通常有两种步距角，对于三相反应式步进电动机，当 $N = 3$ 时称为整步运行方式，$N = 6$ 时为半步运行方式。

如果输入脉冲频率为 f[Hz]，则步进电动机每秒转过的角度为 $f\theta_b$，得速度为：

$$n = \frac{f\theta_b}{360}[\mathrm{r/s}] = \frac{f\theta_b}{360} \times 60[\mathrm{r/min}] = \frac{60f}{Z_r N}[\mathrm{r/min}] \tag{7-19}$$

二、三相反应式步进电动机的驱动

步进电动机不能直接接到交流电源上工作，而必须使用专用步进电动机驱动器。步进电动机驱动系统的性能，除了与电动机本身性能有关外，在很大程度上取决于驱动器的优劣。因此，对步进电动机驱动器的研究几乎是与对步进电动机的研究同步进行的。

控制器输入 CP 脉冲和方向信号，通过环形分配器输出各相绕组的通电或断电信号，经功率管放大后驱动步进电动机。

图 7-22(a) 为三相反应式步进电动机在三相六拍状态工作时，CP 脉冲信号与环形分配器输出信号的关系，相绕组电压以六拍(6 个 CP 脉冲) 为一周期。

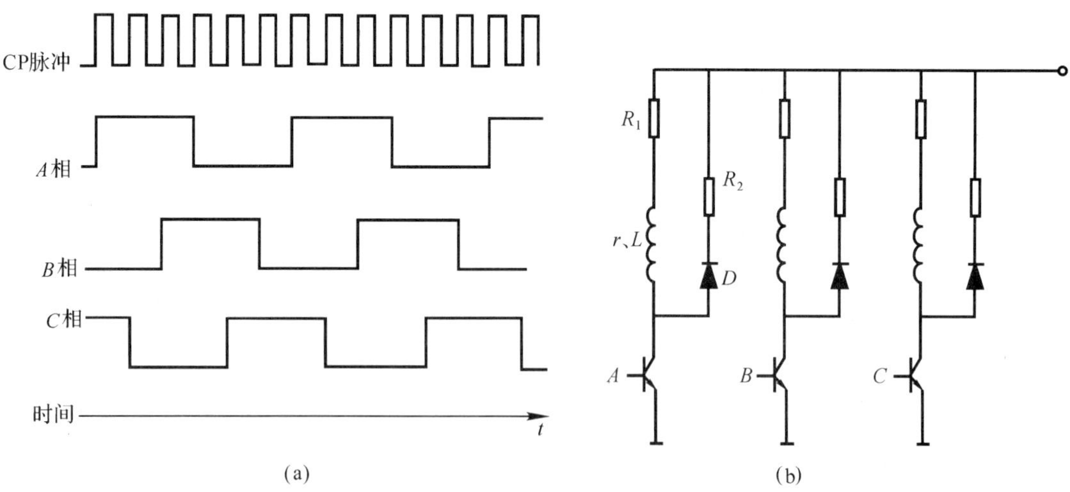

图 7-22 三相六拍时的控制电压波形及驱动电路

施加在步进电动机绕组上的驱动电压 V 通常为方波电压，目前驱动器的功率驱动级通常采用晶体管、VMOS 管和 IGBT。图 7-22(b) 为一种三相反应式步进电动机驱动电路示意图。A、B、C 相控制信号为高电平时，功率管导通，驱动电压 V 就加在相应绕组上。图中的 R_1 串在电机绕组上(绕组电感为 L，电阻为 r)，其作用一是限流，使电机停转时，绕组电流等于额定电流，二是减小绕组支路的电气时间常数 $\tau(\tau=\frac{L}{R_1+r})$，使相电流具有更陡的上升沿。由于电机绕组存在电感，当功率管关断时，绕组产生很高的电势 $L\frac{di}{dt}$，为了保护功率管，需要续流回路(图中的 D 和 R_2)，R_2 的作用是为了缩短续流时间，R_1，R_2 有利于改善步进电动机的高速性能。图 7-23 为典型的相电流波形。

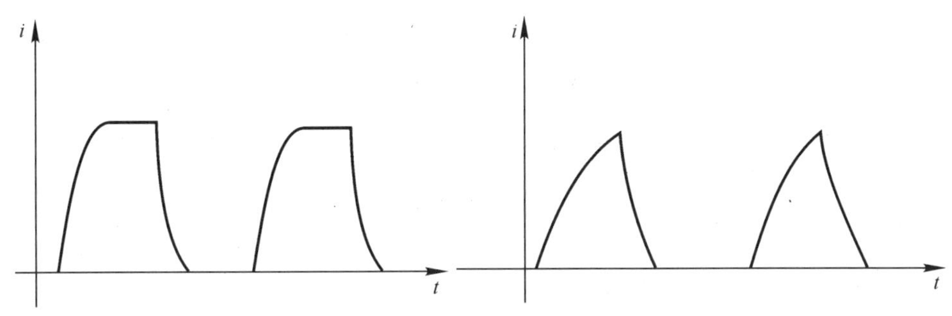

图 7-23　相电流波形

三、步进电动机的运行特性

这里讨论的运行特性是各种步进电动机所具有的，只是不同的步进电动机在某些特性上会有一定的差别。

1. 步距角

一般来说，每一种步进电动机有两种步距角，对应于整步(三相反应式步进电动机的三拍)运行方式和半步(三拍反应式步进电动机的六拍)运行方式。随着微步驱动或叫细分技术的出现，步进电动机的步距角在理论上可以实现无限细分，例如一个 30°步距角的电动机，采用 10 细分驱动技术，步距角为 3°，若采用 100 细分，则步距角为 0.3°。细分技术是改变驱动电压或相电流波形来实现的。

2. 矩角特性

矩角特性是指一相或几相绕组通入直流电流时，电磁转矩与失调角的关系曲线。当某相绕组通电时，在理想空载条件下，该通电相磁极齿与转子齿的轴线将重合，如图 7-24(a) 所示。这时转子不受切向拉力的作用，故电磁转矩为零。现假设转子向右转过的角度为正，转子受向右的电磁转矩为正，则如果外力使转子向右移动 θ 角($\theta>0$)，可以想象转子将受到向左的电磁转矩($T<0$)。反之，若转子受外力作用向左移动一个 θ 角($\theta<0$)。则转子受到一个向右的电磁转矩($T>0$)。通常矩角特性曲线接近正弦波，如图 7-24(b) 所示。矩角特性曲线的最大值称为最大静转矩。

图 7-24(b) 中的 O 点称为初始稳定平衡点，这时 $T=0$，当外力使转子偏离此平衡位置，只要偏离角在 $-\pi<\theta<+\pi$ 范围内，一旦外力消失，在静转矩的作用下，转子仍能回到初始稳定平衡位置。因此，$-\pi<\theta<+\pi$ 的区域称为步进电动机的静稳定区。

3. 失调角

当步进电动机处于理想空载条件下，转子处于初始平衡点 O，$T=0$，如果转子带动某一负载转矩 T_L，则转子将偏离 O 点一个角度 θ_e，使得与 θ_e 对应的电磁转矩 T_e 与 T_L 平衡，则 θ_e 称为失调角。

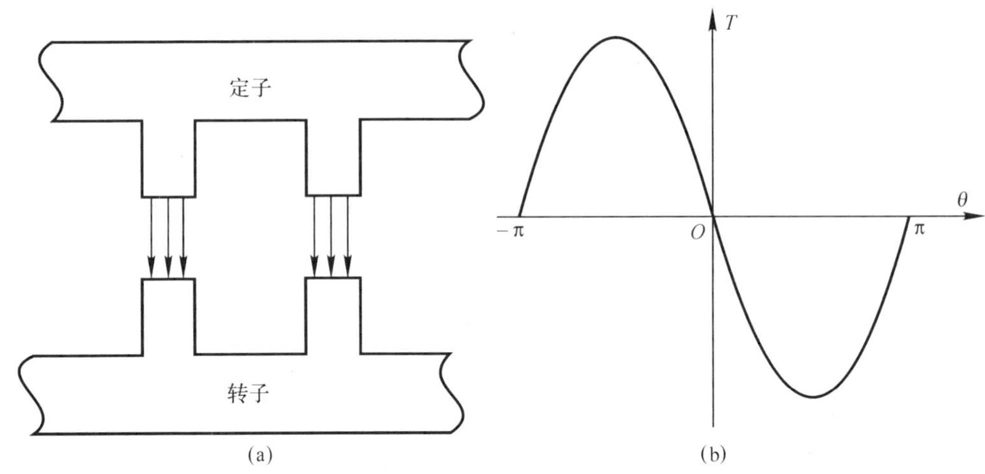

图 7-24 步进电机的矩角特性

4. 牵出矩频特性

指步进电动机不失步运行时所能带动的最大负载转矩与频率的关系曲线，通常在驱动条件一定的情况下，不同的转速（不同的频率）所能带动的最大负载转矩是不同的，如图 7-25 所示，曲线与纵轴的交点对应于最大静转矩，与横轴的交点对应于步进电动机空载时能达到的最高转速。

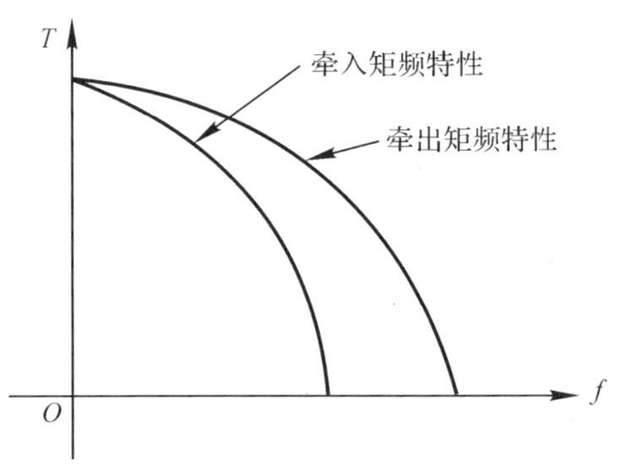

图 7-25 矩频特性图

5. 牵入矩频特性

在驱动条件一定的情况下，步进电动机能不失步的突然起动的频率与负载转矩的关系曲线，如图 7-25 所示。曲线与横轴的交点为最高空载起跳频率。

6. 起动惯性特性

指负载转矩一定时，负载惯量与电机起动频率的关系。如图 7-26 所示。

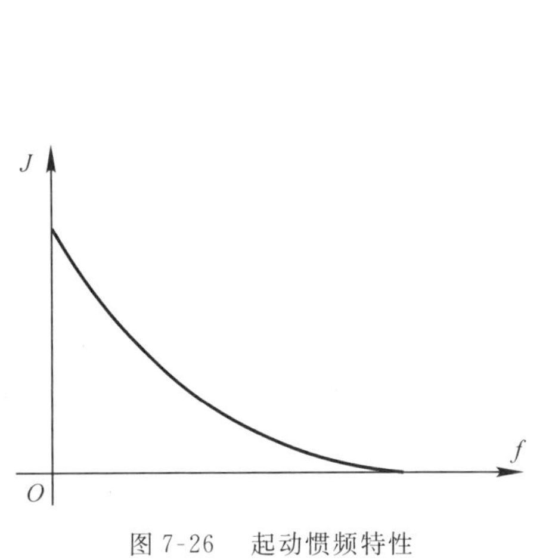

图 7-26 起动惯频特性

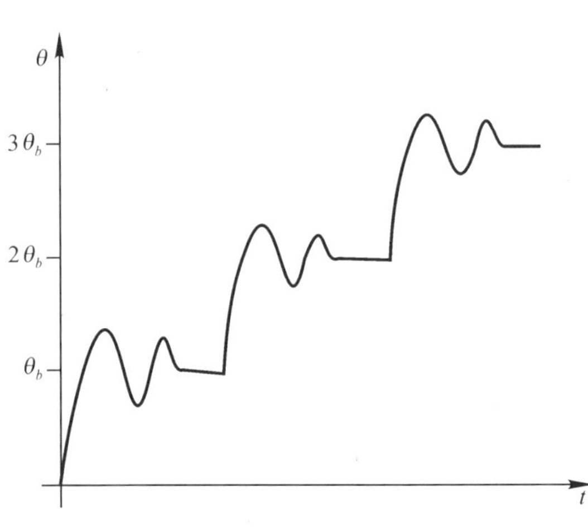

图 7-27 单步响应曲线

7. 单步响应

电动机一相通电时，电动机就处于某一锁定位置。当这一相断电而下一相通电时，电动机就向前运动一步。这种转子对时间的响应定义为单步响应，单步响应是步进电动机的一个重要特性，通常采用阻尼方法以减小或消除振荡，单步响应曲线如图 7-27 所示。

§7-5　无刷直流电动机

无刷直流电动机是随着大功率开关器件、专用集成电路、稀土永磁材料、微机、新型控制理论及电机理论的发展而迅速发展起来的一种新型电动机，体现着当今应用科学的许多最新成果，因而显示出广泛的应用前景和强大的生命力。

无刷直流电动机具有有刷直流电动机效率高、起动性能和调速性能好的优点，采用电子换向取消了有刷直流电动机的电刷和换向器间的滑动接触，因此具有寿命长、可靠性高、噪声低等特点，故在当今国民经济各个领域，如医疗器械、仪器仪表、化工、轻纺以及家用电器等方面的应用日益普及。

无刷直流电动机是由电动机本体（定子为电枢和转子为永磁体）、位置传感器和电子换向线路三大部分组成，如图 7-28 所示。其工作原理，就是利用反映转子位置的位置传感器的输出信号，通过电子换向线路去驱动与电枢绕组联接的功率开关器件，使电枢绕组依次馈电，从而在定子上产生跳跃式的旋转磁场，拖动永磁式转子旋转。同时，随着电动机转子的转动，位置传感器不断地送出信号，以改变电枢绕组的通电状态，使得在某一磁极下导体中的电流方向保持不变。

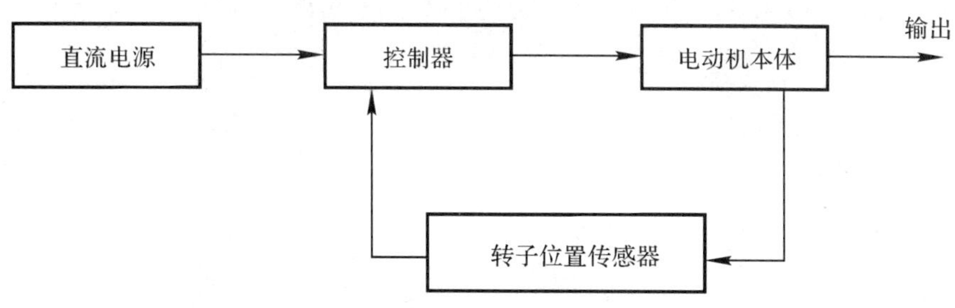

图 7-28　稀土永磁无刷直流电机构成框图

一、工作原理及基本结构

以图 7-29 和图 7-30 所示为例来说明其工作原理。

图 7-29 中 VF 为逆变器，BLDCM 为无刷直流电动机本体，PS 为与电动机本体同轴联结的转子位置传感器，控制电路对转子位置传感器检测的信号进行逻辑变换后产生脉宽调制 PWM 信号，经过前级驱动电路放大送至逆变器各功率开关管，从而控制电动机各相绕组按一定顺序工作、在电机气隙中产生跳跃式旋转磁场。下面以常用的二相导通星形三相六状态无刷直流电动机为例来说明其工作原理。

当转子稀土永磁体位于图 7-30(a) 所示位置时，转子位置传感器输出磁极位置信号，经过控制电路逻辑变换后驱动逆变器，使功率开关管 V_1、V_6 导通，即绕组 A、B 通电，A 进 B 出，

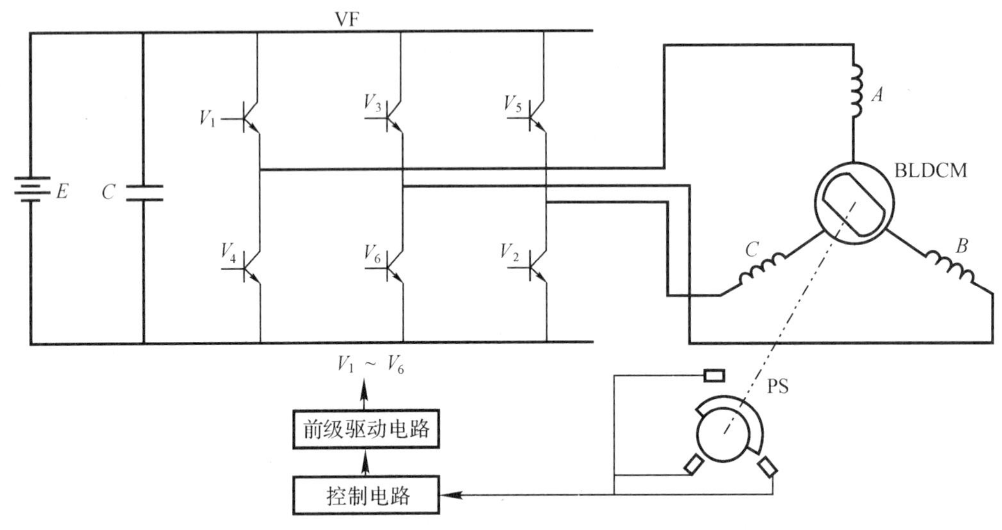

图 7-29 稀土永磁无刷直流电动机系统图

电枢绕组在空间的合成磁势 F_1 如图 7-30(a) 所示。此时定转子磁场相互作用拖动转子顺时针方向转动。电流流通路经为：电源正极 → V_1 管 → A 相绕组 → B 相绕组 → V_6 管 → 电源负极。当转子转过 60° 电角度，到达图 7-30(b) 所示位置时，位置传感器输出信号，经逻辑变换后使开关管 V_6 截止，V_2 导通，此时 V_1 仍导通。则绕组 A、C 通电，A 进 C 出，电枢绕组在空间合成磁场如图 7-30(b) 中 F_1 所示。此时定转子磁场相互作用使转于继续沿顺时针方向转动。电流流通路经为：电源正极 V_1 管 → A 相绕组 → C 相绕组 → V_2 管电源负极，依此类推。当转子继续沿顺时针方向转动时，功率开关管的导通逻辑为 V_3V_2 → V_3V_4 → V_5V_4 → V_5V_6 → V_1V_6…，则转子磁场始终受到定子合成磁场的作用并沿顺时针方向连续转动。

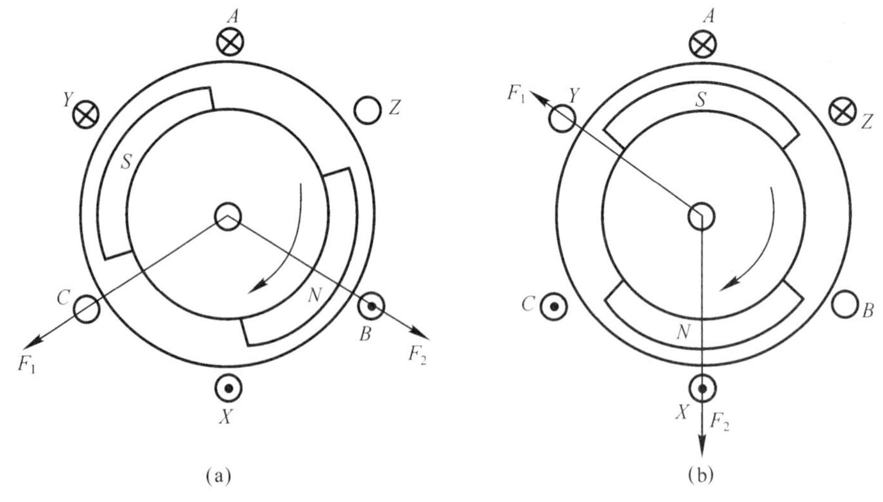

图 7-30 稀土永磁无刷直流电动机工作原理示意图

在图 7-30(a) 到(b) 的 60° 电角度范围内，转子磁场顺时针连续转动，而定子合成磁场在空间保持图 7-30(a) 中 F_1 的位置不动，只有当转子磁场转够 60° 角度到达图 7-30(b) 中的位置时，定子合成磁场才从图 7-30(a) 中 F_1 位置顺时针跃变至(b) 中 F_1 的位置。可见定子合成磁场在空间不是连续旋转的磁场，而是一种跳跃式旋转磁场，每个跳跃角是 60° 电角度。

转子每转过 60° 电角度，逆变器开关管之间就进行一次换流，定子磁状态就改变一次。可见，电机有 6 个状态，每一状态都是两相导通，每相绕组中流过电流的时间相当于转子旋转 120° 电角度(因为持续 2 个状态)。每个开关管的导通角为 120°，故该逆变器为 120° 导通型。两相导通星形三相六状态无刷直流电动机相电压波形如图 7-31 所示。

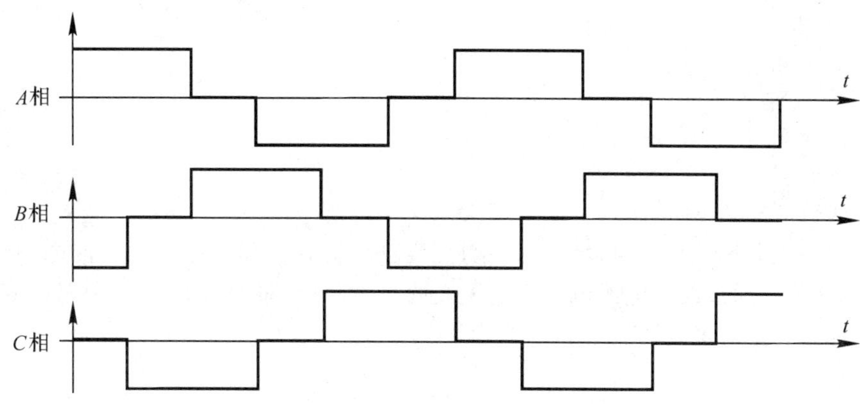

图 7-31　相电压波形

二、永磁无刷直流电动机的运行特性

1. 机械特性

永磁无刷直流电动机的机械特性：

$$n = \frac{U - 2\Delta U}{C_e \Phi_\delta} - \frac{2r_a}{C_e \Phi_\delta} I_a$$

$$= \frac{U - 2\Delta U}{C_e \Phi_\delta} - \frac{2r_a}{C_e C_M \Phi_\delta^2} T \qquad [\mathrm{r/min}] \qquad (7\text{-}20)$$

式中：U—— 电源电压；ΔU—— 开关管的饱和电压降

与有刷直流电动机的机械特性的表达式相同，无刷直流电动机也有较硬的机械特性，如图 7-32 曲线 1 所示。但由于公式(7-20) 是在忽略电枢绕组电感时得到的. 故与实际电机的机械特性有一定区别，如图中曲线 2、3 所示。

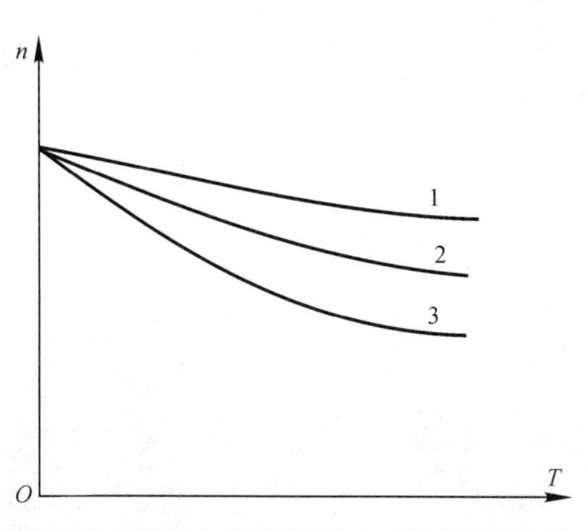

图 7-32　稀土永磁无刷直流电动机的机械特性

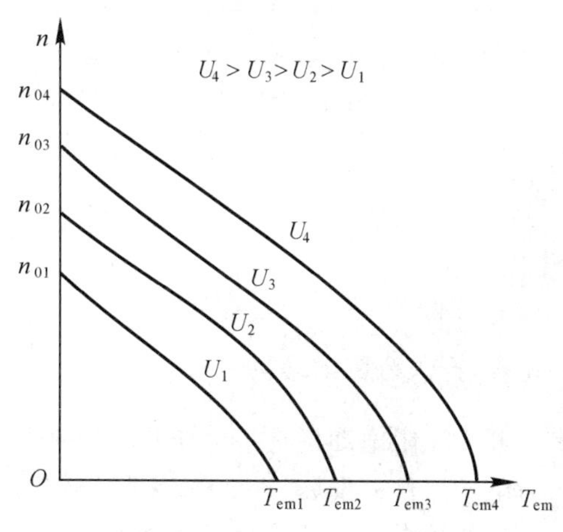

图 7-33　机械特性曲线簇

改变驱动电压的大小，可得到图 7-33 所示的机械持性曲线簇。图中低速大转矩时产生的弯曲现象，是由于此时绕组电流较大，使功率管压降及绕组电阻压降增加所致。

2. 调节特性

与直流伺服电动机一样，表征无刷直流电动机调节特性的参数有 2 个：始动电压 U_0 和斜率 K：

$$U_0 = \frac{2r_a T}{C_T \Phi_\delta} + 2\Delta U \tag{7-21}$$

$$K = \frac{1}{C_e \Phi_\delta} \tag{7-22}$$

特性曲线如图 7-34 所示。

从机械待性和调节持性可以看出，无刷直流电动机具有和一般有刷直流电动机一样好的控制性能，可以通过改变电源电压实现无级调速。但不能通过改变磁通来实现调速，因为永磁材料励磁的主磁场无法调节。

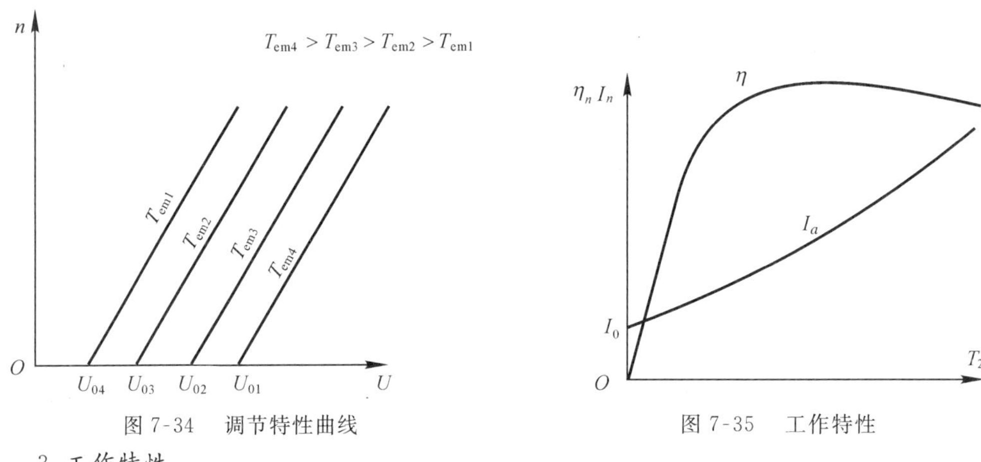

图 7-34　调节特性曲线

图 7-35　工作特性

3. 工作特性

电枢电流、电机效率与输出转矩的关系如图 7-35 所示。从效率特性可以看出，无刷直流电动机的高效率段较宽，当输出转矩 T_2 在一定范围变化时，仍可得到较高效率。主要原因在于这类电机的主磁通受电枢反应的影响较小，故当电动机负载增大时，其电枢电流的增加相对较小，铜损耗就小，最高效率点下降较慢。这种特点极有利于变负载场合的应用。

§7-6　其他驱动与控制电机(*)

一、开关磁阻电动机

开关磁阻电动机是一种新开发的机电一体化电动机，由于其结构和控制系统简单，以及电力电子器件的发展，近 20 年来得到较为广泛的重视，并有一定的市场。

1. 开关磁阻电动机的系统组成

开关磁阻电动机系统(简称 SRM 系统）主要由四部分组成：开关磁阻电动机、功率变换器、控制器和位置检测器。它们之间的关系如图 7-36 所示。

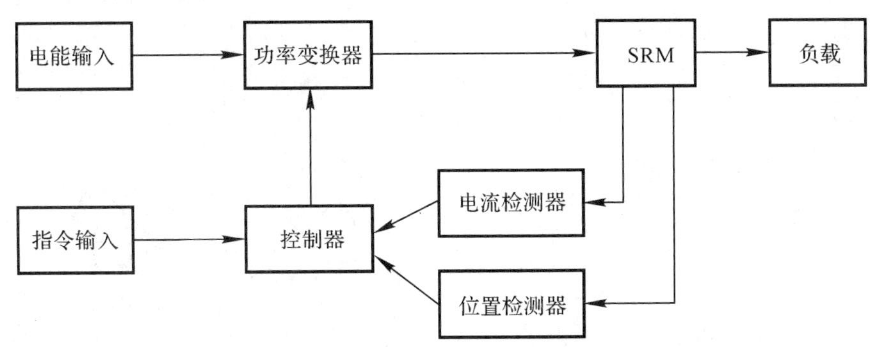

图 7-36 开关磁阻电动机系统框图

(1) 开关磁阻电动机

开关磁阻电动机的结构和原理与反应式步进电动机完全一样，遵循磁通总要沿着磁阻最小的路径闭合的原理，产生磁拉力形成转矩。因此，它的结构原则是转子旋转时磁路的磁阻要有尽可能大的变化，一般采用凸极定子与凸极转子，并且定、转子的极数不相等，如图 7-37 所示。定子装有简单的集中绕组(图中未画出)，直径方向相对的两个绕组串联为“一相”，转子由叠片构成，没有任何形式的绕组、换向器和集电环等。

(2) 功率变换器

功率变换器是开关磁阻电动机运行时所需能量的提供者，是连接电源和电动机绕组的功率部件.功率变换器的结构有多种形式，且与开关磁阻电动机的相数、绕组形式等有关。

(3) 控制器

控制器是 SRM 系统的大脑，起决策和指挥作用。它综合位置检测器、电流检测器所提供的电动机转子位置、速度和电流等反馈信息及外部输入的命令，然后通过分析处理，决定控制策略，向功率变换器发出一系列执行命令，进而控制 SR 电动机运行。

(4) 位置检测器

位置检测器是转子位置及速度等信号的提供者。他及时向控制器提供定、转子磁极间实际相对位置的信号和转子运行速度的信号。

2. 开关磁阻电动机的工作原理

图 7-37 给出了开关磁阻电动机定、转子结构示意图，定子上有均布的 8 个磁极，转子上有沿圆周均布的 6 个磁极，定、转子间有很小的气隙。当控制器接收到位置监测器提供的电动机内各定子磁极与转子磁极相对的位置信息，例如图 7-37(a) 所示位置，控制器向功率变换器发出指令，使 V 相绕组通电，而 W、R 和 U 三相绕组都不通电。电动机建立起一 VV' 为轴线的磁场，磁通经过定子轭、定子极、气隙、转子极、转子轭等处闭合，通过气隙的磁力线是弯曲的，此时，磁路的磁阻大于定、转子磁极轴线 VV' 和 $22'$ 重合时的磁阻，转子受到气隙中弯曲磁力线的拉力所产生的转矩作用，使转子逆时针方向转动，使转子磁极的轴线 $22'$ 向定子磁极轴线 VV' 趋近。当轴线 VV' 和 $22'$ 重合时，转子达到稳定平衡位置，切向磁力消失，转子不再转动。图7-37(b) 所示 V 相定、转子磁极对齐时，电动机内各相定子磁极与转子磁极间的相对位置。可以看出，这是 WW' 与 $33'$ 的相对位置关系与图 7-37(a) 中 VV' 与 $22'$ 的相对位置相同。控制器根据位置监测器的位置信息，命令断开 V 相，合上 W 相，建立起以 WW' 为

轴线的磁场。同理使 WW' 与 $33'$ 轴线对齐。以此类推，定子绕组将按 $V \rightarrow W \rightarrow R \rightarrow U \rightarrow V$ 的顺序通电，转子将沿顺时针方向转动。

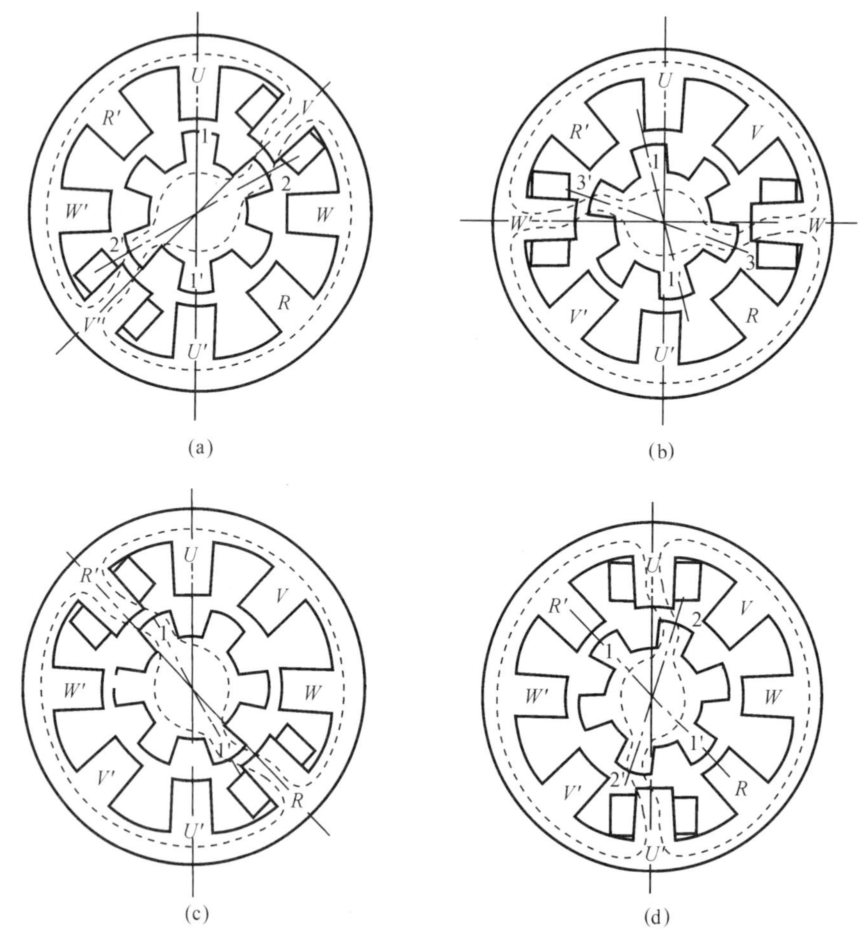

图 7-37　开关磁阻电动机和各相通电开始时的磁场情况

3. 开关磁阻电动机系统的特点

(1) 开关磁阻电动机与反应式步进电机相比，两者的运行原理基本相同，又同属双凸极结构，但有两个区别：

a. 开关磁阻电动机是借助位置检测器运行于同步状态，它的励磁换向时刻与转子位置有着严格的对应关系。而反应式步进电机没有转子位置反馈，通常运行于开环状态，绕组换向时刻取决于外加的 CP 脉冲，与转子位置没有严格的对应关系。

b. 开关磁阻电动机多用于小功率传动系统中，对电动机的输出功率、效率等功能指标要求很高。而步进电动机多用于小功率位置控制系统中，因此，定位精度、最大静转矩、步距角是它的重要指标。由于这些要求的不同，使得这两种电机的控制策略、电机设计上也有区别。

(2) 开关磁阻电动机系统的主要优点：

a. 有较大的电机利用系数，可以是感应电动机利用系数的 1.2～1.4 倍。

b. 电动机的结构简单，转子上没有任何形式的绕组；定子上只有简单的集中绕组，没有相间跨接线。因此，具有制造工序少、成本低、工作可靠等特点。

c. SR 电动机转子的结构形式对转速限制小，可制成高转速电动机。而且转子转动惯量小，因而系统具有良好的动态响应特性。

d. SRM 系统可以通过对电流的控制，得到满足不同负载要求的机械特性。

(3)SRD 系统的主要缺点：

转矩脉动较大。从工作原理可知，SR 电动机转子上产生的转矩是一系列脉冲转矩叠加而成的，且由于双凸极结构和磁路饱和的非线性，合成转矩不是一个恒定转矩，而有较大的谐波分量。这影响了 SR 电动机低速运行的性能。

SR 电动机系统的噪声和振动比一般电动机大。噪声、振动和转矩脉动是开关磁阻电动机的致命缺点，在许多领域限制了 *SR* 电动机的使用。

二、自整角电动机

自整角机是一种感应式自同步微型电机。它广泛用于显示装置和随动系统中，使机械上互不相连的两根或多根转轴能够自动保持相同的转角变化，或同步旋转。在系统中，通常是两台或多台组合使用。产生信号的一方称为发送机；接收信号的一方称为接收机。随动系统中使用的自整角机，按电源来分有三相和单相两种，三相自整角机用于功率较大的场合，在自动控制系统中，一般使用单相自整角机。

自整角机按其功用的不同，可分为力矩式(或指示式) 自整角机和控制式自整角机两种。由于这两种自整角机的工作原理相同，下面以单相力矩式自整角机为例说明其工作原理。

力矩式自整角发送机和接收机的结构基本相同，它们的定子一般是由隐极铁心及三相对称绕组所组成；转子一般由凸极铁心及单相集中绕组所组成。定、转子铁心都是由高导磁率、低损耗的硅钢片冲制迭装而成。定子三相绕组为短距分布绕组，星形连接。转子的单相集中绕组，作为激磁绕组，由两个滑环经相应的电刷引出。

图 7-38 表示简单的角度传输指示系统的工作原理图，将两机激磁绕组接到同一个交流激磁电源上，它们的定子三相绕组对应连接。为分析方便，假定这一对自整角机的结构参数完全相同，电机气隙中的激磁磁场的磁通密度沿定子内圆周按余弦规律分布，并忽略磁饱和及电枢反应的影响。

下面以 A 相整步绕组与激磁绕组两轴线间的夹角作为转子的位置角。在图 7-38 中，设发送机的位置角(称发送角) 为 θ_1，接收机的位置角(接收角) 为 θ_2，而 $\theta = \theta_1 - \theta_2$ 称为失调角。为了使在整个圆周上只有一个惟一的转子对应位置，通常自整角机采用两极结构。

1. 整步绕组的电动势和电流

当单相激磁绕组接在单相交流电源上，电机气隙中产生在空间按正弦分布而沿激磁绕组轴线(d 轴) 脉振的磁场，此脉振磁场分别在三相整步绕组中感应变压器电动势，其大小取决于各整步绕组与激磁绕组两轴线之间的相对位置。若 $\theta_1 = 0$ 时，显然 A_1 相绕组的感应电动势最大，其有效值 $E = \sqrt{2}\pi f N K_W \Phi_{fm}$(式中 f 为激磁电流频率，Φ_{fm} 为每极主磁通的幅值，NK_W 为整角绕组每相有效匝数)。

发送机三相整步绕组的感应电动势有效值为：

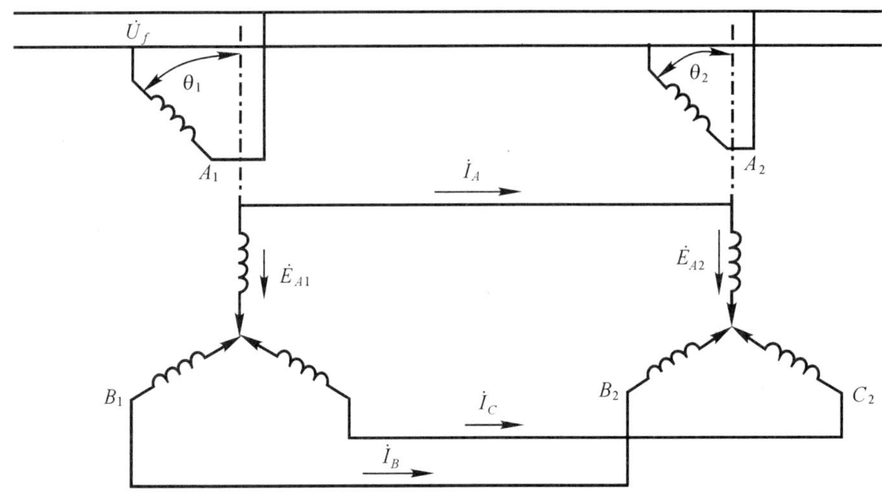

图 7-38　力矩式自整角机的工作原理图

$$\begin{cases} E_{A1} = E\cos\theta_1 \\ E_{B1} = E\cos(\theta_1 - 120°) \\ E_{C1} = E\cos(\theta_1 - 240°) \end{cases} \tag{7-23}$$

接收机有：

$$\begin{cases} E_{A2} = E\cos\theta_2 \\ E_{B2} = E\cos\theta_2 - 120° \\ E_{C2} = E\cos(\theta_2 - 240°) \end{cases} \tag{7-24}$$

当失调角 $\theta \neq 0$ 时，各相整步绕组回路中，合成电动势不等于零，于是各相整步绕组中便有电流流过。设发送机和接收机的整步绕组每相阻抗为 Z，从式(7-23) 和(7-24)，可得各整步绕组回路中的电流有效值为

$$\begin{cases} I_A = \dfrac{E_{A2} - E_{A1}}{2Z} = I\sin\dfrac{\theta_1 + \theta_2}{2}\sin\dfrac{\theta}{2} \\ I_B = \dfrac{E_{B2} - E_{B1}}{2Z} = I\sin\left(\dfrac{\theta_1 + \theta_2}{2} - 120°\right)\sin\dfrac{\theta}{2} \\ I_C = \dfrac{E_{C2} - E_{C1}}{2Z} = I\sin\left(\dfrac{\theta_1 + \theta_2}{2} - 240°\right)\sin\dfrac{\theta}{2} \end{cases} \tag{7-25}$$

式中 $I = \dfrac{E}{2}$ 为整步绕组各相回路中最大电流的有效值。

从式(7-25) 可知，当失调角 $\theta = 0$ 时，各项绕组中均无电流，发送机和接收机中不会产生电磁转矩；当 $\theta \neq 0$ 时，整步绕组中有电流，两机定子合成磁密都不为零，于是定子合成磁场与转子激磁磁场相互作用，在发送机和接收机中产生电磁转矩，称为整步转矩。由于发送机和接收机中的电流大小相等而方向相反，故两台自整角机的整步转矩大小相等方向相反。整步转矩总是力图使失调角趋于零，在 $\theta = 0$，$\theta_1 = \theta_2$ 时称为协调位置。

当指令轴带动发送机旋转时，由于 θ_1 与 θ_2 差值产生的整步转矩，使接收机转子 θ_2 不断趋于 θ_1，故执行轴始终跟随指令轴同步旋转，保持协调位置。

三、旋转变压器

旋转变压器是自动装置中的一类精密控制微电机，是将输入转角信号转换成输出电压信号的一种传感元件。当它的原方外施单相交流电源激磁时，其幅方的输出电压将与转角严格保持某种函数关系。在控制系统中可作为解算元件，主要用于坐标变换、三角运算；也可用于随动系统中传输与转角相应的电信号；此外还可用做移相器及角度 — 数字转换装置。旋转变压器按照输出电压信号与转角的函数关系不同，可分为正余弦旋转变压器、线性旋转变压器、比例式旋转变压器和特殊函数旋转变压器。下面将讨论正余弦旋转变压器的结构和工作原理。

1. 正余弦旋转变压器的结构特点

旋转变压器的结构类似于普通绕线式感应电动机。为了获得良好的电气特性，以提高旋转变压器的精度，它们都设计成两极隐极式的四绕组旋转变压器。

旋转变压器的定转子是采用高导磁率的的铁镍软磁合金片或高硅钢片冲制迭装而成。为了使旋转变压器的磁导性能各方向均匀一致，在定转子铁心迭片时采用每片错过一个齿槽的旋转迭片法。在定子铁心的内圆周上都冲有槽，里面放置两组空间轴线互相垂直的绕组，其绕组通常采用高精度的正弦绕组。

2. 正余弦旋转变压器的工作原理

正余弦旋转变压器的精度很高。通常它们的输出电压值和转子转角所保持的正弦（余弦）函数关系与理想的正弦曲线上每一点的差值应小于其正弦幅值的 0.3%，有些更高要求的场合，应小于 0.05%。因此，对设计和制造工艺都有很高的要求，必须考虑电枢反映的影响。

(1) 正余弦旋转变压器的空载运行

正余弦旋转变压器通常为两极结构，定子上两套绕组的空间位置相差 90°。这两套绕组完全相同。其中一个为激磁绕组，如图 7-39 中的 D_1D_2 绕组；另一个则为交轴绕组，图 7-39 中的 D_3D_4 绕组。激磁绕组外施单相交流电源 $\dot{U}_f$，如果激磁绕组的轴线方向定为直轴（d 轴），这时将在电机中产生直轴脉振磁通 $\dot{\Phi}_d$ 在激磁绕组中产生的感应电动势为 $E_f = 4.44fN_SK_{WS}\Phi_d$（式中 N_S 是定子激磁绕组的匝数，K_{WS} 为基波绕组系数，Φ_d 为直轴脉振磁通的幅值）。若略去激磁绕组的漏阻抗压降，由电压方程式可知：$U_f = E_f$，当交流激磁电压恒定时直轴磁通的幅值 Φ_d 将为常数，且直轴磁场在空间正弦分布。

正余弦旋转变压器的转子上也有两套完全相同的绕组，它们在空间位置上也差 90°。直轴磁通 Φ_d 与转子输出绕组匝链，并感应出电动势。转子绕组与 Φ_d 的匝链的多少取决于它们和激磁绕组之间的相对位置。

设转子正弦输出绕组（Z_1Z_2）轴线和交轴之间的夹角 α 作为转子的转角。为了求得这时正弦输出绕组的开路电压，可以先将 Φ_d 分解为两个分量：第一个分为 Φ_{r1}，它与正弦输出绕组的轴线方向一致，并在该绕组中感应电动势；第二个分量 Φ_{r2}，它和正弦绕组的轴线方向垂直，因此不会在该绕组中感应电动势。这两个磁通分量的幅值大小为：

$$\begin{cases} \Phi_{r1} = \Phi_d \sin\alpha \\ \Phi_{r2} = \Phi_d \cos\alpha \end{cases} \tag{7-26}$$

正弦绕组的开路电压则为：

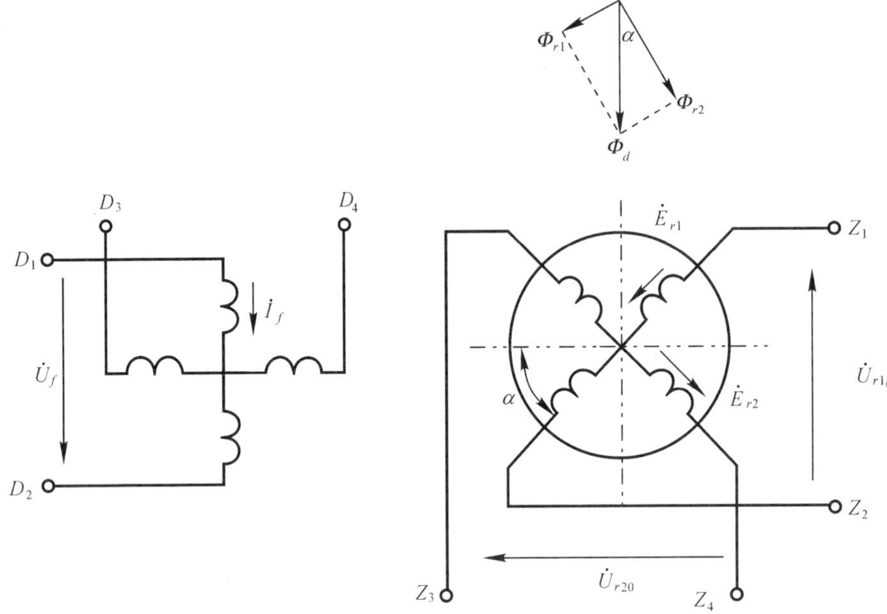

图 7-39 空载运行时正余弦旋转变压器

$$U_{r10} = E_{r1} = 4.44fN_rK_{Wr}\Phi_{r1} = K_uU_f\sin\alpha \tag{7-27}$$

式中：N_r— 转子绕组的匝数；

K_{Wr}— 转子绕组的基波绕组系数；

$K_u = \dfrac{N_rK_{Wr}}{N_SK_{Wf}}$ 是定转子绕组的有效匝数比，为常数。

同理可得余弦绕组的输出开路电压

$$U_{r20} = K_uU_f\cos\alpha \tag{7-28}$$

由式(7-27)和式(7-28)可以看出，在正余弦旋转变压器中，当激磁电压稳定，转子的正余弦输出绕组的空载输出电压 U_{r10}、U_{r20} 将与转子转角 α 成正弦和余弦的关系。

(2) 负载运行时交轴磁动势的补偿

当转子正弦输出绕组接上阻抗为 Z_{L1} 的负载后，正弦输出绕组中将流过电流 I_{r1}，从而产生正弦分布的脉振磁动势，这一磁动势可分解为直轴分量和交轴分量。直轴分量将影响定子激磁绕组的电流，但在忽略激磁绕组漏磁阻抗压降的情况下，Φ_d 仍为常数。但交轴磁动势分量将产生交轴磁通，并感应交轴电动势，从而使正弦输出绕组的输出电压发生畸变。因此，必须进行交轴磁动势的补偿，以便消除交轴磁通对输出电压的影响。

通常交轴磁动势的补偿有两种方法。一是利用余弦绕组进行补偿，分析结果表明：当余弦绕组也接上阻抗为 Z_{L1} 的负载时，它将产生一个与正弦绕组产生的交轴磁动势分量大小相等方向相反的交轴磁动势，从而消除交轴磁动势和交轴磁通。这一方法的缺点是余弦绕组所接的阻抗必须与正弦绕组所接的阻抗相等。第二个方法是利用定子交轴绕组接一负载阻抗进行交轴磁动势的补偿。具体原理请看有关参考书。

习题与思考题

7-1　三相感应电动机在运行时一相断线，能否继续运行？当电动机停转后，能否再起动？为什么？

7-2　在体积相同的情况下，为什么单相感应电动机的容量小于三相感应电动机的容量？

7-3　单相感应电动机有哪几种基本类型？各有何特点？

7-4　直流伺服电动机的始动电压 U_{C0} 与哪些因素有关？

7-5　如何消除交流伺服电动机的自转？

7-6　在自动装置系统中，伺服电动机起着什么作用？对它的性能有什么要求？

7-7　何为直流测速发动机的输出特性？理想输出特性和实际输出特性有何区别？

7-8　为什么交流两相感应测速发动机输出电压的大小与电机转速成正比？而频率与转速无关？

7-9　为什么直流测速发动机的负载电阻不应小于规定值？

7-10　步距角为1.5°/0.75°的三相六极反应式步进电动机的转子齿数为多少？若运行时的CP脉冲频率是2000[Hz]，试求电机转速。

7-11　如何计算步进电动机的转速？它与负载大小有关吗？

7-12　写出四相反应式步进电动机的通电状态表。

7-13　为什么无刷直流电动机的机械特性比他励有刷直流电动机的机械特性要软一些？

7-14　无刷直流电动机与有刷直流电动机相比，有哪些优点？

7-15　简述开关磁阻电动机的工作原理。

7-16　开关磁阻电动机系统有何特点？

7-17　简要说明力矩式自整角机的工作原理。

7-18　简要分析正余弦旋转变压器交轴磁势补偿的基本原理。

第 8 章　电动机容量的选择(*)

§ 8-1　概述

要使电力拖动系统经济且可靠地运行，必须正确地选择电动机，包括电动机的种类、型式、额定电压、额定转速和功率的确定。本章着重讨论如何确定电动机的容量。电动机的容量选得太小，电机长期过载而使电机过早地损坏；如果电动机容量过大，不仅电机得不到充分利用，造成设备上浪费，而且效率低并使感应电动机的功率因数降低。正确地选择电动机的容量，必须从生产机械的工艺过程、负载的性质、电机的工作方式、工作环境及经济性等几方面进行综合考虑。

电机在运行中，由于电机内部各种损耗转变为热能而使电机的温度升高。如果温度过高，则使绕组的绝缘材料老化、变脆而缩短电机的使用寿命，严重时甚至使电机烧坏。例如对于 A 级绝缘材料，当温度为 95[℃]时，电机能可靠地运行 16 ～ 17 年，当温度超过 95[℃]时，每升高 8 ～ 10[℃]，绝缘材料的寿命就要降低一半。国家规定电机所用的各种绝缘材料的最高允许温度如表 8-1 所示。因此，电机容量的选择，首先应该校验电机运行时实际温度是否超过了绝缘材料的最高允许温度。

表 8-1　电机中使用的各级绝缘材料的最高允许温度

绝缘材料等级	A	E	B	F	H	C
最高允许温度[℃]	105	120	130	155	180	180 以上

由于电动机的负载大多数是变化的，有时是冲击性的负载，而电动机的短时过载能力是有限的，所以电动机的短时过载能力应满足以下条件

$$\lambda_m \geqslant \frac{T_{\max}}{T_N} \tag{8-1}$$

式中 $T_{\max}$ 为电动机在运行中所承受的最大转矩；λ_m 为电机的允许过载倍数。

对于感应电动机，λ_m 受电机的最大转矩 $T_m = \lambda_M T_N$ 的限制，考虑到电网电压的下降，一般取 $\lambda_m = (0.8 \sim 0.85)\lambda_M$；对于直流电动机，短时过载能力受换向所允许的最大电流值 $I_{\max}$ 的限制，其电流过载倍数一般为 $\lambda_I = \dfrac{I_{\max}}{I_N} = (1.5 \sim 2.0)$；对于同步电动机，转矩过载倍数一般为 $\lambda_m = 2.0 \sim 3.0$。

对于笼型感应电动机，除发热与过载能力之外，有时还必须检验起动能力。

§8-2　电机的发热与冷却

一、电机的热平衡方程式

由于电机是由多种材料所组成，内部各个部分在不同时间内的热流方向不同，而且电机的散热有辐射、对流和传导等不同方式，所以电机的发热与冷却过程是相当复杂的。为了简单起见。特作以下假定：

(1) 把电机看成是一个各部分温度相同的均匀整体；各部分热容量相等；表面各部分的散热系数相同，且为常数。

(2) 周围环境温度不变，电机的散热量与温差（电机与周围介质温度之差）成正比。

电机在工作时由内部损耗所产生的热量，一部分散发到周围介质中去，另一部分则积存在电机体内，使其温度升高。根据能量守恒原理，在任何一段时间内，电机内部所产生的热量应该等于电机本身用于温度升高所吸收的热量与散发到周围介质去的热量之和。为此，可以写出电机的热平衡方程式如下：

$$\left.\begin{aligned} &Q\cdot \mathrm{d}t = C\cdot \mathrm{d}\tau + A\cdot\tau\cdot \mathrm{d}t \\ \text{或}\quad &\frac{C}{A}\cdot\frac{\mathrm{d}\tau}{\mathrm{d}t}+\tau=\frac{Q}{A} \end{aligned}\right\} \tag{8-2}$$

式中 Q 为电机在单位时间内所产生的热量（单位为[J/s] 即焦 / 秒），Q 与电机内部损耗 $\sum p$（单位为[W]）的换算关系是：$Q = 0.24\sum p$；C 为电机的热容量[J/℃]，即电机温度升高 1[℃]时所需的热量；τ 为电机的温升，即电机的温度高于周围环境温度的度数[℃]；A 为电机的散热系数，表示当电机比周围环境高 1℃ 时，每秒钟内散发到周围环境中的热量[J/℃·s]。

二、电机的发热过程

当电机从空载加上负载或者在运行中增加负载时，其损耗随负载而增加，电机的温度随之升高，则稳定后的电机温度比起始时电机温度高，这个过程称为发热过程。

设电机长期连续工作且负载不变，即 $\sum p$ 不变；又设 $t=0$ 时的起始温升为 τ_Q，则求解式(8-2) 可得：

$$\tau = \tau_W(1-\mathrm{e}^{-t/T}) + \tau_Q\mathrm{e}^{-t/T} \tag{8-3}$$

式中 $T=\dfrac{C}{A}$ 为电机的发热时间常数；$\tau_W=\dfrac{Q}{A}$ 为电机的稳定温升。如果发热过程从冷态开始，即 $\tau_Q=0$，则式(8-3) 可写成：

$$\tau = \tau_W(1-\mathrm{e}^{-t/T}) \tag{8-4}$$

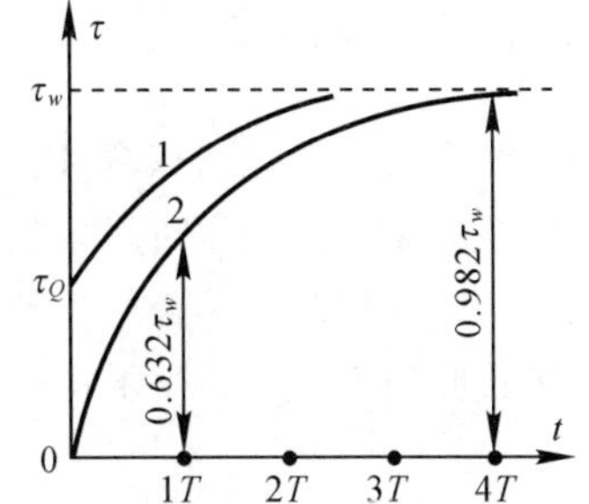

图 8-1　电机的发热曲线

据式(8-3) 及式(8-4) 可画出电机发热过程的温升曲线如图 8-1 所示。由图可知，电机发热时温升是按指数规律上升的。开始时，由于温升低，散热少，大部分热量被电机所吸收，因而温升增长快。随着 τ 的升高，散热增多，而发热量 Q 不变，所以被电机所吸收的热量减小，温升增长变慢。最后，当发热量与散热量相等时，温升不再增长，电机温度稳定了。

由式(8-4)可知，当 $t=T$ 时，$\tau=0.632\tau_W$，当 $t=4T$ 时 $\tau=0.982\tau_W$，所以 T 是表示电机温度升高快慢程度的一个物理量。T 的大小与电机尺寸及散热条件有关，电机的体积越大，其热容量 C 越大，因而 T 也越大；散热系数 A 与电机外表面积及冷却方式有关，散热条件越好，A 越大，则 T 越小。电机的发热时间常数 T 的数值较大，一般以分或小时计。

由式(8-2)可知，当温升 $\tau=\tau_W=\dfrac{Q'}{A}$ 时 $d\tau=0$，所以 τ_W 为发热过程结束时的温升稳定值。只要 τ_W 控制在绝缘材料所允许的最高温升 τ_m 之内，电机就可以长期运行而不会过热。τ_m 就是该电机所采用的绝缘材料最高允许温度(见表8-1)与标准的环境温度40[℃]的差值。τ_W 的大小决定于电机的发热量 Q 和散热系数 A，而与电机的热容量 C 无关。当散热条件不变时，负载越大，τ_W 越高；而改善散热条件，如加装风扇或使机壳带散热筋，可以降低温升隐定值。

三、电机额定功率与允许温升的关系

设电机带额定负载长期运行时所达到的稳定温升为 $\tau_{WN}=\dfrac{Q_N}{A}=\dfrac{0.24\sum p_N}{A}$，而该机绝缘材料允许最高温升为 τ_m，显然，必须使 $\tau_{WN}\leqslant\tau_m$ 电机才能长期运行而不过热。则：

$$\tau_m=\frac{0.24\sum p_N}{A}=\frac{0.24P_N}{A}\left(\frac{1-\eta_N}{\eta_N}\right)$$

得

$$P_N=\frac{A\cdot\eta_N\cdot\tau_m}{0.24(1-\eta_N)} \tag{8-5}$$

由式(8-5)可知，电机的额定功率与允许最高温升 τ_m 成正比，提高电机的绝缘材料等级，就可以提高电机的额定功率；额定功率与电机的散热系数 A 成正比，加装冷却风扇或采用带散热筋的机壳等，均可以提高电机的容量；由于开启式电机散热条件比封闭式好，所以，相同尺寸的开启式电机的额定功率比封闭式大；自带风扇的自扇式电机在低速运行时，由于通风能力的减弱，其额定功率应减小；此外，降低电机的损耗，提高电机效率 η_N，也可以增大电机的容量。

四、电机的冷却过程

电机的冷却过程有两种情况，一是电机负载减小时，损耗减小，使温升变低；另一是电机脱离电网而停止工作时，损耗为零，电机最后冷却至与环境温度相等。

设电机在冷却过程中的热流量为 Q' 且不变，散热系数为 A'，冷却过程刚开始即 $t=0$ 时的起始温升为 τ_Q'，则仿上可得冷却过程中的温升表达式为：

$$\tau=\tau_W'(1-e^{-t/T'})+\tau_Q'\cdot e^{-t/T'} \tag{8-6}$$

式中：$\tau_W'=\dfrac{Q'}{A'}$ 为负裁减小后的稳定温升；$T'=\dfrac{C}{A'}$ 为电机的冷却时间常数。若冷却过程中转速变低或停转，自扇冷式散热变差，T' 比发热时间常数 T 大，对于他扇冷却，可取 $T' = T$。

如果电机脱离电网，$Q' = 0$，使 $\tau_W{}' = 0$ 则停机过程的温升表达式为：

$$\tau = \tau_Q{}' \cdot e^{-t/T'} \tag{8-7}$$

据式(8-6) 及式(8-7) 可画出冷却过程温升曲线如图 8-2 所示。

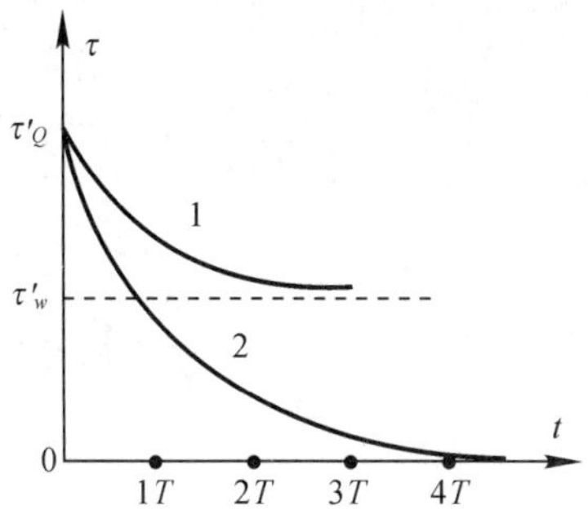

图 8-2　电机的冷却曲线

五、电机的工作方式

根据电机的运行情况对发热的影响，可将电机分为三种工作方式(又称工作制)。

1. 连续工作制

电机连续工作时间 $t_g \geqslant (3 \sim 4)T$，其温升达到稳定值 τ_W，称为连续工作制或长期工作制。其功率负载图及温升曲线如图 8-3 所示。属于连续工作制的生产机械有通风机、水泵、机床主轴等。

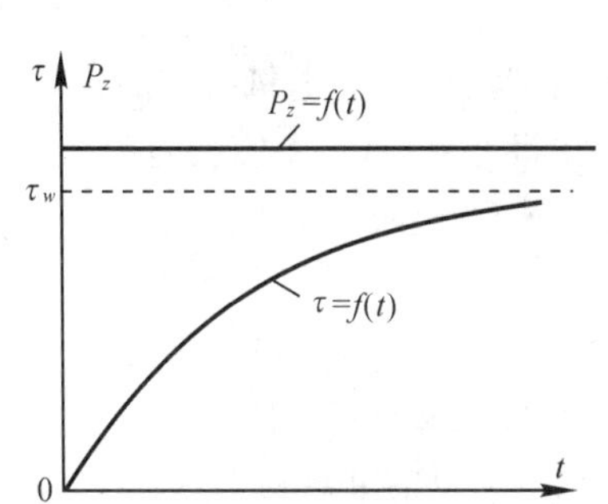

图 8-3　连续工作制功率负载图与温升曲线

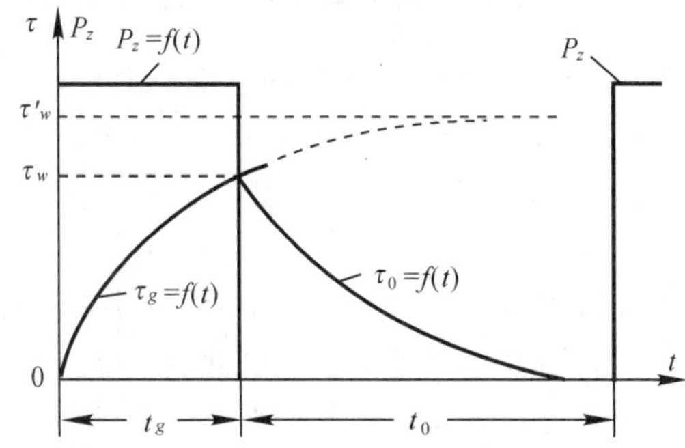

图 8-4　短时工作制功率负载图与温升曲线

2. 短时工作制

如果电机的工作时间 $t_g < (3 \sim 4)T$，在 t_g 时间内电机温升尚未达到稳定值，而停机时间 $t_0 \geqslant (3 \sim 4)T'$，使电机冷却到周围环境的温度，称为短时工作方式。其功率负载曲线和温升曲线如图 8-4 所示。我国规定的短时工作制的标准时间有 15 分钟、30 分钟、60 分钟和 90 分钟四种。属于短时工作制的生产机械有水闸门的开启机等。

3. 周期性断续工作制

周期性断续工作制又称重复短时工作制，其特点是：工作时间 t_g 和停歇时间 t_0 周期性地轮流交替，而且两段时间都较短，即 $t_g(3 \sim 4)T$，$t_0 < (3 \sim 4)T'$，在 t_g 时间内电机温升未达到稳定值 $\tau_W{}'$，而在 t_0 内电机也未冷却到周围环境温度。其功率负载图及温升曲线如图 8-5 所示。

定义负载工作时间 t_g 在周期时间 t_Z 中所占的百分数，称为负载持续率，其表达式如下：

$$ZC\% = \frac{t_g}{t_g + t_0} \times 100\%$$

不难证明，如果周期时间与负载功率不变，则 $ZC\%$ 越大，温升越高；若 $ZC\%$ 越低，则在工作期间允许的负载功率越大。我国规定的标准负载持续率有 15%、25%、40%、60% 四种，

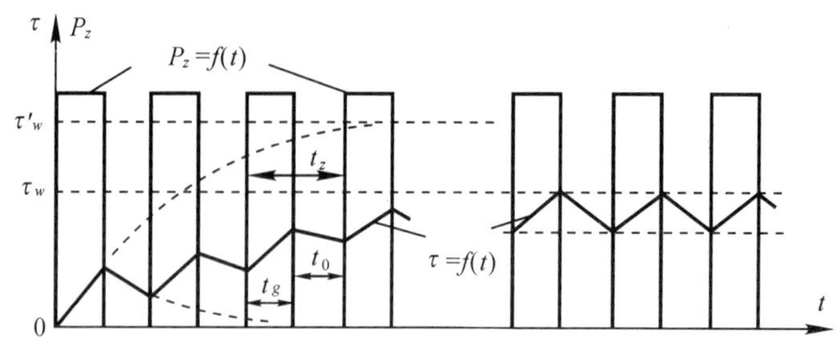

图 8-5　周期性断续工作制功率负载图与温升曲线

而且每一个周期的时间 $t_Z \leqslant 10$ 分钟。属于这种工作制的生产机械有：起重机、电梯、轧钢辅助机械等。

§8-3　连续工作制电动机容量的选择

一、连续恒定负载时电动机容量的选择

一般连续工作制电机都是按连续恒定负载而设计的。因此，只要电机所带的连续恒定负载的功率 P_Z 不超过该机的额定功率 P_N，其温升就不会超过允许值，不需要进行发热校核，其容量选择步骤如下：

(1) 计算负载功率 P_Z；

(2) 按 P_Z 选择电动机的额定功率 P_N，使 $P_N \geqslant P_Z$；

(3) 如果选用笼型感应电动机，一般还需校验其起动能力；

(4) 如果环境温度与标准值 40℃ 相差较大，应修正电动机的额定功率，其方法如下：

设电机在环境温度为 40℃ 额定运行时的功率为 P_N，总损耗为 $\sum p_N$，热流量为 Q_N，稳定温升为 τ_{WN}；当环境温度为 θ_0 时，电机允许输出的功率为 P_2，总损耗为 $\sum p$，热流量为 Q，稳定温升为 τ_W。为了在发热方面充分利用，电机在不同环境温度时，都应达到该机绝缘材料的最高允许温度 θ_m，即：

$$\tau_{WN} + 40[℃] = \tau_W + \theta_0 = \theta_m$$

则

$$\theta_m - 40[℃] = \tau_{WN} = \frac{Q_N}{A} = \frac{0.24\sum p_N}{A}$$

$$\theta_m - \theta_0 = \tau_W = \frac{Q}{A} = \frac{0.24\sum p}{A}$$

得

$$\frac{\theta_m - \theta_0}{\theta_m - 40[℃]} = \frac{\sum p}{\sum p_N}$$

设 $k = \dfrac{p_0}{p_{CuN}}$ 为电机的不变损耗 p_0 与额定负载下可变损耗 p_{CuN} 之比，则 $\sum p_N$ 及 $\sum p$ 可

以表示为：

$$\left.\begin{aligned}&\sum p_N = p_0 + p_{CuN} = (k+1)\cdot p_{CuN}\\&\sum p = p_0 + p_{Cu} = \left(k+\frac{p_{Cu}}{p_{CuN}}\right)\cdot p_{CuN} = \left(k+\frac{I^2}{I_N^2}\right)\cdot p_{CuN}\\&\frac{\sum p}{\sum p_N} = \frac{k+\frac{I^2}{I_N^2}}{k+1}\end{aligned}\right\}\tag{8-8}$$

如果电机的主磁通，$\cos\varphi_2$ 及转速不变，功率近似与电流成正比，则：

$$\frac{\theta_m-\theta_0}{\theta_m-40[℃]} = \frac{k+\frac{I^2}{I_N^2}}{k+1} = \frac{k+\frac{P_2^2}{P_N^2}}{k+1}$$

得

$$P_2 = P_N\cdot\sqrt{\frac{\theta_m-\theta_0}{\theta_m-40[℃]}\cdot(k+1)-k}\tag{8-9}$$

式中 k 因电机而异，一般为 0.4～1.5。例如，设 $k=0.6$，$\theta_0=35[℃]$，E 级绝缘即 $\theta_m=120[℃]$，则由上式可得：

$$P_2 = P_N\cdot\sqrt{\frac{120-35}{120-40}(0.6+1)-0.6} = 1.0488P_N$$

由此可知，当环境温度降到 35[℃]时，E 级绝缘电机的额定功率可以提高 4.9%。相反，在高温车间或热带地区，环境温度 $\theta_0>40[℃]$，电机的额定功率必须降低使用。

例 8-1 一台与电动机直接联结的离心式水泵，流量为 0.018[m³/s]，扬程为 15[m]，吸程为 3[m]，转速 1450[r/min]，泵的效率为 $\eta_b=0.48$，环境温度不超过 30[℃]，试选择电动机。

解 泵类机械在电动机轴上的负载功率的计算公式为：

$$P_Z = \frac{Q\cdot\gamma\cdot H}{\eta_b\cdot\eta_c}\cdot 10^{-3}[\mathrm{kW}]\tag{8-10}$$

式中 Q 为泵的流量[m³/s]，γ 为液体的比重，水的 $\gamma=9810[\mathrm{N/m^3}]$；$H$ 为总扬程[m]；η_b 为泵的效率；η_c 为传动机构效率，直接联结为 0.95～1.0，皮带传动为 0.9，对于本例可取 $\eta_c=0.95$。将题中数据代入式(8-10)，可得：

$$P_Z = \frac{0.018\times9810\times(15+3)}{0.48\times0.95}\times10^{-3} = 6.97[\mathrm{kW}]$$

对于水泵，应选用封闭扇冷式 Y 系列三相感应电动机。由于泵的转速为 1450[r/min]且直接联结，应选四极电机，由表 8-2 可选取 Y132M-4 型三相感应电动机，其 $P_N=7.5[\mathrm{kW}]$。如果考虑环境温度 $\theta_0\leqslant30[℃]$而选用低一档规格，即 Y132S-4 型，其 $P_N=5.5[\mathrm{kW}]$，由于 Y 系列 B 级绝缘 $\theta_m=130℃$，设 $k=0.6$，则由式(8-9)可得 Y132S-4 在 $\theta_0=30[℃]$时的输出功率为：

$$P_2 = P_N\cdot\sqrt{\frac{130-30}{130-40}\cdot(0.6+1)-0.6} = 1.085P_N = 1.085\times5.5 = 5.97[\mathrm{kW}] < P_Z$$

所以仍应选用 Y132M-4 型三相笼型感应电动机。由于直联式风机水泵所需的起动转矩很小，一般笼型感应电动机都能满足其起动要求，所以不必进行起动能力的校验。

表 8-2　Y 系列三相笼型感应电动机技术数据(四级,同步转速 1500[r/min],380[V])

型　号	功率 P_N[kW]	电流 I_N[A]	转速 n_N[r/min]	起动转矩倍数 K_M	起动电流倍数 K_I	最大转矩倍数 λ_M
Y132S-4	5.5	11.6	1440	2.2	7.0	2.2
Y132M-4	7.5	15.4	1440	2.2	7.0	2.2
Y160M-4	11	22.6	1440	2.2	7.0	2.2

二、连续周期变化负载时电动机容量选择

电机在连续变化负载(通常是周期性的)下运行时,如图 8-6 所示,其损耗与发热量在不断地变化,电机的温升在波动,其温升曲线的最大值 τ_{max} 必须低于电机温升的允许值。但是,要计算电机的温升曲线很困难,在工程实际中,都用间接的方法进行连续变化负载下电机的发热校验。现只介绍常用的等效转矩法,其步骤如下:

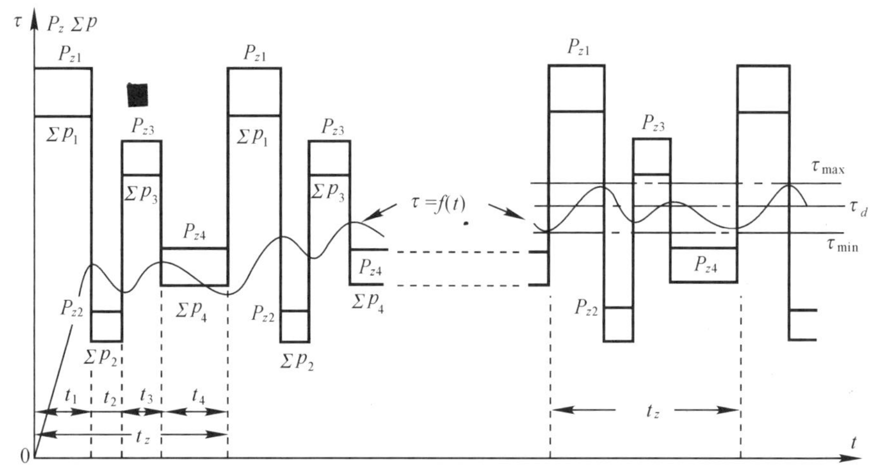

图 8-6　连续周期变化负载的功率负载图、损耗负载图及温升曲线

(1) 先绘制生产机械的功率负载图 $P_Z = f(t)$ 或转矩负载图 $T_Z = f(t)$,如图 8-6 所示,并求出其平均负载功率 P_{Zd}:

$$P_{Zd} = \frac{P_{Z1}t_1 + P_{Z2}t_2 + \cdots + P_{Zn}t_n}{t_1 + t_2 + \cdots + t_n} = \frac{1}{t_Z}\sum_{i=1}^{n} P_{Zi}t_i = \frac{n_N}{9550} \cdot \frac{1}{t_Z} \cdot \sum_{i=1}^{n} T_{Zi}t_i = \frac{n_N}{9550} \cdot T_{Zd} \tag{8-11}$$

式中　$P_{Z1} \cdots P_{Zn}$ 为各工作阶段的负载功率;$t_1 \cdots t_n$ 为各阶段的工作时间;t_Z 为一个周期的时间,P_{Zi} 和 T_{Zi} 为第 i 段工作时间 t_i 内的负载功率和负载转矩,T_{Zd} 为平均负载转矩。

(2) 按 $P_N \approx (1.1 \sim 1.6) P_{Zd}$ 或 $P_N \approx (1.1 \sim 1.6) \cdot \dfrac{T_{Zd} \cdot n_N}{9550}$ 预选一台电动机,并据预选电动机计算其额定转矩 T_N。

(3) 据 $T_i = \dfrac{GD^2}{375} \cdot \dfrac{dn}{dt} + T_{Zi}$ 计算预选电动机各工作阶段的电磁转矩并画出预选电动机

的电磁转矩图 $T = f(t)$，其中 T_i 为第 i 段的电磁转矩。

(4) 用等效转矩法进行发热校核。

如果直流电机的磁通不变，或感应电动机的主磁通 Φ_m 与 $\cos\varphi_2$ 不变，电机的转矩与电流成正比，则从电机的损耗与发热相同的条件下，可得 t_Z 时间内的等效转矩 T_{dx} 为：

$$T_{dx} = \sqrt{\frac{1}{t_Z} \cdot \sum (T_i^2 \cdot t_i)} \tag{8-12}$$

如果电动机的负载图中有一段是弱磁调速，其他各段均是额定磁通 Φ_N，则将弱磁段的转矩略加修正之后，仍可应用等效转矩法。设第 i 段为弱磁，其转矩为 T_i，磁通为 Φ，这时电枢电流因弱磁而增加 Φ_N/Φ 倍，从发热观点看，可把 T_i 按增加相同的倍数来修正，即修正后的转矩为：

$$T_i' = \frac{\Phi_N}{\Phi} \cdot T_i \tag{8-13}$$

对于自扇冷式电机，如果在一个周期内包含有起动、制动和停机过程，由于在起动、制动和停机时，电机的散热条件变差，实际温升要高一些。为考虑起、制动与停机过程中冷却条件恶化对电机温升的影响，必须对式(8-12)进行修正。通常是在这些公式的分母中，对于起动和制动时间乘以小于1的起制动冷却恶化系数 α，而对于停机时间乘以小于1的停机冷却恶化系数 β。例如，对于如图8-8所示的负载图，其修正后等效转矩为：

$$T_{dx} = \sqrt{\frac{T_1^2 \cdot t_1 + T_2^2 \cdot t_2 + T_3^2 \cdot t_3}{\alpha \cdot t_1 + t_2 + \alpha \cdot t_3 + \beta \cdot t_4}} \tag{8-14}$$

冷却恶化系数 α 和 β 跟电机的容量、转速、结构与冷却方式有关，可由实验求得。对于直流电动机，一般取 $\alpha = 0.75$，$\beta = 0.5$；对于感应电动机则取 $\alpha = 0.5$，$\beta = 0.25$。

求出等效转矩 T_{dx} 之后，如果 $T_{dx} \leqslant T_N$，则发热校核通过。

(5) 发热校验合格后，还须校验其过载能力和起动能力。如果过载能力或起动能力不能满足要求，则应按过载能力或起动能力重新选择电动机的容量。

例8-2 图8-7所示的是带有平衡尾绳的矿井提升机传动示意图。电动机与摩擦轮直接联结，转动时，靠摩擦力带动钢绳与罐笼(其内的矿车可装载矿物 G)上升或下放。系于两罐笼之下的尾绳用来平衡罐笼上面的左右两边钢绳的重量。提升机各部分的数据如表8-3所示。且知罐笼与导轨的摩擦阻力使负载重增加20%。额定提升速度 $V_N = 16[\mathrm{m/s}]$，提升加速度 $a_1 = 0.89[\mathrm{m/s^2}]$，提升减速度 $a_2 = 1[\mathrm{m/s^2}]$，工作周期 $t_Z = 89.2[\mathrm{s}]$ 试选择合适的拖动电动机。

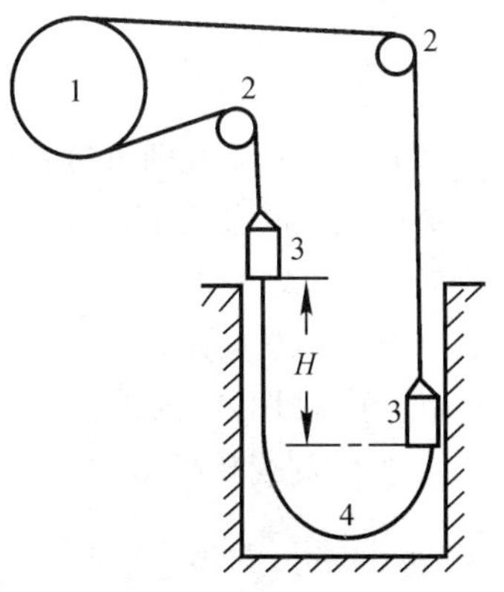

图8-7 矿井提升机传动示意图

解 (1) 计算负载功率

$$P_Z = k \cdot \frac{(1 + 20\%)G \cdot V_N}{1000}$$
$$= 1.2 \frac{1.2 \times 58800 \times 16}{1000} 1355[\mathrm{kW}]$$

式中 $k = 1.2 \sim 1.25$ 是考虑起动和制动过程中加速转矩而使电动机转矩增加的系数。

表 8-3　矿井提升机数据

代　号	名　称	重量[N]	长度[m]	直径[m]	飞轮矩[N·m²]
1	摩擦轮			$d_1 = 6.44$	$GD_2^2 = 2730000$
2	导轮			$d_2 = 5$	$GD^2 = 584000$
3	罐笼(内有空矿车)	$G_3 = 77150$			
4	钢绳(主绳与尾绳)	$G_4 = 106$[N/m]	$L = 2H + 90$		
/	矿井深		$H = 915$		
/	负载重量	$G = 58800$			

(2) 预选电动机

由于负载功率较大，系统又经常处于起制动状态，为了减小系统的飞轮矩 GD^2 以缩短过渡过程时间及减少过程中的能量损失，采用双机拖动。选取每台电动机的额定功率为 700[kW]，转速为 $n_N = 47.5$[r/min]，$GD^2 = 1065000$[N·m²]。则电动机的总飞轮矩为

$$GD_d^2 = 2 \times 1065000 = 2130000[\text{N} \cdot \text{m}^2]$$

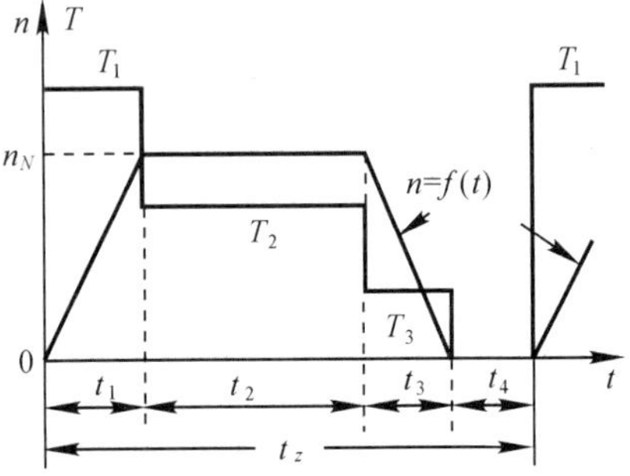

图 8-8　矿井提升机电动机的转矩负载图及转速曲线

实际的提升速度为：

$$V_N = \frac{\pi \cdot d_1 \cdot n_N}{60} = \frac{3.14 \times 6.44 \times 47.5}{60} = 16.02[\text{m/s}]$$

符合题意要求。电动机的总额定转矩为：

$$T_N = 9550 \cdot \frac{P_N}{n_N} = 9550\,\frac{2 \times 700}{47.5} = 281474[\text{N} \cdot \text{m}]$$

(3) 计算电动机的电磁转矩图

电动机整个工作过程的转速曲线 $n = f(t)$ 如图 8-8 所示。在 t_1 时间内，转速从零加速到额定转速 n_N，罐笼上升高度 h_1；从 t_2 时间内，罐笼以 $n = n_N$ 的转速稳速提升，上升高度为 h_2；在 t_3 时间内，转速从 n_N 减速到零，此段时间罐笼仍然上升 h_3，应使 $h_1 + h_2 + h_3 = H$；t_4 是停歇时间，在这段时间内进行卸载，电机不工作，应做到 $t_1 + t_2 + t_3 + t_4 = t_z = 89.2$[s]。

位能性负载转矩为：

$$T_Z = (1 + 20\%) G \cdot \frac{d_1}{2} = 1.2 \times 58800 \times \frac{6.44}{2} = 227203[\text{N} \cdot \text{m}]$$

旋转部分的飞轮矩为：

$$GD_a^2 = GD_d^2 + GD_1^2 + 2 \cdot GD_2^2 \left(\frac{n_2}{n_1}\right)^2 = 2130000 + 2730000 + 2 \times 584000 \cdot \left(\frac{6.44}{5}\right)^2 = 6798000[\text{N} \cdot \text{m}^2]$$

直线运动部分的总重量 G' 为：

$G' = G + 2 \cdot G_3 + G_4(2H+90) = 58800 + 2 \times 77150 + 106(2 \times 915 + 90) = 416620[\mathrm{N}]$

直线运动部分的飞轮矩为：

$$GD_b^2 = \frac{365 \cdot G' V_N^2}{n_N^2} = \frac{365 \times 416620 \times (16.02)^2}{(47.5)^2} = 17297000[\mathrm{N \cdot m^2}]$$

则总的飞轮矩为：

$$GD^2 = GD_a^2 + GD_b^2 = 6798000 + 17297000 = 24095000[\mathrm{N \cdot m^2}]$$

在起动加速阶段：

时间 $$t_1 = \frac{V_N}{a_1} = \frac{16.02}{0.89} = 18[\mathrm{s}]$$

高度 $$h_1 = \frac{1}{2} \cdot a_1 \cdot t_1^2 = \frac{1}{2} \times 0.89 \times 18^2 = 144.18[\mathrm{m}]$$

加速转矩 $T_{a1} = \frac{GD^2}{375} \cdot \left(\frac{\mathrm{d}n}{\mathrm{d}t}\right)_1 = \frac{GD^2}{375} \cdot \frac{n_N}{t_1} = \frac{24095000}{375} \times \frac{47.5}{18} = 169557[\mathrm{N \cdot m}]$

则加速阶段的电磁转矩为：

$$T_1 = T_Z + T_{a1} = 227203 + 169557 = 396760[\mathrm{N \cdot m}]$$

在制动减速阶段：

时间 $$t_3 = \frac{V_N}{a_2} = \frac{16.02}{1} = 16.02[\mathrm{s}]$$

高度 $$h_3 = \frac{1}{2} a_3 \cdot t_3^2 = \frac{1}{2} \times 1 \times 16.02^2 = 128.32[\mathrm{m}]$$

减速转矩 $T_{a3} = \frac{GD^2}{375} \cdot \left(\frac{\mathrm{d}n}{\mathrm{d}t}\right)_3 = \frac{GD^2}{375} \cdot \left(\frac{-n_N}{t_3}\right) = \frac{24095000}{375} \cdot \frac{-47.5}{16.02} = -190514[\mathrm{N \cdot m}]$

则减速阶段的电磁转矩为：

$$T_3 = T_Z + T_{a2} = 227203 - 190514 = 36689[\mathrm{N \cdot m}]$$

在稳速运行阶段：

$$\frac{\mathrm{d}n}{\mathrm{d}t} = 0$$

则电磁转矩为：

$$T_2 = T_Z = 227204[\mathrm{N \cdot m}];$$

高度 $h_2 = H - h_1 - h_3 = 915 - 144.18 - 128.32 = 642.5[\mathrm{m}]$；

时间 $t_2 = \frac{h_2}{V_N} = \frac{642.5}{16.02} = 40.1[\mathrm{s}]$。

在停歇阶段：

电磁转矩 $T_4 = 0$ 而停歇时间为：

$$t_4 = t_z - t_1 - t_2 - t_3 = 89.2 - 18 - 40.1 - 16.02 = 15.08[\mathrm{s}]$$

(4) 发热校验

设散热恶化系数 $\alpha = 0.75, \beta = 0.5$，则等效转矩 T_{dx} 为：

$$T_{dx} = \sqrt{\frac{T_1^2 t_1 + T_2^2 t_2 + T_3^2 t_3}{\alpha t_1 + t_2 + \alpha t_3 + \beta t_3}}$$

$$= \sqrt{\frac{396760^2 \times 18 + 227203^2 \times 40.1 + 36689^2 \times 16.02}{0.75 \times 18 + 40.1 + 0.75 \times 16.02 + 0.5 \times 15.08}}$$

$= 254700[\text{N} \cdot \text{m}]$

由于 $T_{dx} < T_N$ 所以温升校验合格。

(5) 过载能力校验

设预选感应电动机的过载能力为 $\lambda_M = 2.0$，考虑到电网电压下降，所以其允许过载倍数 $\lambda_m = 0.8\lambda_M = 0.8 \times 2 = 1.6$。

由图 8-8 可知电动机在运行中所承受的最大转矩为：

$$T_{\max} = T_1 = 396760[\text{N} \cdot \text{m}]$$

则

$$\frac{T_{\max}}{T_N} = \frac{396760}{281474} = 1.41 < \lambda_m$$

所以过载能力校验合格。

§8-4　短时工作制电动机容量的选择

一、选用为连续工作制而设计的电动机

对于图 8-9 所示的短时工作负载图，如果根据 $P_N \geqslant P_Z$ 来选择连续工作制电动机，设其温升曲线如曲线 1 所示，则在工作结束时，电机的实际温升 τ_g' 显然低于该机绝缘材料的允许温升 τ_m，从发热观点看，电机未能充分利用。为此，可以选用额定功率 $P_N < P_Z$ 的连续工作制电动机，当它带负载 P_Z 时，电机的温升沿曲线 2 上升，如果 P_N 选择得当，则当 $t = t_g$ 时，电机的温升 τ_g 正好达该机绝缘材料的允许温升 τ_m，然后电机即停止工作，开始冷却。这样，电机既不会过热，又在发热上得到充分利用。

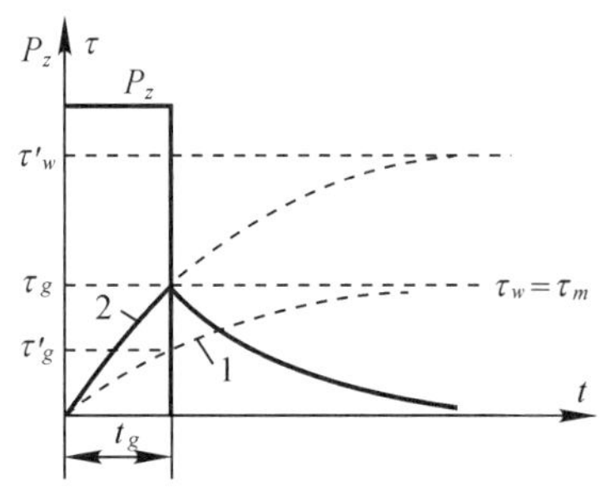

图 8-9　短时工作制电动机的负载图与温升曲线

设所选用的连续工作制的额定功率为 P_N，其额定损耗为 $\sum p_N$，则该机在 P_N 下连续运行时的稳定温升，即电机的允许温升为 $\tau_m = \tau_W = \dfrac{0.24\sum p_N}{A}$；当该机的负载功率为 P_Z，对应损耗为 $\sum p_g$ 时，则由式(8-4) 可得工作时间为 $t = t_g$ 时的温升为 $\tau_g = \dfrac{0.24\sum p_g}{A} \cdot (1 - e^{-t_g/T})$。为使 $\tau_g = \tau_m$，则有：

$$\sum p_N = (1 - e^{-t_g/T}) \cdot \sum p_g \tag{8-15}$$

利用式(8-8)，可将式(8-15) 整理成如下形式：

$$I_N = I_g \cdot \sqrt{(1 - e^{-t_g/T})/(1 + k \cdot e^{-t_g/T})} \tag{8-16}$$

式中 I_g 为负载功率为 P_Z 时的电流。如果电机的电流与功率成正比，则式(8-16) 可写成：

$$P_N = P_Z \cdot \sqrt{(1 - e^{-t_g/T})/(1 + k \cdot e^{-t_g/T})} \tag{8-17}$$

为此，对负载功率为 P_Z，工作时间为 t_g 的短时工作负载可以按式(8-17) 选用连续工作

制电机。该机功率过载倍数为：

$$\lambda_p = \frac{P_Z}{P_N} = \sqrt{(1+ke^{-t_g/T})/(1-e^{-t_g/T})} \tag{8-18}$$

由式(8-18)可知，$\frac{t_g}{T}$ 越小时 λ_p 越大，$P_N = \frac{P_Z}{\lambda_p}$ 就越小，但是，当 $\frac{t_g}{T} \leqslant 0.3$ 时，$\lambda_p > 2.5$，超过了一般电机的允许过载倍数 λ_m。这时必须据电机的允许过载倍数 λ_m，按式 $P_N \geqslant \frac{P_Z}{\lambda_m}$ 来选取连续工作制电机的容量。按过载能力所选电机的功率较大，发热方面有裕度，因而不必进行温升校验。

二、选用专为短时工作而设计的电动机

由于一般连续工作电动机的过载能力不够大，如果按式 $P_N \geqslant P_Z/\lambda_m$ 来选择电动机，在发热上不能充分利用。为此，可以选用专为短时工作而设计的过载能力较大的短时工作制电动机。我国规定的标准工作时间 t_{gN} 有 15min，30min，60min 和 90min 四种。用 P_{15} 表示工作时间为 15min（分钟）的额定功率，P_{60} 表示工作时间为 1h（小时）的额定功率，依此类推，则 $P_{15} > P_{30} > P_{60} > P_{90}$，铭牌上标出的为小时功率 P_{60}。

如果电机的实际工作时间 t_{gx} 与标准时间 t_{gN} 相同或很接近，则只要按实际负载功率 P_Z 与时间 t_{gx}，在产品目录上查找 $P_N \geqslant P_Z$ 且 $t_{gN} \approx t_{gx}$ 的短时工作制电机即行。如果 t_{gx} 与 t_{gN} 不同，则应把在 t_{gx} 时的实际负载功率 P_{Zx} 折算到与 t_{gx} 最接近的标准时间 t_{gN} 时的功率 P_{ZN}，然后按 $P_N \geqslant P_{ZN}$ 来选择电动机。折算的依据是能量损耗相等，即：

$$\sum p_{Zx} \cdot t_{gx} = \sum p_{ZN} \cdot t_{gN}$$

据式(8-8)并设 $I \propto P$，则由上式可得：

$$P_{ZN} = \frac{P_{Zx}}{\sqrt{\frac{t_{gN}}{t_{gx}} + k\left(\frac{t_{gN}}{t_{gx}} - 1\right)}}$$

当 t_{gN} 与 t_{gx} 很接近时，$\frac{t_{gN}}{t_{gx}} - 1 \approx 0$，则上式可简化为：

$$P_{ZN} \approx P_{Zx} \cdot \sqrt{t_{gx}/t_{gN}} \tag{8-19}$$

例 8-3 某大型车床刀架的快速移动机构，其刀架重 $G = 5300[\mathrm{N}]$，移动速度 $V = 15[\mathrm{m/min}]$，最大移动距离 $L_m = 10[\mathrm{m}]$，传动比 $j = 100[\mathrm{r/m}]$，传动效率 $\eta_c = 0.1$，动摩擦系数 $\mu_1 = 0.1$，静摩擦系数 $\mu_2 = 0.2$，试选择连续工作制电动机。

解 电动机的负载功率为：

$$P_Z = \frac{\mu_1 \cdot G \cdot V}{60 \cdot \eta_c} \cdot 10^{-3} = \frac{0.1 \times 5300 \times 15}{60 \times 0.1 \times 1000} = 1.325[\mathrm{kW}]$$

最长工作时间 $t_g = \frac{L_m}{V} = \frac{10}{15} = 0.667[\mathrm{min}]$。由于一般小型电机的发热时间常数 $T > 10[\mathrm{min}]$，$t_g/T < 0.1$，所以应按过载能力来选择电动机。

由于机床移动机构不需调速，电动机转速近似为：

$$n = jV = 100 \times 15 = 1500[\mathrm{r/min}]$$

又考虑到防止机床润滑油溅入电机内，为此，选取 Y 系列全封闭自扇冷式笼型三相四

极感应电动机。由表 8-4 可知，与 P_Z 相近的各机的过载能力为 $\lambda_M = 2.2$，考虑到电网电压允许下降 10%，则电机的允许过载能力为：

$$\lambda_m = (0.9)^2 \cdot \lambda_M = 0.81 \times 2.2 = 1.782$$

则电机的功率应为：

$$P_N \geqslant P_Z/\lambda_m = 1.325/1.782 = 0.744[\text{kW}]。$$

据表 8-4 可预选电动机型号为 Y802-4 型，其额定数据为：

$P_N = 0.75[\text{kW}]$，$n_N = 1410[\text{r/min}]$，$\lambda_M = 2.2$，$K_M = 2.2$。

表 8-4　Y 系列三相感应电动机技术数据(四极、同步转速 1500[r/min])

型　号	功率 P_N[kW]	电压 U_N[V]	电流 I_N[A]	转速 [r/min]	过载能力 λ_M	起动转矩倍数 K_M
Y802-4	0.75	380	2.0	1410	2.2	2.2
Y90S-4	1.1	380	2.75	1420	2.2	2.2
Y90L-4	1.5	380	3.7	1420	2.2	2.2

考虑到刀架电动机须在静摩擦情况下带负载起动，故还应检验起动能力。起动时的负载转矩为：

$$T_{ZQ} = 9550\frac{P_{ZQ}}{n_N} = \frac{\mu_2 \cdot G \cdot V}{60 \cdot \eta_c} \cdot 10^{-3} \cdot \frac{9550}{n_N} = 9550\frac{2P_Z}{n_N} = 9550 \times \frac{2.65}{1410} = 17.95[\text{N} \cdot \text{m}]$$

而初选电动机的起动转矩为：

$$T_Q = K_M \cdot 9550\frac{P_N}{n_N} = 2.2 \times 9550 \times \frac{0.75}{1410} = 11.18[\text{N} \cdot \text{m}]$$

由于 $T_Q < T_{ZQ}$，初选电机的起动能力校验通不过。

为了提高起动转矩，改选用 Y90L-4 型三相感应电动机。其 $P_N = 1.5[\text{kW}]$，$n_N = 1420[\text{r/min}]$，$\lambda_M = K_M = 2.2$。其起动转矩为：

$$T_Q = K_M \cdot 9550\frac{P_N}{n_N} = 2.2 \times 9550 \times \frac{1.5}{1420} = 22.19[\text{N} \cdot \text{m}] > T_{ZQ}$$

即使电网电压下降 10%；其起动转矩为 $T_Q' = (0.9)^2 \cdot T_Q = 0.81 \times 22.19 = 17.97[\text{N} \cdot \text{m}] > T_{ZQ}$，仍能带负载起动。所以，所选 Y90L-4 型三相感应电动机能满足起动要求，而且在发热与过载能力方面均有裕度。

§8-5　周期性断续工作制电动机容量的选择

由图 8-5 可知，电机在周期断续负载下工作的最后稳定的最高温升 τ_W 比该机在相同负载下长期连续工作时达到的稳定温升 τ_W' 要低一些，所以，周期断续工作的电动机也可以选用一台额定功率比负载功率小的普通连续工作制的电动机，只要它在周期断续工作时的稳定最高温升 τ_W 小于或等于该机的允许温升 τ_m 即行。其方法与短时工作制选用连续工作制电机的方法相似，不再重复。现仅介绍如何选用专门为周期断续工作制所设计的电动机。

专门用于周期断续负载下工作的电机，具有起动转矩与过载能力大、飞轮矩小、机械强度高等特点，以适应频繁起制动的工作条件。由表8-5可知，同一台电机在不同$ZC\%$时其额定功率不同，$ZC\%$值越小，则P_N越大，因而T_N也越大。在表中，仅给出$ZC\%=40\%$时的λ_M值，这是因为一台电机的最大转矩T_m是一固定值，而T_N则随$ZC\%$值而变。据$ZC\%=40\%$时的λ_M值可算出其他$ZC\%$值时的λ_M值。

表8-5　YZ和YZR系列三相感应电动机技术数据(8极，380[V]，同步转速750[r/min])

电机种类	型　号	负载持续率 $ZC\%$	额定功率 P_N(kW)	定子额定电流 I_N[A]	额定转速 n_N[r/min]	过载能力 $\lambda_M=\frac{T_m}{T_N}$	飞轮矩 GD_d^2[N·m²]
冶金起重用周期断续工作制三相笼型感应电动机	YZ-225M	15%	33	69	687		29.43
		25%	26	53.5	701		29.43
		40%	22	45.8	712	2.9	29.43
		60%	18.5	40	718		29.43
		100%	17	37.5	720		29.43
	YZ-250M	15%	42	89	663		52
		25%	35	74	681		52
		40%	30	63.3	694	2.54	52
		60%	26	56	702		52
		100%	22	45	717		52
冶金起重用周期继续工作制绕线转子三相感应电动机	YZ-225M	15%	33	70	696		31.4
		25%	26	55	708		31.4
		40%	22	46.9	715	2.96	31.4
		60%	18.5	41	721		31.4
		100%	17	38	723		31.4
	YZ-250M	15%	42	75	710		58.86
		25%	35	64	715		58.86
		40%	30	63.4	720	2.64	58.86
		60%	26	52	725		58.86
		100%	22	46	729		58.86
							58.86

如果实际的负载持续率$ZC_x\%$与标准值$ZC_N\%$不同，应把实际负载持续率$ZC_x\%$时的等效功率P_{dx}换算成标准负载持续率$ZC_N\%$时的功率P_{dx}'，换算的依据是能量损耗相等，即$\sum p_x \cdot t_{gx}=\sum p_N \cdot t_{gN}$。由于换算前后周期时间不变，即，$t_{gx}/t_{gN}=ZC_x\%/ZC_N\%$，则：

$$\left[p_0+\left(\frac{P_{dx}}{P_{dx}'}\right)^2 p_{CuN}\right]\cdot ZC_x\%=(p_0+p_{CuN})\cdot ZC_N\%$$

得：

$$P_{dx}'=\frac{P_{dx}}{\sqrt{\frac{ZC_N\%}{ZC_x\%}+k\cdot\left(\frac{ZC_N\%}{ZC_x\%}-1\right)}}$$

当$ZC_x\%$与$ZC_N\%$很接近时，$\left(\frac{ZC_N\%}{ZC_x\%}-1\right)\approx 0$，则得简化的换算公式为：

$$P_{dx}'=P_{dx}\cdot\sqrt{\frac{ZC_x\%}{ZC_N\%}} \tag{8-20}$$

如果实际负载持续率 $ZC_x\% < 10\%$，可作短时工作制处理；如果 $ZC_x\% > 70\%$，可按连续工作制(即 $ZC\% = 100\%$) 来选择电机。

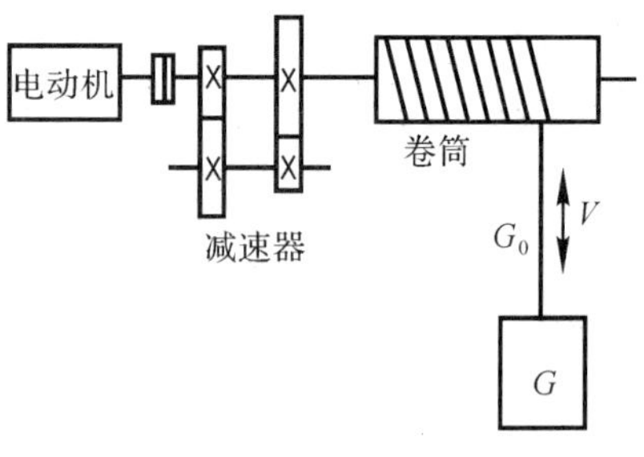

图 8-10 起重机传动系统示意图

例 8-4 某电动绞车传动系统示意图如图 8-10 所示。已知负载重量 $G = 29430[\text{N}]$，悬挂设备重量 $G_0 = 3532[\text{N}]$，负载提升及下放速度均为 $V = 0.6[\text{m/s}]$，提升及下放高度为 $h = 10[\text{m}]$，卷筒直径 $D = 580[\text{mm}]$，每小时工作周期数为 30，两对齿轮减速的传动比 $j = 36$，提升时传动机构的效率为 $\eta_c = 77\%$，重物下放时采取回馈制动，试选择周期断续工作制的三相感应电动机。

解：(1) 计算生产机械的负载转矩、负载功率及初定负载持续率 $ZC'\%$。

提升时的负载转矩为：

$$T_{Zu} = \frac{(G + G_0) \cdot D/2}{j \cdot \eta_c} = \frac{(29430 + 3532) \times 0.58/2}{36 \times 0.77} = 344.84[\text{N} \cdot \text{m}]$$

下放时传动机构效率为：$\eta' = 2 - \dfrac{1}{\eta_c} = 2 - \dfrac{1}{0.77} = 0.7$，则回馈制动下放时的负载转矩为：

$$T_{Zd} = \frac{(G + G_0) \cdot D/2}{j} \cdot \eta' = \frac{(29430 + 3532) \times 0.58/2}{36} \times 0.70 = 185.87[\text{N} \cdot \text{m}]$$

卷筒的转速为：$n_j = \dfrac{60 \cdot V}{\pi D} = \dfrac{60 \times 0.6}{0.58\pi} = 19.8[\text{r/min}]$；

则电动机的转速为：$n = n_j \cdot j = 19.8 \times 36 = 713[\text{r/min}]$；

提升时的负载功率为：$P_Z = \dfrac{T_{Zu} \cdot n}{9550} = \dfrac{344.84 \times 713}{9550} = 25.75[\text{kW}]$，

工作周期为：$t_Z = \dfrac{3600}{30} = 120[\text{s}]$；

当略去负载在电动机起动过程中移过的距离时，则提升时间 t_u 与下放时间 t_d 相等，为：

$$t_u = (t_1 + t_2) = t_d = (t_4 + t_5) = \frac{h}{V} = \frac{10}{0.6} = 16.7[\text{s}]$$

则可初定负载持续率为：

$$ZC'\% = \frac{t_1 + t_2 + t_4 + t_5}{t_Z} = \frac{2 \times 16.7}{120} = 27.8\%$$

把 $ZC'\% = 27.8\%$ 时的 P_Z 值折算到标准 $ZC_N\% = 25\%$ 时的功率为：

$$P_Z' = P_Z \cdot \sqrt{\frac{ZC'\%}{ZC_N\%}} = 25.75 \cdot \sqrt{\frac{27.8}{25}} = 27.2[\text{kW}]$$

(2) 预选电动机

据 $P_Z' = 27.2[\text{kW}]$，$n = 713[\text{r/min}]$，$ZC\% = 25\%$，由表 8-5 预选 YZR-225M 型绕线式三相感应电动机，其额定数据为：$ZC\% = 25\%$ 时 $P_N = 26[\text{kW}]$，$n_N = 708[\text{r/min}]$，$GD_d^2 = 31.4[\text{N} \cdot \text{m}^2]$；$ZC\% = 40\%$ 时 $P_N = 22[\text{kW}]$，$n_N = 715[\text{r/min}]$，$\lambda_{M(40)} = 2.96$。

该机在 $ZC\% = 40\%$ 时的额定转矩为：

$$T_{N(40)} = 9550\frac{P_N}{n_N} = \frac{9550 \times 22}{715} = 294[\mathrm{N \cdot m}]$$

则该机的最大转矩为：

$$T_m = \lambda_{M(40)} \cdot T_{N(40)} = 2.96 \times 294 = 870[\mathrm{N \cdot m}]$$

该机在 $ZC\% = 25\%$ 时的额定转矩及过载能力为：

$$T_{N(25)} = 9550 \times \frac{26}{708} = 351[\mathrm{N \cdot m}];\lambda_{M(25)} = \frac{T_m}{T_{N(25)}} = \frac{870}{351} = 2.48$$

(3) 作预选电动机的负载图

由于题意未对提升及下放时的起动过程的加速度及起动方法提出具体要求，所以，可设转子回路串对称三相电阻起动，并且起动过程的最大转矩按 $T_{Q\max} \leqslant 0.85T_m$，最小转矩按 $T_{Q\min} = 1.2T_Z$ 选取。则提升及下降时的最大起动转矩为：

$$T_{Q\max} = 0.85 \times 870 = 739.5[\mathrm{N \cdot m}]$$

提升最小起动转矩为：

$$T_{Qu\min} = 1.2T_{Zu} = 1.2 \times 344.84 = 413.8[\mathrm{N \cdot m}]$$

下降时最小起动转矩为：

$$T_{Qd\min} = 1.2T_{Zd} = 1.2 \times 185.87 = 223[\mathrm{N \cdot m}]$$

则提升及下降时的平均起动转矩分别为：

$$T_{Qu} = \frac{T_{Q\max} + T_{Qu\min}}{2} = \frac{739.5 + 413.8}{2} = 576.7[\mathrm{N \cdot m}]$$

$$T_{Qd} = \frac{T_{Q\max} + T_{Qd\min}}{2} = \frac{739.5 + 223}{2} = 481[\mathrm{N \cdot m}]$$

一般传动机构的飞轮矩约占电动机轴上的飞轮矩的 10% ~ 25%。所以，在题意中未给出传动机构各部件的飞轮矩的情况下，可设它等于电动机飞轮矩的 15%。则拖动系统的总飞轮矩为：

$$GD^2 = (1 + 0.15)GD_d^2 + 365\frac{(G + G_0) \cdot V^2}{n_N^2}$$

$$= 1.15 \times 31.4 + 365\frac{(29430 + 3532) \times 0.6^2}{708^2} = 44.75[\mathrm{N \cdot m^2}]$$

起动时，在 $\Delta t = t_Q$ 的起动时间内，转速从零上升到 n_N 即 $\Delta n = n_N$，则提升时起动时间 t_1 为：

$$t_1 = \frac{GD^2 \cdot n_N}{375(T_{Qu} - T_{Zu})} = \frac{44.75 \times 708}{375(576.7 - 344.84)} = 0.36[\mathrm{s}]$$

下降时的起动时间 t_4 为：

$$t_4 = \frac{GD^2 \cdot n_N}{375(T_{Qd} - T_{Zd})} = \frac{44.75 \times 708}{375(481 - 185.87)} = 0.29[\mathrm{s}]$$

由于

$$\frac{\mathrm{d}v}{\mathrm{d}t} = \frac{\pi D}{60 \cdot j} \cdot \frac{\mathrm{d}n}{\mathrm{d}t} = \frac{0.58\pi}{60 \times 36} \cdot \frac{\mathrm{d}n}{\mathrm{d}t} = 8.43 \times 10^{-4} \cdot \frac{\mathrm{d}n}{\mathrm{d}t}$$

则提升起动时的平均加速度为：

$$a_u = \left(\frac{\mathrm{d}v}{\mathrm{d}t}\right)_u = 8.43 \times 10^{-4} \times \frac{n_N}{t_1} = 8.43 \times 10^{-4} \cdot \frac{708}{0.36} = 1.66[\mathrm{m/s^2}]$$

下降起动时的平均加速度为：

$$a_d = \left(\frac{\mathrm{d}v}{\mathrm{d}t}\right)_d = 8.43 \times 10^{-4} \times \frac{708}{0.29} = 2.06[\mathrm{m/s^2}]$$

则提升及下降起动时所移动的距离分别为：

$$h_u = \frac{1}{2} a_u t_1^2 = \frac{1}{2} \times 1.66 \times 0.36^2 = 0.11[\mathrm{m}];$$

$$h_d = \frac{1}{2} \cdot a_d \cdot t_4^2 = \frac{1}{2} \times 2.06 \times 0.29^2 = 0.09[\mathrm{m}]$$

则稳速提升的时间 t_2 为：

$$t_2 = \frac{h - h_u}{V} = \frac{10 - 0.11}{0.6} = 16.48[\mathrm{s}]$$

稳速下降的时间 t_5 为：

$$t_5 = \frac{h - h_d}{V} = \frac{10 - 0.09}{0.6} = 16.52[\mathrm{s}]$$

一个周期内的实际工作时间 t_g 为：

$$t_g = t_1 + t_2 + t_4 + t_5 = 0.36 + 16.48 + 0.29 + 16.52 = 33.52[\mathrm{s}]$$

一个周期内的停歇时间 t_0 为：

$$t_0 = t_3 + t_6 = t_Z - t_g = 120\text{-}33.65 = 86.35[\mathrm{s}]$$

据以上计算结果，可画出电动机的转矩负载图如图 8-11 所示。

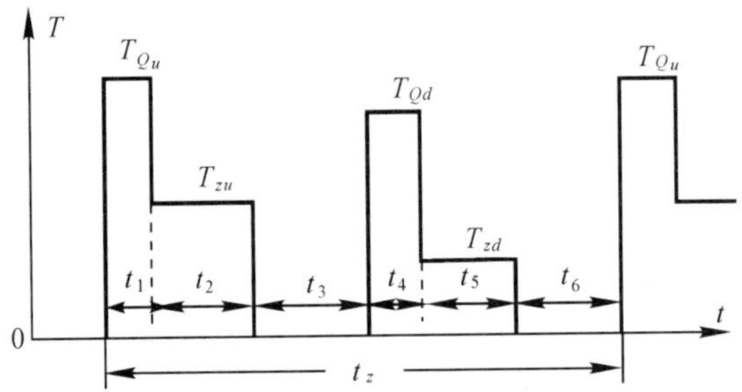

图 8-11　起重系统电动机的转矩负载图

(4) 进行发热校验

据图 8-11 可算出电动机的等效转矩为：

$$T_{dx} = \sqrt{\frac{T_{Qu}^2 \cdot t_1 + T_{Zu}^2 \cdot t_2 + T_{Qd}^2 \cdot t_4 + T_{Zd}^2 \cdot t_5}{t_g}}$$

$$= \sqrt{\frac{576.7^2 \times 0.36 + 344.84^2 \times 16.48 + 481^2 \times 0.29 + 185.87^2 \times 16.52}{33.65}}$$

$$= 284.2[\mathrm{N \cdot m}]$$

在 T_{dx} 的计算式中，分母用 t_g 而不用 t_Z，也没有计入起动时冷却恶化系数 α，是因为在专门为周期断续工作制而设计的电机中停歇时间 t_0 及 α 均已考虑在 $ZC\%$ 中。

对于感应电动机，可取 $\alpha = 0.5$，则该机的实际负载持续率为：

$$ZC_x\% = \frac{t_g}{\alpha t_1 + t_2 + \alpha t_4 + t_5 + t_0}$$

$$= \frac{33.65}{0.5\times 0.36+16.48+0.5\times 0.29+16.52+86.35} = 28.1\%$$

同上，在 $ZC_x\%$ 的计算式中，停歇时间 t_0 不乘停歇散热恶化系数 β。

将 $ZC_x\% = 28.1\%$ 时的 $T_{dx} = 284.2[\mathrm{N \cdot m}]$ 换算到标准 $ZC_N\% = 25\%$ 时的值，即：

$$T_{dx(25)}' = T_{dx}\cdot\sqrt{\frac{ZC_x\%}{ZC_N\%}} = 284.2\cdot\sqrt{\frac{28.1}{25}} = 301.3[\mathrm{N \cdot m}] < T_{N_{(25)}}$$

由此可知，预选 YZR-225M 型三相八极绕线式感应电动机温升校验合格。

由于工作周期内的最大转矩为最大起动转矩 $T_{Q\max} = 0.85T_m < T_m$，所以对于绕线式电机言，不必再进行起动能力和过载能力的校验。

习题与思考题

8-1 电动机稳定运行时的稳定温升取决于什么？在相同的尺寸下，提高电机的额定功率有哪些措施？

8-2 电动机的三种工作制是如何划分的？负载持续率 $ZC\%$ 表示什么意思？

8-3 某离心式水泵流量为 600[$\mathrm{m^3/h}$]，抽水高度为 21[m]，转速为 1000[r/min]，水泵效率为 0.6，泵与电动机同轴直接联结，环境温度不超过 35[℃]。试选用一台 Y 系列的三相感应电动机。已知 Y 系列绝缘等级为 B 级，同步转速为 1000[r/min] 时的部分容量等级为：22；30；37；45；55[kW]，且设不变损耗与额定可变损耗之比为 0.6。

8-4 某三相四极 50[Hz]Y 系列感应电动机的额定数据如下：$P_N = 75$[kW]；$U_N = 380$[V]；$n_N = 1440$[r/min]，B 级绝缘，不变损耗为额定总损耗的 40%，试问：(1) 当环境温度为 25℃ 时，该机额定输出功率为多少？(2) 当环境温度为 45℃ 时，该机额定输出功率为多少？

8-5 电动机的转矩负载图 $T = f(t)$ 与生产机械的转矩负载图 $T_Z = f(t)$ 有什么不同？

8-6 某电力拖动系统选用三相四极绕线式感应电动机来拖动，其额定数据为：$P_N = 20$[kW]，$n_N = 1420$[r/min]，$\lambda_M = 2$。已知该机在连续周期变化负载下工作。每一个周期共分五段：第一段为起动阶段，时间为 $t_1 = 6$[s]，电磁转矩为 $T_1 = 200$[N·m]；第二、三段是负载值不同的稳速段，$t_2 = 40$[s]，$T_2 = 120$[N·m]，而 $t_3 = 50$[s]，$T_3 = 100$[N·m]；第四段为制动过程，$t_4 = 10$[s]，$T_4 = -100$[N·m]；第五段为停歇 10[s]。试校检该机的温升与过载能力是否合格？

8-7 某三相四极绕线式感应电动机 $P_N = 11$[kW]、$n_N = 1440$[r/min]，它经过传动比 $j = 16$ 的传动机构来拖动起重机的跑车车轮，跑车自重 137500[N]，载重 58800[N]，车轮直径为 0.35[m]，跑车移动距离总长为 70[m]，转动部分折算到电动机轴上的飞轮矩（包括电机转子的飞轮矩）为 78.5[$\mathrm{N\cdot m^2}$]。一个工作周期包括以下几个阶段：载重起动加速至 n_N；以 n_N 稳速载重移动；载重制动减速至 $n=0$；停歇和空载反向起动至 n_N；以 n_N 稳速空载返回；空载制动减速至 $n=0$ 及停歇。载重移动时折算到电动机轴上的负载转矩为 45[N·m]，而空载返回时为 32[N·m]，往返停歇时间各为 15[s]，往返时电动机的平均起动转矩均为 $1.6T_N$，而平均制动转矩均为 $1.1T_N$。试画出电动机的转

矩负载图 $T = f(t)$，并用等效转矩法校验其发热是否合格？

8-8 试在表 8-2 所示的 Y 系列连续工作制的三相笼型感应电动机中选取一台合适的电机来拖动功率为 10[kW] 的短时工作的负载。已知其最长工作时间 t_g 远比电机的发热时间常数 T 小得多，即 $t_g/T < 0.3$。在进行过载能力及起动能力校验时，应考虑电网电压可能下降 10%。

8-9 一台 $ZC\% = 25\%$ 时 $P_N = 26$[kW] 的周期断续工作制的电机，能否用来拖动功率为 26[kW]，工作 25 分钟停歇 75 分钟的负载？为什么？

8-10 试比较 $ZC\% = 15\%$ 时 $P_N = 33$[kW] 和 $ZC\% = 60\%$ 时 $P_N = 26$[kW] 的两台周期断续工作制电机，哪一台容量大？为什么？

8-11 某车间桥式起重机提升机构的传动系统如图 8-10 所示。已知起吊重量 $G = 49000$[N]，提升及下放速度均为 $V = 10.5$[m/min]，空钩重量 $G_0 = 3000$[N]，提升高度 $h = 6$[m]，卷筒直径 $D = 0.38$[m]，齿轮减速传动比 $j = 82$，传动机构的飞轮矩折算到电动机轴上时约为电动机飞轮矩的 15%，提升额定负载时的传动效率 $\eta_c = 0.85$，空钩提升时为 $\eta_0 = 0.37$，下放额定负载时的传动效率 $\eta_c' = 0.84$，空钩下放时为 $\eta_0' = 0.1$，负载持续率 $ZC\% = 30\%$。现选用型号为 YZR-180L 的八极绕线式感应电动机，$ZC\% = 25\%$ 时的 $P_N = 13$[kW]、$n_N = 700$[r/min]；$ZC\% = 40\%$ 时 $P_N = 11$[kW]，$n_N = 700$[r/min]，$\lambda_M = 2.72$；$GD_d^2 = 14.7$[N·m^2]。设负载或空钩起动时电动机的平均起动转矩均为 $0.55T_m$，平均制动转矩均为 $0.5T_m$，$ZC\% = 25\%$ 时不变损耗与可变损耗之比 $k = 1.0$。试校验该机的发热与过载能力是否合格。校验中应考虑冷却恶化系数及电网电压可能下降 10%。

重印后记

本书出版以来受到广大师生的普遍欢迎。同时，我们在使用中发现的不当之处也在重印时得到修订。欢迎读者对本书提出宝贵意见，以便我们进一步完善本教材内容。

为配合本课程的教学和学习，林瑞光教授主编的教学参考书《电机与拖动基础学习指导和考试指导》已由浙江大学出版社于2004年3月出版。该书各章节安排与本教材相同，并在最后增加一章“考试指导”。每章的内容均包括学习内容提要、典型例题剖析及本书中的全部习题与思考题的解答等三部分。典型例题与本书例题并不重复，用以加深理解、拓宽知识面；习题与思考题的解答仅向读者推荐一种解题方法，但不一定是惟一的，希望读者能从中得到启发，探索出自己的更简明快捷的解题方法。考试指导包括典型试卷分析及模拟试卷两部分，其中典型试卷分析既给出解题过程又指出解题思路，而模拟试卷仅给出最终答案，解题过程由读者自己进行，以检验读者对《电机与拖动基础》的理解程度，提高应试水平。希望该书能够帮助大家更好地学习这门课程，也希望大家提出宝贵意见。

2004年8月